Robert Claiborne

ENTSCHEIDUNGSFAKTOR KLIMA

Der Einfluß des Wetters auf Entwicklung
und Geschichte der Menschheit

VERLAG FRITZ MOLDEN · WIEN-MÜNCHEN-ZÜRICH

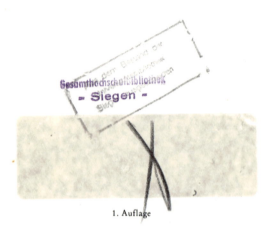

1. Auflage

Aus dem Amerikanischen übertragen von
HANS JÜRGEN VON KOSKULL

Titel der amerikanischen Originalausgabe
CLIMATE, MAN, AND HISTORY

Copyright © 1970 by Robert Claiborne
Alle Rechte der deutschen Ausgabe 1973:
Verlag Fritz Molden, Wien-München-Zürich
Schutzumschlag und Ausstattung: Hans Schaumberger, Wien
Lektor: Burkhart Kroeber
Technischer Betreuer: Wilfried Ertl
Schrift: Borgis Garamond-Antiqua
Satz: Filmsatzzentrum Deutsch-Wagram
Druck: Carl Ueberreuter, Wien
Bindearbeit: Thomas F. Salzer, Wien
ISBN 3-217-00450-7

Inhalt

Für Virginia, die mich das Staunen lehrte, und für Sybil, die mir den Frieden gab, den man zum Staunen braucht.

Jede Ähnlichkeit zwischen hier behandelten historischen Entwicklungen und Problemen der jüngsten Zeit mag rein zufällig sein, doch lohnt es sich gewiß, darüber nachzudenken.

Vorwort

Dieses Buch wird wahrscheinlich manchem Wissenschaftler ein Ärgernis sein.

Ursprünglich war dies gar nicht meine Absicht, ich wollte zunächst eigentlich nur auf ehrliche und interessante Weise Geld verdienen. Erst nach einigen Wochen und nach ein paar mißglückten Versuchen mußte ich feststellen, daß sich dieses Buch von anderen, die ich geschrieben hatte, unterscheiden würde.

Bei allem, was ich im Lauf von zehn Jahren über wissenschaftliche und medizinische Themen geschrieben habe, mußte ich mich aus einer Reihe von einleuchtenden Gründen ziemlich genau an das halten, was die Wissenschaftler über wissenschaftliche Themen dachten und sagten. Jetzt stellte ich fest, daß ich in diesem Buch manches von dem zu schreiben habe, was *ich* über die Wissenschaft – und die Wissenschaftler – denke. Da ich aus Veranlagung Skeptiker bin, konnte auch mein Buch nicht auf eine skeptische Haltung gegenüber der klimatologischen Wissenschaft verzichten.

Dies ist, so glaube ich, aus mehreren Gründen durchaus gut so.

Seit die Menschheit im letzten Vierteljahrhundert mit explosionsartiger Plötzlichkeit brutal in das Atomzeitalter hineingestoßen worden ist, erfreut sich die Wissenschaft – besonders die amerikanische – einer bisher nie dagewesenen Zunahme an Prestige, Prosperität und Macht. Der Wissenschaftler, der früher im Verborgenen und für schlechte Bezahlung eine Art Geheimlehre praktizierte, ist auf ein neues Niveau gerückt. Er verfügt heute über Milliardensummen aus öffentlichen und privaten Forschungsmitteln und wird von unseren führenden Persönlichkeiten in Politik und Wirtschaft eifrig konsultiert. Was er auf seinem Fachgebiet und auch sonst noch tut und denkt, wird von den Massenmedien respektvoll – wenn auch nicht immer ganz korrekt – vermeldet. In einer Welt, die immer stärker von Fachleuten beherrscht wird, ist er *der* Fachmann schlechthin, und da die Erfahrungen und die Ausbildung des Durchschnittsbürgers in den meisten Fällen nicht genügen, um etwas von seinem Fachgebiet zu verstehen, werden seine Meinungen und Entschlüsse nur selten von Außenstehenden kritisiert.

Dies ist, so glaube ich, keineswegs gut so – weder für die Wissenschaft, noch für die Gesellschaft. Wenn wir auch zugeben müssen, daß ein komplexes und hochproduktives Gesellschaftssystem wie das unsere nicht ohne die Hilfe zahlreicher Fachleute auf vielen Gebieten funktionieren kann, so trifft es doch zu, daß der Fachmann, der zu sehr sich selbst überlassen bleibt, die Gesellschaft, in der er eine führende Stellung einnehmen soll, gänzlich durcheinanderbringen kann. Wenn, wie die Ereignisse in jüngster Zeit uns sehr deutlich in Erinnerung gerufen haben, der Krieg eine zu wichtige Angelegenheit ist, als daß man ihn den Generälen überlassen dürfte, dann ist auch die Wissenschaft, wie mir scheint, zu wichtig, als daß man sie den Wissenschaftlern überlassen dürfte – auch wenn mir die Wissenschaftler als Schicht bedeutend sympathischer als die Generäle sind. Die Macht hat bekanntlich die Tendenz, die Menschen zu korrumpieren, und im Reich der Ideen erfreuen sich die Wissenschaftler oft einer größeren Macht als dies für sie – und für uns – gut ist.

In diesem Buch wollen wir die Wissenschaft daher als eine Tätigkeit darstellen, die von menschlichen Wesen ausgeübt wird, von Männern und Frauen, die trotz ihrer eindrucksvollen Spezialkenntnisse und Fähigkeiten gegenüber dem Irrtum, der Fahrlässigkeit, dem Wunschdenken und der persönlichen Eitelkeit nicht weniger immun als wir alle sind. Es scheint mir notwendig, die Menschlichkeit – und damit die Fehlbarkeit – des Wissenschaftlers besonders hervorzuheben, selbst auf die Gefahr hin, daß wir damit einige Wissenschaftler irritieren, besonders diejenigen, die, wie auch führende Persönlichkeiten auf anderen Gebieten, zu Opfern ihrer eigenen Pressemeldungen geworden sind.

Des weiteren wollen wir verdeutlichen, daß die Wissenschaft trotz der oft schwer verständlichen Themen, die sie behandelt, und trotz ihrer manchmal unverständlichen Fachsprache dem Verständnis des Laien häufig nicht so weit entrückt ist, wie dies manche Wissenschaftler gerne glauben möchten. Will man ein kritisches Verständnis wissenschaftlicher Probleme entwickeln, so braucht man wie bei jedem vernünftigen Vorhaben ein gewisses Maß an Intelligenz, gekoppelt mit der Bereitschaft zu einigermaßen gründlichem Nachdenken. Man braucht dazu aber keinen Doktorgrad. Der Theaterkritiker, der niemals selbst ein Stück geschrieben hat, und der Ballettkritiker, der selbst keinen Kreuzsprung ausführen kann, sind dennoch beide in der Lage, etwas zu sagen, was für den Künstler und für das Publikum einen Wert hat. Um eine abgedroschene, aber durchaus zutreffende Sentenz zu wiederholen: man muß nicht selbst Eier legen können, um ein gutes von einem schlechten zu unterscheiden.

Selbst in der Hand des geschicktesten Praktikers ist die Wissenschaft noch lange nicht unfehlbar. Erstens kann sie nur Fragen beantworten, wenn ihr Material, d. h. Daten zur Verfügung stehen; auch ein Hammer ist nutzlos ohne Nagel und ohne das Brett, in das er eingeschlagen werden soll. Außerdem braucht die Wissenschaft einen begrifflichen Rahmen, innerhalb dessen die Tatsachen eines Problems zueinander in Beziehung gestellt werden können, denn erst das erlaubt dem Wissenschaftler, Schlüsse aus diesen Tatsachen zu ziehen.

Die Antworten auch des fähigsten Wissenschaftlers werden nur so zuverlässig sein, wie die Daten und der begriffliche Rahmen, die ihm zur Verfügung stehen. Wenn wir daher behaupten, die Wissenschaft habe „versagt", dann sagen wir damit nur, daß sie uns bisher noch keine ganz so zuverlässigen Antworten geben konnte, wie wir es wünschten.

Ein zweites „Versagen" der Wissenschaft liegt darin, daß sie keine Fragen beantwortet— und zwar weder zuverlässig noch unzuverlässig—, wenn sich nicht irgend jemand die Mühe macht, sie zu stellen. Ein solches Versagen stellen wir im Falle des DDT fest, dessen Auswirkungen auf unsere Umwelt heute mit berechtigter Besorgnis beobachtet werden. Das DDT wurde Anfang der vierziger Jahre als eine – damals ausgezeichnete – Antwort auf die Frage nach zuverlässigen und billigen Insektenvertilgungsmitteln entwickelt. Damals fragten die Wissenschaftler nicht, welche Auswirkungen die Anwendung des DDT auf andere Formen des Lebens haben könnte, z. B. auf Vögel oder Fische, und ob die Verwendung dieses Präparats im Freien überall und immer die wirksamste Art der Schädlingsbekämpfung sei. Später fingen sie an, solche Fragen zu stellen, und erhielten darauf recht alarmierende Antworten. Noch später wurden sich Wähler und Gesetzgeber dieser Antworten soweit bewußt, daß sie anfingen, etwas gegen das DDT zu unternehmen. Daß man diese Frage nicht früher gestellt hat, kann, wie ich meine, gerechterweise nur als Versagen der Wissenschaftler bezeichnet werden – nicht aber als Versagen der Wissenschaft als solcher.

11

Ein weiteres „Versagen" der Wissenschaft liegt in Wirklichkeit darin, daß man sich darüber beklagt, die Wissenschaft habe zu große Erfolge. Vor einem Vierteljahrhundert hat man z. B. die wissenschaftliche Frage gestellt, ob es möglich sei, eine Kernwaffe herzustellen. Die erschreckende Antwort haben wir dann in Hiroshima und Nagasaki erhalten. Vielleicht hätte diese Frage überhaupt nicht gestellt werden sollen. Gewiß sind viele Menschen mit mir der Ansicht, die Antwort hätte auf dem Papier stehenbleiben müssen, statt in Form einer militärischen Vernichtungswaffe realisiert zu werden. Aber die Frage *wurde* gestellt. Stellt man eine schreckliche Frage, so erhält man eine schreckliche Antwort.

Das offensichtlichste „Versagen" der Wissenschaft liegt jedoch in der Tatsache, daß sie gewisse Fragen gar nicht beantworten kann, weder jetzt noch später. Die Wissenschaft kann uns sagen, was geschehen wird, aber niemals, was geschehen sollte.

Jedes wissenschaftliche Gesetz ist im wesentlichen eine Aussage in der Form: wenn A, dann B. Konstruiert man über der Hypothenuse eines rechtwinkeligen Dreiecks ein Quadrat, dann ist seine Fläche gleich der Summe der Flächen der Quadrate über den beiden anderen Seiten. Vereinigt man zwei Stücke Uran einer bestimmten Größe mit einer bestimmten Schnelligkeit, dann erfolgt eine Detonation katastrophalen Ausmaßes. Die Wissenschaft kann jedoch unmöglich sagen, ob man diese beiden Stücke Uran zusammenbringen sollte oder nicht; die Entscheidung darüber hängt nicht von der Beantwortung der Frage ab: was wird geschehen, wenn...?, sondern die Frage muß lauten: was will ich erreichen? Was man jedoch erreichen will, muß das Gewissen entscheiden, und das ist ein Gebiet, auf dem die Wissenschaft nichts zu sagen hat.

Das wissenschaftliche Denken lehrte uns, wie es möglich ist, eine Stadt in einem einzigen Augenblick zu zerstören, wie wir Lungenentzündung und Tuberkulose heilen können, wie wir große Ernteerträge erzielen, Berge versetzen und Flüsse umleiten können. Es hat uns, wie wir in diesem Buch sehen werden, gelehrt, warum gewisse Gebiete auf dieser Erde wärmer oder kälter, feuchter oder trockener sind als andere und wie wir auf begrenztem Raum die Temperatur oder die Feuchtigkeit je nach unseren Bedürfnissen verändern können. Sie kann uns aber nicht sagen, ob wir töten oder heilen, welche Berge wir versetzen, welche Früchte wir anbauen oder wem wir sie zu essen geben sollen. Sie kann uns nicht sagen, wessen wir bedürfen, oder wer wir sind.

Hier liegt, fürchte ich, die Hauptwurzel der antiwissenschaftlichen Einstellung vieler junger Menschen. Für sie sind die Fragen, wer und was sie sind, die wichtigsten auf der Welt, und wenn die Wissenschaft sie nicht beantworten kann, wie das mit Sicherheit der Fall ist, dann hat die Wissenschaft für sie keinen Wert. Das ist vielleicht eine menschlich verständliche Reaktion, aber doch eine törichte.

Wer wir sind, warum wir leben, was wir wollen – diese Fragen gehören sicherlich zu den allerwichtigsten (obwohl es gut wäre, nicht zu vergessen, daß die wirklich drängendste Frage seit Hunderten von Millionen Jahren nicht lautet: warum lebe ich?, sondern: werde ich in der nächsten Woche oder im nächsten Jahr noch am Leben sein?). Wenn wir aber diese Fragen wenigstens vorläufig beantwortet haben – gleichgültig mit welcher nichtwissenschaftlichen Methode –, dann stehen wir vor dem Problem, wie wir das *sein* sollen, was wir sind, und wie wir das *erreichen* können, was wir wollen. Hier werden wir uns, wenn wir keine Narren sind, an die Wissenschaft wenden müssen, um von ihr die bestmöglichen Antworten zu erhalten. Eine Wahrheit, die mir durch die Arbeit an diesem Buch sehr deutlich geworden ist, besteht in der Tatsache, daß Menschen, die sich ihre Wünsche durch unwissenschaftliche oder unzureichende wissenschaftliche Methoden erfüllen wollen – z. B. eine Veränderung des Klimas –, gewöhnlich etwas erhalten, was sie sich nicht gewünscht haben. (Dies zu erkennen wäre besonders für gewisse „existentialistische" Radikale nützlich, die die Gesellschaft revolutionieren wollen, ohne sie aber rational zu verstehen, sondern indem sie einfach ihren revolutionären Gefühlen folgen.)

Das Thema dieses Buchs, die Zusammenhänge zwischen der menschlichen Gesellschaft und der klimatischen Umwelt, ist nach meiner Auffassung schon an sich interessant und wichtig. Wäre das nicht so, dann hätte ich mir nicht die Mühe gemacht, das Buch zu schreiben. Aber neben diesem Thema klingt ein anderes an, das noch wichtiger ist: die Bedeutung der Wissenschaft. Denn die Wissenschaft bleibt trotz ihrer Grenzen und trotz der beschränkten Fähigkeit ihrer Anhänger unser nützlichstes Werkzeug für das Verständnis – und die Veränderung – unserer Umwelt und unserer Gesellschaft.

Als ich mich an die Forschungsarbeiten für dieses Buch machte, mußte ich zu meinem Erschrecken feststellen, daß es über dieses Thema noch keine einzige wissenschaftliche Arbeit gab, und nur ganz wenige, die es am Rande streiften. Ich sah mich daher gezwungen, meine Informationen aus Dutzenden von Büchern, wissenschaftlichen

Artikeln und Interviews zusammenzustellen. All dieses Material auf-
zuzählen, wäre eine mühevolle Arbeit – selbst wenn ich mich noch an
jede einzelne Quelle erinnern könnte. Ich habe deshalb das Literatur-
verzeichnis am Schluß des Buches auf die wichtigsten Quellen beschränkt. Höflichkeit und Dankbarkeit gebieten mir jedoch, die
Wissenschaftler zu nennen, die mir ihre Zeit und ihre Ideen großzügig zur Verfügung gestellt haben.

Im Text habe ich schon meinen Dank gegenüber Reid Bryson von
der University of Wisconsin und Rhodes Fairbridge von der Columbia
University zum Ausdruck gebracht. Weitere wertvolle Hilfe haben
mir Edwin S. Deevey und Elwyn Simons von der Yale University,
David Ericson und William Donn vom Lamont Geophysical
Laboratory, J. Murray Mitchell von der U. S. Environmental Science
Service Administration, Cesare Emiliani von der University of Miami,
Richard S. McNeish von der University of Alberta in Calgary und
Robert L. Braidwood von der University of Chicago geleistet. Es ist
wohl kaum notwendig zu sagen, daß keiner von ihnen für meine
Skepsis gegenüber der Wissenschaft und den Wissenschaftlern verant-
wortlich ist, noch auch für die sonst in diesem Buch zum Ausdruck
gebrachten Meinungen (abgesehen von denjenigen freilich, die aus-
drücklich als die ihren bezeichnet werden). Auch die Mängel dieses
Buches dürfen ihnen nicht zur Last gelegt werden – ich hoffe aber,
daß sie vielleicht den einen oder anderen von ihnen anregen, ein maß-
gebendes wissenschaftliches Werk zum gleichen Thema zu schreiben.

Wenn in meinem Buch auch manches ausgelassen sein sollte und
sich mancher Irrtum eingeschlichen haben mag, so kann ich doch
allen meinen Lesern, Fachleuten ebenso wie Laien, versichern, daß
keine der berichteten Tatsachen, so ausgefallen sie auch sein mögen,
erfunden worden sind – zumindest nicht von mir. Für jede hier ge-
troffene Feststellung gibt es wenigstens eine, meist aber mehrere „zuverlässige" wissenschaftliche Quellen. Wo ein Problem umstritten
ist, habe ich das anzudeuten versucht. Allerdings habe ich es um der
besseren Lesbarkeit willen vermieden, Einschränkungen wie „vielleicht", „wahrscheinlich" oder „vermutlich" ebenso oft zu verwenden,
wie es einem Berufsakademiker angemessen erscheinen mag.

Truro und New York, 1969

14

Erster Teil

KLIMA FRÜHER UND HEUTE

1. Einleitung

BÜCHER, DIE ICH GERN GESCHRIEBEN HÄTTE

Ein Buch, das vorgibt, die Hintergründe der Geschichte aufzuklären, hat etwas sehr Verführerisches. Wenn man liest, welche Fehler und Ungeschicklichkeiten frühere Generationen begangen haben, dann ist es sehr angenehm zu erfahren, daß *in Wirklichkeit* alles so gekommen ist, weil... Wenn man uns versichert, daß wir unsere Vorfahren viel besser begreifen, als sie sich selbst verstanden haben, dann gibt uns das ein Überlegenheitsgefühl, und das ist eine der anregendsten – und heimtückischsten – Drogen, welche die Wissenschaft kennt. Gelingt es gar einem Verfasser, die geschichtlichen Ereignisse so überzeugend einfach und durchsichtig darzustellen, daß jeder Narr sie damals eigentlich hätte verstehen müssen – um so besser.

Aus diesem Grunde (es gibt zweifellos auch andere) hat es nur selten an Theorien gemangelt, welche die Geschichte der Menschheit in kurzen und sauberen Verallgemeinerungen zu erklären versuchen. Als Karl Marx und sein Freund Friedrich Engels darangingen, das berühmteste Manifest der Welt zu schreiben, begannen sie mit der Erklärung: „Die Geschichte aller bisherigen Gesellschaft ist die Geschichte von Klassenkämpfen." Ein älterer Zeitgenosse von Marx, Thomas Carlisle, kam dagegen zu der Auffassung, die Geschichte werde nicht von den Klassen, sondern von hervorragenden Individuen gestaltet. Andere haben versucht, die Geschichte durch die Erbsünde, die Entwicklung des Christentums, den Verfall der westlichen Kultur, die Ausbreitung der „arischen" Rasse (oder irgendeiner anderen, welcher der betreffende Theoretiker zufällig angehörte) oder sogar die Ausbreitung der Syphilis zu erklären.

In jüngster Zeit ist aus der Interpretation der Geschichte ein Glücksspiel geworden, bei dem jedes Los gewinnen kann. Heute, da sich die geschichtliche Entwicklung in einer erschreckenden und atemberaubenden Geschwindigkeit vollzieht, ist es mehr als angenehm, zu erfahren, daß wir diese Vorgänge wirklich verstehen. Es ist zugleich auch sehr tröstlich. Ja sogar die düstere Überzeugung, es werde zunächst alles noch schlimmer, ehe eine Besserung eintritt, ist bedeutend leichter zu ertragen als die Ungewißheit.

Der Klassenkampf hat in der Geschichte sicher eine bedeutende Rolle gespielt. Das gleiche gilt für die Verderbtheit des Menschen, die gelegentlich als Erbsünde bezeichnet wird, und für das Schöpferische im Menschen, den sogenannten „göttlichen Funken". Die Geschichte ist beeinflußt worden von großen Männern, Rassen, Religionen und sicher auch durch die Syphilis. Aber ohne Zweifel hat auch das Klima Auswirkungen gehabt, und sein Einfluß auf das menschliche Drama ist das Thema dieses Buches. Die vergangene oder die gegenwärtige Geschichte läßt sich jedoch dadurch *allein* nicht besser erklären als durch die anderen historischen Einflüsse, die ich eben erwähnt habe. Das menschliche Drama ist vielschichtig und subtil wie die Stücke von Shakespeare und Euripides; ich habe nicht die Absicht, es auf die Ebene eines Fernsehsketches herunterzudrücken.

Wer also erwartet, in diesem Buch eine direkte Leitung zur Vorsehung zu finden, eine klare Darstellung von Herkunft und Ziel des Menschen, den muß ich mit Bedauern bitten, es seinem Buchhändler zurückzugeben – der es ihm hoffentlich gutschreiben wird. Was ich hier zu bieten habe, ist nicht eine Erklärung, sondern ein Puzzlespiel. Genau dies ist es nämlich, was wir vor Augen haben, wenn wir die Ereignisse zurückverfolgen und sehen, wie das Klima im Lauf der Jahrhunderte und Jahrtausende dazu beigetragen hat, das Geschick des Menschen zu gestalten: ein kompliziertes und oft ermüdendes Puzzlespiel, das aus ungezählten, seltsam geformten Stücken zusammengesetzt ist, aus fossilen Resten ausgestorbener Pflanzen und Tiere, aus prähistorischen Pollen, die man in schwedischen Mooren gefunden hat, aus Kohlenresten in Höhlen der Neandertaler, aus der sorgfältigen Messung von Wachstumsringen an Bäumen in Arizona und aus Eintragungen in Kirchenchroniken des mittelalterlichen Barcelona, aus denen hervorgeht, wie oft hier um Regen gebetet wurde. In diesem Puzzlespiel fehlen außerdem viele wichtige Steinchen, und manchmal passen diejenigen, die wir haben, ebensogut (oder -schlecht) hinein, wenn wir sie verkehrtherum halten. Es gibt sehr viele Hinweise darauf, wie das Klima vor Tausenden oder sogar einer Million Jahren gewesen ist, aber es gibt auch eine Menge Lücken in der Beweiskette.

Im Augenblick können wir diese Lücken nur mit Vermutungen aus-
füllen. Ich habe deshalb meine Vermutungen geäußert, und das mit
einer Schamlosigkeit, die den professionellen Historiker oder Klimatologen erblassen lassen würde. Ich habe unter den vorhandenen Beweis-
mitteln meine eigene Auswahl getroffen, über Fragen spekuliert, über
die sich die Experten nicht einigen können, und mich insgesamt so
betragen, wie der sprichwörtliche Narr, der ungefragt seinen Auftritt
hat. Was dabei herauskam, ist nicht immer die Geschichte des Ge-
schichtswissenschaftlers oder die Klimatologie des Klimatologen. Aber
es hat mir Spaß gemacht, das Buch zu schreiben, und ich hoffe, daß es
auch dem Leser Spaß macht.

Es geht jedoch um etwas mehr als nur Spaß. Das Klima ist ein
Puzzlespiel, und ich bin ein besonderer Liebhaber solcher Spiele. Wenn
es sich aber lohnen soll, damit zu beginnen, dann gewiß nur deswegen, weil wir damit der Lösung eines noch weit größeren Puzzlespiels ein Stück näherkommen können: der Frage nämlich, was der
Mensch ist und wie er so wurde – kurz: der *Geschichte*.

Anläßlich der betrüblichen Verhältnisse im späten römischen Kaiser-
reich bezeichnet Edward Gibbon die Geschichte als „Kaum mehr als
die Liste der Verbrechen, der Torheit und des Unglücks der Menschheit". Die menschliche Gesellschaft befindet sich aber nicht ständig
auf dem Abstieg. Neben dem Verbrechen gibt es in der Geschichte
auch das Heldentum, es gibt Genialität, gemischt mit Torheit und
Fortschritt, neben dem Versagen; hier sind Komödie und Tragödie so
sehr ineinander verwoben, daß man nicht weiß, ob man hingerissen
bewundern oder vor Mitleid und Schrecken schreien soll.

Doch wie auch immer, ich meine, es lohnt sich, die Geschichte – jenes
Abbild menschlicher Notlagen – ernsthaft zu begreifen, weil wir
daraus vielleicht einige Hinweise erhalten können, wie wir mit unseren
gegenwärtigen Notlagen fertigwerden sollten. Es gibt Historiker
– und zu ihnen gehören Santayana und Hegel – die erkannt hatten:
wer die Geschichte nicht versteht, ist verurteilt, sie zu wiederholen.
Und es gibt in der älteren und neueren Geschichte sehr viele Ereignisse, deren Wiederholung ich nicht erleben möchte. Die Kenntnis der
Geschichte vermittelt uns, weiß Gott, nicht unbedingt politische Einsicht, aber die Unkenntnis der Geschichte führt uns mit Sicherheit
zur politischen Torheit. Wenn jemand wissen will, wie sich eine große
Demokratie selbst vernichten kann, wenn sie sich einer Arroganz der
Macht anheimgibt, so täte er gut, nachzulesen, was Thukydides über
den dreißigjährigen Krieg zwischen Athen und Sparta geschrieben hat.

Ich bin mir darüber im klaren, daß diese meine Auffassung im scharfen Gegensatz zu einer heute weitverbreiteten Ansicht steht, derzufolge es nichts gibt, um das es sich zu kümmern lohnt. Behalte einen kühlen Kopf, halt Abstand, iß, trink und hab keine Hemmungen, denn morgen sind wir tot. Es gibt Maler, die besonders gern Abfalltonnen malen, um damit zu sagen, daß die Kunst Quatsch sei. Komponisten machen „Musik", in der nach minutenlanger Stille das Kreischen von Transistorradios ertönt, um damit festzustellen, daß die Musik Quatsch sei. So gibt es auch nicht wenige von der Hippiekultur beeinflußte Leute, die ungewollt in das gleiche Horn stoßen wie jener Ober-Querkopf Henry Ford, der behauptet hat, Geschichte sei Quatsch.

Wenn Geschichte als Darstellung des Werdegangs der Menschheit tatsächlich Quatsch wäre, wenn sie es also nicht verdient, daß wir uns mit ihr beschäftigen, dann verdienen es auch die Menschen nicht. Als menschliches Wesen finde ich eine solche Auffassung widersinnig. Gelegentlich ist es nicht besonders angenehm, innerhalb der menschlichen Gesellschaft zu leben, aber ich wüßte nicht, wie man sich ihr anders als durch Selbstmord entziehen könnte. Die Spiele, die die Menschen seit grauer Vorzeit gespielt haben, sind zwar oft trivial, absurd oder gemein, aber es sind die einzigen, die uns geboten werden.

Wie wir gleich feststellen werden, hat das Klima sehr viel mit diesen Spielen zu tun. Das Klima setzt einige ihrer Regeln fest und gibt dem Spielfeld seine Gestalt. Wir wollen deshalb versuchen, das Puzzlespiel in eine gewisse Ordnung zu bringen – und damit einen Sinn des großen Spiels, dessen Teil es ist, zu finden.

2. Was ist Klima?

Jeder weiß, daß das Klima etwas mit dem Wetter zu tun hat. Anders als bei manchen anderen Dingen, die „jeder weiß", trifft diese Feststellung auch zu. Aber obwohl Klima und Wetter in engem Zusammenhang stehen, sind sie nicht dasselbe.

Wenn ich in meiner Morgenzeitung lese, daß die höchste Temperatur in New York gestern 28°, die niedrigste 20° und die Durchschnittstemperatur 24° betrug, und daß 9 mm Regen gefallen sind, dann betreffen diese Mitteilungen das Wetter. Lese ich an anderer Stelle, daß die normale *Durchschnittstemperatur* für dieses Datum 25° beträgt und im Juli normalerweise 8 mm Regen fallen, dann bezieht sich das auf das Klima. Das Wetter beinhaltet die Ereignisse in der Atmosphäre von gestern, heute oder der nächsten Woche. Klima dagegen ist das, was im Verlauf einer verhältnismäßig langen Zeit geschehen ist und was man für einen längeren Zeitraum erwartet: die durchschnittlichen Wetterverhältnisse während 50 oder 100 Jahren. Es sind die jahreszeitlich bedingten Wärme- oder Kälteperioden, die Perioden des Sonnenscheins, die Windrichtungen und die Niederschläge, die für einen bestimmten Ort oder ein bestimmtes Gebiet charakteristisch sind oder waren.

Die Verschiedenheiten dieser Verhältnisse von Ort zu Ort und ihre im Lauf der Zeit eingetretenen Veränderungen haben auf das Verhalten des Menschen natürlich einen mächtigen Einfluß gehabt. So gibt es Gegenden, in denen der Mensch etwas unternehmen muß, um nicht zu erfrieren oder vor Hitze umzukommen. Oder jene schwülfeuchten Gebiete, in denen er zur Koexistenz mit der Malariamücke und hautzersetzenden Pilzen gezwungen ist, oder auch die heißen Wüsten, in denen das menschliche Leben von Brunnen und Wasserlöchern abhängt. Das Klima und der Boden, dessen Gestalt im übrigen ebenfalls weitgehend durch das Klima beeinflußt wird, bestimmen, welche Pflanzen gedeihen, und welche Lebewesen einschließlich des Menschen sich dort ernähren können, indem sie die Pflanzen oder sich gegenseitig verzehren. Für den primitiven Menschen (und bis vor etwa 10.000 Jahren gab es nur solche) bestimmt das Klima die größere oder geringere Auswahl an Kräutern, Wurzeln und Beeren, die er sammeln, und an Tieren, die er in der Falle fangen oder mit dem Speer erlegen kann. Für höher entwickelte Zivilisationen, wie auch die unsere, bestimmt das Klima immer noch weitgehend, welche Feldfrüchte geerntet werden können und welche kleinen und großen Haustiere die Landschaft beleben.

Das Klima hat mitbestimmt, welche Teile der Erdoberfläche dem Menschen zugänglich sind. Das Wachsen und Schwinden der Eismassen und der Wüstengebiete hat der Verbreitung von Menschen und Ideen entweder den Weg geöffnet oder verbaut. Als Segelschiffe noch die Meere befuhren, hat das Klima in Form der vorherrschenden Windrichtungen weitgehend mitbestimmt, wohin sie fahren konnten und mit welcher Geschwindigkeit, ob sie sich ihren Weg durch Nebel suchen mußten oder den Schrecknissen der Taifune und Hurrikane ausgesetzt waren. Die Verbesserung des Klimas in Skandinavien hat dazu beigetragen, daß die Wikinger nach Westen hin den Atlantik und die europäischen Meerengen im Süden befahren konnten. Spätere klimatische Veränderungen haben ihren Forschungs- und Eroberungsdrang buchstäblich wieder abgekühlt.

Das Klima und die Notwendigkeit, Mittel zu seiner Bewältigung zu finden, haben bei der Entwicklung der menschlichen Zivilisation keine geringe Rolle gespielt. Die erste vom Menschen gezähmte Naturkraft, das Feuer – gleichgültig, ob es ausschließlich zur Vertreibung der Kälte verwandt wurde oder auch zu anderen Zwecken –, ist mit Sicherheit das erste Mittel, das der Mensch zur Manipulation des Klimas benutzte; es hat ihm die Möglichkeit eröffnet, aus tropischen und subtropischen Gebieten in Gegenden vorzudringen, in denen er ohne Feuer nicht hätte überleben können. Desgleichen hat die künstliche Bewässerung, das erste Mittel des Menschen gegen zu geringe Niederschlagsmengen, bei der Entwicklung der Zivilisation eine bedeutende Rolle gespielt. Heute kann der Mensch das Klima zwar immer noch nicht im großen Maßstab manipulieren, jedenfalls nicht gezielt (wenn auch manches darauf hinweist, daß er dies häufig ganz unabsichtlich getan hat), aber seine Fähigkeit, das Klima lokal zu kontrollieren, ist eindrucksvoll. Mit Dämmen und Kanälen hat er die Wüste wie eine Rose zum Blühen gebracht, und mit Hilfe von Klimaanlagen und Heizungen kann er bequem im Sand der Sahara oder im Eis der Antarktis überleben.

Aber obwohl die Werkzeuge, mit denen der Mensch das Klima beeinflußt, sich ebenso verbessert haben wie seine anderen Werkzeuge, muß er immer noch mit dem Klima fertigwerden. Von den vielen Millionen Tonnen Kohle und Öl, die alljährlich in den Vereinigten Staaten verbrannt werden, verwendet man etwa ein Fünftel allein für die „Raumheizung", für die Erzeugung eines erträglichen Klimas in unseren Häusern, Büros und Fabriken. Die mächtigen Linienschiffe, die heute in den Winterstürmen den Nordatlantik befahren, dürfen nach internationalem Gesetz weniger Ladung mitnehmen als Schiffe auf anderen Meeren und zu anderen Jahreszeiten. Trotz der Errungenschaft des Radars kann der Nebel immer noch Schiffszusammenstöße provozieren und auch heute noch die großen Flugplätze lahmlegen. Mehr als jede andere Naturkraft stellt das Klima den Menschen vor die fundamentalsten Probleme, vor die Frage, was er essen und trinken und wie er sich vor den Elementen schützen kann. Und das Klima versorgt ihn mit den zahlreichen Rohstoffen, die er mobilisiert, um diese Probleme zu lösen.

So verstanden ist die Klimatologie der wichtigste Bestandteil der Geographie, der Lehre von diesem Planeten, der seit etwa einer Million Jahren die Bühne alles menschlichen Handelns darstellt. Da das Klima also an der Gestaltung des Schauplatzes für das menschliche Drama einen wesentlichen Anteil hat, beschränkt es die Möglichkeiten dafür, in welcher Weise dieses Drama in einer gegebenen Zeit oder an einem gegebenen Ort gespielt wird. Man darf aber nicht vergessen, daß das Klima nicht den Text für dieses Drama verfaßt. Das tut der Mensch allein. Das Klima bestimmt vielleicht, was geschehen *kann*, es bestimmt aber nicht, was geschehen wird. Zwar stellt es die Probleme, die der Mensch zu lösen hat, aber wie er sie löst und ob er sie löst, ist seine Sache.

3. Das Klima heute I

WIE ES ENTSTEHT

Für den Klimatologen ebenso wie für jeden anderen Wissenschaftler, der sich mit den Verhältnissen der Erdkugel beschäftigt, ist die Gegenwart der Schlüssel für die Vergangenheit. Um zu verstehen, was *damals* geschah, muß er zunächst verstanden haben, was *heute* geschieht. Wenn der Klimatologe weiß, wie die heutigen Verhältnisse auf der Erde und in der sie umgebenden und ständig beeinflussenden Atmosphäre von gewissen natürlichen Vorgängen gestaltet werden, dann darf er mit einiger Sicherheit annehmen, daß auch die Verhältnisse in der Vergangenheit, mögen sie sich auch noch so sehr von den heutigen unterschieden haben, von einer anderen Kombination der gleichen Vorgänge beherrscht worden sind.

Die gegenwärtigen Verhältnisse können jedenfalls beobachtet und gemessen werden. Das trifft für die Vergangenheit nicht zu. Wie das Klima in einem bestimmten Gebiet vor einer Million oder auch nur vor tausend Jahren gewesen ist, kann man zum größten Teil nur vermuten. Manche dieser Vermutungen sind mit sehr großer Wahrscheinlichkeit richtig, manche sind nur einleuchtend, aber sie alle gründen sich auf oft sehr lückenhaftes, zweideutiges und manchmal sogar widersprüchliches Beweismaterial. Wenn wir aber vom heutigen Klima sprechen, dann stehen wir auf dem festen Boden genauer weltweiter Beobachtungen, deren Ergebnisse seit mehr als hundert Jahren gewissenhaft gesammelt worden sind. Wir brauchen nichts anzunehmen; wir wissen es. Für jeden beliebigen Punkt auf der Erde kann der Klimatologe nach einem Blick in ein paar Tabellen sagen, welche Durchschnittstemperatur und welche Niederschlagsmengen es hier in jedem Monat des Jahres gibt. Darüber hinaus kann er seine Klimastatistiken vernünftig erklären. Er kann die unendliche Zahl klimatischer Daten auf der ganzen

Erde zu einem vernünftigen Gesamtbild ordnen und zeigen, daß ein Wüstengebiet in Nordafrika, ein Regenwald in Brasilien und ein Gletscher in Grönland nur verschiedene Aspekte eines umfassenden, großen atmosphärischen Gesamtbildes sind.

Wie viele verschiedene Arten des Klimas gibt es auf der Erde? In gewissem Sinne ist diese Zahl fast unendlich. Ebenso wie es nicht zwei Menschen mit völlig gleichen Fingerabdrücken gibt, so könnte man natürlich sagen, daß es auf der ganzen Erde keine zwei Orte gibt, deren monatliche Daten für Sonnenschein und Regen, Hitze und Kälte sich genau gleichen. Aber ebenso wie man die Fingerabdrücke nach Typen klassifizieren kann, so auch die klimatischen Verhältnisse. Nach einem der bekanntesten Systeme gibt es nicht weniger als 32 Grundtypen des Klimas, die zum großen Teil wieder in Unterarten aufgeteilt werden können. Wir wollen hier eine gröbere Einteilung vornehmen und nur von zwölf Arten des Klimas sprechen, die ihrerseits Varianten von vier Grundtypen sind. Alle diese Klimaarten sind gleichmäßig über die ganze Erde verteilt. Das Klima in einzelnen, begrenzten Gebieten wollen wir jetzt noch nicht behandeln, sondern erst, wenn wir das Verhalten des Menschen in diesen Gegenden betrachten.

Das Augenfälligste an den klimatischen Verhältnissen dieser Erde ist der Umstand, daß es an manchen Orten wärmer oder kälter ist als an anderen. Diese einfache Tatsache läßt sich auf einen zweiten, sehr einfachen Umstand zurückführen, nämlich auf die Form der Erde. Da die Erde rund ist, nehmen gewisse Teile ihrer Oberfläche mehr Sonnenwärme auf als andere. Am Äquator schickt die Sonne um die Mittagszeit ihre Strahlen zu allen Jahreszeiten direkt aus dem Zenith auf die Erde. An den Polen hängt die Sonne dagegen sogar im Mittsommer – obwohl sie dann auch nachts nicht untergeht – tief über dem Horizont, und die Wirkung ihrer Strahlen ist nur schwach. Ein halbes Jahr lang geht sie hier überhaupt nicht auf. Die Folge ist, daß die Erde an den Polen weniger als ein Viertel der Sonnenwärme aufnimmt, die auf den Äquator abgegeben wird. Tatsächlich ist der Unterschied sogar noch größer, denn da die Polargebiete auf weite Strecken von ewigem Eis und Schnee bedeckt sind, wird der größte Teil der Wärmestrahlung von der glänzend weißen Oberfläche sofort wieder in die Atmosphäre zurückgeworfen.

In erster Linie wird also das Klima durch die Entfernung vom Äquator nach Norden oder Süden bestimmt, kurz: durch den Breitengrad. Wir verdanken diese Erkenntnis den alten Griechen, die wahrscheinlich als erste über das Klima – wie auch über vieles andere

– nachgedacht haben. Griechische Kaufleute, die zu Schiff nach Norden das Schwarze Meer befuhren, um Wein, Öl oder Tongefäße gegen Getreide einzuhandeln, stellten fest, daß das Wetter dort merklich kühler war als in ihren heimatlichen Hafenstädten an der Ägäis. Fuhren sie in südlicher Richtung nach Kreta, Ägypten oder Libyen, so wurde das Wetter wärmer. Das griechische Wort für die geographische Breite, *klima*, erhielt so seine zweite und noch heute geltende Bedeutung.

In Wirklichkeit sind die Zusammenhänge zwischen der geographischen Breite und der Temperatur, wie wir im folgenden Kapitel sehen werden, etwas komplizierter. Die heißesten Orte der Erde liegen nicht am Äquator, und die kältesten nicht an den Polen. Aber zunächst genügt uns die Grundregel, die besagt, daß es in höheren Breiten kalt und in niedrigeren heiß ist.

Was die Niederschläge betrifft, so gibt es leider keine so bequeme Faustregel. An den Polen ist es natürlich recht trocken, und am Äquator ist es im allgemeinen recht feucht. Aber dazwischen finden wir alle nur denkbaren Variationen von äußerster Trockenheit bis zur äußersten Feuchtigkeit. Um festzustellen, weshalb das so ist, müssen wir fragen, warum es überhaupt zu Niederschlägen kommt. Die Grundregel ist sehr einfach – wohl das einzig Einfache im Zusammenhang mit den Niederschlägen: *Regen oder Schnee kommen aus einer Luftmasse, die sich abgekühlt hat.* Erläutern wir das näher: wenn sich Luftmassen abkühlen, werden sie feuchter. Technisch nennt man das: Zunahme der relativen Luftfeuchtigkeit. Wenn sich die Luft genügend abgekühlt hat, kondensiert der in ihr enthaltene Wasserdampf zu Wolken, die aus lauter Wassertropfen bestehen. (Atmet man an einem frostkalten Morgen aus, dann wird der warme Atem bei der Berührung mit der kalten Außenluft abgekühlt, und es entstehen kleine Wölkchen.) Wenn die Abkühlung weit genug fortgeschritten ist, dann fällt das Wasser in Form von Regen oder Schnee aus den Wolken zur Erde. Wenn sich Luft dagegen erwärmt, so wird sie trockener und erzeugt weder Regen noch Schnee.

Die Abkühlung von Luftmassen geschieht in manchen Fällen – man vergleiche das Beispiel des Atems an einem frostkalten Morgen – durch die Berührung mit anderen, kälteren Luftmassen, mit kalter Erde oder kaltem Wasser. In den meisten Fällen erfolgt jedoch die Abkühlung der Atmosphäre, welche die Niederschläge auslöst, dadurch, daß sich die Luft aus den verschiedensten Gründen über einem bestimmten Gebiet nach oben bewegt. Die Grundregel lautet hier: *aufsteigende Luft wird kühler und feuchter, absinkende Luft wird wärmer und trockener.* Je stärker die Aufwärtsbewegung der Luft in einer bestimmten Gegend ist, desto feuchter ist das Klima. Je mehr Luft herabsinkt, desto trockener wird es.

Wenn wir verstehen wollen, warum die Luft über gewissen Gebieten der Erde aufsteigt und über anderen Gebieten absinkt, dann müssen wir uns mit einem Phänomen beschäftigen, das als die allgemeine Zirkulation der Atmosphäre bezeichnet wird. Genau besehen handelt es sich dabei, wie schon der Name sagt, um eine sehr komplexe Erscheinung, die sogar die Meteorologen mit ihren Wettersatelliten und Computern noch nicht vollständig ergründet haben. Aber in ihren Grundzügen ist diese Zirkulation kaum komplizierter als eine altmodische Dampfmaschine. Tatsächlich wirken im wesentlichen die gleichen Bestandteile zusammen wie in dieser Maschine.

Eine Dampfmaschine von der Art, die jene leider schon fast verschwundenen Lokomotiven antreibt, besteht aus vier Grundbestandteilen. Der erste ist die Heizung, d. h. die Wärmequelle. Der zweite ist der Kessel, in dem die Wärme auf die „Arbeitsflüssigkeit" in der Maschine übertragen wird (im vorliegenden Fall: Wasser wird in Dampf verwandelt und der Dampf weiter erhitzt). Als Drittes kommen Kolben und Zylinder, in denen die Arbeitsflüssigkeit, die sich ausdehnt und abkühlt, ihre Arbeit verrichtet. An vierter und letzter Stelle haben wir den Kondensator, in dem die Flüssigkeit weiter abgekühlt wird, um dann in den Kessel zurückzufließen und den ganzen Vorgang zu wiederholen.

In der atmosphärischen Maschine der Erde besteht die Heizung natürlich aus der Sonne. Diese mächtige nukleare Energiequelle ist zwar etwa 150 Millionen Kilometer von uns entfernt im All, aber sie strahlt dennoch ständig etwa 23 Billionen PS Wärmeenergie auf die Erde und ihre Atmosphäre. Ein Teil dieser ungeheuren Wärmestrahlung wird zwar sofort wieder ins All zurückgestrahlt, aber die Masse der Wärmeenergie bleibt und hält die Maschine in Gang.

Den Kessel unserer Maschine bilden die tropischen und subtropischen Gebiete der Erde, die mehr Wärme aufnehmen, als wieder in den Raum abgegeben werden kann. Die Masse der überschüssigen Wärme erhitzt die Atmosphäre und verdampft einen Teil des Wassers der Ozeane und der feuchten Gebiete auf der Erdoberfläche. Der hier aufsteigende Wasserdampf und die atmosphärischen Gase bilden unsere „Arbeitsflüssigkeit". Die polaren und subpolaren Gebiete der Erde übernehmen schließlich die Funktion des Kondensators, denn hier wird der größte Teil der einstrahlenden Sonnenwärme wieder reflektiert, so daß die Atmosphäre sich abkühlt und der Wasserdampf sich wieder – als Regen oder Schnee – in Wasser verwandelt. Die Atmosphäre, die sich vom äquatorialen Kessel zum polaren Kondensator hin- und dann wieder zurückbewegt, verrichtet folglich eine Arbeit, ganz wie der Dampf in einer Dampfmaschine.

Was ist das nun für eine Arbeit? Die Atmosphäre selbst wiegt etwas mehr als 5 $^1/_2$ Millionen Milliarden Tonnen. Das ist das Vielhundertfache des Gewichts aller Ladungen, die von Lokomotiven, Schiffen, Lastwagen und Flugzeugen der ganzen Welt in einem Jahr befördert werden. Fast die Gesamtheit dieser gewaltigen Masse ist ständig in Bewegung, teilweise nur im Schrittempo der sanften Brise, teilweise mit der rasenden 200-Knoten-Geschwindigkeit eines Düsenstrahls. Dabei bewegt die Atmosphäre nicht nur sich selbst mit ihrem gewaltigen Gewicht, sondern sie nimmt, wie gesagt, zusätzlich noch Billionen Tonnen Wasser auf, befördert dieses Wasser Tausende von Metern hinauf in die Luft und läßt es Tausende von Kilometern entfernt von hier wieder herabfallen. Unsere atmosphärische Dampfmaschine ist in der Tat ein gewaltiger Apparat. Was sie leistet, ist genau jene planetarische Zirkulation, deren unaufhörliches Verschieben von Luft- und Wassermassen die verschiedensten Winde, Regenfälle, Wolkenbildungen, Perioden des Sonnenscheins und warme oder kühle Luft in alle möglichen Gegenden der Erde befördert.

Wie und wohin sich die Atmosphäre bewegt, wenn sie auf diese Weise zirkuliert, ist eine etwas kompliziertere Sache, doch ist auch dies nicht allzu schwer zu verstehen, wenn wir uns einige einfache Erkenntnisse der Wissenschaft klargemacht haben. Das erste dieser Prinzipien ist das gleiche, nach dem die gute alte Warmluftheizung funktioniert: Warme Luft steigt auf, kalte Luft sinkt ab.

Wir könnten nun erwarten, daß sich die Atmosphäre diesem Prinzip gemäß wie ein riesiges Fließband verhält, daß nämlich die am Äquator erwärmte Luft hoch über die Erdoberfläche aufsteigt und sich zu den Polen bewegt. Dort wieder abgekühlt, würde sie auf die Erdoberfläche absinken und zum Äquator zurückfließen. Dieses schöne und einfache Bild wird jedoch erheblich durch den Umstand gestört, daß die Erde sich dreht.

Die Atmosphäre bewegt sich in der Tat nach Süden und Norden vom Äquator fort und kehrt, von den Polen kommend, nach Norden und Süden zurück. Aber während das geschieht, dreht sich die Erde von Westen nach Osten. Ein Teil dieser Drehbewegung überträgt sich auf die in Bewegung befindliche Atmosphäre. Das Resultat ist außerordentlich kompliziert, und wir brauchen uns an dieser Stelle noch nicht im einzelnen darum zu kümmern. Wichtig ist zunächst die Tatsache, daß das eine Fließband, mit dem wir es zunächst zu tun hatten, dadurch in drei Bänder aufgeteilt wird, und zwar in drei verschiedene Luftströme auf jeder Erdhalbkugel. Die Bewegungen und Gegenbewegungen dieser drei Bänder erzeugen nun das, was ich die vier klimatischen Grundtypen nenne.

Der Einfachheit halber wollen wir den Lauf dieser Fließbänder über der nördlichen Halbkugel verfolgen und dabei daran denken, daß sich südlich des Äquators drei weitere Bänder ganz ähnlich bewegen.

Das Band Nr. 1 bewegt sich in Gestalt der Passatwinde über die Erdoberfläche zum Äquator. Dort wird die Luft erwärmt, steigt auf und wendet sich in der oberen Atmosphäre in einer Strömung nach Norden, die man häufig als Gegenpassat bezeichnet. Etwa auf dem Wendekreis des Krebses (bei 23,5 Grad nördlicher Breite) kommt der Strom wieder auf die Erde herab, kehrt nach Süden um und vollendet damit seinen Kreislauf.

Das Band Nr. 2 kommt ebenso wie das erste am Wendekreis des Krebses auf die Erdoberfläche, doch stammen die von ihm beförderten Luftmassen aus dem Norden und sind kühler. Ein Teil dieser Luft wird vom Band Nr. 1 aufgenommen, im Austausch gibt es dafür einen Teil seiner warmen und feuchten Luft an Band Nr. 2 ab. Nun bewegt sich das Band Nr. 2 dicht über der Erdoberfläche bis etwa zum 45. Grad nördlicher Breite, wo es aufsteigt und nach Süden umkehrt.

Das Band Nr. 3 befördert kalte, trockene Luft vom Nordpol dicht über der Erdoberfläche nach Süden, bis es auf das Band Nr. 2 stößt. Nachdem sich die Luft der beiden Bänder zum Teil vermischt hat, steigt das Band Nr. 3 wieder auf und wendet sich zum Pol zurück, wo es wieder nach unten sinkt.

Betrachten wir nun die Gebiete, die an den Wendepunkten der Bänder auf der Erde liegen. Zwei von ihnen, nämlich am Wendekreis des Krebses und am 45. Grad nördlicher Breite, sind Gebiete, über denen sich verschiedene Luftmassen treffen und aufeinander wirken. Sie bewegen sich zudem nicht nur parallel zur Erdoberfläche, sondern auch nach oben und nach unten.

Erinnern wir uns, daß aufsteigende Luft kühler und feuchter wird. Die aufsteigende Luft des Bandes Nr. 1 ebenso wie die des entsprechenden Bandes über der südlichen Halbkugel erzeugt am Äquator den ersten klimatischen Grundtypus, das *Äquatorialklima*, wie wir es im

Amazonastal, in Zentralafrika, auf den indonesischen Inseln und in einigen anderen Gebieten antreffen. Die Feuchtigkeit der hier aufsteigenden Luft wird zu schweren Wolken kondensiert und erzeugt heftige Regenfälle. Es ist ständig feucht. Da diese Gebiete am Äquator liegen, ist es außerdem auch heiß. Zwar herrscht keine glühende Hitze, denn die schwere Wolkendecke hält einen großen Teil der Sonnenstrahlen ab, aber es ist dennoch heiß genug, um bei der herrschenden großen Luftfeuchtigkeit den Aufenthalt für jeden, der nicht an dieses Klima gewöhnt ist, recht unangenehm zu machen – oft sogar auch für die Landesbewohner selbst. In den tropischen Regenwäldern, die mit ihrer feuchten Wärme riesigen Treibhäusern gleichen, finden wir einen überreichen Pflanzenwuchs.

Wenn wir jetzt an den Rand des tropischen Gebiets kommen, wo das Förderband Nr. 1 auf das Band Nr. 2 stößt, dann finden wir dort eine ganz andere Lage vor. Hier steigt die Luft nicht auf, sondern sinkt und wird deshalb nicht feuchter sondern trockener. Auf der Erdoberfläche angekommen, ist sie trocken genug, um den zweiten klimatischen Grundtypus zu erzeugen: das *Wüstenklima*, wie wir es in Teilen des nördlichen Mexiko, im Südwesten der USA und besonders in dem großen Wüstengürtel antreffen, der sich über Nordafrika und Arabien bis nach Iran und Pakistan erstreckt. Auf der südlichen Halbkugel finden wir ähnliche Regionen im Küstengebiet von Peru und Chile, in Teilen von Südafrika und in weiten Gebieten von Australien. Die Trockenheit der Luft erlaubt auch keine – oder fast keine – Wolkenbildung. So fehlten nicht nur Niederschläge, sondern auch der Schutz einer Wolkendecke. Dies alles trägt dazu bei, die Hitze unerträglich machen.

Die Tagestemperatur kann bis auf 54 Grad Celsius im Schatten steigen. Natürlich wachsen hier kaum irgendwelche Pflanzen oder gar Bäume. Nur solche Pflanzen- und Tierarten können in der Wüste leben, die in einem langen Anpassungsprozeß Mittel hervorgebracht haben, mit denen sie das Wasser speichern können. Die Wüsten sind unfruchtbare Gebiete, in denen nur wenige Menschen freiwillig leben.

Verlassen wir diese ungesunden Regionen und wenden uns nach Norden, so kommen wir zum Treffpunkt der Bänder Nr. 2 und 3. Hier liegt die sogenannte gemäßigte Zone, fraglos eine der unzutreffendsten Bezeichnungen, die man sich vorstellen kann. Das Wort „gemäßigt" trifft hier nicht zu, in einem großen Teil dieser Zone ist das Wetter im höchsten Maße unberechenbar, voller Gegensätze und damit alles andere als gemäßigt. Aus diesem Grunde möchte ich dies die *Sturm-*

zone nennen. Da die meisten von uns dieses Klima aus eigener Anschauung kennen, müssen wir hier nicht viel darüber sagen. Die Temperaturen variieren in den weit nördlich oder südlich des Äquators gelegenen Gebieten mit den Jahreszeiten ganz erheblich; das ganze Jahr über fällt jedoch als Folge der aufeinander einwirkenden beiden Bänder eine verhältnismäßig große Menge an Regen und Schnee. Dies nicht nur deswegen, weil ein großer Teil der Luft in die Höhe steigt und kälter wird, sondern auch durch die weitere Abkühlung der warmen Luft des zweiten Bandes; durch die kalte Luft des dritten entstehen zusätzliche Wolken – und damit noch mehr Niederschläge.

Im äußersten Norden schließlich, wo das Band Nr. 3 sich wieder auf die Erdoberfläche senkt, haben wir die *Polarzone,* die immer kalt und – wegen der absinkenden Luft – immer sehr trocken ist. Hier könnte jemand einwenden, daß man kaum von trockenem Klima sprechen kann, wenn doch bekanntlich weite Gebiete der polaren Regionen mit Schnee und Teile sogar mit einer zwei bis drei Kilometer dicken Eisschicht bedeckt sind. Doch diese große Menge gefrorenen Wassers ist nicht etwa das Ergebnis von reichlichen Niederschlägen, sondern sie ist dadurch entstanden, daß die einmal gefallenen Niederschläge dort bleiben, wo sie sind. Da es das ganze Jahr über kalt ist, kann kaum etwas verdunsten oder gar schmelzen und wegfließen. Selbst in den „wärmeren", eisfreien Teilen dieser Zone fließt das Wasser nur sehr langsam ab. Die tieferen Bodenschichten bleiben auch im Sommer gefroren („Permafrost"), weswegen das Wasser kaum versickern kann.

Diese Tatsachen führen uns übrigens zu einem wichtigen Umstand, der uns später noch mehrfach beschäftigen wird: In den meisten Klimazonen wird das Klima nicht nur von der Niederschlagsmenge bestimmt, sondern auch davon, was mit den Niederschlägen geschieht, wenn sie gefallen sind, d. h. wie schnell sie verdunsten, abfließen oder tief in den Boden sickern. Die jährliche Niederschlagsmenge, durch welche die Eisschichten über Grönland, der Antarktis oder nördlich der kanadischen Tundra kilometerdick gehalten werden, würden in Brasilien oder Nigeria so schnell verdunsten, daß dort sehr bald eine Wüste entstehen müßte.

Zu meinem Bedauern muß ich jetzt gestehen, daß vieles von dem, was ich bisher in diesem Kapitel geschrieben habe, eine abstrakte Vereinfachung ist; die drei „Förderbänder" entsprechen der komplizierten Wirklichkeit der planetarischen Zirkulation nicht einmal so, wie ein Strichmännchen von Kinderhand der tatsächlichen Gestalt eines menschlichen Wesens entspricht. Es sind praktische Abstraktionen insofern sie uns ein sauberes, vereinfachtes Bild davon geben, was sich in der Atmosphäre über weite Gebiete hinweg tut, aber es sind eben bloß Abstraktionen.

Dies gilt natürlich erst recht für die Behauptung, daß die Enden der Förderbänder und die Klimazonen, welche sie bezeichnen, gleichmäßig um die Erde herum auf die gleichen Breitengrade verteilt sind. Ein großer Teil der äquatorialen Zone liegt in der Tat dem Äquator sehr nahe, aber nicht alle Gebiete am Äquator haben äquatoriales Klima, und umgekehrt liegen auch nicht alle Gebiete, die ein solches Klima haben, in der Nähe des Äquators. Das gleiche gilt für die Wüstenzonen und für andere Klimazonen. Vielerorts liegen sie ein gutes Stück nördlich oder südlich der Breite, auf der sie sein „sollten". Sie verschieben sich mit den Jahreszeiten und verhalten sich ganz allgemein so unberechenbar, wie wir dies von Naturkräften zu erwarten gelernt haben.

Natürlich gibt es Gründe für eine solche Unordnung, einige davon werden wir im folgenden Kapitel behandeln. Zunächst müssen wir jedoch nochmals klarstellen, daß zwar die beschriebenen Förderbänder bestenfalls Abstraktionen der Wirklichkeit darstellen, daß aber die *klimatischen Grundtypen* durchaus real existieren, wie jeder bezeugen kann, der den Kongo, Arizona (der Name bedeutet übrigens „trockene Zone"), Mitteleuropa oder Grönland besucht hat. Die meisten sonstigen Klima-Arten auf der Erde – und es gibt noch viele, von denen wir noch gar nicht gesprochen haben – kann man recht deutlich als Varianten oder Mischungen eines oder mehrerer unserer vier Grundtypen erkennen: des äquatorialen Klimas (heiß und feucht), des Wüstenklimas (sehr heiß und trocken), des Sturmklimas (heiß oder kalt, je nach der Jahreszeit, aber immer recht feucht) und des polaren Klimas (kalt und trocken).

4. Das Klima heute II

EINIGE KOMPLIKATIONEN

Die Tatsache, daß es auf der Erde große Land- und Wassermassen gibt, ist der Hauptgrund für die komplizierte Verteilung klimatischer Grundmuster. Ganz besonders liegt das daran, daß die Land- und Wassermassen nicht in wohlgeordneten Gürteln entlang den Breitengraden rund um die Erde verteilt liegen. Diese Komplikation ist dafür verantwortlich, daß London mit seinem fast typischen Sturmzonen-Klima auf demselben Breitengrad liegt wie Labrador mit seinem nahezu polaren Klima; daß New York, wo man alljährlich viele Millionen Dollar für die Beseitigung des Schnees von den Straßen ausgibt, auf derselben Breite liegt wie das subtropische Neapel, wo Frost – ganz zu schweigen von Schnee – kaum bekannt ist. So erklärt sich auch, weshalb das von der Sonne ausgedörrte Kairo mit seinem typischen Wüstenklima – jährlich nur etwa 2,5 cm Regen – auf demselben 13. Breitengrad liegt wie New Orleans, das mit seinen etwa 150 cm Regen im Jahr ein Klima hat, das fast zu allen Jahreszeiten die typischen Merkmale des Sturmklimas aufweist.

Diese besonderen Auswirkungen der Land- und Wassermassen lassen sich vor allem auf zwei Tatsachen zurückführen. Die erste ist, daß das Wasser auf Grund der Struktur des H_2O-Moleküls sich viel langsamer erhitzt und abkühlt als das Land. An einem sonnigen Julitag kann der Sand am Nordseestrand so heiß werden, daß man ihn nur mit Schmerzen barfuß betreten kann, während das Wasser immer noch recht kalt ist, und man schon recht abgehärtet sein muß, um ein Bad zu wagen. In den Tropen, wo sich weder der Erdboden noch das Wasser stark abkühlen, oder auch an den Polen, wo sie sich kaum erwärmen, spielt dies keine große Rolle; anders aber in den mittleren Breiten, wo die Temperaturen von einer Jahreszeit zur anderen stark schwanken. Hier ist die Meeresoberfläche im Sommer merklich kühler als der Erdboden, im Winter aber wärmer. Die jährliche Durchschnittstemperatur des Wassers liegt aus mehreren Gründen im allgemeinen höher als die des Erdbodens.

Dazu kommt noch der Umstand, daß der Wind in diesen Gebieten vor allem von Westen kommt. Das Ergebnis sind ausgeprägte Klimaunterschiede zwischen der Westseite der Kontinente, wo die Winde hauptsächlich vom Ozean herkommen, und den weiter östlich gelegenen Regionen, wo der Wind meist vom Land her weht. Im Westen erlauben die warmen Meere den Luftmassen, im Winter viel weiter zu den Polen hinaufzuziehen, so daß die Sturmzone, in der sich warme Tropenluft und kalte Polarluft begegnen, weiter nördlich bzw. südlich liegt, als sie eigentlich müßte. Daraus folgt, daß das Klima in Nordwesteuropa und an der amerikanisch-kanadischen Nordwestküste (einschließlich Alaska) wärmer ist, als man dies allein nach dem Breitengrad annehmen würde. Das gleiche gilt für Gebiete wie Neuseeland und das südliche Chile. Mehr noch: berücksichtigt man nur die Temperaturen, so erscheint das allgemeine Sturmklima dieser Gegenden sogar eher gemäßigt. Die von See her kommenden Winde sind durch das Wasser erwärmt und erzeugen verhältnismäßig milde Winter und kühle Sommer.

Ganz anders liegen die Dinge in den Gebieten auf der Ostseite der Kontinente. Im Winter ermöglicht der kalte Boden den polaren Luftmassen, weiter gegen den Äquator vorzudringen und damit auch die Sturmzone weiter in diese Richtung zu verschieben. Das „Kontinentalklima" dieser Regionen ist deshalb im Durchschnitt kühler und gleichzeitig extremer als das „Seeklima" (oder „maritime Klima") der küstennahen Regionen im Westen. Die Stadt Boston an der amerikanischen Ostküste („Kontinentalklima") liegt viel weiter südlich als z. B. Seattle an der Westküste („Seeklima"), und doch herrscht hier eine geringere jährliche Durchschnittstemperatur mit kälteren Wintern und heißeren Sommern. Weiter zur Mitte des Kontinents, z. B. in Chicago, ist der Winter noch kälter und der Sommer noch heißer als in Boston. Das gleiche gilt natürlich für die Regionen im Osten und Westen der großen europäisch-asiatischen Landmasse, so beispielsweise für die Unterschiede zwischen dem maritimen London und dem kontinentalen Wladiwostok.

Im subtropischen Gebiet sind die Klimagegensätze zwischen West und Ost noch deutlicher. In östlichen Regionen wird die Wüstenzone durch die Verschiebung der Sturmzone nach Süden (und aus anderen

Gründen, die selbst für diesen schwierigen Abschnitt zu komplex sind) praktisch völlig verdrängt. Die südöstlichen Teile der Vereinigten Staaten und Chinas sind deshalb nicht heiß und trocken, sondern warm und feucht.

Die zweite große klimatische Komplikation, die sich aus dem Kontrast zwischen Kontinenten und Meeren ergibt, besteht darin, daß alle auf der Erde vorkommenden Niederschläge aus den Meeren und nicht aus den Landmassen aufsteigen. Natürlich nimmt die über das Land streichende Luft auch große Mengen Feuchtigkeit aus dem Boden und der Vegetation auf, aber gerade deswegen — sowie durch das Absickern des Wassers in tiefere Bodenschichten und das Ablaufen großer Wassermengen durch die Flüsse — würde die Bodenoberfläche schließlich vollkommen austrocknen, wenn der Wasservorrat nicht ständig durch feuchte, von den Ozeanen herangeführte Luftströme ergänzt würde. Da also die Feuchtigkeit in der Atmosphäre letzten Endes aus den Ozeanen kommt, wird die Luft um so trockener, je länger die Strecke ist, die sie von dorther zurückgelegt hat. Das trifft besonders dann zu, wenn die vom Meer herangeführte Luft auf dem Wege in das Innere der Kontinente über hohe Bergketten ziehen muß: steigt sie nämlich bei der Überquerung der Gebirge zwangsläufig nach oben, so kühlt sie sich ab und läßt einen großen Teil ihrer Feuchtigkeit in Form von Niederschlägen auf die Erde fallen — genauso wie die über der äquatorialen Klimazone aufsteigende Luft. Sinkt die Luft auf der anderen Seite des Gebirgszuges wieder ab, so erwärmt sie sich und wird damit trockener — ebenso wie die abfallende Luft über den Wüstenzonen.

Die Auswirkungen in den gemäßigten Breiten sind auch hier wieder am markantesten. Die weit von der See entfernten oder im „Regenschatten" der Gebirge liegenden Regionen haben ein viel trockeneres Klima, als es ihre geographische Lage in der Sturmzone eigentlich erwarten ließe. So erklären sich die „gemäßigten" Wüstengebiete z. B. in Zentralasien oder in der großen Tieflandregion der Vereinigten Staaten, in denen es teilweise ebenso trocken wie in der Sahara ist, aber nicht so heiß, da sie viel weiter nördlich liegen.

Leider darf man nicht annehmen, daß sich die verschiedenen Klimazonen über ein genau zu begrenzendes Gebiet erstrecken. Es gibt zahllose Grenzfälle wie z. B. das trockene — aber nicht wüstenartige — Kontinentalklima unserer weiten Präriegebiete oder wie die kalten — aber nicht polaren — Zonen in Sibirien und Kanada oder zahllose andere Fälle. Wir brauchen uns hier nicht mit einer endlosen Liste aller klimatischen Varianten und Subvarianten zu belasten. Zwei davon sind jedoch noch einer kurzen Erwähnung wert, weil sie zu verschiedenen Zeiten eine besonders wichtige Rolle in der Entwicklung des Menschen und seiner Kultur gespielt haben. Soweit wir es heute sagen können, hat der Mensch sich zunächst in der *Savannenzone* entwickelt, und die ersten menschlichen Kulturen entstanden im Bereich des *Mittelmeerklimas*.

Die klimatischen Verhältnisse in diesen beiden Zonen sind buchstäblich Grenzfälle. Sie entstehen dadurch, daß sich die Klimazonen mit den Jahreszeiten verschieben. Im Sommer rücken sie näher an die Pole heran und ziehen sich im Winter wieder gegen den Äquator zurück. Deshalb geraten gewisse Regionen – ähnlich wie umkämpfte Grenzgebiete, die zwischen zwei Armeen liegen – zu verschiedenen Jahreszeiten unter den Einfluß verschiedener Klimazonen. So finden wir zwischen der Äquatorialzone und der Wüstenzone die *Savannenzone*, die im Sommer zur regenreichen Tropenzone und im Winter zur Wüstenzone gehört. Darunter fallen große Teile von Süd- und Zentralamerika sowie jenes tropischen Afrikas, in welchem der Mensch sich aus seinen affenartigen Vorfahren zu entwickeln begann.

Zwischen der Wüstenzone und der Sturmzone liegen die Verhältnisse gerade umgekehrt. Dort beherrscht die Wüste das Klima während des langen und heißen Sommers, im Winter aber zieht sie sich zurück, um Stürmen und heftigen Regen- und Schneeschauern den Vortritt zu lassen. Dort genau liegt – wie schon der Name anzeigt – die Zone des Mittelmeerklimas. Es ist das Gebiet, in dem die alten Hebräer, Griechen und Römer das Fundament unserer heutigen westlichen Zivilisation gelegt haben. Ähnliche Klimazonen findet man auch in Teilen von Kalifornien, Chile, Südafrika und Australien. Um dem Leser einen klaren Überblick über die mannigfaltigen Klimazonen zu ermöglichen, haben wir zum Abschluß eine Tabelle mit einigen Ergänzungen zusammengestellt:

KLIMA	KENNZEICHEN	HAUPTGEBIETE
äquatoriales Klima	das ganze Jahr heiß und feucht	Amazonas, Kongo, Indonesien, Mittelamerika
Savannenklima	feuchte Sommer, trockene Winter, das ganze Jahr heiß	Südamerika und Afrika nördlich und südlich des Äquators, Indien, Südostasien, Australien
tropisches Steppenklima	wie Savannenklima, aber weniger Regen, besonders in der trockenen Jahreszeit	zwischen Savannen und Wüsten, Teile von Brasilien und Indien
tropisches Wüstenklima	das ganze Jahr sehr heiß und trocken	SW der USA, NW von Mexiko, Nordafrika, Naher Osten, Pakistan, SW-Afrika Zentralaustralien
Mittelmeerklima	heiße, trockene Sommer; milde und feuchte Winter	Mittelmeerküsten, Portugal, Kalifornien, Zentralchile
Sturmzone { maritimes Klima	kühle Sommer, milde Winter, das ganze Jahr feucht	NW-Küste der USA und Kanadas, NW-Europa, Neuseeland und Südchile
feuchtes Kontinentalklima	heiße Sommer, kalte Winter, das ganze Jahr feucht	mittlere und nordöstliche USA, Südostkanada, Mitteleuropa, westliche Sowjetunion, Zentralchina, Japan

KLIMA	KENNZEICHEN	HAUPTGEBIETE
trockenes Kontinentalklima (Steppe)	desgleichen, aber zu allen Jahreszeiten weniger Regen	nordamerikanische Prärien, südliche Sowjetunion, NW-China, Zentralargentinien
kontinentales Wüstenklima	heiße Sommer, kalte Winter, das ganze Jahr trocken	Südwesten der USA, südliche Sowjetunion, Westchina
subtropisches Klima	heiße Sommer, milde Winter, das ganze Jahr feucht	Süden der USA, Nordindien und Burma, Südchina
Subpolares Klima	sehr kalte, trockene Winter, kühle, feuchte Sommer	Alaska, Kanada, Sibirien
Polarklima	das ganze Jahr sehr kalt und trocken	Grönland, Küsten des arktischen Ozeans, Antarktis

Sturmzone (bracket spanning the first three rows)

5. Das Klima der Vergangenheit I

DIE INDIZIEN UND DIE PROBLEME

Cape Cod ist sicher eine der schönsten Gegenden für den Sommerurlaub. Hier findet man fast alles: die Brandung des Atlantiks für geschickte Schwimmer und Wellenreiter, die stillen Buchten für weniger Kühne und Angler; kleine, wie Edelsteine in die Landschaft gestreute Seen, deren weiches Wasser dem Haar einen seidigen Glanz verleiht, und am schönsten (jedenfalls für mich) die Einsamkeit der fast endlos sich hinziehenden Strände und Nadelholzwälder.

Das Klima von Cape Cod ist ebenfalls ausgezeichnet. Da es an der Ostküste der Vereinigten Staaten liegt, hat es das für diese Breite innerhalb der Sturmzone zu erwartende Kontinentalklima. Im Durchschnitt fällt genügend Regen im Jahr, um die kleinen Seen randvoll mit Wasser zu füllen und die Blaubeeren an den Hängen reifen zu lassen. Die meisten Tage im Sommer sind so warm, daß man Schwimmen als Vergnügen und oft sogar als Notwendigkeit empfindet. Da Cape Cod jedoch fast vollständig vom Ozean umgeben ist, hat sein Klima zugleich auch einen angenehmen maritimen Beigeschmack. Die durchschnittliche Julitemperatur ist etwa 5 Grad tiefer als auf dem Festland, z. B. in Boston, das nur etwa 70 Kilometer entfernt liegt, und allein dies genügt schon, um aus einem unerträglich heißen Sommer einen angenehm warmen zu machen.

Natürlich gibt es auch auf Cape Cod Steine. Am Strand liegen vom Wasser rundgeschliffene Kiesel. Auf den Sandbänken und an den Straßeneinschnitten findet man größere Steine und zum Teil auch Felsblöcke. Aber sie sind erstaunlich verschiedenartig. Geht man bei Ebbe am Strand entlang, so findet man ein Stück rosa Granit neben einem weißen Quarzsplitter. Hier liegt ein Kiesel aus braunem Sandstein, dort feinkörniger, grauer Basalt. Neben einem runden Stück

Trümmergestein findet man ein flachgeschliffenes Schieferplättchen, das flott über die leichten Wellen springt, wenn man es an einem windstillen Tag über das Wasser wirft. Man hat den Eindruck, ein Riese habe in grauer Vorzeit ein ungeheures Netz über Tausende von Quadratkilometern gezogen und zur Befriedigung seiner Neugier fünfzig oder hundert verschiedene Gesteinsproben darin eingefangen.

Etwas Ähnliches ist auch wirklich geschehen. Durch diese Steine, den Boden und ein halbes Dutzend anderer geologischer und topographischer Gegebenheiten haben die Wissenschaftler erfahren, daß dieser „Riese" eine ungeheure *Eisschicht* war, die vor etwa 50.000 Jahren von Labrador nach Süden vorrückte. Dieser gewaltige, durch bedeutende Veränderungen im Klima der Erde gebildete Gletscher mit einer Dicke von fast zwei Kilometern hat sich im Lauf der Jahrhunderte nach Süden bewegt und dabei den Mutterboden auf den weiten Tiefebenen abgeschürft, tiefe Scharten in die Felsen geschliffen und das Gestein zermahlen.

Als er schließlich an der Küste von Neuengland ankam, konnte er nicht weiter vorrücken, da das Eis im warmen Klima dieser Region ebenso schnell schmolz wie es vorwärtsrutschte. In den folgenden Jahrtausenden hielt das ständig in Bewegung befindliche Eis ungefähr das Gleichgewicht mit der Atmosphäre, kam in kalten Jahren etwas weiter voran, zog sich zurück, wenn es wärmer wurde, brachte jedoch immer wieder neue Steine und neuen Mutterboden heran. Vor etwa 15.000 Jahren erlahmten schließlich die Naturkräfte, welche die Eisschicht gebildet hatten, der Gletscher zog sich zurück und verschwand vollständig. Was er zurückließ, waren die großen Ansammlungen von Gesteinstrümmern und Erde, die er von Norden hierher gebracht hatte. Cape Cod ist einer dieser durch den Gletscher herangeschobenen Trümmerhaufen, der dann in den folgenden Jahrhunderten durch die Winde, den Regen und die Gezeiten geformt wurde.

Vor etwa 15.000 Jahren lag Cape Cod, das damals allerdings noch keine Landzunge war, am äußersten Rand einer kontinentalen Eisschicht. Sein heute so gesundes Klima muß in jener Zeit etwa demjenigen geglichen haben, das wir heute an der Küste von Grönland finden. Als Sommerfrische war es vielleicht für den Moschusochsen und den Eisbären attraktiv.

Die Geschichte des Klimas von Cape Cod illustriert sehr anschaulich eines der Zentralthemen dieses Buches: Das Klima, also die Durchschnittsergebnisse der ständigen Wetterveränderungen, ist selbst der Veränderung unterworfen. Es gibt auf der Erde tatsächlich nur ganz wenige Gegenden, in denen man keine Anzeichen dafür finden kann, daß das Klima vor tausend, zehntausend oder zehn Millionen Jahren anders (und manchmal sogar radikal anders) war als heute. In diesem und dem folgenden Kapitel werde ich davon sprechen, welche Indizien den Wissenschaftler zu diesen Schlüssen führen, und mit welchen Problemen der Klimatologe es zu tun hat, wenn er sie auszuwerten versucht.

Wie nicht anders zu erwarten, sind die Beweismittel, die uns zur Verfügung stehen, sehr verschiedener Art, und dies um so mehr, je weiter wir in die Vergangenheit zurückgehen. Für das gegenwärtige Jahrhundert stehen uns natürlich genaue Messungen der Temperaturen, der Niederschlagsmengen usw. für fast jeden Teil der Erde zur Verfügung. Gehen wir jedoch vor das Jahr 1900 zurück, dann werden die Tabellen spärlicher, und für das Ende des 18. Jahrhunderts besitzen wir nur noch Angaben für ganz wenige Orte in Westeuropa. Für noch frühere Zeiten gibt es keine genauen Messungen mehr. Hier sieht sich der Klima-Historiker gezwungen, mit Vermutungen zu arbeiten. Da er nicht mehr feststellen kann, wie das Klima an einem gegebenen Ort beschaffen war, muß er untersuchen, was es *bewirkt* hat, um von den Wirkungen auf die Ursachen zu schließen. Benutzt er die Gegenwart als Schlüssel zur Vergangenheit, dann nimmt er an – und das kann er mit einiger Sicherheit –, daß die Auswirkungen bestimmter klimatischer Gegebenheiten auf Tiere, Pflanzen und Mineralien vor Jahrhunderten die gleichen gewesen sind wie heute.

Wenn wir erfahren wollen, welches Material die Klimatologen auswerten, um sich ein Bild von den klimatischen Verhältnissen in der „jüngeren" Vergangenheit zu machen, so brauchen wir nur die Protokolle einer Konferenz, die im Sommer 1961 in Aspen, Colorado, abgehalten wurde, durchzublättern. Zweck dieses Treffens bestand darin, alle vorhandenen Unterlagen, die sich auf das Klima von zwei bestimmten Perioden beziehen (im 16. und 11. Jahrhundert), zu sammeln. Man wollte feststellen, ob sich daraus ein detailliertes und zusammenhängendes Bild ergäbe.

Das auf dieser Konferenz vorgelegte Material wurde in zwei großen Tabellen übersichtlich zusammengefaßt, die allgemein unter der Bezeichnung „Aspen-Diagramme" bekannt wurden. Ein kurzer Blick auf die fast einen Meter lange Tabelle für das 16. Jahrhundert zeigt bereits, wie verschiedenartig das Material ist. Hier eine Eintragung der Daten, an denen das Frühjahrstauwetter den Ostseehafen Riga vom Eis befreite und für die Schiffahrt zugänglich machte. Ein spätes

Datum deutet wohl auf eine dicke Eisschicht und einen strengen Winter hin. Etwas tiefer finden sich die Daten für die Weinlese in Frankreich, in denen notiert wurde, wann die Winzer die reifen Trauben ablieferten, um sie zu Wein keltern zu lassen. Eine späte Weinlese bedeutete einen kühlen Sommer, eine frühe war das Ergebnis eines angenehm warmen Sommers. Weiter unten haben wir Schätzungen über die Sommertemperaturen in England, die aus den Akten der großen Landgüter und ähnlichen Quellen, oder aus Angaben über die Getreidepreise in einem halben Dutzend Ländern stammen. Man gewinnt den Eindruck, daß eine Menge Leute hier gewaltige Arbeit geleistet haben. Doch bei näherer Betrachtung der Tabellen drängt sich einem der Gedanke auf, daß der Wert des Materials nicht immer den Mühen entspricht, die man darauf verwendet hat.

Aus den Archiven der Kathedrale von Barcelona läßt sich z. B. entnehmen, wie oft jedes Jahr um Regen gebetet wurde. Man würde erwarten, daß in den Jahren, in denen solche Bittgottesdienste häufig stattfanden, die Niederschläge gering waren, die Ernte wenig erbrachte und die Preise in die Höhe gingen. Und wenn wir diese Tabelle mit derjenigen für die Getreidepreise in Barcelona vergleichen, dann stellen wir auch tatsächlich fest, daß in Jahren, in denen viele Bittgottesdienste stattfanden, die Preise oft recht hoch lagen. Es gab aber auch viele Ausnahmen.

Der einzige Schluß, den man aus den Angaben ziehen darf, lautet, daß die Jahre, in denen die Bittgottesdienste und die Preise einander entsprechen, trockene Jahre waren. Wo diese Übereinstimmung fehlt, läßt sich über das Wetter nichts Genaues aussagen.

Wenden wir uns nun einem ganz anderen Land zu: Japan. Die japanischen Priester haben aus religiösen Gründen jahrhundertelang gewissenhaft die Daten für zwei an sich unbedeutende Ereignisse festgehalten: den Zeitpunkt, an dem der Suwa-See im Winter zufror, und den der Kirschblüte im Frühjahr. In den Jahren, in denen sich die Eisschicht auf dem See erst spät bildete, muß der Winter *bis zu diesem Zeitpunkt* milde gewesen sein, es fragt sich nur, ob der Rest des Winters ebenfalls milde gewesen ist. Das können wir diesen Aufzeichnungen nicht entnehmen. Nach dem Beginn der Kirschblüte zu urteilen, war es jedoch häufig nicht der Fall.

Die Schwierigkeiten mit diesen und ähnlichen Aufzeichnungen liegen darin, daß die meisten Menschen in den meisten geschichtlichen Perioden unheilbar provinziell dachten. Sie beschäftigten sich nur mit den Dingen, die ihren eigenen Interessenkreis betrafen. Die japanischen

Priester interessierten sich für Kirschblüten, die Verfasser der Kirchenbücher in Barcelona für Bittgottesdienste oder Getreidepreise. Keiner von ihnen kümmerte sich um das Wetter oder das Klima. Freilich sind gewisse Dokumente zuverlässiger und bedeutungsvoller als andere. Die auf Pergament geschriebenen Aufzeichnungen aus den großen englischen Gütern des 16. und des 11. Jahrhunderts vermitteln ein relativ zuverlässiges Bild vom damals dort herrschenden Klima, wenigstens insoweit, als daraus zu entnehmen ist, daß ein bestimmter Winter wärmer oder kälter oder ein bestimmter Sommer feuchter oder trockener war als gewöhnlich. Aber sogar hier müssen wir zunächst untersuchen, was ein Gutsschreiber im 11. Jahrhundert für „normal" hielt.

Es ist deshalb kaum verwunderlich, daß die Klimatologen bei ihrer Erforschung der „jüngsten Vergangenheit" gern die von Menschenhand gemachten fragmentarischen Aufzeichnungen beiseite legen, um sich den von der Natur hinterlassenen zuzuwenden. Selbstverständlich spricht die Natur manchmal in Gleichnissen, die einer sorgfältigen Interpretation bedürfen. Aber was sie uns hinterläßt, wird in seinem Wert nicht durch die Unzuverlässigkeit des menschlichen Gedächtnisses oder die Einseitigkeit menschlicher Interessen gemindert. Die Natur hinterläßt Spuren dessen, was wirklich geschehen ist, und nicht Spuren bloßer Vermutungen.

Gletscher hinterlassen sehr aufschlußreiche Spuren. Die kontinentalen Eisschichten, die die Zusammensetzung des Bodens wie z. B. auf Cape Cod beeinflußt haben, sind zwar seit Tausenden von Jahren verschwunden. Aber in den Gebirgen wie etwa in der Schweiz und in den nördlichen Rocky Mountains gibt es auch heute noch kleine Gletscher. In bescheidenerem Rahmen verrichten sie dieselbe Arbeit wie jene und schieben Mutterboden und Gestein zu Gebilden zusammen, die die Geologen als Moränen bezeichnen.

Wenn ein Geologe, der ein Gletschertal untersucht, zwei Kilometer „stromabwärts" des heutigen Gletscherrandes eine solche Moräne findet, dann weiß er mit Sicherheit, daß der Gletscher sich zurückgezogen und das Klima in dieser Gegend sich verändert hat. Vielleicht ist es in diesem Gebiet trockener geworden: die Niederschlagsmenge hat sich verringert, es gab also weniger Schnee, der dem Gletscher Nahrung geben konnte. Vielleicht sind aber auch die Sommer wärmer geworden, die höhere Temperatur hatte das Eis so schnell abschmelzen lassen, daß der im Winter gefallene Schnee den Gletscher nicht mehr weiter vorwärtstreiben konnte. Ohne zusätzliches Beweismaterial kann der Geologe nicht entscheiden, welcher Umstand verantwortlich für die Veränderung war (es können auch beide zugleich gewesen sein). Sicher ist nur, daß eine Klimaveränderung stattgefunden hat.

Findet nun unser Geologe auf der Moräne einen Fichtenwald, dessen älteste Bäume etwa 200 Jahre alt sind, so hat er es schon leichter. Diese Bäume hätten nicht unmittelbar am Rande des Gletschers wachsen können. Der Rückzug des Gletschers und die Klimaveränderung, die ihn bewirkte, müssen folglich vor mehr als 200 Jahren erfolgt sein. Aus solchen Anhaltspunkten konnten wir z. B. feststellen, daß die Alpengletscher in den letzten Jahrzehnten des 16. Jahrhunderts viel weiter in die Täler vorstießen als heute.

An Bäumen können wir aber noch viel mehr ablesen als das Vordringen oder Abschmelzen von Gletschern. Sie können uns durch ihre eigene Struktur sehr detaillierte Angaben über das Klima machen. Wie jeder, der mit Holz umgeht, weiß, weisen die Schnittflächen von Brettern oder Balken ein Muster aus gebogenen Linien auf. Das sind die Jahresringe des Baumes, aus dem das Brett geschnitten wurde. Alle Bäume, die in Regionen mit verschiedenen Jahreszeiten wachsen, legen sich Jahr für Jahr solche Ringe um, und der Umfang eines jeden Ringes zeigt uns, wie günstig oder wie ungünstig das Wetter in dem betreffenden Jahr für das Wachstum des Baumes war.

In den meisten Gebieten ist der Regen der wichtigste klimatische „Wachstumsfaktor". Vor einiger Zeit fand ich auf dem Grundstück eines Bekannten in Connecticut den Stumpf einer weißen Eiche, die vor wenigen Wochen gefällt worden war. Unmittelbar unterhalb der Rinde entdeckte ich vier bis fünf schmale Ringe: Sie hatten sich in den trockenen Sommern gebildet, die diese Gegend während der Dürreperiode der vergangenen Jahre erlebt hatte. Mehr zur Mitte des Stammes hin fand ich breitere Ringe: das Ergebnis feuchterer Jahre. An diesem Baumstumpf hätte ich die Entwicklung des Wetters in diesem Gebiet für die vergangenen fünfzig bis sechzig Jahre zurückverfolgen können.

In Gebieten mit subpolarem Klima, wie etwa in Zentralalaska, ist der wichtigste Faktor nicht die Feuchtigkeit – bei den niedrigen Temperaturen und der geringen Wasserverdunstung ist es immer feucht genug –, sondern die Temperatur und besonders die Länge der Wachstumsperiode im Sommer. Je länger der Sommer dauert, desto breiter werden die Wachstumsringe.

Aus jedem Baumstumpf, aus jedem Balken eines alten Hauses oder aus jedem vom Sturm gefällten Stamm lassen sich solche Informationen ablesen, und sie können nach der im 7. Kapitel beschriebenen

Methode oft auf das Jahr genau datiert werden. Durch das Sammeln solcher Angaben können wir z. B. feststellen, daß die Sommer in Lappland während des 16. Jahrhunderts kaum anders als jetzt waren, daß sie jedoch gegen Ende des Jahrhunderts wesentlich kühler wurden. Kombiniert man diese Daten mit anderen, dann zeigt sich, daß die schmaleren Baumringe in Lappland und das Vordringen der Gletscher in der Schweiz Hinweise auf eine allgemeine Abkühlung des Klimas in Europa sind. Desgleichen können wir heute feststellen, daß die Sommer in Alaska im 11. Jahrhundert wesentlich wärmer als heute waren.

Das Schlimme bei diesen und anderen Hinweisen der Natur ist der Umstand, daß sie nur für die Gegend gelten, in der man sie findet, während wir uns doch oft gerade für ganz andere Gegenden interessieren. Für den Anthropologen, der die Wanderungen der Eskimos untersuchen will, sind die Angaben über das Klima des 11. Jahrhunderts in Alaska sehr wertvoll, aber unser Interesse betrifft eher das westeuropäische Klima zu der Zeit, als die Normannen sich auf die Überfahrt zu den von den Sachsen beherrschten englischen Inseln vorbereiteten, oder das Klima in Spanien, als die mohammedanische Kultur ihrer literarischen und wissenschaftlichen Blüte entgegenging. Genaue Angaben über das lappländische Klima im 16. Jahrhundert sind weniger fesselnd als ebenso genaue Angaben über das England der Königin Elisabeth I. oder das Italien Michelangelos.

Wo die Zeugen der Vergangenheit fehlen, muß sich der Klimatologe auf ein kompliziertes Spiel einlassen: er muß die zufällig gewonnenen Anhaltspunkte aus weniger interessanten Gebieten auf jene übertragen, die ihn eher interessieren. Das ist ein recht schwieriges Unternehmen. Dabei kann es vorkommen, daß die gleichen Schlüsse, die unter bestimmten Bedingungen zu richtigen Ergebnissen führen, unter anderen Verhältnissen Folgerungen ergeben, die sich bei einer Überprüfung als das Gegenteil der Wahrheit erweisen. Man nehme z. B. das Klima in Alaska und Lappland, die beide in der subpolaren Region liegen. Das Aspen-Diagramm enthält die Auswertung von Jahresringen an Bäumen beider Gegenden aus dem 16. Jahrhundert, so daß die klimatischen Verhältnisse dieser Gebiete miteinander verglichen werden können. Dabei zeigt sich, daß im allgemeinen (wenn auch nicht immer) ein warmer Sommer in Alaska einem kalten in Lappland entsprach.

Das ist recht einleuchtend. Im subpolaren Klima hängen die Temperaturen im Sommer weitgehend davon ab, wieviel kalte, arktische Luft in diese Gebiete vordringt. Da bei gleichbleibenden sonstigen Verhältnissen jährlich etwa die gleiche Menge solcher Luft nach Süden kommt, muß sie, wenn sie einmal nicht nach Alaska geht, irgendwo anders bleiben, z. B. in Lappland. Aber die sonstigen Verhältnisse bleiben sich nicht immer gleich. Die Aspen-Diagramme für das 11. Jahrhundert (und auch andere Angaben) zeigen deutlich, daß die Sommer in beiden Regionen, sowohl Alaska als auch Lappland, damals wärmer als heute waren – ebenso auch in Grönland, in Nordwesteuropa und – soweit wir das feststellen können – überall im Norden der nördlichen Erdhälfte. Anders als im 16. Jahrhundert, in dem ein wärmeres Jahr in der einen Gegend offenbar durch ein kälteres in einer anderen ausgeglichen wurde, war das 11. Jahrhundert im ganzen wärmer. Hier müssen also noch andere Umstände mitgewirkt haben, von denen die Klimatologen aber bis heute noch nicht wissen, welche es waren.

Je weiter wir die Kette unserer Rückschlüsse von den bekannten zu den unbekannten Regionen spannen, desto verwirrender wird das Bild. So sollte man erwarten, daß die bemerkenswerten Klima-Veränderungen, die im 11. Jahrhundert im Norden auftraten, von ebensolchen Veränderungen im Süden begleitet waren. Dies ist auch der Fall, doch waren die Veränderungen keineswegs immer so, wie wir sie erwartet haben.

Am einfachsten kann man sich die Veränderungen im 11. Jahrhundert vorstellen, wenn man annimmt, daß sich die Polarzonen – aus welchen Gründen auch immer – zusammengezogen haben. Eine verkleinerte Polarzone bewirkt ein Vordringen der subpolaren Zone nach Norden, um die entstandene Lücke auszufüllen; als weitere Folge – sollte man denken – verlagert sich auch die Sturmzone, die Mittelmeerzone und die Wüstenzone nach Norden. Dies ist jedenfalls das Bild, das sich die Klimatologen lange Zeit gemacht haben. Bis zu einem gewissen Punkt scheint es zuzutreffen. Teile des heute in der Polarzone gelegenen südlichen Grönland, dessen immer gefrorener Boden heute keinen Baumwuchs erlaubt, waren damals zum Teil bewaldet und mußten daher der subpolaren Zone zugerechnet werden. Viele Gebiete Westeuropas, die heute im Herzen der Sturmzone liegen, waren zu jener Zeit etwas trockener und hatten eher ein Mittelmeerklima.

Blicken wir jedoch weiter nach Süden, dann geraten wir in Schwierigkeiten. Wenn das Klima in Westeuropa trockener war und mehr als heute dem Mittelmeerklima glich, so müßte das Gebiet um das Mittelmeer noch trockener gewesen sein. Die Wüstenzone, die sich jetzt nur im Sommer bis hierhin erstreckt, müßte unserer Annahme nach auch in den übrigen Jahreszeiten das Wetter bestimmt haben. Doch die zur Verfügung stehenden (und recht zuverlässigen) Anhaltspunkte weisen im Gegenteil darauf hin, daß das Mittelmeergebiet damals nicht trockener sondern feuchter als heute war – und zwar auch im Sommer.

Einige Wissenschaftler wollen dies folgendermaßen erklären: da die Wüstenzone im 11. Jahrhundert augenscheinlich nicht nach Norden vorrückte, die weiter nördlichen Klimazonen dagegen durchaus, muß eine Lücke entstanden sein, in die sich eine sekundäre Sturmzone hineinschob. Dadurch kam es in bestimmten Gebieten, die heute trocken sind, zu Sommerregen. Diese These impliziert allerdings, daß die ganze planetarische Zirkulation, die wir im 3. Kapitel so ausführlich dargelegt haben, damals ganz anders ausgesehen haben muß als heute. Wir können hier nur darauf hinweisen, daß Vermutungen über das Klima ebenso riskant sind wie alle anderen Vermutungen, ja wahrscheinlich noch riskanter.

Alle diese Probleme – und das möchte ich besonders betonen – beziehen sich auf die jüngste Erdgeschichte, auf eine Periode also, die nur verhältnismäßig geringe klimatische Veränderungen erlebte und über die wir relativ umfangreiches Material haben. Die wirklichen Probleme kommen erst noch! Je weiter wir in die Vergangenheit zurückgehen, desto schwieriger wird es.

6. Das Klima der Vergangenheit II

DAS ISOTOPEN-THERMOMETER

Weil mir die zahlreichen kleinen Teiche und Seen auf Cape Cod so gut gefallen, sehe ich mit einiger Sorge, daß sie kleiner werden. Freilich geht das nur sehr langsam; solange ich und meine Kinder leben, wird es sie noch geben. Aber allmählich wird der Schilfgürtel immer breiter. Die Schwertlilien und die Wasserlinsen breiten sich nach der Mitte zu immer mehr aus, und jedes Jahr heben die Pflanzenreste den Grund ein wenig an. Auch die Pflanzen am Ufer tragen ihren Teil dazu bei. An jedem windigen Tag, besonders im Herbst, regnen die Blätter der Wachsmyrte, der Eiche, der Scheinakazie und die Nadeln und Zapfen der Fichte auf die Wasseroberfläche. Die meisten dieser pflanzlichen Stoffe vermodern oder werden von den unzähligen kleinen Wassertieren, von denen die Fische leben, als Nahrung aufgenommen. Doch ein großer Teil bleibt auch am Grunde liegen. In wenigen Generationen werden viele dieser Teiche zu Sümpfen geworden sein, deren abgestandenes, saures Wasser in Fäulnis übergeht. Wieder ein paar Generationen weiter, und die versumpften Teiche füllen sich mit vielen aus Pflanzenresten bestehenden Schichten und verwandeln sich in Torfmoore. Manch ein Teich auf Cape Cod hat diesen Prozeß schon hinter sich, und heute wachsen Moosbeeren darauf.

Torf findet sich natürlich nicht nur auf Cape Cod. Überall, wo das Klima feucht genug ist, d. h. wo es reichliche Niederschläge gibt, das Wasser verhältnismäßig langsam verdunstet und nicht allzu schnell absickert, bilden sich Torfmoore. Wo es feucht genug ist, trifft man sie nicht nur im Tiefland, sondern sogar im Gebirge an. Heute entsteht Torf in der kanadischen Tundra, im Sumpfgebiet von Florida und an vielen anderen Orten; das saure Wasser konserviert die Pflanzenreste, aus denen man die klimatische Vergangenheit ablesen kann.

Aus der Untersuchung von Torf haben die Wissenschaftler zu allererst und am zuverlässigsten eine Reihe von klimatischen Veränderungen früherer Zeiten feststellen können. Solche Zeugen der Vergangenheit gibt es aus Perioden, die nicht nur Jahrhunderte, sondern sogar Jahrtausende zurückliegen. Das Holz mit seinen Wachstumsringen verfault. Selbst im trockenen Klima des amerikanischen Südwestens reichen die aus Baumringen zu lesenden Urkunden nicht viel weiter zurück, als bis zum Beginn der christlichen Zeitrechnung. Aber Torf, vorausgesetzt, daß er im Wasser bleibt oder auf andere Weise vor der zersetzenden Wirkung des Sauerstoffs geschützt wird, ist fast unsterblich. Liegt er lange und tief genug unter der Erdoberfläche, so verwandelt er sich in Kohle.

Vor fast einem Jahrhundert haben Archäologen und Botaniker in Norddeutschland und Skandinavien die tiefen Einschnitte durchforscht, welche die Torfstecher in den Torfmooren hinterlassen hatten; sie untersuchten den Pflanzenwuchs in den verschiedenen Schichten und erkundeten so die klimatischen Verhältnisse aus der Zeit ihrer Entstehung. Fichtennadeln zeigten an, daß das Klima etwa dem heutigen entsprach. Die Blätter von Eichen, Ulmen und Linden ließen auf ein wärmeres und trockeneres Klima schließen, etwa wie heute im Rheinland. Kiefernnadeln dagegen gaben Hinweise für ein subpolares Klima, wie es jetzt in Nordskandinavien und Rußland herrscht. Finden sich im Torf aber die Blätter der Zwergweide, so darf man annehmen, daß an dieser Stelle und zu jener Zeit ein polares Klima herrschte, etwa wie heute in Spitzbergen oder im nördlichen Labrador.

Die Wissenschaftler stellten noch mehr interessante Dinge fest. Von Zeit zu Zeit fanden sie im warmbraunen Torf schwarze Schichten, in denen gelegentlich Baumstümpfe eingebettet waren. Sie bezeichneten Perioden mit bedeutend trockenerem Klima: trocken genug, um den weiter oben liegenden Schichten das Wasser zu entziehen, so daß Luft eindringen und den Torf durch die Oxydation schwärzen konnte. Auf solchem Boden konnten sogar Bäume gedeihen. Wurde das Klima anschließend wieder feuchter, so entstand über diesen Schichten ein neues Moor, in dem die Bäume abstarben und sich neuer Torf bildete.

Beobachtungen solcher Art ermöglichten es den Klimatologen, die Veränderungen des Klimas in Nordeuropa und anderen Gebieten über einen Zeitraum von mehr als 10.000 Jahren zurückzuverfolgen. Ein Torfmoor ist daher für den Klimatologen zweifellos von großem Wert – doch freilich nur dort, wo es ihm zur Verfügung steht. In den meisten Gegenden der Erde gibt es keinen Torf, weil das Klima zu trocken ist,

oder weil die topographischen Verhältnisse für die Bildung von Torf-
schichten über lange Zeitabschnitte ungünstig sind. Ein geübter
Botaniker braucht allerdings kein Eichenblatt zu finden, um feststellen
zu können, ob an einer bestimmten Stelle einmal eine Eiche gewachsen
ist. Er kann zum gleichen Schluß kommen, wenn er nur wenige winzige
Eichenpollen findet. Unter dem Mikroskop lassen sich die Pollen
ebensogut unterscheiden wie Blätter. Doch im Gegensatz zu Blättern,
die nur in einem Moor länger als ein paar Jahre erhalten bleiben, halten
sich die Pollen fast überall.

Am besten sucht man sie auf dem Grund von Gewässern. Die vom
Wind auf das Wasser gewehten Pollen sinken zu Boden und vermischen sich mit dem Sand und Kies, den die Flüsse anschwemmen. So
schreiben sie in den Ablagerungsschichten eine Urkunde über das damalige Klima. Daneben findet man Pollen auch in den Ablagerungen,
die durch Hochwasser in überschwemmten Tälern gebildet wurden,
und in einem Wüstengebiet fand man sie sogar im ausgetrockneten
Dung von Tieren, deren Nachkommen ebenso wie die Pflanzen, von
denen sie sich ernährten, schon vor 5000 Jahren aus jenem Teil der Welt
verschwunden sind.

Man könnte nun meinen, daß die Suche nach Pollen wohl die sicher-
ste Methode zur Erforschung aller Veränderungen des Pflanzenwuchses und damit auch der klimatischen Verhältnisse ist. Aber auch hier
gibt es Skeptiker. Einer der bedeutendsten ist wohl Professor Edward
Deevey von der Yale-Universität. Er ist gleichzeitig ein Experte auf
dem Gebiet der Pollen und bestätigt damit den alten Grundsatz, demzufolge man um so skeptischer wird, je mehr man von einer Sache versteht. So zum Beispiel zweifelt Deevey an der üblichen Interpretation
eines Übergangs von Gras- oder Busch- zu Fichtenpollen, nämlich,
daß auf Grund vermehrter Regenfälle ein Wald an die Stelle der
Savanne getreten sei. Deevey wendet ein, daß Fichten – ebenso wie die
meisten Bäume – im Vergleich mit anderen Pflanzen riesige Mengen
von Pollen erzeugen. Das Auftreten von Fichtenpollen kann deshalb
unter Umständen nur auf die Existenz eines einzigen Baumes, der an
einer besonders günstigen und feuchten Stelle wuchs, zurückzuführen
sein. Ein Baum macht aber noch keinen Wald aus. Des weiteren führt
Deevey aus: wenn die Pollenfunde z. B. in Minnesota zeigen, daß
Graswuchs an die Stelle der Bäume getreten ist, so heißt das nicht
unbedingt, daß das Klima trockener wurde; es kann auch daran liegen,
daß Indianer die Bäume fällten oder den Wald niederbrannten, um
Boden für den Anbau von Mais oder Kürbissen zu kultivieren.

Aber auch die Pollen überdauern nicht ewig, so wertvoll die Schlüsse sein mögen, die wir aus ihrem Vorkommen ziehen können. Nach einigen hunderttausend Jahren sind sie verschwunden, und wir können unsere Rückschlüsse auf das Klima nur noch aus der Gestalt der Erde selbst ziehen – oder daraus, wie es unter der Erdoberfläche aussieht. Wenn der Klimatologe Glück hat, findet er vielleicht versteinerte Reste von Pflanzen, Blättern oder Beeren; diese Teile waren vor Millionen von Jahren in einen Fluß gefallen, wurden im Treibsand, der sich später zu Schiefer oder Kalkstein verwandelte, begraben, so daß wir heute die Abdrücke längst ausgestorbener Pflanzenarten finden. Aber wie gewöhnlich muß man bei solchen Entdeckungen sehr vorsichtig mit seinen Schlußfolgerungen sein. Je weiter man in die Vergangenheit zurückgeht, desto wahrscheinlicher wird es, daß man auf Pflanzen trifft, die wir heute nicht mehr kennen; das fossile Fragment einer Pflanze, die niemand „lebendig" gesehen hat, kann sogar die Fachleute aufs Glatteis führen. Fossile „Tannenzapfen" aus der Zeit vor etwa 10 Millionen Jahren erwiesen sich später nach genauer Untersuchung als die Früchte einer Abart des Teestrauchs. Andere Früchte hielt man zunächst für Insektenkokons.

Auch fossile Tiere lassen Schlüsse auf die klimatischen Verhältnisse zu, doch ist deren Interpretation unter Umständen noch schwieriger als die der fossilen Pflanzen. Findet man den Schädel eines fossilen Bibers, so kann man mit einiger Sicherheit daraus folgern, daß das Klima feucht genug war, um diesem Tier die erforderlichen Lebensbedingungen in einem Gewässer zu geben. Was aber fangen wir mit einem fossilen Nashorn an? Heute lebt das Nashorn sowohl in feuchten als auch in trockenen Regionen, wenn sie nur heiß sind. Einige der ausgestorbenen Nashornrassen lebten jedoch unter klimatischen Bedingungen, die wir nach allen sonstigen Anzeichen nur als subpolar bezeichnen können. In diesem Fall haben wir glücklicherweise eine Erklärung: es gab nämlich zu Lebzeiten dieser Nashörner auch schon Menschen, die die Tiere in Höhlenzeichnungen verewigten; wir erkennen daraus, daß die damaligen Nashörner einen dichten Pelz hatten. In anderen Fällen fehlen solche Hinweise, weswegen wir sehr vorsichtig sein müssen, wenn wir von den Lebensgewohnheiten der heutigen Tiere auf die ihrer ausgestorbenen Verwandten schließen wollen.

Das Klima hinterläßt seine Spuren nicht nur an Pflanzen und Tieren eines bestimmten Gebietes, sondern auch am Land selbst. Von den Gletschermoränen haben wir schon gesprochen. Es gibt aber auch noch viele andere aufschlußreiche Rückstände. In bestimmten Gebieten des südlichen Afrika stieß der Spaten des Forschers auf Sanddünen, die heute von Savannen oder sogar vom tropischen Urwald bedeckt sind. Aus solchen geologischen „Fossilien" können wir entnehmen, daß jene Wüstenstrecken, die heute Hunderte von Kilometern weiter südlich liegen, damals diese Gebiete bedeckt haben mußten. Bei der Erforschung des großen Beckens von Nevada und Utah haben Geologen die „fossilen" Küsten des Bonneville-Sees entdeckt, eines riesigen Süßwassersees, der etwa so groß gewesen sein muß wie die Großen Seen im Norden der Vereinigten Staaten. Er bedeckte eine Fläche, die heute Wüste ist; der Große Salzsee ist nur ein stark zusammengeschrumpfter Rest. Gewisse Kiesablagerungen berichten von Strömen und Flüssen, die längst im Sande versickert sind. Aus Tonablagerungen schließen wir auf große Seen an Orten, wo heute Kakteen wuchern. Ablagerungen von Steinsalz oder Gips, die sich auf dem Grund des wasserreichen Michigan oder in Mitteleuropa finden, lehren uns, daß diese Gebiete früher fast Wüsten waren: so heiß und trocken, daß die älteren Binnenseen, deren Wasserbestände weder durch Niederschläge noch durch Flüsse aufgefüllt wurden, versiegten, und jenes Salz zurückließen, das wir heute ausbeuten und zu verschiedensten Zwecken benutzen.

Wenn wir nun so vieles über die indirekten Hinweise berichtet haben, die uns mit all ihren Wenns und Abers nur ungewisse Anhaltspunkte über das Klima der Vergangenheit geben, so mag es den Leser überraschen, wenn er erfährt, daß es Methoden gibt, mit deren Hilfe man gewisse Aspekte des längst vergangenen Klimas *direkt* (oder jedenfalls fast direkt) messen kann. Die feinen Techniken der Chemie und der Kernphysik ermöglichten die Entwicklung einer Art Thermometer, mit dem die Temperatur der Ozeane, wie sie vor einer Million und sogar vor hundert Millionen Jahren war, gemessen werden kann.

Die Sache ist interessant genug, um ausführlich behandelt zu werden. Es begann 1946 in Zürich, in einem Hörsaal der berühmten Technischen Hochschule. Der Vortragende war der bekannte amerikanische Chemiker Harold Urey. Thema war seine Arbeit über Isotope, für die er zwölf Jahre zuvor den Nobelpreis erhalten hatte.

Die Isotopen eines bestimmten Elements werden, wie Urey erläutert, gewöhnlich als Atome bezeichnet, die sich voneinander nur hinsichtlich ihrer atomaren Struktur und ihres Gewichts, nicht aber hinsichtlich ihrer chemischen Eigenschaften unterscheiden. So sind z. B. das Uran 238 und das Uran 235 in den Eigenschaften ihrer Atome ganz verschieden. Aus dem zweiten läßt sich eine Bombe herstellen, nicht aber aus dem ersten. Sie bilden jedoch vollkommen gleichartige chemische Verbindungen, ein Umstand, aus dem sich für jeden, der die spaltbaren Isotope von den nicht spaltbaren trennen will, erhebliche Schwierigkeiten ergeben – freilich leider nicht unüberwindliche. In Wirklichkeit, so fuhr Urey fort, verhalten sich die Isotope im Reagenzglas aber dennoch nicht ganz gleich. Der Sauerstoff im gewöhnlichen Wasser (das O im H_2O) besteht aus drei verschiedenen Isotopen: O–16, O–17 und O–18. Wenn nun das Wasser in einem Glas verdunstet, dann nimmt der Wasserdampf zunächst etwas mehr von den leichteren O–16-Atomen mit, so daß das im Glas verbleibende Wasser einen höheren Anteil von den beiden übrigen Isotopen hat als vorher.

In der auf Ureys Vortrag folgenden Diskussion brachte der schweizer Kristallograph Paul Niggli sein eigenes Spezialgebiet ein und meinte, das Wasser der Ozeane müsse eine andere Isotopenzusammensetzung haben als das Wasser in Flüssen und Binnenseen, weil die Meere in höherem Maß der Verdunstung ausgesetzt sind als die Binnengewässer. Dieser Unterschied müsse sich auch in Mineralien zeigen, die sich in bestimmten Gewässern kristallisieren. Untersucht man also ein Stück Kalkstein, eine Koralle oder eine Muschel, dann müßte sich zeigen, ob dieses Material in Süßwasser oder in Salzwasser entstanden sei. Urey hielt dies für wahrscheinlich, man ließ es jedoch zunächst dabei bewenden. Doch wieder in sein Laboratorium in Chicago zurückgekehrt, erinnerte sich Urey an das Problem.

Nun ist er durchaus kein engstirniger Spezialist. Seine Wißbegier erstreckt sich über ein weites Gebiet. Seine Untersuchungen gelten den Isotopen, dem Ursprung des Lebens auf der Erde und auch der Gestalt der Mondoberfläche. Der Gedanke, man könne in Süßwasser und in Salzwasser entstandenen Kalkstein einfach dadurch unterscheiden, daß man die Verhältniszahlen der Isotope feststellt, regte seine Phantasie an, und er notierte deshalb eine Reihe von Gleichungen, um zu prüfen, wie stark sich diese Verhältniszahlen voneinander unterscheiden. Sehr bald erkannte er, daß das Verhältnis der Isotope in jedem Fall nicht nur davon abhängt, ob es sich um Salzwasser oder Süßwasser handelt, sondern auch *von der Temperatur des Wassers zur Zeit der Entstehung des betreffenden Minerals.* Plötzlich, mit der Intuition, die den großen Wissenschaftler auszeichnet, wurde ihm klar, daß er ein biologisches Thermometer gefunden hatte.

Um genau zu sein, besaß Urey zunächst freilich nur die Idee für ein Thermometer, und zwischen der Idee und ihrer Verwirklichung lagen noch vier Jahre harter Arbeit. Auch große Temperaturschwankungen erzeugen nur winzige Variationen in der Anzahl der Isotope. Eine Temperaturschwankung von 50 Grad verändert das Verhältnis um weniger als ein Prozent. Die zunächst für die Isotopentrennung verfügbaren Instrumente arbeiteten nicht genau genug und mußten deshalb verfeinert werden, bevor man mit ihnen die Temperaturschwankungen so präzise ablesen konnte, wie es diese Forschung erforderte. Um das Instrument zu justieren, verwendete Urey die Schalen von Muscheln, die unter kontrollierten Temperaturen gezüchtet worden waren, wobei sich eine Reihe neuer Probleme ergab.

Erst 1950 waren Urey und seine Mitarbeiter endlich soweit, daß sie Temperaturmessungen vornehmen konnten. Ihr erstes Versuchsobjekt war ein Donnerkeil, ein ausgestorbener Verwandter des Tintenfisches und des Seepolypen, der vor etwa 150 Millionen Jahren im seichten Wasser eines Meeres an einer Stelle herumgeschwommen war, wo heute Schottland liegt. Die Skelette dieser fossilen Tintenfische sind Kalksteinstücke in Zigarrenform. Wenn man sie durchsägt, weisen sie ganz ähnliche Ringe wie die Bäume auf. Tatsächlich hatte man sie auch schon seit langer Zeit für Wachstumsringe gehalten, aber da niemand jemals lebendige Tintenfische dieser Gattung gesehen hat, ließ sich diese Annahme nicht beweisen. Urey und seine Mitarbeiter lösten die einzelnen Schichten ab und analysierten sie. Zu ihrer Freude stellten sie fest, daß die in den Schichten gemessenen Temperaturen schwankten, und das entsprach mit an Sicherheit grenzender Wahrscheinlichkeit den jahreszeitlichen Schwankungen der Meerestemperatur. Daraus konnten sie ableiten, daß ein schon seit 150 Millionen Jahren toter Tintenfisch im Frühsommer zur Welt gekommen war, drei weitere Sommer gelebt hatte und im nächsten Frühjahr gestorben war.

Doch die Temperaturkurven zeigten noch mehr: Das Meer bei Schottland war damals wesentlich wärmer als heute. Im Sommer hatte das Wasser eine Durchschnittstemperatur von 20 Grad Celsius; im Winter sank sie auf etwa 15 Grad. Solche Daten entsprechen den Verhältnissen, wie wir sie heute vor Marokko antreffen. Die Feststellungen bedeuten allerdings keine große Überraschung, denn aus anderen Indizien hatte sich schon früher das gleiche Bild ergeben. Sie bestätigten jedoch die Brauchbarkeit des Thermometers. Hätte es ähnliche Wassertemperaturen angezeigt, wie man sie heute bei Schottland findet, dann wäre irgend etwas nicht in Ordnung gewesen.

Ureys Thermometer ist natürlich ebenso wie alles andere, was mit der Erforschung der Klimageschichte zu tun hat, nur bedingt tauglich. Das Verhältnis der Isotope in einem bestimmten Objekt hängt nicht nur von der Temperatur des Wassers, in dem dieses Objekt entstanden ist, sondern auch von dem Verhältnis der Isotope im Wasser ab. Untersuchungen haben gezeigt, daß die Isotopen-Zusammensetzung der verschiedenen Meere durchaus unterschiedlich ist. Wo das Wasser schnell verdunstet, wie in den Tropen, sind die schweren Isotope zahlreicher. Wo große Mengen Süßwasser ins Meer fließen, wie in der Ostsee, sind sie seltener. Die Auswertung muß deshalb unter Berücksichtigung der verschiedensten Voraussetzungen – und einer Prise Intuition – erfolgen.

Aber dennoch zeigt es sich, daß die Analyse der unterschiedlichen Meeresregionen relativ einheitliche Ergebnisse erbringt. So hat man z. B. zahlreiche Bohrungen auf dem Meeresboden vorgenommen und die Bohrkerne untersucht. Bohrkerne sind lange Zylinder aus Schlamm und Schlick, die mit Hilfe besonderer Vorrichtungen den Ablagerungen des Meeresbodens entnommen werden können. Ein sieben Meter langer Bohrkern kann aus verschiedenen Ablagerungsschichten bestehen, die sich während Zehntausenden von Jahren gebildet haben. An ihnen kann unter Umständen abgelesen werden, wie sich die Wassertemperatur verändert hat. Nun zeigen tatsächlich die Temperaturkurven aus so weit voneinander entfernten Meeren wie dem Mittelmeer, dem Nordatlantik und der Karibischen See im einzelnen zwar deutliche Unterschiede, gleichen sich aber in der allgemeinen Fluktuation auffallend. In den obersten Schichten liest man Temperaturwerte ab, die den heute üblichen weitgehend gleichen. Weiter unten stellt man eine Abkühlung der Erde während der letzten Eiszeit fest. Geht man noch weiter hinunter, so trifft man auf mehrfache Schwankungen zwischen wärmeren und kälteren Perioden, die ein Bild der gesamten Eiszeiten-Epoche geben.

Im nächsten Abschnitt werden wir noch mehr über das „geologische Thermometer" von Urey und seine Bedeutung zu sagen haben. Im Augenblick genügt die Feststellung, daß viele Klimatologen den Wert des Thermometers für die Erforschung der Klimaveränderungen *in den Ozeanen* bestätigen. Was aber die Auswirkungen dieser Veränderungen auf *das Festland, den Lebensraum des Menschen*, betrifft, so ist man weiterhin geteilter Meinung.

7. Das Klima der Vergangenheit III

DIE WELTZEIT-UHR

In diesem Kapitel wollen wir die Datierungsmethoden behandeln, weil wir im weiteren Verlauf unserer Betrachtungen immer wieder darauf zurückkommen müssen. Es überrascht nicht, daß ein großer Teil der Hinweise auf das *wann* einer Klimaveränderung demselben Material entnommen worden ist, aus dem wir wissen, *wie* es sich verändert hat. Es gibt Zeittafeln in der Form von Wachstumsringen, Pollen und Untersuchungen des Meeresgrundes. Fossilien spielen eine Rolle, ebenso aber auch die äußere Gestalt des Geländes. Die nützlichsten Daten erhalten wir jedoch durch Methoden, die sich von allen bisher geschilderten ganz wesentlich unterscheiden: Die Überlegenheit guter „Uhren" zur Messung vergangener Zeit besteht darin, daß sie die klimatischen Veränderungen gerade *nicht* mit anzeigen und also auch nicht von ihnen beeinflußt werden können. Die natürlichen Prozesse, wie wir sie auf der Erde kennen, dürfen sie weder beschleunigen noch verlangsamen.

Für die Aufstellung der frühesten Zeittafeln verwendete man Fossilien. Die Idee dazu, ja die Idee der historischen Klimaforschung überhaupt, dürfte wohl erstmals im 17. Jahrhundert dem Engländer Robert Hooke gekommen sein, einem in mancher Beziehung bemerkenswerten Mann. Als einer der ersten vertrat Robert Hooke die Auffassung, daß Fossilien die Reste von Lebewesen aus früherer Zeit darstellen. 1686 untersuchte er fossile Muscheln, die er im Bezirk Portland gefunden hatte. Es fiel ihm auf, daß diese Muscheln viel größer waren, als alle lebendigen Muscheln der englischen Gewässer und daß sie große Ähnlichkeit mit bestimmten tropischen Muscheln hatten. So fragte er sich, ob England nicht früher in der „heißen Zone" gelegen haben müsse. Er hatte noch keine Vorstellung davon, zu welcher Zeit dieses „früher" gewesen sein könnte; er meinte, daß die Muscheln selbst ihm diese Frage irgendwie zu beantworten hätten. „Es ist gewiß sehr schwierig" – so schrieb er – „etwas Genaues aus ihnen herauszulesen, daraus einen Zeitplan aufzustellen und zu bestimmen, in welchen Zeitabständen diese oder jene Katastrophe oder Veränderung eingetreten ist. Aber es ist nicht unmöglich."

Hooke hatte völlig recht. Aber es sollte noch über ein Jahrhundert vergehen, bevor man Fortschritte in der Aufstellung von Zeittafeln durch Fossilien machte. Für die meisten Menschen genügte die Zeittafel der Bibel. Wozu sollte man über das Alter vorgeschichtlicher Muscheln spekulieren, wenn der Erzbischof Ussher in seiner großen Gelehrsamkeit festgestellt hatte, daß die Schöpfung am Sonntag, den 23. Oktober 4003 v. Chr., um 9 Uhr vormittags, stattgefunden hatte? Sogar gebildeten Menschen fiel es damals schwer, dem Beispiel Hookes zu folgen und sich auf das zu verlassen, was sie mit eigenen Augen sahen, Fossilien als Fossilien zu erkennen und nicht als zufällige Steingebilde, als „Scherze der Natur" oder als irgend etwas anderes – nur nicht als das, was sie wirklich waren. Mitte des 18. Jahrhunderts behauptete der Gouverneur von Massachusetts, dem man die Stoßzähne eines prähistorischen Elefanten zeigte, es seien die Zähne eines Ungeheuers, das zur Zeit Noahs in der Sintflut ertrunken sei. Etwa um die gleiche Zeit zeigte man ähnliche Zähne Negersklaven in Virginia, die sie ohne zu zögern als „die Backenzähne eines Elefanten", wie sie sie aus ihrer afrikanischen Heimat kannten, identifizierten.

Manchmal ist allzuviel Bildung ein größeres Hindernis als gar keine.

Der Engländer William Smith, der die erste Zeittafel auf Grund von Beobachtungen an Fossilien aufgestellt hat, war nicht mit zuviel Wissen belastet. Er wurde 1769 geboren, verlor mit acht Jahren seinen Vater und lernte in der Dorfschule Lesen, Schreiben und Rechnen. Dann bildete er sich selbst weiter. Nachdem er sich die Grundlagen der Geometrie und des Vermessungswesens beigebracht hatte, arbeitete er fast sein ganzes Leben als Landvermesser. Bezeichnenderweise hatte Smith schon als Knabe angefangen, Steine zu sammeln, und dabei interessierte er sich besonders für Gesteinsproben, die Fossilien enthielten. Zum Glück für die Wissenschaft lebte Smith zur richtigen Zeit und am richtigen Ort. In den Jahrzehnten vor und nach 1800 wurden in England zahlreiche Kanäle gebaut. Hunderte von Meilen neuer Wasserstraßen wurden aus dem Fels, dem Sand und dem Ton herausgehauen und gegraben. Als Landvermesser und Bauaufseher beobachtete Smith, wie die Arbeiter mit ihren Spaten in die unteren Erdschichten vordrangen.

Auf seinen Dienstreisen, die ihn in manchem Jahr eine Strecke bis zu 16.000 Kilometern zurücklegen ließen, machte Smith ausführliche Aufzeichnungen über alle Arten von Steinen, die ihm zu Gesicht kamen. Er erkannte bald, daß die Gesteinsschichten in England nicht horizontal übereinander liegen, sondern schräg wie „Butterbrotscheiben auf einem Teller". Wenn ein Kanal ausgehoben wird, so kann es vorkommen, daß in einem kurzen Stück von wenigen Kilometern zahlreiche Bodenschichten zutage treten, wobei Sandstein, Schiefer und Kalkstein miteinander abwechseln. Smith hatte durch seine Beobachtungen bereits bemerkt, daß die oberen Schichten jünger sein müssen als die unteren. Doch wenn sich auch so das relative Alter der einzelnen Schichten an jedem einzelnen Ort feststellen ließ, so konnte man noch nicht sagen, welche Beziehung zwischen einer Kalksteinschicht in Wales und einer ähnlichen Schicht an der Nordseeküste bestand.

Doch Smith machte sich nicht nur die Mühe, die Verteilung der einzelnen Gesteinsarten zu notieren, sondern er vermerkte auch, welche Fossilien darin eingeschlossen waren. Schließlich erkannte er, daß „jede Schicht besondere und für sie typische Fossilien enthält und daher in sonst zweifelhaften Fällen ... durch die Untersuchung dieser Fossilien erkannt und von anderen unterschieden werden kann". Damit hatte Smith begonnen, die Seiten des Buchs der Vergangenheit zu numerieren und zu ordnen. Ausgehend von seinen Feststellungen konnten die Wissenschaftler nun Gesteinsproben mit Fossilien aus ganz England (und dann auch aus der ganzen Welt) untersuchen und chronologisch einordnen. Jetzt war eine Zeitbestimmung auch dann möglich geworden, wenn die Gesteinsschichten, wie es manchmal vorkommt, im Verlauf allmählicher Erdverschiebungen ihre Lage verändert haben, so daß die ältesten Schichten oben und die jüngsten unten liegen.

Doch Smiths Fossiliendatierung gab den Forschern nur *relative* Daten, keine *absoluten*. Man konnte feststellen, daß eine bestimmte Gesteinsschicht jünger oder älter als eine andere war, nicht aber, wie alt sie beide waren. Es verging mehr als ein Jahrhundert, ehe man hier zu einigermaßen zuverlässigen Daten kam. Inzwischen behalfen sich die Geologen mit allen möglichen fragwürdigen Vermutungen. Dabei gingen sie nach einem Grundsatz vor, den wir schon oben erwähnt haben: sie benutzten die Gegenwart als Schlüssel zur Vergangenheit.

Man stelle sich einen Fluß vor, der über einen Steilfelsen hinunterstürzt und unten durch eine enge Schlucht weiterfließt. Mit Sicherheit wird sich der Wasserfall allmählich stromaufwärts verlagern, da der felsige Abhang durch den im Wasser mitgeführten Sand und Kies immer mehr abgeschliffen wird. Nehmen wir an, nach 50jähriger Beobachtung hat man festgestellt, daß alle 10 Jahre 30 cm des Gesteins abgeschliffen werden. Wenn die Schlucht 300 Meter lang ist, so muß der Fluß vor etwa 10.000 Jahren erstmals auf das Gestein eingewirkt haben. Diese Rechnung ist allerdings nur dann korrekt, wenn die Verhältnisse früher die gleichen waren wie heute, wenn also der Fluß nicht sehr viel mehr oder weniger Wasser führte als jetzt, wenn das Gestein in der Schlucht nicht viel härter oder weicher ist als an der Stelle, an der wir den Schliff beobachtet haben usw.

Gerade diese Voraussetzungen haben sich allerdings oft verändert. Vor vielen Jahren hat man versucht, nach dieser Methode festzustellen, seit wann der Niagarafluß die Schlucht unterhalb der Niagarafälle auswäscht. Würde man dieses Datum kennen, so wüßte man zugleich auch, wann sich die letzten Gletscher von diesem Punkt an der Grenze zwischen den Vereinigten Staaten und Kanada zurückgezogen haben. Mit der genannten und ähnlichen Methoden fand man heraus, daß dies etwa vor 25.000 Jahren gewesen sein mußte. Als man jedoch weiteres Material über die letzte Eiszeit gesammelt hatte, merkte man, daß diese Zahl offenbar viel zu hoch war. Bei näherer Untersuchung der Schlucht kam man dann tatsächlich zu dem Ergebnis, daß sie zum großen Teil schon lange vor der letzten Eiszeit ausgeschliffen worden war und sich später mit dem im Eis herangeführten Material – Sand, Kies und Schlick – gefüllt hatte. Diese Füllung konnte das Wasser natürlich schneller durchschneiden als das feste Gestein. Heute wissen wir, daß sich der letzte Gletscher vor etwa 10.000 Jahren aus dieser Gegend zurückgezogen hat.

Nicht alle älteren Schätzungen absoluter geologischer Daten waren so falsch wie diese. Einige waren, wie wir jetzt wissen, erstaunlich genau. Damals bestand aber noch nicht die Möglichkeit, die genauen Daten von den ungenauen zu unterscheiden. Die Lösung dieses Problems kam schließlich durch die Radioaktivität. Seit 1888 hat eine Reihe bedeutender wissenschaftlicher Entdeckungen Stück für Stück zusammengetragen, was heute jeder Schuljunge weiß: Atome bestimmter Elemente sind instabil. Sie sind „radioaktiv", d. h. sie senden spontan verschiedene Strahlen aus und verwandeln sich dabei in Atome anderer Elemente.

Weniger als zwanzig Jahre nach der Entdeckung der Radioaktivität hatten die Physiker festgestellt, daß die Umwandlung der Atome sich ununterbrochen und stetig vollzieht, eine Tatsache, die bis dahin unvorstellbar war. Jedes radioaktive Element zerfällt auf seine Weise und mit seiner eigenen Zerfallsgeschwindigkeit. Als Maßeinheit dieser Geschwindigkeit gibt man die sogenannte „Halbwertszeit" an. Das gewöhnliche, nicht spaltbare Uran z. B. hat eine Halbwertszeit von etwa 4,5 Milliarden Jahren. Ein Pfund Uran wird nach 4,5 Milliarden Jahren nur noch ein halbes Pfund wiegen, denn der Rest hat sich in etwas anderes verwandelt. In weiteren 4,5 Milliarden Jahren wird nur noch die Hälfte des halben Pfundes übrig sein usw.

Nimmt man die Radioaktivität zu Hilfe, so ist die Gegenwart in der Tat der zuverlässigste Schlüssel für die Vergangenheit. Man braucht keine Vermutungen mehr darüber anzustellen, wieviel Wasser ein Fluß im Lauf seines Lebens mit sich geführt hat oder dergleichen. Wir haben sogar allen Grund zur Annahme, daß die Zerfallsgeschwindigkeit des Urans oder eines beliebigen anderen radioaktiven Elements vor einer Milliarde Jahren die gleiche war wie heute und auch nach einer weiteren Milliarde Jahren die gleiche sein wird.

1907 kam der große englische Physiker Lord Rutherford auf den Gedanken, daß man mit Hilfe der Radioaktivität das absolute Alter von Felsen messen kann. Er wußte, daß zerfallenes Uran eine ganze Reihe rascher Verwandlungen durchmacht, bis schließlich aus jedem Uranatom ein stabiles Bleiatom geworden ist. Jedes Uranatom stößt im Prozeß seiner Umwandlung zu einem Bleiatom acht Heliumatome aus. Sollte es nicht möglich sein, so fragte sich Rutherford, einen uranhaltigen Gesteinsbrocken zu nehmen und zu messen, wie viele Uran- und wie viele Heliumatome darin enthalten sind, um aus dem Verhältnis der beiden Elemente zu berechnen, seit wann das Uran in diesem Gesteinsbrocken schon im Zerfall begriffen ist? Im Prinzip war das durchaus möglich. In der Praxis war dazu ein sehr kompliziertes Verfahren notwendig. Eine der Schwierigkeiten besteht darin, daß die sehr leichten und kleinen Heliumatome auch aus festem Gestein entweichen können. Allmählich wurden die Probleme jedoch gelöst oder umgangen, heute ist die Datierung mit Hilfe des Urans eine zuverlässige Standardtechnik für die Messung des absoluten Alters von Gestein geworden.

Diese Methode hilft uns dagegen nicht bei der Untersuchung der Entstehung des Menschen. Auf Grund seiner äußerst langen Halbwertszeit haben die mit Uran-Messung gewonnenen Daten einen Ungenauigkeitsfaktor von etwa fünf Millionen Jahren. Für die Geologen, die mit Hunderten von Millionen Jahren rechnen, hat das keine große Bedeutung. Wer sich aber für den Menschen und seine Geschichte interessiert – sie ist nur zwei bis drei Millionen Jahre alt –, der kann mit der „Uranuhr" nichts anfangen. Wollte er diese Methode anwenden, so wäre das nicht anders, als versuchte man, einen Hundertmeterläufer mit Großvaters Standuhr zu stoppen.

Um Daten in der Menschheitsgeschichte zu messen, braucht man ein Isotop mit bedeutend kürzerer Halbwertszeit. Damit geraten wir aber in ein Dilemma. Ist sie kurz genug, um uns brauchbare Daten für den Zeitraum der letzten paar Millionen Jahre zu geben, so ist sie gleichzeitig so kurz, daß alle Isotopen inzwischen längst zerfallen sind. Der beste Kompromiß, den die Wissenschaftler unter diesen Bedingungen eingehen konnten, war die Verwendung von Kalium 40 mit einer Halbwertszeit von etwa 1,3 Milliarden Jahren. Das ist eine sehr seltene Form des Kaliums, es hat sich aber bei der Datierung bestimmter Gesteinsarten als nützlich erwiesen, besonders bei vulkanischer Lava, die dieses Element in verhältnismäßig großen Mengen enthält. Dennoch werden die wirklich brauchbaren Daten in Millionen und nicht in Tausenden von Jahren gemessen, und sie sind nur bis auf etwa 50.000 Jahre genau.

Es gibt noch eine weitere aber schwierigere Möglichkeit. Man suche ein Isotop mit brauchbar kurzer Halbwertszeit, das *durch irgendeinen natürlichen Vorgang ständig neu gebildet wird*. Dies ist schon schwierig genug, doch es wird noch schlimmer: Wenn das Isotop ständig neu gebildet wird, dann läßt sich natürlich nicht feststellen, wieviel von diesem Element inzwischen zerfallen ist, da der Vorrat an Atomen ebenso rasch ergänzt wird, wie er schwindet. Die zweite Bedingung ist also, daß dieses Isotop durch irgendeinen natürlichen Vorgang *isoliert* wird, so daß eine bestimmte Anzahl von Atomen ungestört zerfällt, ohne mit neu gebildeten, nicht zerfallenen gleichartigen Atomen in Berührung zu kommen.

Überraschenderweise haben die Wissenschaftler bisher nicht nur eines, sondern sogar drei Isotope gefunden, die diesen ausgefallenen Forderungen entsprechen. Das erste war das Karbon 14. Es bildet sich ständig in der oberen Erdatmosphäre durch die Einwirkung kosmischer Strahlen. Es verbindet sich mit Sauerstoff und bildet Kohlendioxyd, das von den Pflanzen und dadurch auch von den Tieren aufgenommen wird. Solange die Pflanze oder das Tier leben, wird der Vorrat an Kohlendioxyd (etwa ein Milliardstel der Gesamtmenge an

Kohlenstoff, die das Lebewesen aufnimmt) ständig erneuert. Aber wenn das Lebewesen schließlich stirbt, nimmt es keinen Kohlenstoff mehr auf, und die Karbon-14-Uhr beginnt die Jahrhunderte zu zählen.

Das Karbon 14 hat sich als enorm brauchbar erwiesen. Erstens dauert seine Halbwertszeit nur etwa 5000 Jahre, und das bedeutet, daß seine Datenangaben auf wenige Jahrhunderte exakt sind, manchmal sogar noch präziser. Zweitens kommt Kohlenstoff reichlich in allen Lebewesen vor, so daß man die „Kohlenstoffuhr" auf alles, was jemals lebendig gewesen ist, anwenden kann, auf Holz, Torf, Kohle, Muscheln oder Knochen. Die Grenze dieser Methode liegt darin, daß wir mit ihr nicht weiter als etwa 50.000 Jahre zurückgehen können. In allen älteren Stoffen ist schon so viel Kohlenstoff zerfallen, daß die Reste eine zu geringe Strahlung abgeben, als daß man sie noch messen könnte.

Die anderen beiden neu entdeckten „Isotopenuhren" sind Formen der radioaktiven Elemente Protoaktinium und Thorium. Beide entstehen laufend beim Zerfall von Uran. Beide lagern in gewissen Sedimenten am Meeresgrund, während das „Vaterelement" Uran dazu neigt, sich im Meerwasser aufzulösen. Mit diesen beiden Isotopen, deren Halbwertszeiten nach Zehntausenden von Jahren gemessen werden, kann man Ereignisse auf dem Meeresgrund, die bis zu 300.000 Jahre zurückliegen, datieren.

Fassen wir zusammen: mit Kalium 40 kann man Daten feststellen, die eine Million Jahre oder vielleicht etwas weniger zurückliegen. Bei jüngeren Datenangaben werden die Ergebnisse zunehmend ungenau. Wenn die Kaliumuhr eine Zeit vor etwa 500.000 Jahren anzeigt, dann liegt das Ereignis in Wirklichkeit zwischen 400.000 und 600.000 Jahren zurück. Für den Meeresboden zeigen Thorium und Protoaktinium zuverlässige Daten bis zur Höhe von 300.000 Jahren an, während die Zeit auf dem Festland mit Karbon 14 nicht weiter als 50.000 Jahre zurück gemessen werden kann.

Es ist nicht unwahrscheinlich, daß die Lücke zwischen dem Kalium und den ganz kurzlebigen Isotopen in einigen Jahren ausgefüllt werden kann, sei es durch kompliziertere Techniken oder durch die Entdeckung neuer Isotopen. Bis dahin müssen sich die Geologen und Klimatologen jedoch mit Schätzungen behelfen und weiterhin den Wert der Schätzungen ihrer Kollegen diskutieren – und zuweilen scharf kritisieren.

Bevor wir zum Schluß dieses Kapitels kommen, müssen wir noch zwei weitere Methoden zur Datierung klimatischer Veränderungen kurz vorstellen. Im Gegensatz zu den bisher beschriebenen Methoden kann man sie nur unter ganz besonderen Verhältnissen anwenden, und auch dann nur zur Messung einiger hundert oder bestenfalls weniger tausend Jahre vor unserer Zeit. Doch gewinnen wir mit ihnen Daten, die manchmal auf das Jahr genau sind.

Die erste dieser Techniken ist die Dendro-Chronologie, die Datierung nach Wachstumsringen an Bäumen. Sie wurde erstmals zu Beginn des 20. Jahrhunderts angewandt, aber ihre Anfänge sind etwa hundert Jahre älter. Als erster dürfte wohl DeWitt Clinton, Gouverneur des Staates New York und Erbauer des Erie-Kanals, die Idee gehabt haben, daß man Wachstumsringe von Bäumen zur Datierung benützen könnte. 1811 untersuchte Clinton einige Erdhügel in der Nähe von Canandaigua im Staat New York. Da er wissen wollte, wer diese Hügel errichtet hatte, ließ er einige große Bäume auf ihrer Spitze fällen, zählte die Jahresringe und kam ganz richtig zu dem Schluß, daß diese Hügel etwa um 800 n. Chr. aufgeworfen worden waren, also weder von Europäern, noch von den dort ansässigen Irokesen, sondern von irgendwelchen unbekannten prähistorischen Menschen.

Der Mann, der die Dendro-Chronologie zu einer wissenschaftlichen Methode gemacht hat, war jedoch ein Engländer namens Charles Babbage, ein Mann mit weitgespannten Interessen. Als begabter Mathematiker erfand er die Additionsmaschine und trug 1830 dazu bei, die Royal Society, die nach einer glänzenden Jugend vorzeitig senil geworden war, wieder zu verjüngen. 1837 veröffentlichte Babbage eine genaue Anweisung für die Verwendung von Jahresringen an Bäumen zur „Feststellung des Alters versunkener Wälder". Diese Methode, so erklärte er prophetisch, „wird sie (die versunkenen Wälder) vielleicht eines Tages mit der Chronologie des Menschen in Verbindung bringen".

Der Mann, der diese Prophezeiung wahrmachte, war ein amerikanischer Professor namens Andrew E. Douglass. Seine Methode, im wesentlichen eine Verfeinerung derjenigen von Babbage, ist im Grunde ganz einfach: man braucht nur die Jahresringe an Baumstümpfen, Balken oder alten Holzstücken zu zählen. Der Trick liegt nun darin, daß Holz unbekannten Alters mit anderem Holz, dessen Daten bekannt sind, kombiniert wird. Das geschieht, indem man nach rückwärts zählt: Man beginnt mit einem Baum, der frisch gefällt worden ist, und zählt die Ringe nach innen bis zum Kern. So kann man mühelos feststellen, daß der Baum z. B. vor 93 Jahren zu wachsen begann. Nun untersucht man die innersten zwanzig Ringe. Wie alle anderen weisen sie unterschiedliche Weiten auf, je nach den jährlichen Klimaschwankungen (wie wir im 5. Kapitel schon ausführten). Man nimmt also eine bestimmte Folge dieser inneren Ringe – etwa weit, weit, eng, mittel, eng, weit usw. – und vergleicht sie mit den Jahresringen eines älteren Baumes aus derselben Gegend; es ist zu erwarten, daß man die gleiche Folge bei den Außenringen dieses Baumes wiederfindet. Durch das Abzählen der Jahresringe am älteren Stumpf läßt sich die Zeit vielleicht um weitere hundert Jahre zurückverfolgen. In der Mitte dieses Stumpfes findet man wieder eine charakteristische Folge von Ringen, die sich in einem noch älteren Balken wiederholt, und so fort immer weiter zurück. Indem Douglass und seine Nachfolger auf diese Weise zahlreiche Hölzer oder manchmal sogar große Kohlestücke miteinander kombinierten, gelang es ihnen, ihre Jahresring-Chronologie im amerikanischen Südwesten bis auf den Beginn der christlichen Zeitrechnung zurückzuführen. Zugleich ist eine solche Chronologie, in der die verschiedenen Weiten der Jahresringe festgestellt werden, auch eine vollständige Tabelle über die Niederschlagsmenge in dem betreffenden Gebiet. So hat ein Forscher-Team, das die Ringe der riesigen Sequoiabäume in Kalifornien auszählte, eine datierte Klimatabelle für die nordkalifornische Küste aufgestellt, die mehr als 3200 Jahre zurückreicht. Wenn man die noch langlebigeren Bürstenzapfen-Fichten aus Arizona studiert, so kann man vielleicht eine Klimatabelle für die vergangenen 8000 Jahre aufstellen.

Die Grenzen dieser Datierungsmethode bestehen darin, daß ihre Ergebnisse immer nur innerhalb eines engen Gebietes gelten. Die charakteristischen Abfolgen von Jahresringen, die den jährlichen Klimaveränderungen entsprechen, sind in verschiedenen Gegenden verschieden und müssen für jedes einzelne Gebiet mit großer Mühe ausgewertet werden. Zudem können wir mit den Jahresringen nur dort etwas anfangen, wo ein einziger Klimafaktor maßgebend ist, z. B. der Regen in wüstenartigen Gegenden im Südwesten der Vereinigten Staaten oder die Sommertemperaturen in subpolaren Regionen wie Lappland. In weniger extremen Fällen wird die Breite der Wachstumsringe sowohl durch die Niederschlagsmenge als auch durch die Temperaturen bestimmt, so daß man kaum feststellen kann, welcher Faktor der entscheidende war.

Die zweite Methode zur Erstellung einer chronologischen Jahrestabelle gründet sich ebenso wie die Dendro-Chronologie auf das Abzählen von Schichten. Doch diesmal sind es nicht Holzschichten in einem Baumstamm oder Balken, sondern Schlammschichten (sogenannte Warven) auf dem Grund eines Sees.

64

Ich habe solche Warven zum erstenmal in der Heimat meiner Schwester im nordwestlichen Massachusetts kennengelernt. Die Kanalisation war verstopft, und niemand wußte, wo die Abwasserleitungen lagen, weil der Plan – falls jemals einer existiert hatte – irgendwo in den Akten der städtischen Wasserwerke verlorengegangen war. Zum großen Ärger meiner Schwester mußten deshalb mehrere metertiefe Gräben durch den Rasen vor dem Hause gezogen werden. Als ich in einen dieser Gräben hineinblickte, sah ich, daß die Arbeiter in etwa 60 cm Tiefe auf eine Schicht grün-grauen Tons gestoßen waren. Ein Klumpen, der neben dem Graben lag, war von vielen schmalen Streifen durchzogen; sie wurden nach unten hin dunkler und grobkörniger, nach oben aber heller. Dieser geschichtete Ton unter dem Rasen meiner Schwester lehrte mich manches über die Vorgeschichte dieser Gegend. Das Gelände hatte früher – vielleicht vor 8000 Jahren, vielleicht auch noch früher – unter einem See oder Teich am Rande eines allmählich abwandernden Gletschers gelegen. In jedem Frühjahr schwemmte das Schmelzwasser vom Gletscher Ton in den See, wo sich die dunkleren und gröberen Partikel am Boden absetzten. Aber der Wind, der die Wasseroberfläche bewegte, hielt die feineren Partikel in der Schwebe und gab dem Wasser ein milchiges Aussehen. Im Winter hörte dann das Eis zu schmelzen auf, der See fror zu, und das Wasser beruhigte sich. Die feinen, hellen Tonteilchen sanken langsam auf den Grund und bildeten eine dünnere, hellere Schicht. Wenn ich jetzt einen Tonklumpen aus der Warve in die Hand nahm, konnte ich die Schichten einzeln ablösen wie die Scheiben eines maschinengeschnittenen Stücks Käse. Manche dieser Schichten waren dicker als die anderen, sie standen für die warmen Jahre, in denen große Mengen tonhaltigen Wassers vom Gletscher abgeschmolzen waren. Dünnere Schichten waren in kurzen Sommern entstanden, wenn weniger Wasser vom Gletscher abtaute.

In Nordeuropa und im Nordosten der Vereinigten Staaten findet man zahlreiche geschichtete Tonablagerungen solcher Art. Jede einzelne ist das Ergebnis einer bestimmten Gletscher-Schmelze, die nur wenige Jahrhunderte dauerte. Nach relativ kurzer Zeit hatte sich der See nämlich entweder mit Ablagerungen gefüllt, oder der Gletscher hatte sich weiter zurückgezogen. Vergleicht man nun aber die Streifenmuster in den oberen Schichten einer Tonablagerung mit denjenigen am Boden eines anderen, weiter nördlichen Sees, so kann man mehrere Warven mit ähnlichen Mustern ebenso miteinander kombinieren wie die Jahresringe der Bäume. In Schweden reichen solche Schichtungen bis in die Zeit vor etwa 9000 Jahren zurück. An manchen Orten kann man sogar genau feststellen, in welchem Jahr der Gletscher an einer bestimmten Stelle abtaute. Außerdem zeigen die Warven ebenso wie die Jahresringe der Bäume die klimatischen Veränderungen und ihren genauen Zeitpunkt an. Sie registrieren die kalten Jahre, in denen die Eisschicht stehenblieb, und die heißen Jahre, in denen sie sich im Eiltempo zurückzog (teilweise bis zu 400 m pro Jahr). Die Warven sagen uns sogar, in welchem Jahr die Reste der Eiskappe auf den skandinavischen Gebirgen entzweibrachen und damit nach Auffassung mancher Forscher das definitive Ende der Eiszeit in diesem Teil der Welt markierten. Das war im Jahr 6839 v. Chr.

Ebenso wie die Zeittafeln nach den Jahresringen, müssen auch die nach den Warven für jedes Gebiet einzeln ermittelt werden. Die Serien für den Nordosten der Vereinigten Staaten unterscheiden sich wesentlich von den schwedischen Serien; sie sind auch nicht so vollständig, so daß ihre Datenangaben weniger exakt sind. Doch trotz ihrer noch offenen Probleme stellen die Warvenzeittafeln einen wesentlichen Fortschritt dar. Es ist schon etwas Großartiges, wenn man aus einer Tonbank in Schweden mit einiger Sicherheit schließen kann: „8800 v. Chr. lag der Rand des Gletschers genau an dieser Stelle."

Zweiter Teil

DAS KLIMA UND DIE ENTSTEHUNG DES MENSCHEN

8. Die menschliche Evolution

VOM NUTZEN DER VORGESCHICHTE

Über die Zusammenhänge zwischen dem Klima und der Entstehung des Menschen lassen sich vier kurze Feststellungen treffen, die genauer sind als alles, was wir bisher gesagt haben:

Erstens: als aus einer ausgestorbenen Affenart der Mensch – jenes werkzeugmachende und sprechende Lebewesen – entstand, war das Klima der Erde in den meisten Gebieten sehr ungewöhnlich: Es war sowohl kälter (manchmal sehr viel kälter) als auch trockener als während fast der ganzen bisherigen Erdgeschichte. Ich habe oben besonders betont, wie ungesichert alle klimageschichtlichen Angaben sind. Ich möchte deshalb hier sagen, daß diese letzte Behauptung so wohlbegründet und sicher ist wie kaum eine andere wissenschaftliche Feststellung. Der Mensch, dieses so ungewöhnliche Lebewesen, entwickelte sich in einer ganz ungewöhnlichen klimatischen Epoche, nämlich in der Periode der Eiszeiten.

Das Vorspiel zu dieser Geschichte fand früher statt: In den dichten Wäldern eines äquatorialen Klimas entwickelten sich unsere vierfüßigen Vorfahren zu halb aufrechtgehenden Affen und erwarben dabei eine Reihe charakteristischer Eigenschaften, die uns heute noch sehr nützlich sind.

Die nächste Phase spielte zu Beginn der Eiszeitperiode, Schauplatz der Handlung war nun die heiße Savanne mit ihrem Graswuchs und ihren einzelnen Bäumen. Dort entstanden aus gewissen Affenarten die ersten primitiven Vorfahren des Menschen.

Doch die eigentliche Entstehung des modernen Menschen aus seinen affenähnlichen Vorfahren fand mitten in der Eiszeitperiode statt. Seine wachsende Intelligenz erlaubte dem Menschen, in immer fernere Klimazonen vorzudringen, in denen er bisher nicht hatte leben können.

Er lernte, wie man mit ungünstigen klimatischen Bedingungen fertig wird und wie man katastrophale klimatische Veränderungen, in denen Dutzende anderer Spezies zugrunde gingen, überleben kann.

Man könnte fast meinen, daß die Evolution des Menschen gerade durch die Eiszeit verursacht worden ist. Eine solche Auffassung hat vielleicht manches für sich, doch wenn wir ihren Wahrheitsgehalt genau untersuchen wollten, dann müßten wir uns auf eine ausführliche Abhandlung über das Kausalgesetz einlassen. Was wir allerdings getrost feststellen können, ist, daß die Eiszeiten die Evolution des Menschen beschleunigt haben. Wahrscheinlich hätte sich der Mensch auch ohne sie entwickelt, aber in dem Falle viel langsamer. Daß wir in unserer gegenwärtigen Form existieren, läßt sich mit ziemlicher Bestimmtheit auf ein ganz besonders klimatisches Ereignis zurückführen.

Wie kam es zu diesem besonderen Ereignis? Schon eine erste, vorläufige Antwort auf diese Frage würde eine ausführlichere Erörterung notwendig machen. Die Entstehung der Eiszeiten ist eines der faszinierendsten, verwirrendsten und umstrittensten Probleme der Klimatologie überhaupt. Es gibt darauf weder eine einfache Antwort, noch auch eine allgemein akzeptierte komplizierte Antwort. Doch die Suche nach einer Lösung des Problems hat die Wissenschaftler zur Erforschung der Gletscherspalten der Antarktis, der lichtlosen, unendlichen Tiefen der Ozeane und fast aller sonstigen Orte auf der Oberfläche der Erde angeregt. Wenn sie auch bis heute noch keine befriedigende Antwort gefunden haben, so entdeckten sie doch bei ihrer Suche eine Menge hochinteressanten Materials über die Erde und ihre Geschichte.

9. Die Geologen

AUFTRITT DER EISZEIT

Der Entdecker der Eiszeiten war ein Schweizer. Das überrascht kaum, wenn man bedenkt, daß die Gegenwart der Schlüssel zur Vergangenheit der Erdgeschichte ist. 1820 stimmten die meisten Naturforscher diesem Grundsatz zu, und die meisten Naturforscher lebten in Europa. Nirgends in Europa gab es so viele Gletscher wie in der Schweiz.

Den ersten Anstoß scheint J. P. Perraudin gegeben zu haben. Er war kein Naturforscher, sondern ein „geschickter Gamsjäger und begeisterter Beobachter der Natur". Während er in den Hochtälern seines Heimatkantons Wallis herumstreifte, bemerkte er hoch an den Talhängen Haufen von runden Steinbrocken, die aus ganz anderem Gestein bestanden als die übrigen Felsen im Tal. Perraudin kannte solche Steinhaufen bereits, sie finden sich auch am Rande der Alpengletscher in den höchsten Tälern. So schloß er ganz richtig, daß diese Steinhaufen ebenfalls von Gletschern hinuntergeschoben worden waren; er vermutete also, daß die Alpengletscher früher viel tiefer in die Täler hinabgereicht haben mußten.

Die Beobachtungen Perraudins kamen dem Bauingenieur Ignatz Venetz-Sitten zu Ohren, der sie zusammen mit ähnlichen eigenen Beobachtungen in einer Denkschrift der Helvetischen Wissenschaftlichen Gesellschaft vorlegte. Etwas später kam auch der Norweger Jens Esmark durch Beobachtungen der Gletscher seines Heimatlandes zu ähnlichen Schlüssen.

In den folgenden Jahren untersuchten Venetz und sein Mitarbeiter von Charpentier diese auffälligen Gesteinsreste in den Tälern und Gebirgen der Schweiz. Sie stellten fest, daß die Gletscher das Gestein aus den Zentralalpen Hunderte von Kilometern weit bis in den Jura transportiert hatten.

Doch Louis Agassiz, ein begabter junger Naturforscher von der Universität Neuchâtel, wollte das nicht glauben; er war überzeugt, daß Gletscher sich nicht so weit und so rasch vorwärtsbewegen können, wie es die Theorien voraussetzten. Um seine Annahme zu bestätigen, stieß er lange Stangen in verschiedene Gletscher und stellte monatelange Beobachtungen und Messungen über ihre Bewegungen an. Dabei mußte er feststellen, daß sie sich viel schneller als erwartet bewegten. So wurde Agassiz zum überzeugten Anhänger der zuerst abgelehnten Theorie, ja er ging bald sogar weiter als seine Vorgänger. Aus seinen Beobachtungen an einem halben Dutzend Gletschern zog er einen erregenden Schluß: 1837 stellte er die Behauptung auf, das Eis sei nicht von den Alpen in die Täler vorgedrungen, sondern es habe früher das ganze Alpenvorland bedeckt und sich später in die Berge zurückgezogen.

Drei Jahre später reiste Agassiz nach Großbritannien – ein Land, das wegen seines Seeklimas und seiner niedrigen Gebirge keine Gletscher kennt oder kannte. Dennoch fand er in Schottland, Nordengland und Irland Anzeichen dafür, „daß es auf den britischen Inseln nicht nur Gletscher gegeben hat, sondern daß das ganze Land früher von einer riesigen Eiskruste bedeckt war". Damit hatte er die erste zutreffende Definition der Eiszeit gegeben.

An dieser Stelle muß ich allerdings eingestehen, daß meine schöne Erklärung von der Schweiz als Ursprungsland der Gletscherforschung nicht ganz stimmt. Viel später wurde bekannt, daß die Eisschichtentheorie von Agassiz schon im Jahre 1832 von dem Deutschen A. Bernardi, einem unbekannten Professor an der Forstakademie der Stadt Dreißigacker in Thüringen vertreten worden war. Doch niemand hatte ihm damals glauben wollen. In der Wissenschaft – wie auch sonst oft – geht es häufig nur sehr langsam voran. Während Bernardi unbeachtet im Thüringer Wald lebte, bereiste Agassiz ganz Europa, sammelte weiteres Material und stritt sich mit seinen Kritikern.

Zunächst gab es viele, die ihn kritisierten. Das Generationenproblem spielte schon damals eine Rolle, ältere Geologen hatten kein Verständnis für die Ketzereien des jungen Agassiz. Der berühmte Leopold von Buch, eine Säule des Geologen-Establishments, „konnte seine mit Verachtung gepaarte Empörung über die seines Erachtens unbegründeten Ansichten eines jugendlichen und unerfahrenen Beobachters kaum beherrschen". Aber die Forschungsergebnisse häuften sich, und bald mußten auch die verknöchertsten Kritiker zugeben, daß der Ketzer recht hatte.

Als sich die Geologen schließlich über ihre Ziele geeinigt hatten, begannen sie gemeinsam, das Bild der Ereignisse zusammenzusetzen. Im Grunde war die Sache erstaunlich einfach: Irgendwann vor langer Zeit war das Klima auf der Erde kälter geworden. Der winterliche Schnee in den Gebirgen von Skandinavien und Schottland konnte im Sommer nicht mehr schmelzen, weswegen die Schneedecke jedes Jahr dicker wurde. Allmählich wurden die unteren Schneeschichten zu Gletschereis zusammengedrückt, das immer dicker und schwerer wurde und mit der Zeit gegen das Tiefland vorzurücken begann. Dabei sammelten sich auf den Gletschern immer größere Schneemassen. Der Vorgang setzte sich solange fort, bis der größte Teil Nordeuropas von einer riesigen, fast zwei Kilometer dicken Eisschicht bedeckt war. Das gleiche galt auch für Nordamerika, wie die Wissenschaftler bald herausfanden. (Agassiz, der in die Vereinigten Staaten ausgewandert war, brachte die Wissenschaft der Gletscherkunde in seine neue Heimat mit.)

Die Gletscher erstreckten sich also von Schottland und Skandinavien immer weiter nach Süden und bedeckten schließlich auch die Stellen, wo später Dublin, die nördlichen Vorstädte von London, Amsterdam, Berlin, Warschau, Kiew, Moskau und Leningrad liegen sollten. Im Süden bedeckten die großen Alpengletscher die ganze heutige Schweiz und Teile der Nachbargebiete.

Noch schlimmer sah es in Nordamerika aus. Hier herrschte ein kälteres Kontinentalklima, so daß fast ganz Kanada unter dem Eis begraben lag. Im Süden reichten die Gletscher bis in die Gegend von St. Louis und bedeckten das heutige Stadtgebiet von Chicago, Cleveland und teilweise von New York City (ein großer Teil dieser Stadt steht auf den Steinen, die die gewaltigen Eiszeitgletscher unmittelbar vor sich herschoben). Im Westen entstanden in den Rocky Mountains eigene Gletscher, die sich zeitweilig mit den Eisschichten im Osten vereinigten und so einen riesigen Eiswall von einer Küste zur anderen bildeten.

Man sollte meinen, daß Nordasien, wo das Kontinentalklima noch ausgeprägter als in Nordamerika ist, mit noch gewaltigeren Eismassen bedeckt war. Doch abgesehen von den nördlichsten Teilen Sibiriens und wenigen hohen Gebirgszügen blieb es eisfrei. Voraussetzung für die Bildung von Gletschern ist eben nicht nur Kälte, sondern auch reichlicher Schneefall. Kalt war Sibirien gewiß, wahrscheinlich sogar kälter als heute (dabei gibt es heute dort Temperaturen von immerhin minus 40 Grad Celsius), aber es war auch trocken. Nordamerika erhält seine Niederschlagsmenge zum großen Teil aus der feuchten Luft über dem Golf von Mexiko, die durch das Mississippital bis hinauf nach Kanada zieht. In Sibirien dagegen wird die Zufuhr der feuchten Luft aus dem Süden durch das hohe Himalajagebirge abgehalten.

Dennoch ist die ungleichmäßige Verteilung der Eiskruste an den Küsten des Nordpazifik nicht ohne weiteres erklärbar. Ostsibirien liegt auf derselben Breite wie Labrador und Neufundland, von wo aus die nordamerikanischen Eisschichten ihre Wanderung nach Süden angetreten haben. Ähnlich wie hier gibt es auch in Ostsibirien beachtliche Gebirge, die ebenfalls von Südosten her genug Feuchtigkeit anziehen können. Trotzdem bildeten sich dort aber nur verhältnismäßig kleine und vereinzelte Gletscher. Auch Teile von Alaska waren niemals von Eis bedeckt gewesen. Darauf kommen wir noch besonders zurück, weil dieser Umstand bedeutsam für die Wanderungen des primitiven Menschen war.

Als das Eis kam, hat es das Land völlig verändert. In manchen Gegenden haben die Gletscher den Mutterboden bis auf den felsigen Untergrund abgeschliffen, wie in großen Teilen von Kanada nördlich des St.-Lorenz-Stromes zu sehen. An anderen Stellen haben sie diesen Boden wieder abgelagert, jetzt allerdings durchsetzt mit kleinen und großen Steinen, die zum Beispiel in Neuengland ganze Generationen von Farmern ärgern sollten. Das Eis oder die vor ihm hergeschobenen Moränen haben Flüsse blockiert und sie in neue Flußbetten geleitet. Alte Seen wurden mit Steinen und Erde zugeschüttet und neue aus dem Boden herausgeschliffen. Die unzähligen Seen in Finnland und Schweden, in Wisconsin, Minnesota und den angrenzenden Teilen von Kanada haben hier ihre Geburtsstunde. Nicht nur Cape Cod, sondern auch die deutschen Mittelgebirge und vieles mehr sind Souvenirs aus der Eiszeit.

Wir haben bisher noch nichts über die Eiszeit auf der südlichen Hemisphäre gesagt. Das liegt daran, daß dort kaum etwas Vergleichbares geschehen ist. Dort, wo der „Eisgürtel" auf der südlichen Erdhalbkugel gelegen haben müßte, gibt es kaum Festland, auf dem sich Schnee und Eis hätten sammeln können – natürlich mit Ausnahme der Antarktis. Jener unwirtliche Kontinent dürfte während der Eiszeit wohl unter einer noch dickeren Eisschicht als heute gelegen haben, was aber nichts wesentliches ändert. Ansonsten gab es natürlich Gebirgsgletscher in den Anden, in Australien und im Süden von Neuseeland. Die Südspitze Südamerikas war ebenfalls zum Teil mit Eis bedeckt, aber das war alles. Doch obwohl die Eiszeiten auf der südlichen Halbkugel keine direkten Veränderungen hervorgerufen haben, erzeugten sie doch eine ganze Reihe von indirekten Veränderungen, die auf der ganzen Welt zu spüren waren. Und dies geschah durch die Auswirkungen auf die Ozeane.

Vor einigen Jahren habe ich mir die Seekarte der Jungferninseln genauer angesehen. Diese Ansammlung kleinerer und größerer Inseln und aus dem Wasser herausragender Felsen liegt mit einer Ausnahme (St. Croix) auf einem Unterwasserplateau, das im Durchschnitt nicht tiefer als 40 Faden unter der Wasseroberfläche liegt; an vielen Stellen sind es sogar noch weniger. Betrachtet man den Südrand dieses Plateaus, wo der Meeresboden bis zu 2500 Faden abfällt, so erkennt man einen eigenartigen Höhenzug. Parallel zum Rand des Plateaus erhebt sich der Boden plötzlich aus einer Tiefe von etwa 30 Faden bis auf 20 oder weniger und fällt dann ebenso plötzlich wieder ab. Ich verfolgte nun die sehr genauen Zeichnungen dieser flachen Bodenerhebungen über etwa 25 Kilometer und fand weitere, noch niedrigere Erhebungen zur Mitte des Plateaus hin. Auf einmal wurde mir klar, daß dies versunkene Korallenriffe waren. Früher muß das Wasser um die Insel St. Thomas bis zu dem Punkt, an dem die Riffe jetzt 40 Meter unter Wasser liegen, viel seichter gewesen sein. Das Plateau, das sich jetzt äußerlich kaum vom Ozean unterscheidet, war zu jener Zeit wahrscheinlich eine weite Lagune, die ähnlich wie noch heute viele Inseln im Pazifik von einem Riff umgeben war. Später hat das steigende Wasser dieses Riff so tief absinken lassen, daß die Korallen nicht mehr wachsen konnten. Gleichzeitig entstanden im seichteren Wasser weiter nach innen neue Riffe, die ihrerseits etwas später wieder überflutet wurden.

Solche Unterwasserriffe sind ebenso wie Cape Cod Überbleibsel aus der Eiszeit. Die vielen Millionen Kubikmeter Wasser, aus denen die Eismassen bestanden, mußten ja irgendwo ihren Ursprung haben – und das war natürlich nirgendwo sonst als in den Ozeanen. Die Folge war, daß die „Meereshöhe", die für uns ein fester Maßstab und die Grundlage für alle Höhenmessungen ist, *sank* – und zwar auf dem Höhepunkt der Gletscherbildungen nach den meisten Schätzungen um mehr als 100 Meter.

Die augenfälligste Folge dieses sinkenden Meeresspiegels auf der ganzen Erde war eine „Expansion" des Festlandes überall dort, wo der Meeresboden so dicht unter der Wasseroberfläche gelegen hatte, daß er jetzt heraustrat. Hochseefischer haben 240 Kilometer vor der amerikanischen Ostküste Stoßzähne des Mammut aus dem Wasser gezogen, ein Beweis dafür, daß diese mächtigen Tiere früher dort zu

Hause waren, wo heute der Hechtdorsch und die Flunder schwimmen. Auf dem heutigen Grund der Nordsee streiften Bären und Bisons herum. Die größte Fläche, die auf diese Weise trockengelegt wurde, dürfte das seichte Beringmeer gewesen sein. Dort entstand eine Landbrücke zwischen Sibirien und Alaska, auf der Pflanzen, Tiere und schließlich auch der Mensch zwischen Asien und Nordamerika hin- und herwanderten. Über ähnliche Landbrücken gelangten andere Menschen auf die ostindischen Inseln und nach Australien.

An vielen Küsten in der ganzen Welt haben Geologen und Ozeanographen die alten Grenzen der Kontinente in der Periode der Eiszeiten wiedergefunden. Diese jetzt unter Wasser liegenden Küstenstreifen sind für den Erforscher der Eiszeit von besonderem Wert. Da sie überall auf der Welt zu finden sind, kann man mit ihrer Hilfe das Geschehen in den eisfreien Teilen der Erde mit der Entwicklung der vom Eismantel geprägten Gebiete vergleichen. Wie wir später sehen werden, ist die Kenntnis des alten Küstenverlaufs sehr wichtig, wenn man feststellen will, was im tropischen Afrika geschah, als die nördlichen Gebiete im Eis erstarrten.

Solches und vieles andere Material hat den Wissenschaftlern ermöglicht, die faszinierende klimatologische und biologische Geschichte des Großen Eises zu schreiben. Eine der frühesten und wichtigsten Erkenntnisse dieser Geschichtsschreibung war die Entdeckung, daß es nicht nur eine, sondern viele Eiszeiten gegeben hat. Geologen, die Ablagerungen aus der Eiszeit in Deutschland untersuchten (die gleiche Mischung von Sand, Schlick und Kies, die wir auf Cape Cod finden), stießen etwas tiefer auf Spuren von Pflanzen, die in einer gemäßigten, ja vielleicht sogar subtropischen Klimazone gelebt hatten. Aber noch eine Schicht tiefer fanden sie wieder eine Eiszeitmoräne. Es muß also hier zumindest zwei Eiszeiten, die durch eine Periode bedeutend milderen Klimas voneinander getrennt waren, gegeben haben.

Zu Anfang des 20. Jahrhunderts erkannten die Forscher, daß die Epoche des Eises aus vier Haupteiszeiten bestanden hatte; dazu kamen, wie sich später herausstellte, noch mindestens zwei nicht ganz so kalte Eiszeiten. Die vier Haupteiszeiten wurden 1906 von zwei deutschen Geologen nach Gebirgstälern in der Schweiz benannt. Seither spricht man von der Günz-Eiszeit, der Mindel-Eiszeit, der Riß-Eiszeit und der Würm-Eiszeit.

(Diese vier Bezeichnungen sind ausgezeichnete Beispiele für die richtige Art eines wissenschaftlichen Benennungssystems, wie es leider sehr selten ist. Die Namen wurden mit Bedacht so ausgewählt, daß die zeitlich aufeinander folgenden Eiszeiten alphabetisch geordnet werden, daß jedoch zwischen ihnen noch Raum bleibt, in den eventuell neuentdeckte Eiszeiten eingeordnet werden können. So kann die kleinere Eiszeit, die vor der Günz-Eiszeit existierte, leicht erkennbar als Donau-Eiszeit bezeichnet werden. Die Wissenschaftler, die den entsprechenden Eiszeiten auf dem amerikanischen Kontinent ihre Namen gaben, hätten sich ein Beispiel an der deutschen Gründlichkeit nehmen sollen: Ihre Benennungen – Nebraska, Kansas, Illinois und Wisconsin – bilden keine vernünftige Reihe.)

Heute wissen wir, daß alle vier Eiszeiten durch Perioden voneinander getrennt waren, in denen das Klima ungefähr so warm wie heute und manchmal sogar noch wärmer war. Zumindest während einer Zwischeneiszeit lebten in der Gegend des heutigen London sogar Flußpferde in heißen Sümpfen! Die Würm-Eiszeit, wahrscheinlich aber auch andere Kälteperioden, für die man es bloß nicht so eindeutig nachweisen kann, wurden durch ein oder zwei Zwischenperioden unterbrochen. Das waren dann Zeiten, in denen die Gletscher ein paar hundert Kilometer zurückgingen, ohne aber vollkommen abzutauen. Der Unterschied zwischen einer Zwischeneiszeit und einer solchen Zwischenperiode entspricht etwa demjenigen zwischen einer Konjunkturflaute und einer schweren Wirtschaftskrise.

Fragen wir zum Schluß, wie lange dieses Kommen und Gehen der Gletscher insgesamt dauerte. Die verschiedenen Antworten werden noch immer lebhaft diskutiert; Schätzungen reichen von 300.000 bis zu mehr als 2 Millionen Jahren. In den folgenden Kapiteln, in denen wir uns mit den Ursachen für die Entstehung der Eiszeiten beschäftigen wollen, werden wir auf einige dieser Schätzungen und ihre Begründungen noch zu sprechen kommen.

10. Die Klimatologen I

ZU VIELE THEORIEN

Die Verfasser eines der besten neueren Bücher über die Epoche der Eiszeiten, *The Deep and the Past*, David B. Ericson und Goesta Wollin, schreiben, daß „in jedem Jahr seit der ersten Entdeckung der Eiszeiten eine neue Theorie über ihre Entstehung veröffentlicht" worden sei. Mag sein, daß die Verfasser aus rhetorischen Gründen ein wenig übertrieben haben, dennoch sind sie der Wahrheit recht nahe gekommen.

Das Grundproblem ergibt sich aus dem Umstand, daß die Epoche der Eiszeiten, wie wir schon gesagt haben, ein ganz außergewöhnliches Ereignis der Erdgeschichte war. Soweit man die klimatischen Veränderungen in die Vergangenheit zurückverfolgen kann – immerhin einige hundert Millionen Jahre –, immer muß man feststellen, daß die Erde nicht nur weitgehend eisfrei war, sondern sogar meistens ein wärmeres Klima als heute hatte. In der Antarktis haben die Geologen Kohlelager entdeckt, wodurch bewiesen ist, daß früher eine reiche Vegetation blühte, wo heute der Boden von ewigem Eis und Schnee bedeckt ist. Auf der vegetationslosen Insel Spitzbergen, halbwegs zwischen der Nordspitze von Norwegen und dem Nordpol, findet man Felsbrocken mit Fußabdrücken des Iguanodon, eines 13 Meter langen pflanzenfressenden Dinosauriers, der hier vor etwa 120 Millionen Jahren lebte. Falls dieses Tier nicht einen ganz anderen Stoffwechsel als die heutigen Reptilien hatte – und dafür gibt es nicht den geringsten Anhaltspunkt –, dann muß das Klima in Spitzbergen damals etwa dem heutigen Klima in Miami geglichen haben. Noch vor 50 Millionen Jahren wuchsen Palmen in der Gegend von Paris, während bei Leipzig die Brotfrucht, Zimt und Mangos gediehen. Welche Periode wir auch immer untersuchen, überall ergibt sich das gleiche Bild: An den Polen herrschte ein gemäßigtes Klima, die heute gemäßigten Zonen waren subtropisch oder gar tropisch, und die tropischen Regionen waren – tropisch.

Doch dann, vor etwa 35–40 Millionen Jahren, begann sich die Lage zu verändern. Die tropische Vegetation in Europa und Nordamerika machte subtropischen Gewächsen wie Zypressen und Magnolien Platz. Und 30–35 Millionen Jahre später wurden sie durch eine Vegetation ersetzt, wie wir sie heute in den gemäßigten Zonen vorfinden. Dann folgte die eisige Sintflut. Was war geschehen?

Eine der ersten wissenschaftlichen Theorien über die große Gletscherbildung zeichnet sich dadurch aus, daß sie zu den ganz wenigen gehört – abgesehen natürlich von den ganz unsinnigen Phantasien –, die schlüssig widerlegt werden konnten: Vor etwa hundert Jahren nahmen die Geologen an, die Erde habe ihre Existenz als eine aus der Sonne herausgeschleuderte flüssigglühende Kugel begonnen, sie habe sich im Lauf der Zeit abgekühlt und eine feste Rinde gebildet, auf der schließlich Temperaturen herrschten, bei denen sich das Leben entwickeln konnte. Wenn die Abkühlung, wie anzunehmen war, unaufhaltsam fortschritt, so konnte die allgemeine Vereisung nur als logische Konsequenz erscheinen.

Wir wissen heute aus einem halben Dutzend schlüssiger Beweise, daß die Erde sich nicht abkühlt und dies auch seit mehreren Millionen Jahren nicht getan hat. Noch schlüssiger kann bewiesen werden, daß „unsere" Eiszeiten keineswegs die ersten waren: Zum Beispiel haben die Geologen eine besondere Gesteinsart, das sogenannte „Tillit" gefunden. Das sind in tieferen Erdschichten abgelagerte und unter großem Druck hart gewordene Grundmoränen. Oft liegen solche Tillitschichten auf tieferen Felsschichten, die ebenso zerkratzt und poliert worden sind wie die oberen, die wir dort finden, wo jüngere Gletscher über die Erdoberfläche gerutscht sind. Solche und andere Entdeckungen zeigen deutlich, daß vor etwa 280 Millionen Jahren eine Eiszeit geherrscht haben muß, sowie eine weitere vor vielleicht 600 Millionen Jahren. Für noch weiter zurückliegende Perioden fehlen uns zwar schlüssige Beweise, aber die Anhaltspunkte erlauben uns immerhin, die Gesamtzahl der verschiedenen Eiszeitepochen während der letzten anderthalb Milliarden Jahre auf ein halbes Dutzend anzusetzen. Jede Theorie, die die Entstehung der gewaltigen Gletscher erklären will, muß also die Tatsache berücksichtigen, daß es sich dabei zwar um ungewöhnliche aber keineswegs einmalige Ereignisse gehandelt hat.

Ein Ansatz zur Erklärung dieser mehrmaligen Abkühlungen der Erde besteht in der Annahme, daß das ganze Sonnensystem von Zeit zu Zeit durch eine Wolke aus interplanetarischem Staub wanderte, wodurch ein Teil der Sonnenstrahlung verschluckt wurde und damit die Erdoberfläche soweit abkühlte, daß eine Eiszeit entstehen konnte. Doch diese Theorie genießt heutzutage kaum größeres Ansehen als die von der unaufhaltsamen Abkühlung der Erde. Gewiß gibt es zahlreiche Wolken aus interplanetarischem Staub, aber sie sind sehr weit von uns entfernt. Wir wissen mit ziemlicher Bestimmtheit, daß die letzte Eiszeit vor etwa 18.000 Jahren endete: Wenn vor so kurzer Zeit eine interplanetarische Staubwolke in unserer Nähe gewesen wäre, so müßte sie auch heute noch so nahe sein, daß sie mit modernen Teleskopen mühelos beobachtet werden könnte.

Mit ähnlichen Argumenten arbeitet eine weitere Theorie, nach der die Strahlung der Sonne zeitweiligen Schwankungen unterworfen ist — und zwar auf Grund von Ereignissen innerhalb der Sonne selbst. Diese Erklärung stammt von dem bekannten Astrophysiker Ernst Öpik. Stark vereinfacht lautet seine Theorie, daß die Sonne infolge der Ansammlung von Abfallprodukten des nuklearen Verbrennungsprozesses in ihrem Inneren periodische „Verdauungsstörungen" und „Blähungen" bekommt. Diese Blähungen verursachen gewissermaßen Rülpser und absorbieren damit ein bestimmtes Maß an Energie, so daß die übliche Sonnenstrahlung etwas schwächer wird. Es gibt allerdings nur wenige Astrophysiker, die mit Öpik der Auffassung sind, daß die Sonne wirklich solche Perioden kosmischer „Magenverstimmungen" durchmacht. Desgleichen zweifeln manche Meteorologen daran, daß eine Abnahme der Sonnenstrahlung notwendig zu einer Eiszeit führen muß. Einige meinen sogar, die Eiszeiten seien die Folge einer *Zunahme* der Sonnenenergie. So hat zum Beispiel Sir George Simpson, der langjährige Direktor des Royal Meteorological Office, eine Theorie entwickelt, die gar nicht so abwegig ist, wie man zunächst glauben könnte. Simpson argumentiert folgendermaßen:

Eine Eiszeit erfordert in erster Linie wachsende Schneemengen an den nördlichen Breiten. Wie wir bereits gesehen haben, kommt das Regen- und Schneewasser im wesentlichen aus den Ozeanen, und zwar in erster Linie aus den warmen Meeren der tropischen Zone, deren feuchte Luft in die gemäßigten Breiten im Norden und Süden transportiert wird. Simpson vermutet nun, daß jede Eiszeit mit einer leichten Zunahme der Sonnenstrahlung beginnt. Dadurch werden die Ozeane natürlich erwärmt, es verdunsten größere Wassermengen und unsere „Wärmemaschine", die planetarische Zirkulation, wird beschleunigt. Nach einem elementaren Grundsatz der Thermodynamik hängt die Arbeitsleistung jeder durch Wärme betriebenen Maschine in erster Linie von dem Temperaturunterschied ab, der zwischen dem Beginn des Wärmezyklus (dem Kessel bzw. den äquatorialen Regionen) und seinem Ende (dem Kondensator bzw. den polaren Regionen) besteht. Aus diesem Grunde verwenden moderne Kraftwerke „überhitzten" Dampf mit einer Temperatur um 250 Grad statt „normalen" Dampf mit 100 Grad Celsius.

Eine Zunahme der Sonnenstrahlung würde nun die Temperatur auf der ganzen Erde ansteigen lassen. Wegen der Neigung der Erdachse würde jedoch die tropische Zone stärker als die Pole erwärmt werden. Das Ergebnis wäre ein größerer Wärmeunterschied zwischen den beiden Zonen und damit eine höhere Arbeitsleistung der Atmosphäre. Mit anderen Worten: Luft und Wasserdampf würden schneller und in größeren Mengen in die polaren und subpolaren Regionen transportiert. Die Folge wäre verstärkte Eisbildung.

Von einem bestimmten Punkt an müßte sich dieser Vorgang freilich umkehren: die Schneefälle an den Polen verwandeln sich allmählich in Regen, die Eiskrusten schmelzen und verschwinden schließlich. Nun macht die Erde eine warme und sehr feuchte Zwischeneiszeit durch. Wenn jetzt die Sonnenstrahlung wieder nachläßt, dann wiederholt sich der ganze Prozeß in umgekehrter Reihenfolge: Mit der Abkühlung der polaren Regionen bilden sich neue Eiskrusten. Bei fortschreitender Abkühlung genügen die in der Luft transportierten Wassermengen nicht mehr, um die Eismassen zu speisen. Sie verschwinden also erneut, um einer zweiten Zwischeneiszeit Platz zu machen, die diesmal ein kühles und trockenes Klima hätte. Zwei Erwärmungszyklen dieser Art, die je zwei Eiszeiten erzeugt hätten, wären also nach Simpsons Auffassung für die vier großen Eiszeiten samt ihren Zwischeneiszeiten verantwortlich gewesen.

Trotz meiner Vorliebe für Widersprüche und meiner heftigen Sympathie für die Idee, daß eine heißere Sonne tatsächlich eine größere Kälte auf der Erde erzeugt, kann ich doch nicht verschweigen, daß einige andere Beobachtungen nicht zu dieser Theorie passen. Zunächst die Temperatur der Ozeane. Nach der Theorie von Simpson müßten die Ozeane am Äquator während der Eiszeiten wärmer gewesen sein als heutzutage. Was den äquatorialen Atlantik betrifft, so stimmt das leider nicht. Schätzungen der Ozeantemperaturen während der Eiszeit, die sowohl mit der oben erwähnten Isotopenmethode als auch mit anderen, auf die wir später noch zurückkommen, angestellt worden sind, besagen übereinstimmend, daß die oberen Wasserschichten seit dem Ende der letzten Eiszeit nicht kälter, sondern wärmer geworden sind; dasselbe gilt auch für den Indischen Ozean. Was die Äquatorialzone im Pazifischen Ozean betrifft, so ist man sich darüber nicht ganz so im klaren. Mit einigen Methoden erhält man zweideutige Ergebnisse, andere weisen auf eine leichte Erwärmung während der Eiszeit hin. Aber die Temperaturunterschiede können nicht sehr groß gewesen sein.

Des weiteren die Verhältnisse auf dem Festland. Folgt man der Theorie von Simpson, so müssen die Gebiete am Äquator während der Eiszeit wärmer und feuchter gewesen sein. Unsere Beobachtungen bezeugen aber auch hier das Gegenteil. Als Simpson seine Theorie entwickelte, hat man zwar allgemein geglaubt, während der Eiszeit sei es am Äquator besonders feucht und regnerisch gewesen. Aber je mehr Beweismaterial wir sammeln, desto mehr häufen sich die Hinweise darauf, daß dies ein Trugschluß der Wissenschaft war. Wir werden im 16. Kapital noch genauer auf diese Fragen eingehen. Vorläufig mag die Andeutung genügen, daß schlüssige Beweise bezeugen, daß das afrikanische Klima zur Zeit der letzten großen Vereisung im ganzen wesentlich trockener und wahrscheinlich auch kühler als heute war.

Man hat Simpson bis heute nicht definitiv widerlegen können; sollte sich seine Auffassung aber bestätigen, dann werden sehr viele andere Wissenschaftler sehr viele gelehrte Abhandlungen in den Papierkorb werfen müssen.

Hätte unsere Erde nur eine einzige Eiszeit erlebt, dann wäre mir fast jede Erklärung recht, so wahrscheinlich oder unwahrscheinlich sie auch sein mag. *Irgendwie* mußte sie schließlich entstanden sein. Da wir aber nicht nur eine einzige Eiszeit, sondern mindestens drei – und wahrscheinlich sogar sechs – erklären müssen, neige ich mehr dazu, die Ursache nicht in drei oder sechs zufällig eingetretenen Ereignissen zu suchen, sondern in der Beschaffenheit der Erde selbst.

11. Die Klimatologen II

WAS GESCHAH AUF DER ERDE?

Bevor wir weiter darauf eingehen, welche irdischen Gründe für die Entstehung der großen Gletscher verantwortlich gewesen sein könnten, wollen wir noch einmal unser Gedächtnis auffrischen und zusammenfassen, was wir zu erklären versucht haben.

Erstens: die Eiszeitepoche ist nicht plötzlich und unangemeldet hereingebrochen. Fossile Pflanzen und Tiere bezeugen dies ganz eindeutig. Das Klima der gemäßigten und polaren Regionen war schon 35 Millionen, vielleicht sogar 50 Millionen Jahre vor der Ankunft des Eises allmählich immer kälter geworden. Am Tiefpunkt dieser Entwicklung kam es dann zu einer Reihe relativ rascher Veränderungen. Nach der längsten neueren Zeitangabe dauerten die vier Eiszeiten zusammengenommen, einschließlich der drei Zwischeneiszeiten, kaum länger als zwei Millionen Jahre.

So betrachtet scheint es, als hätten wir es hier mit den Auswirkungen von mindestens zwei verschiedenen Vorgängen zu tun, einem sehr langsamen und einem relativ schnellen. Betrachtet man die zahlreichen unbefriedigenden Erklärungen für die Entstehung der Eiskruste, so hat man tatsächlich den Eindruck, daß ein großer Teil der Schwierigkeiten deswegen aufgetreten ist, weil man die falsche Frage gestellt hat: Man suchte immer nach der *einen* Ursache. Inzwischen kommen freilich immer mehr Wissenschaftler zu der Auffassung, daß man nach einem ganzen Bündel von *mehreren* Gründen suchen müßte. Die richtige Frage müßte lauten: Welche Ereignisse konnten zu einer allmählichen Abkühlung der Erde während vieler Millionen Jahre führen, und welche weiteren Ereignisse bewirkten dann die wilden und schnellen Klimaumschwünge von einer Eiszeit zu einer Zwischenzeit und wieder zurück?

Nehmen wir zunächst den ersten Teil der Frage: Was wir suchen, ist eine allmähliche Veränderung auf der Erde, die sich über einen langen Zeitraum hingezogen hat, und die nicht nur einmal, sondern mehrmals eingetreten ist. Besonders günstig für unsere Zwecke sind hier die Veränderungen, die die Kontinente in Ausdehnung und Höhe hinter sich haben.

Die Erde hat im Lauf ihrer Geschichte mehrmals geologische „Revolutionen" durchgemacht, weltweite, von Vorgängen im tiefen Erdinnern hervorgerufene Bewegungen, in deren Verlauf große Teile der Erdkruste gefaltet oder angehoben und zu großen Gebirgszügen aufgetürmt wurden. In den gleichen Epochen sank der Meeresspiegel ab. Es liegt auf der Hand, daß eine Erhebung der Erdkruste an einer Stelle durch eine Senkung an einer anderen ungefähr „ausbalanciert" werden muß: Wenn das Festland sich hob, mußte sich der Meeresboden senken. Man nimmt sogar an, daß dieselben Vorgänge, die die Gebirge entstehen ließen, auch jene tiefen Gräben am Meeresgrund verursachten, die man an vielen Stellen im Pazifik und anderswo findet.* Als Folge eines oder mehrerer solcher Vorgänge sammelte sich das Wasser der Ozeane (deren Volumen einigermaßen konstant zu sein scheint) in den tiefen Becken, so daß ein großer Teil des bisher nur flach unter Wasser liegenden Bodens trocken wurde und sich zudem noch hob. Mit der Zeit wurden dann die Gebirge wieder durch die unaufhörliche Einwirkung des Windes und des Regens abgetragen. Die von der Erosion abgelösten Sedimente wurden in die Meere gespült und hoben den Meeresboden, wodurch wiederum eine Überschwemmung der Festlandränder entstand. Am Ende des Zyklus sind die Erhebungen auf dem Festland normalerweise flach, und große Teile der Kontinente stehen unter seichtem Meerwasser.

Um diese Vorgänge etwas genauer zu untersuchen, wollen wir die jüngste Erdrevolution betrachten. Ihr Beginn liegt etwa 50 Millionen Jahre zurück. Damals gab es nur wenige hohe Gebirgszüge, und ein großer Teil des heutigen Festlandes war vom Wasser bedeckt. Der Südosten der Vereinigten Staaten und die Landenge von Panama waren überschwemmt. Westeuropa bestand aus mehreren großen Inseln. Auch die heutigen arabischen Länder und die iranische Hochebene lagen größtenteils unter Wasser. Indien war eine der asiatischen Küste

---

* Eine jüngere Theorie besagt, daß dadurch, daß die Kontinente zusammengedrückt wurden und die Gebirge entstanden, ihre Gesamtfläche kleiner wurde, so daß die Fläche und damit auch das Volumen der tiefen Meeresbecken sich vergrößerte.

vorgelagerte Insel, und ein breiter Meeresarm trennte Nordeuropa von Sibirien.

Die Erdrevolution bestand nun darin, daß sich die großen Gebirgssysteme der Erde bildeten: die Alpen, die Rocky Mountains, der Himalaja, die Anden, der Kaukasus und etwas später die Gebirgszüge an der Küste von Kalifornien, in Oregon und in Washington. Gleichzeitig entstanden die Küstenlinien, wie wir sie heute kennen. Die früheren Revolutionen, die uns nicht so genau bekannt sind, dürften insgesamt ähnlich verlaufen sein.

Nehmen wir nun einmal an, daß diese geologischen Revolutionen auch als Ursache für die große Vereisung angesehen werden können. Da wäre zunächst festzustellen, daß ihr zeitlicher Rhythmus mit dem der Eiszeiten übereinstimmt. Obwohl sich auch während der „ruhigen" Perioden der Erdgeschichte zuweilen einige Gebirge bildeten, kann man doch sagen, daß es in der Erdgeschichte nur relativ wenige Revolutionen gab; zwischen ihnen lagen lange Perioden, in denen nichts Radikales geschah. (Man würde auch nichts anderes erwarten: Gebirge und Hochland sind − gemessen an erdgeschichtlichen Zeiträumen − sehr vergängliche Gebilde. Je höher das Festland liegt, desto schneller fließen die Ströme, und desto schneller spülen sie die Substanz des Festlandes fort. Ist aber das Land flacher geworden, so verändert es seine Form nur noch durch Vorgänge im Erdinnern.)

Die Perioden rascher und tiefgreifender geologischer Veränderungen, zwischen denen jeweils lange Zeiträume relativer Stabilität lagen, entsprechen in ihrer zeitlichen Abfolge genau den Perioden klimatischer Veränderungen auf der Erde: Auch die Eiszeiten waren kurze und relativ seltene Ereignisse, zwischen denen über lange Zeit ein mildes Klima herrschte. Die zeitliche Übereinstimmung beider Abläufe läßt sich nachweisen: Die jüngste Eiszeit-Epoche trat auf dem Höhepunkt einer geologischen Revolution ein. Das gleiche trifft für die vorletzte Epoche zu (einige Geologen bestreiten das allerdings), und obwohl wir hier über weniger Hinweise verfügen, scheint es auch bei der drittletzten so gewesen zu sein. Zur „Tatzeit" gab es offenbar jedesmal hohe Gebirge und zusammengezogene Ozeane. Aber können sie die „Tat" selbst verursacht haben?

Daß die Ozeane sich verkleinerten, hat die Vereisung sicher begünstigt. Wie wir schon zeigten, ist das Seeklima in gemäßigten und subpolaren Zonen wärmer als das Kontinentalklima. Besonders die Winter sind wesentlich wärmer. Wenn also der Golf von Mexiko bis nach St. Louis reichte (wie es vor etwa 35 Millionen Jahren der Fall war),

Vor etwa 50 Millionen Jahren waren die Ozeane größer und die Höhenzüge seltener und niedriger. Das Klima war überall milde.

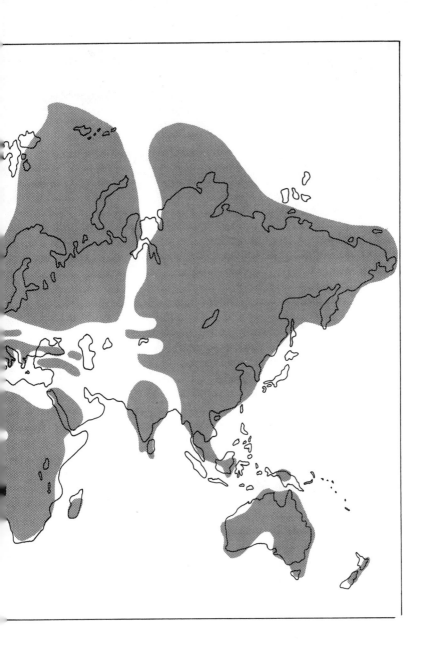

so muß es in Nordamerika bedeutend mehr Regen und weniger Schnee als heutzutage gegeben haben – etwa so wie jetzt an der pazifischen Küste, wo ein typisches Seeklima herrscht.

Die Entstehung von Gebirgen hat an sich keinen unmittelbaren Einfluß auf das Klima. Die Auswirkungen sind jedoch indirekter Art. Um dies zu verstehen, müssen wir uns zunächst kurz vergegenwärtigen, wie die Erde von der Sonne geheizt wird.

Erinnern wir uns an unsere Feststellung bei der Behandlung der Niederschläge, daß die Frage nach der Regenmenge nicht wichtiger ist als die Frage nach dem, was mit dem Regenwasser geschieht, wenn es auf die Erde herabgekommen ist. Das gleiche gilt für die Strahlung der Sonne. Nicht alle Sonnenstrahlen, die zur Erde herabkommen, erwärmen sie tatsächlich; ein großer Teil der Wärme wird nicht hinreichend gespeichert. Was mit der einstrahlenden Sonnenenergie geschieht, hängt in erster Linie davon ab, wie stark eine bestimmte Oberflächenstruktur die einfallenden Sonnenstrahlen wieder reflektiert. Bei den Ozeanen sind es etwa zehn Prozent, mit anderen Worten: große Wasserflächen speichern etwa 90 Prozent der einfallenden Strahlung (anders liegt die Sache bei stürmischen Meeren: hier werden zuweilen bis zu 40 Prozent wieder reflektiert). Wie stark das Festland reflektiert, ist sehr verschieden; es hängt von der Vegetation und vom Feuchtigkeitsgrad der Oberfläche ab. Wälder reflektieren die Sonnenstrahlen zu etwa acht Prozent, Grassteppen zu 15 Prozent, Sand und Steine sogar zu 20 Prozent.* Wolken reflektieren sehr viele Sonnenstrahlen (bis zu 70 Prozent), und Eis oder Schnee am meisten. Die auf Eis- oder Schneeflächen auftreffenden Strahlen werden bis zu 90 Prozent wieder in den Raum zurückgeworfen.

Nun sind Gebirge, wie jeder weiß, kälter als das Tiefland; sie empfangen größere Niederschlagsmengen (erinnern wir uns, daß Niederschläge aus aufsteigender und kälter werdender Luft kommen). Sind die Berge hoch genug, dann fallen die Niederschläge als Schnee. Sobald Schnee gefallen ist, reflektiert er sofort neun Zehntel der einfallenden Strahlen in den Weltraum, und das bedeutet, daß nur wenig Wärmeenergie zur Verfügung steht, die den Schnee zum Schmelzen bringen könnte. Sind die Berge hoch genug, so können sie sogar am

---

* Sand und Steine fühlen sich, wenn man sie barfuß betritt, heißer an als Gras. Aber das bedeutet nicht, daß sie mehr Sonnenstrahlen speichern. Es sind vielmehr unsere bloßen Füße, die schneller und mehr Wärme aufnehmen. Die Temperatur des Grases wird außerdem durch biologische Vorgänge verringert.

Äquator von ewigem Schnee bedeckt bleiben, wie zum Beispiel in den Anden, in Zentralneuguinea und – wie die Verehrer von Hemingway wissen – auf dem Kilimandscharo in Afrika. Auch weniger hohe Berge ohne ewigen Schnee liegen häufig unter einer dichten Wolkendecke – und das bedeutet wieder Verlust von Sonnenenergie, die „eigentlich" zur Verfügung stehen würde.

Die erste Auswirkung einer Gebirgsbildung ist also eine Vermehrung der Schneeflächen und der Wolkenfelder und damit eine Verringerung der zur Erwärmung der Gebirgsregionen verfügbaren Sonnenenergie. Zusätzlich beeinflussen die Berge aber auch indirekt, wieviel Strahlungsenergie sich in Wärme verwandelt, und zwar indem sie bestimmen, wie schnell die Wärme in den Raum zurückgestrahlt wird. Die Wärmestrahlung der Erdoberfläche hängt nämlich weniger von der Reflexionskraft des Bodens als von der Beschaffenheit der Atmosphäre ab. Hier kommt der sogenannte Treibhauseffekt ins Spiel: Jeder Autofahrer weiß, daß sich im Innern seines Wagens sehr bald eine unangenehme Hitze entwickelt, wenn er ihn an einem sonnigen Tag mit geschlossenen Fenstern abstellt, und zwar auch bei kühlem Wetter. Das liegt daran, daß die Fenster zwar das hereinkommende Sonnenlicht durchlassen, aber für die Wärmestrahlung nach außen weniger durchlässig sind, da diese nicht aus sichtbarem Licht, sondern aus der infraroten Langwellenstrahlung besteht. Die Gärtner machen sich diese „isolierende" Wirkung des Glases zunutze, wenn sie Treibhäuser bauen.

Auch die Atmosphäre wirkt wie ein Treibhaus. Nicht die Atmosphäre in ihrer Gesamtheit: ihre Hauptbestandteile, nämlich Sauerstoff und Stickstoff, lassen das sichtbare Licht und das infrarote Licht durchaus etwa zu gleichen Teilen durch. Aber bestimmte, in geringeren Mengen vorkommende Bestandteile der Atmosphäre, besonders Wasserdampf, tun dies nicht. Der Prozentsatz des in der Luft vorhandenen Wasserdampfes variiert nun freilich in den verschiedenen Gegenden ganz erheblich.

Nehmen wir nun eine Luftmasse, die über ein Gebirge hinwegzieht. Wenn sie aufsteigt, wird sie kälter, und wenn die Berge hoch genug sind, geht die Abkühlung so weit, daß die in der Luft enthaltene Feuchtigkeit als Regen oder Schnee herabfällt. In der kalifornischen Sierra Nevada fallen teilweise bis zu 13 Meter Schnee pro Jahr (daher der Name, der spanisch „Schneegebirge" bedeutet). Wenn die Luft auf der anderen Seite des Gebirges wieder absinkt, erwärmt sie sich, nimmt aber die verlorene Feuchtigkeit nicht wieder auf. Das Ergebnis ist die im „Regenschatten" liegende Wüste, über der die Luft sehr heiß und trocken sein kann, so daß in der Atmosphäre nur geringe Mengen von Wasserdampf, der die Wärmestrahlung zurückhalten könnte, vorhanden sind. Wenn die Wüste verhältnismäßig hoch liegt, dann werden diese Auswirkungen noch fühlbarer. Die Atmosphäre ist dann nicht bloß trockener, sondern auch dünner (bekanntlich verdünnt sich die Luft, je höher man steigt). Dadurch wird zwar die Sonneneinstrahlung intensiver, aber auch die Rückstrahlung verstärkt sich. Wenn die Erdatmosphäre also mit dem Glas eines Treibhauses verglichen werden kann, dann sind Gebirge, Hochebenen und Wüsten, wie ein Wissenschaftler es einmal ausgedrückt hat, „Löcher im Glas".

Betrachten wir nun die vergangenen 35 Millionen Jahre der Erdgeschichte und überlegen, wie all diese Vorgänge gemeinsam das Klima, das vorher ausgesprochen milde war, so stark verändert haben können.

Erinnern wir uns nochmals, wie die Erde zu Beginn der letzten Revolution aussah: Die Ozeane waren größer, das Festland kleiner, die Gebirge seltener und niedriger als heute, es gab keinen ewigen Schnee und schon gar keine Gletscher, und der Ozean war an keiner Stelle mit Eis bedeckt. Nur in den polaren Regionen dürfte im Winter etwas Schnee gelegen haben, aber nirgendwo sonst. Da zwischen den Polen und dem Äquator keine großen Wärmeunterschiede herrschten, konnte auch die atmosphärische „Wärmemaschine" nur langsam arbeiten. Es wehten nur schwache Winde, trotz reichlicher Regenfälle an den meisten Orten (am Äquator dürften wie heute starke Dauerregen geherrscht haben) kam es fast nie zu heftigen Stürmen. Das Festland war zum größten Teil von Wäldern oder gut bewässerten Savannen bedeckt. Und in dieses Paradies kommt nun plötzlich die Schlange der Gebirgsbildung!

Bergketten erheben sich, und überall dort, wo sie vor den feuchten ozeanischen Winden eine Barriere bilden, sammeln sie allmählich die Feuchtigkeit: quer über Zentralasien ebenso wie über dem Westen von Nord- und Südamerika. Zunächst fällt die gespeicherte Feuchtigkeit als Regen zur Erde. Doch bald beginnen die im „Regenschatten" liegenden Wüsten Löcher in das „Glas" des atmosphärischen Treibhauses zu schlagen. Das Klima wird kälter. Der Himalaja hält die warmen Luftströmungen des Indischen Ozeans von Sibirien ab. Die Gebirge in Alaska und im kanadischen Nordwesten trennen Teile Nordamerikas vom Pazifik ab, und das Innere des nordamerikanischen und asiatischen Kontinents wird immer kälter. Während die Berge immer höher wachsen, geht das Wasser der Ozeane zurück. Das Mississippital liegt nicht länger zur Hälfte unter Wasser. Der Seeweg nach Nordsibirien ist ausgetrocknet. Das Innere der Kontinente erhält ein kontinentales Klima – und kühlt sich immer weiter ab.

In den trockeneren Hochlandgebieten weichen die Wälder der Steppe oder sogar der Wüste (wir wissen das übrigens auch aus fossilen Pflanzenfunden). Das Ergebnis ist ein geringer, aber wichtiger Anstieg der Strahlungsreflexion des Bodens – und damit eine weitere Abkühlung des Klimas. Schon sind die Klimaverhältnisse der Erde kontrastreicher geworden: zwischen Kontinenten und Ozeanen, Hochland und Tiefland. Weitere Kontraste erhöhen die Turbulenz der Atmosphäre, die Bewölkung nimmt zu, und es kommt zu heftigeren Stürmen. Obwohl wir das nicht sicher sagen können, ist es doch wahrscheinlich, daß die ersten Wolken- und Sturmgürtel weit nördlich oder südlich ihrer heutigen Heimatgebiete entstanden sind. Jedenfalls müssen sie größere Mengen winterlichen Schnees und ein kälteres Klima erzeugt haben, weil größere Wolkenmassen entstanden und der stürmische Ozean die Sonnenstrahlung stärker reflektierte.

In diesem Stadium fällt bereits in den subpolaren Regionen so viel Schnee, wie vorher nur in den polaren, und er bleibt auch länger liegen. An den Polen ist der Boden vielleicht nur noch wenige Monate schneefrei und kann nur in dieser kurzen Zeit größere Mengen von Sonnenenergie aufnehmen. Die immer weiterwachsenden Gebirge in Alaska, der Antarktis und auf Grönland liegen schon das ganze Jahr unter einer Schneedecke, die allmählich zu Eis zusammengedrückt wird und als Gletscher die Hochtäler füllt. Es wird immer noch kälter. Jetzt erreichen die Gletscher die Küsten des Festlandes, ihre Ausläufer fallen in das Meer und werden zu Eisbergen, die ihrerseits die Nord- und Südmeere weiter abkühlen. Die Ansammlung von Wasser in den ständig wachsenden Gletschern bewirkt, daß der Meeresspiegel weiter sinkt und das Klima auf dem Festland noch „kontinentaler" wird.

Die abgekühlten Polarmeere können nun nicht mehr soviel Feuchtigkeit wie bisher abgeben. Der Verlust wird jedoch durch die südlichen Regionen wieder wettgemacht, denn der größere Kontrast zwischen Polen und Äquator beschleunigt die atmosphärische Wärmemaschine, so daß sie jetzt mehr Feuchtigkeit aus den tropischen Regionen nach Norden und Süden befördert und mehr Schnee auf größere Festlandflächen fallen läßt, der außerdem jedes Jahr länger liegenbleibt. Damit werden Anzahl und Umfang der Gletscher größer, sie dringen inzwischen schon in einige Gebiete der gemäßigten Zone vor.

An diesem Punkt gleicht das Klima etwa dem heutigen. Die Bühne ist klar für den Auftritt einer Eiszeit.

Haben sich die Ereignisse tatsächlich in dieser Weise abgespielt? Die Klimatologen wissen es nicht genau, doch nur noch wenige zweifeln daran, daß es ungefähr so gewesen sein muß. Die Frage ist nur, ob diese Erklärung genügt. Zweifellos bewirkte die Entstehung der Gebirge, daß die Erde in der beschriebenen Weise kälter wurde, aber niemand weiß genau, ob diese Abkühlung schon ausreichte, um eine Eiszeit herbeizuführen.

Diese Frage – ob die angegebene Ursache *ausreicht* – stellt sich in der Tat bei jedem Versuch, eine schlüssige Erklärung für die Entstehung der Eiszeit zu finden. Wir können jede beliebige qualitative Veränderung auf der Erde oder der Sonne annehmen – die möglichen, die aber sicher nicht eintraten (wie z. B. die kosmischen Staubwolken) und diejenigen, die es fraglos gegeben hat (wie z. B. die geologischen Revolutionen in den vergangenen 50 Millionen Jahren). Halten wir diese Veränderung neben das, was wir – leider immer noch sehr lückenhaft – über die planetarische Zirkulation wissen, so können wir mit einiger Sicherheit sagen, welchen Einfluß diese Veränderung oder das Zusammentreffen mehrerer Veränderungen auf das Klima der Erde ausüben mußte. Was wir dagegen nicht sagen können, ist *wie stark* dieser Einfluß gewesen war. Qualitativ ist das Problem der Eiszeiten durch zahlreiche neue Erkenntnisse „gelöst", quantitativ dagegen keineswegs.

Die geologische Theorie über die Vereisung dürfte daher wohl die solideste von allen sein. Wir wissen, daß die geologischen Revolutionen wirklich stattgefunden haben, während wir zum Beispiel größere Schwankungen der Sonnenstrahlung nur vermuten können. Diese Revolutionen fanden zudem ungefähr zur gleichen Zeit wie die Vereisungen statt und bewirkten in ihrem Ablauf eine kräftige Abkühlung der Erde. Und schließlich waren diese Revolutionen bis vor kurzer Zeit die einzigen periodisch auftretenden Ursachen für langfristige Veränderungen. Erst in den letzten zwanzig Jahren sind noch andere Möglichkeiten zur langfristigen Veränderung des Klimas bekanntgeworden.

12. Die Geophysiker I

WANDERNDE KONTINENTE UND POLE

Niemand weiß, wer zuerst auf die Idee kam, daß die Kontinente nicht immer dort gelegen haben, wo sie heute sind. Mit Sicherheit tauchte dieser Gedanke schon zu Anfang des 19. Jahrhunderts auf, als die ersten wirklich zuverlässigen Karten des Südatlantik entstanden. Irgendein aufmerksam beobachtender Forscher oder Schiffskapitän hat damals vielleicht festgestellt, daß die Ostküste von Südamerika und die Westküste von Afrika erstaunlich gut zusammenpassen. Über eine Distanz von mehreren tausend Kilometern fügen sich die Ränder der Kontinente zusammen wie zwei Stücke eines Puzzlespiels. Man könnte sich leicht vorstellen, daß beide Kontinente früher einmal eine einzige große Landmasse bildeten, die irgendwann auseinandergebrochen ist.

Die Untersuchungen über die letzte Eiszeit haben noch mehr interessante Dinge zutage gefördert: Messungen an alten Küstenlinien haben ergeben, daß in eisbedeckten Gebieten wie in Skandinavien und Nordkanada der Boden durch das ungeheure Gewicht der Eisschichten nach unten gedrückt worden ist. Als sich das Eis später zurückzog, hob er sich allmählich wieder. Seit dem Abtauen der riesigen Gletscher sind Teile von Nordschweden um mehr als 230 Meter gestiegen.

Solche starke Bewegungen der Erdkruste deuten darauf hin, daß die Erde größtenteils nicht fest ist. Wirklich hart ist allem Anschein nach nur eine etwa 100 Kilometer dicke Kruste. Unter dieser Kruste liegt eine bedeutend dickere Schicht aus flüssigem Gestein, die nachgibt, wenn sie von oben unter Druck gesetzt wird, und wieder zurückfließt, wenn der Druck sich verringert. Solche Gesteinsmassen müssen sehr zähflüssig sein, sie bewegen sich zwar sehr viel langsamer als Melasse im Januar, aber flüssig sind sie doch.

Vor mehr als 50 Jahren entwickelte der deutsche Meteorologe Alfred

Wegener unter Berücksichtigung dieser Tatsache und anderen Materials seine Theorie von der Kontinentalverschiebung. Wenn sich die Kontinente auf dem zähflüssigen Gesteinsfundament nach unten und nach oben drücken lassen, so fragte er, warum sollten sie sich dann nicht auch seitwärts verschieben können? Wegener ist überzeugt, daß solche Verschiebungen der Kontinente nicht bloß möglich sind, sondern tatsächlich stattgefunden haben. Seiner Annahme zufolge gab es vor etwa 200 Millionen Jahren nur einen einzigen Kontinent – er nannte ihn „Pangäa" –, der dann in mehrere große Stücke zerbrach. Allmählich trieben die Bruchstücke auseinander und bildeten so den Atlantischen und den Indischen Ozean. Nach Wegener liefert diese Kontinentalverschiebung nicht nur die Erklärung für die spiegelbildlichen Küstenlinien von Afrika und Südamerika, sondern auch für zahlreiche auffallende Ähnlichkeiten in Gesteinsschichtungen und Fossilien aus Gebieten, die heute durch viele tausend Kilometer Ozean voneinander getrennt sind. Die meisten Geologen hatten jedoch kein rechtes Vertrauen zu Wegeners Vermutungen. Viele der geologischen Ähnlichkeiten – so lautete ihr Einwand – seien gar nicht so ähnlich, wie Wegener annahm. Und die übrigen erklärten sie mit dem Zufall.

Dennoch mehrten sich die beunruhigenden Fakten. Da gab es zum Beispiel die Fossilien: Sowohl in Südamerika als auch in Afrika fanden Paläontologen die Knochen des Mesosaurus, eines krokodilähnlichen Reptils aus der Urzeit. Aus dem Gestein, in dem seine Überreste gefunden wurden, wissen wir, daß dieses Tier seichtes Wasser, Flußmündungen und Deltas bewohnte und kein guter Schwimmer war. Wie hätte es einen 5000 Kilometer breiten Ozean durchqueren können? Charakteristische Gruppen ausgestorbener Pflanzen fand man gleichermaßen in Südamerika, Afrika, Australien, der Antarktis und Indien – aber sonst nirgendwo. Wie hätten sich diese Pflanzen über die Ozeane in so weit voneinander entfernte Gebiete verbreiten können, ohne zugleich in den dazwischenliegenden Regionen Spuren zu hinterlassen?

Einige Paläontologen versuchten, diese Fossilien damit zu erklären, daß sie Landbrücken oder sogar „versunkene Kontinente" erfanden, über die sich die Pflanzen und Tiere verbreitet haben sollen, ähnlich wie dies später tatsächlich auf dem Wege über die ausgetrocknete Beringsee geschah. Je mehr wir jedoch über die Erdkruste lernen, desto brüchiger werden diese Landbrücken. Es ist schon ein bedeutender Unterschied, ob man eine Brücke zwischen Alaska und Sibirien rekonstruiert, wo die engste Stelle zwischen den Kontinenten nur wenige

Dutzend Kilometer breit und das Meer nur etwa 70 Meter tief ist, oder ob man sich dort eine Landbrücke vorstellen will, wo der Ozean Tausende von Kilometern breit und Tausende von Metern tief ist. Wenn eine solche Brücke wirklich existierte und dann versank, dann hätte sie nach allem, was wir heute über die Erdkruste wissen, auf dem Grund des Ozeans Gestein hinterlassen, aus dem wir ihre einstige Existenz hätten ablesen können. Derartige Beweise sind aber bis heute nicht gefunden worden.

Zu den wenigen Geologen, die Wegeners Theorie ernst nahmen, gehörten diejenigen, die auf der südlichen Erdhälfte arbeiteten. Sie fanden, daß Wegener die Erklärung für ein weiteres Phänomen, das ihnen bisher große Sorgen bereitet hatte, liefern konnte, nämlich die Permokarbon-Eiszeit.

Es handelt sich dabei um die vorletzte Eiszeiten-Epoche, deren Beginn vor 280 Millionen Jahren angesetzt wird. Schon zur Zeit Wegeners wußte man, daß mehrere südliche Kontinente damals mit Eis bedeckt waren. Heute wissen wir, daß diese Vereisung gleichzeitig in Australien, Südamerika, Afrika, Indien und in der Antarktis eintrat. Tillite und andere Ablagerungen, die dies bezeugen, wurden in subtropischen und sogar tropischen Gebieten gefunden: im Süden von Brasilien und in Südafrika ebenso wie in Zentralafrika am Äquator.

Wenn nun am Äquator Eisschichten auftraten, dann hätte natürlich die nördliche Hemisphäre fast vollständig von Eis bedeckt gewesen sein müssen. Das war jedoch nicht der Fall. Es gibt keinerlei überzeugende Hinweise darauf, daß zu jener Zeit nördlich des Äquators irgendwelche Eiskrusten bestanden hätten – außer in Indien, wo ebenfalls diese unerklärlichen Ablagerungen gefunden wurden.

Wir erinnern uns daran, daß während der jüngsten Eiszeitenepoche außer in der Antarktis keine Vereisung auf der südlichen Halbkugel nachzuweisen ist, da dort vor allem Ozeane liegen. Während der viel früheren Eiszeitenepoche des Permokarbon muß folglich die *nördliche* Halbkugel in der Hauptsache aus Meeren und die südliche vor allem aus Festland bestanden haben. Dies wäre allerdings nur möglich, wenn die Kontinente damals ganz anders über die Erdkugel verteilt waren als jetzt.

Aus alledem und aus zahlreichen anderen Hinweisen können wir heute fast mit Sicherheit annehmen, daß Wegener grundsätzlich recht hatte. Die meisten Wissenschaftler dürften dem Geologen Rhodes Fairbridge von der Columbia University zustimmen, wenn er sagt:

„Die Frage ist nicht mehr, *ob* sich die Kontinente bewegten, sondern *wie schnell.*" Gewiß war die Vorstellung Wegeners von dem einzigen Ur-Kontinent „Pangäa" ein wenig zu ehrgeizig und übertrieben. Asien (ohne Indien), Europa und Nordamerika sind zwar offenbar auch ein wenig herumgewandert, waren aber niemals mit den südlichen Kontinenten verbunden gewesen, jedenfalls zu keiner Zeit, aus der uns irgendwelche Indizien zur Verfügung stehen. Doch die südlichen Kontinente einschließlich der indischen Halbinsel und Madagaskars haben wohl wirklich einen Superkontinent gebildet, vielleicht so groß wie das gegenwärtige Eurasien*, und dieser Superkontinent leistete sich vor etwa 280 Millionen Jahren seine „eigene" Eiszeit. Was nun seine Lage betrifft, so muß sie sich ungefähr in der Nähe des Südpols befunden haben. Dafür sprechen nicht nur klimatische Hinweise, sondern auch noch ganz andere Umstände, die etwas mit dem sogenannten Paläomagnetismus („Paläo" heißt „urzeitlich") zu tun haben.

Jeder Pfadfinder weiß, daß die Erde ein Magnet ist, der die Kompaßnadel veranlaßt, die Nord-Süd-Richtung anzuzeigen. Nicht so bekannt ist die Tatsache, daß auch viele Gesteinsarten leicht magnetisch sind. Ihr Magnetismus ist nicht stark genug, um eine Kompaßnadel zu beeinflussen, er kann aber mit sehr empfindlichen Instrumenten gemessen werden. Was sich darin zeigt, ist nicht heutiger, sondern „urzeitlicher" Magnetismus. Er stammt aus der Zeit, als dieses Gestein sich bildete und vom Magnetfeld der Erde beeinflußt wurde. So können uns diese Steine – wenigstens theoretisch – sagen, wo die magnetischen Pole – und wahrscheinlich auch die geographischen Pole – vor hundert oder zweihundert Millionen Jahren lagen; denn obwohl die magnetischen Pole heute Hunderte von Kilometern von den geographischen Polen entfernt sind (weshalb die Navigationsoffiziere bei der Berechnung des Kurses ihrer Schiffe mit Hilfe des Kompasses die „Mißweisung" berücksichtigen müssen), nimmt man doch an, daß beide im Durchschnitt von einigen tausend Jahren an den gleichen Punkten liegen. Die paläomagnetischen Pole werden deshalb in der gleichen Position angenommen wie die paläogeographischen.

Heute ist der Paläomagnetismus ein sehr umstrittenes Thema. Gewisse daraus abgeleitete klimatologische und andere Schlußfolgerungen

---

* Das entscheidende Beweisstück wurde 1969 gefunden, als man die Spezies eines fossilen Reptils aus Südafrika in der Antarktis ausgrub. Es ist unvorstellbar, daß dieses Lebewesen über das Meer von einem Kontinent zum anderen hätte gelangen können.

scheinen mir im Licht neuerer Erkenntnisse sehr weit hergeholt zu sein. Doch eines haben die paläomagnetischen Forschungsergebnisse bezeugt, nämlich, daß Australien und Afrika während der großen „südlichen" Eiszeit viel näher am Südpol lagen als heute. Einige Geophysiker gehen noch viel weiter. Sie glauben, der Paläomagnetismus zeige, daß sich nicht nur die Kontinente, sondern auch die Pole selbst verschoben hätten. Während sich also die Lage der Kontinente zueinander verändert habe, sei die gesamte Erdkruste mit den Kontinenten und dem Meeresboden langsam auf der darunterliegenden zähflüssigen Schicht herumgeglitten. Einige Wissenschaftler glauben, die großen Vereisungsperioden ließen sich zum Teil oder ganz durch diese Polverschiebung erklären. Wir werden im folgenden Kapitel näher auf eine dieser Theorien eingehen, hier genügt der knappe Hinweis, daß sie alle von der bekannten Tatsache ausgehen, daß die Pole – die Enden der Achse, um welche die Erde rotiert – jene Regionen sind, die am wenigsten Sonnenstrahlung einfangen. Aus diesem Grund muß jede Veränderung der Lage der Pole im Verhältnis zu den großen Landmassen und Ozeanen (oder umgekehrt) eine Veränderung des Klimas in mindestens einigen Regionen bewirken.

Aus allem, was wir über die zähflüssigen Schichten unter der Erdkruste wissen, geht hervor, daß eine Verschiebung der Pole durchaus möglich ist. Aber es ist ein weiter und steiniger Weg von der Feststellung, daß dies so sein *könnte,* zu der Behauptung, es *habe so stattgefunden.* Und noch weiter ist der Weg von hier bis zu der Feststellung, daß die großen Eiszeitperioden dadurch verursacht worden sind.

Die paläomagnetischen Hinweise auf die Polverschiebungen sind zwar verhältnismäßig eindeutig, aber doch nicht ganz unanfechtbar. Die Angaben, die wir an verschiedenen Orten über die Lage der Pole zu einer bestimmten Zeit erhalten, sind im großen und ganzen übereinstimmend. Sie variieren jedoch auch erheblich, ganz besonders, wenn das Material, aus dem wir sie gewinnen, von verschiedenen Kontinenten stammt. Das könnte – wenigstens teilweise – durch die Kontinentalverschiebung erklärt werden. Es gibt aber auch Fälle, in denen zwei Gesteinsproben aus derselben Zeit, die nur wenige hundert Kilometer voneinander entfernt aufgenommen worden sind, die Positionen der Pole mit Tausenden von Kilometern Differenz angeben. So etwas kann man schwerlich der Kontinentalverschiebung ankreiden, und es ist schwierig, die paläomagnetischen Auswirkungen einer Kontinentalverschiebung von denen einer angeblichen Polverschiebung zu unterscheiden. Haben sich die Kontinente in bezug auf die Pole (und gegeneinander) verschoben oder die Pole gegen die Kontinente? Oder käme beides vielleicht auf dasselbe hinaus?

Es gibt auch noch andere Probleme. Was wir durch die paläomagnetischen Messungen erfahren, stimmt zwar einigermaßen mit dem überein, was über die große südliche Eiszeitperiode bekannt ist. Geht man nun aber noch weiter zurück und prüft die drittletzte Eiszeitenepoche (vor etwa 600 Millionen Jahren), so stößt man auf schwer zu erklärende Widersprüche. Nach den magnetischen Messungen haben damals alle Kontinente näher am Äquator gelegen als heute; die meisten Gletscher müßten demnach in den damals gemäßigten und tropischen Zonen entstanden sein. Nach allem, was wir heute wissen, wäre das fast ausgeschlossen.

Es gibt auch geologische Hinweise auf Polarverschiebungen, sie sind aber meiner Ansicht nach weniger deutlich. Größtenteils hängen sie mit der Verteilung der sogenannten „Evaporite" auf der Erdoberfläche zusammen: Gestein, das sich bildet, wenn Meerwasser oder anderes mineralhaltiges Wasser verdunstet und Ablagerungen von Steinsalz oder Gips entstehen. Evaporite können sich freilich nur dort bilden, wo das Klima einigermaßen warm ist (und das Wasser daher verhältnismäßig schnell verdunstet), und wo es so trocken ist, daß das verdunstete Wasser nicht durch Niederschläge oder fließende Gewässer wieder ersetzt werden kann. Evaporite bilden sich heute in Wüsten und Halbwüsten, am Großen Salzsee, am Toten Meer, am Aralsee in der UdSSR usw. Auch früher müssen Evaporite in den Wüstenzonen oder in deren Nähe entstanden sein.

Der deutsche Geologe Franz Lotze von der Universität Münster hat die Verteilung aller bekannten Evaporitablagerungen auf der nördlichen Halbkugel für verschiedene geologische Perioden zusammengestellt und daraus gefolgert, daß sie in bestimmten Gürteln auftreten, die sich im Lauf der Zeit verschoben haben. Vor etwa 500 Millionen Jahren verlief dieser Gürtel über den Nordpol, später verlagerte er sich allmählich weiter nach Süden bis zu der Stelle, wo wir ihn heute finden. Nehmen wir an, daß die Evaporitgürtel die geographische Lage ehemaliger Wüstenzonen anzeigen (was logisch erscheint), und daß diese Zonen damals vom Nordpol etwa ebenso weit entfernt waren wie heute (was zumindest naheliegend ist), dann muß man daraus schließen, daß der Pol sich verschoben hat. Vor 500 Millionen Jahren muß er etwa bei den Midway-Inseln im Pazifik gelegen haben. Interessanterweise kommen wir bei der Berücksichtigung der paläomagnetischen Messungen zum gleichen Ergebnis.

Vieles spricht für die These von Lotze, vieles aber auch dagegen. Zum Beispiel ist es durchaus möglich, daß die Evaporitgürtel ebenso wie die Schönheit im Auge des Betrachters liegen. Die Evaporite selbst sind zwar durchaus real, aber die Gürtel, in denen man sie anzuordnen sucht, sind zum Teil Geschöpfe der Phantasie, besonders wenn man sie nach geologischen Perioden ordnet, für welche die bekannten Evaporitablagerungen nur sehr spärlich und weit verstreut nachgewiesen werden können. Anderseits liegen einige Ablagerungen nur wenige hundert Kilometer vom heutigen Nordpol entfernt, also in einem Gebiet, von dem man sich kaum vorstellen kann, daß dort jemals ein heißes und trockenes Klima herrschte, außer wenn der Pol – oder die Kontinente oder beide – sich verschoben haben.

Andere Untersuchungen der Evaporite geben uns noch mehr Rätsel auf. Zwei australische Geophysiker, J. C. Briden und E. Irving, suchten nicht nach Evaporitgürteln, sondern stellten Tabellen der Evaporitablagerungen nach verschiedensten Perioden zusammen, und zwar zuerst nach den heutigen geographischen und dann nach den paläomagnetischen Breiten, in denen sie gefunden werden. Die Tabellen auf der Grundlage der heutigen Breiten zeigen ziemlich übereinstimmend, daß es zwei Gruppen von Ablagerungen gibt, und zwar eine nördlich und die andere südlich des Äquators. Sie entsprechen mehr oder weniger den beiden heutigen Wüstenzonen. Legt man hingegen die paläomagnetischen Breiten zugrunde, so rücken die Ablagerungen immer näher an den Äquator heran, je weiter man zeitlich zurückgeht. Vor 300 bis 500 Millionen Jahren lagen sie direkt auf dem Äquator.

Briden und Irving fühlten sich dadurch nicht besonders gestört – jedenfalls nicht so sehr, daß sie die Ergebnisse der paläomagnetischen Messungen in Zweifel zogen. Vielleicht hätten sie das aber tun sollen: ist doch die feuchte Hitze am Gürtel um den Äquator beinahe das einzige Phänomen der ganzen Klimageschichte, das zu allen Zeiten unverändert existierte. Gelegentlich war dieser Gürtel schmaler als heute, meistens dürfte er allerdings breiter gewesen sein. Wahrscheinlich hat er jedoch immer ungefähr dort gelegen, wo wir ihn heute finden – und bei der uns bekannten klimatischen Dynamik könnte das auch nicht anders sein. Die Regionen am Äquator sind am stärksten den Sonnenstrahlen ausgesetzt, weshalb die Meere dort den meisten Wasserdampf erzeugen und die äquatorialen Landmassen den meisten Regen erhalten. Wenn man nicht annehmen will, daß sich alle Kontinente um den Äquator zusammengedrängt haben und dadurch fast alle äquatorialen Meere beseitigten, dann ist ein Wüstengürtel am Äquator undenkbar (und auch mit einer solchen Annahme wäre er nur schwer vorstellbar). Obwohl heute fast jeder zugibt, daß die Kontinente herumgewandert sind, so wagt doch niemand zu behaupten, daß sie sich zu der Zeit, von der Briden und Irving sprechen, alle um den Äquator versammelt hätten.

Die wirklichen Schwierigkeiten beginnen aber erst, wenn wir die Forschungsergebnisse der Biologie zur Antwort auf die Frage der Polverschiebungen heranziehen. Frühere oder heutige Klimazonen werden nicht nur durch Evaporitgürtel, sondern auch durch geologische Gürtel bestimmt. Die Tiere und Pflanzen in Kanada und Sibirien unterscheiden sich nach Art und Zahl ganz offensichtlich von denen in Brasilien oder im Kongo.

Wie wir gesehen haben, läßt sich das Klima der Erde für die jüngere geologische Vergangenheit, d. h. für den Zeitraum der letzten 80 Millionen Jahre, recht gut aus dem Pflanzenwuchs bestimmen; die fossilen Pflanzen sind den heutigen im allgemeinen so ähnlich, daß man aus ihnen schließen kann, unter welchen klimatischen Bedingungen sie gelebt haben müssen. Ralph Chaney von der University of California hat untersucht, wie die fossilen Pflanzen aus der Zeit vor 60 Millionen Jahren auf der nördlichen Halbkugel verteilt sind. Da diese Zeit ein verhältnismäßig mildes Klima ohne Vereisung hatte, findet man die verschiedenen Pflanzenarten in Gebieten, die weiter nördlich liegen als die Heimatorte ihrer heutigen Verwandten: Wälder, die nur in gemäßigten Zonen leben können, wuchsen in Zentralalaska und auf Spitzbergen, und Bäume, die heute in der gemäßigt-kühlen Zone wachsen, wurden auf dem jetzt fast baumlosen kanadischen Archipel gefunden. Doch trotz dieser allgemeinen Verlagerung des Pflanzenwuchses nach Norden ähneln die fossilen Pflanzen am Nordpol doch sehr stark den heutigen. Das wiederum bedeutet, daß der Pol etwa an derselben Stelle gelegen haben muß wie jetzt, daß er sich also nicht um Tausende von Kilometern verlagert hat, wie es die paläomagnetischen Messungen vermuten lassen. Chaney ist sich seiner Sache recht sicher und glaubt, daß vor 60 Millionen Jahren „Eurasien und Nordamerika im wesentlichen die gleiche Lage zum Nordpol eingenommen haben wie heute".

Auch der Biologe F. G. Stehli von der Western Reserve University glaubt nicht recht an die Polverschiebungen. Er hat sich auf die Zeit vor etwa 250 Millionen Jahren spezialisiert und die Verteilung bestimmter fossiler Tiere untersucht, vor allem großer Reptilien und gewisser muschelartiger Seetiere, sogenannter Brachipoden, die, wie wir aus der Umwelt ihrer heutigen Verwandten schließen können, nur in recht warmen Gegenden leben konnten. Stehli hat festgestellt, daß der Lebensraum dieser Fossilien in jener weit zurückliegenden Zeit eine „warme Zone" bildete, die sich rings um die *heutigen Pole* legte, nicht aber um die vom Paläomagnetismus angezeigten Pole.

Stehli hat das gleiche Problem auch noch aus einem anderen Winkel untersucht, nach dem sogenannten „Mannigfaltigkeitsgefälle". Der Ausgangspunkt ist die bekannte Tatsache, daß bestimmte Tiergruppen um so weniger verschiedene Arten aufweisen, je kälter das Klima wird. Ein gutes Beispiel dafür sind die grasfressenden Steppentiere: Im tropischen Afrika gibt es Dutzende von Spezies, vom Nashorn bis zu den Antilopen. In der polaren Zone haben wir nur zwei, den Moschusochsen und das Rentier. Stehli hat nun festgestellt, daß die Mannigfaltigkeit der Tierarten auch bereits vor 250 Millionen Jahren in gleicher Weise abnahm, je näher man sich auf die heutigen Pole hinbewegte. Er schließt daraus, daß die Pole damals etwa die gleiche Lage hatten wie heute. Er gibt allerdings zu, daß seine Forschungsergebnisse sich nur auf sehr spärliches Material stützen. Ich selbst habe das Gefühl, daß er etwas voreilige Schlüsse zieht, ganz besonders, wenn er die Kontinentalverschiebung und die Polverschiebungen grundsätzlich bezweifelt. Seine Feststellungen stehen jedenfalls im absoluten Widerspruch zu den paläomagnetischen Messungsergebnissen.

So stehen also die Geophysiker auf der einen und die Biologen auf der anderen Seite, während die Geologen eine Zwischenposition einnehmen, aber eher dazu neigen, den Geophysikern recht zu geben. Diese widersprüchlichen Forschungsergebnisse und auch die Widersprüche in den paläomagnetischen Messungen selbst haben einige Geophysiker veranlaßt, darüber nachzudenken, ob das Magnetfeld der Erde sich nicht vielleicht im Lauf geologischer Zeitabläufe radikal verändert haben könnte. Sie nehmen an, daß die Erde früher möglicherweise nicht nur zwei, sondern vier oder vielleicht sogar acht Pole gehabt hatte!

Tatsache ist jedenfalls, daß wir über den Erdmagnetismus nur sehr wenig wissen. Das magnetische Feld der Erde ist sehr genau auf Karten aufgenommen worden, vor allem weil es für die Navigation wichtig ist. Darüber, wie dieses Magnetfeld entstanden ist, sind unsere Kenntnisse aber ganz lückenhaft. Die geläufigen (sehr komplizierten) Theorien erklären die bekannten Tatsachen zwar recht gut, sie gehen aber nicht weit genug ins Detail, um eine Vorhersage über die zukünftige Intensität zu erlauben, oder auch nur sagen zu können, ob seine Intensität stabil oder fluktuierend ist. In jüngster Zeit haben die Geophysiker entdeckt, daß das Magnetfeld von Zeit zu Zeit umgepolt wird, so daß aus dem Nordpol der Südpol wird und umgekehrt! Diese Tatsache hat sich, wie wir im 15. Kapitel sehen werden, als hochbedeutsam für die Untersuchungen der Eiszeiten erwiesen, aber auch sie ließ sich mit den üblichen Theorien nicht voraussagen. Wir brauchen deshalb ein klareres Verständnis von Magnetismus und Paläomagnetismus, bevor wir sicher sagen können, daß die paläomagnetischen Messungsergebnisse auch wirklich das bedeuten, was sie zu bedeuten scheinen.

13. Die Geophysiker II

DIE TÜCKEN DER ELEGANTEN LÖSUNGEN

Da mich die Naturwissenschaften seit meiner Kindheit faszinierten (bis ich sie auf dem Massachusetts Institute of Technology zu studieren begann), habe ich mich oft gefragt, wie es dazu kommen konnte, daß aus mir ein Schriftsteller und nicht ein Wissenschaftler geworden ist. Das liegt, glaube ich, an einer gewissen Trägheit.

Um Wissenschaftler zu sein, braucht man vor allem das, was – wie Carlyle sagt – die wichtigste Eigenschaft des Genies ist: „eine transzendente Fähigkeit, Schwierigkeiten auf sich zu nehmen". Der Wissenschaftler muß unzählige Messungen vornehmen (und sie dann bis ins kleinste Detail wiederholen, um sicherzugehen, daß sich keine Fehler eingeschlichen haben), er muß schwierige Berechnungen anstellen und Stöße von Veröffentlichungen über die Arbeit anderer Wissenschaftler durchwühlen – oft in einer Sprache verfaßt, die man nur aus Höflichkeit als Deutsch, Englisch usw. bezeichnen kann.

Für all das fehlt mir die Geduld. Was mich an der Wissenschaft fesselt, ist das, was man zuweilen als ihr ästhetisches Moment bezeichnet: Tatsachen zu sammeln und Theorien zu ihrer Erklärung aufzustellen. Denn die Wissenschaft – und darüber darf man sich nicht täuschen – ist mehr als das bloße Sammeln von Daten; sie ist außerdem eine Übung in angewandter Ästhetik, jedenfalls für den Wissenschaftler, der mehr ist als ein Taglöhner. Hat er sein Material beisammen, so versucht er, eine „elegante" Theorie zu finden, die ein Maximum an Fakten mit einem Minimum an Vermutungen erklärt.

Dieses Streben nach Eleganz war es wohl, was William Donn und Maurice Ewing vom Lamont Geological Observatory veranlaßt hat, noch eine weitere Theorie über die Eiszeiten aufzustellen. Ihre Erklärung ist jedenfalls, was immer man sonst davon halten mag, elegant. Sie erklärt den ganzen Vorgang – sowohl die lange Zeit der Abkühlung, die der Vereisung vorausging, als auch die Eiszeiten selbst samt ihren Zwischeneiszeiten – als das Ergebnis einer einzigen Veränderung auf der Erde: der Polverschiebungen. Ihre Theorie ist zwar mehrmals revidiert worden, hat jedoch ihre fundamentale Einfachheit behalten. In der neuesten Fassung (aus dem Jahr 1966) lautet sie folgendermaßen:

Nicht alle Wärme, die aus den äquatorialen Regionen zu den Polen gelangt, wird durch die Atmosphäre befördert. Ein großer Teil der Wärme fließt mit dem Wasser der Ozeane. Warme Meeresströmungen wie der Golfstrom und der japanische Kuroschio fließen ebenso wie die warme Luft auf die Pole zu. Kalte Ströme wie der Labradorstrom vor Kanada und der Falklandstrom vor der Westküste von Südamerika fließen natürlich in entgegengesetzter Richtung. Wenn nun die Pole in Gegenden liegen, in denen sie mehr oder weniger leicht von warmen Strömen erreicht werden können, dann fließen ihnen größere Mengen von Wärme zu, als wenn sie in Regionen „thermaler Isolation" liegen.

Als das Klima der Erde vor etwa 35 Millionen Jahren kälter wurde, lag der Südpol nach paläomagnetischen Messungen nicht wie heute in der Mitte der Antarktis, sondern im südlichen Polarmeer vor ihrer Küste. Auch der Nordpol lag nicht in der Mitte des Nördlichen Eismeeres (da es fast vollkommen von Landmassen eingeschlossen wird, hat es kaum Kontakt mit warmen Meeresströmungen), sondern vor der Nordküste von Ostsibirien (oder vielleicht nordwestlich von Alaska – das hängt davon ab, wessen paläomagnetische Messungen man für zutreffend hält).

Als die Pole sich in Richtung auf ihre gegenwärtige „wärmeisolierte" Lage verschoben, wurden die Polregionen ständig kälter, so daß schließlich alle Voraussetzungen für das Einsetzen einer Eiszeiten-Epoche gegeben waren. Die Vereisung begann wahrscheinlich auf der Antarktis. Sobald dieser Kontinent zum größten Teil mit Eis oder Schnee bedeckt war, trug seine starke Reflektierung der Sonnenstrahlung dazu bei, daß sich die Atmosphäre noch weiter abkühlte. Es dauerte nicht lange, bis sich auch im hohen Norden von Kanada, auf Grönland und in Sibirien große Eiskrusten bildeten.

Hier stoßen wir auf einen offenen Widerspruch: Heute sind diese Gebiete zwar bitter kalt, aber zugleich auch sehr trocken, offensichtlich viel zu trocken, als daß sich dort Gletscher bilden könnten. Doch Ewing und Donn zufolge war das Nördliche Eismeer zu Beginn der

Vereisung zwar mit Sicherheit kalt, aber nicht wie heute mit Eis bedeckt, so daß das hier verdunstende Wasser noch hinreichende Mengen von Feuchtigkeit abgeben konnte, die im hohen Norden zu Schneefällen führten und schließlich die Vereisung ermöglichten.

Dann fror das Nördliche Eismeer zu. Um diese Zeit waren die riesigen Gletscher sozusagen schon auf dem Wege. Sie waren bereits so tief nach Süden vorgestoßen, daß sie keine Feuchtigkeit aus dem Norden mehr brauchten. Der Nordatlantik und der Golf von Mexiko erzeugten genügend Niederschläge in Form von Schnee, so daß sie in Nordamerika und Europa immer weiter vorrücken konnten. Nach Sibirien kam dagegen, wie wir schon gesehen haben, nicht genügend Feuchtigkeit, da die südlich-warmen Luftströme durch das Himalajagebiet aufgehalten wurden. Aus diesem Grunde konnten die Eismassen hier nicht weiterwachsen, als das Nördliche Eismeer zugefroren war. Der weltweite Vormarsch des großen Eises kam jedoch erst in wärmeren Regionen zum Stillstand, wo das Eis schneller abtaute als es vorrücken konnte. Zugleich wurde jedoch der Nordatlantik durch die Eisberge und die von der Eiskruste kommende kalte Luft weiter abgekühlt. Je kälter das Wasser jedoch wurde, desto weniger Feuchtigkeit verdunstete. Schließlich gelangte so wenig Feuchtigkeit in die Atmosphäre, daß die großen Gletscher aus Mangel an Schnee und Eis zum Rückzug ansetzten. Dieser Rückzug – so wird angenommen – mußte so lange anhalten, bis die Gletscher ganz verschwunden waren, denn das immer noch zugefrorene arktische Eismeer brachte keine „Feuchtigkeitsreserven" heran.

Nachdem aber die Eisschichten auf dem Festland geschmolzen waren, mußte auch das Eismeer allmählich tauen, und so wiederholte sich der ganze Vorgang. Von neuem rückte das Eis vor und wieder zurück –, insgesamt noch dreimal. So sind die vier Eiszeiten – nach der Darstellung von Ewing und Donn – im wesentlichen durch einen Zyklus, der sich selbst in Gang hielt, entstanden: er begann mit einer Vergletscherung im hohen Norden, die durch ein eisfreies Nördliches Eismeer genährt wurde, und endete mit einer ungeheuren Vereisung, die aus Mangel an Feuchtigkeit verhungerte, als das Nördliche Eismeer zufror und der Nordatlantik kälter wurde.

Diese Theorie hat viele andere Wissenschaftler zum Widerspruch gereizt, besonders Cesare Emiliani von der University of Miami. Emiliani hat seine eigene Eiszeittheorie, zu der auch die Theorie von der „geologischen Revolution" gehört, über die wir im 11. Kapitel gesprochen haben. In der angesehenen Zeitschrift *Science,* die ihre

Autoren nicht gerade zu einer freizügigen Sprache ermuntert, hat Donn die Arbeit von Emiliani als „fehlerhaft" und seine Theorien als „unhaltbar" bezeichnet. Emiliani schlug zurück mit Ausdrücken wie „gänzlich unkritische Auswertung" und „fragwürdige statistische Argumente". Was beide privatim übereinander sagen, will ich lieber der Vorstellungskraft des Lesers überlassen.

Ich selbst habe den Eindruck, die Theorie von Ewing und Donn ist etwas zu elegant, um wahr zu sein. In ihren Veröffentlichungen lassen sie den ganzen Fragenkomplex der Entstehung von Gebirgen und der Erhebung von Kontinenten einfach außer acht. Mir persönlich fällt es schwer, zu glauben, daß sich die Eisschichten der Antarktis oder auf Grönland allein durch Polverschiebungen bilden konnten, ohne Beteiligung der Gebirge, die dort etwa zur gleichen Zeit entstanden sind. Gewiß können die Polverschiebungen zur Gletscherbildung beigetragen haben, ich kann sie aber nicht als einzige Ursache ansehen. Die Zusammenhänge sind noch lange nicht schlüssig bewiesen. Was den Südpol betrifft, so scheint festzustehen, daß er sich tatsächlich mit der Zeit in Regionen immer größerer „thermaler Isolation" verlagert hat – immer vorausgesetzt, daß wir den paläomagnetischen Messungen glauben dürfen. Was aber den Nordpol angeht, so zeigt auch der Paläomagnetismus zu Beginn der langen Abkühlungsperiode vor der Vereisung den Pol am Rand des Nördlichen Eismeeres. Auf der einen Seite des Nordpols lag damals also das vom Festland eingeschlossene Eismeer und auf seiner anderen Seite die große Landmasse Sibiriens; also muß er auch zu jener Zeit schon weithin von der Wärmezufuhr abgeschnitten gewesen sein. Nach den paläomagnetischen Messungen ist der Nordpol im übrigen bereits vor 10 bis 15 Millionen Jahren in seine heutige Lage gerückt. Doch die frühesten schlüssigen Beweise für eine Gletscherbildung außerhalb der Antarktis, bringen uns nicht weiter als 3 Millionen Jahre in die Vergangenheit zurück. Warum diese große Verzögerung?

Ewing und Donn versuchen diese Probleme durch den Einwand zu umgehen, daß die paläomagnetischen Messungen ungenau seien. Diese Ungenauigkeiten könnten dazu geführt haben, daß die Lage der Pole um 1900 Kilometer verfehlt wurde. Das kommt mir vor wie ein wissenschaftlicher Trick. Es ist so, als versuchte ein Jurist, auf Grund von Fehlbuchungen bei einer Firma Unterschlagungen nachzuweisen – während er gleichzeitig zugibt, daß der Buchhalter ein schlechter Rechner ist. Wenn die magnetischen Messungen ungenau sind – und das sind sie bestimmt –, dann können sich doch die Fehler nach beiden Richtungen hin eingeschlichen haben: Eine Abweichung von 1900 Kilometern ergäbe zwei mögliche Positionen für den Nordpol, entweder im Nordpazifik oder ungefähr an der Stelle, wo er sich heute befindet. Bevor wir keine weiteren Beweismaterialien besitzen, kann niemand sagen, welcher von beiden Orten – falls überhaupt einer – der richtige ist.

Zu Ewings und Donns Theorie wird im folgenden Kapitel noch einiges zu ergänzen sein, wenn wir von der Zeittafel der Eiszeiten sprechen (der zeitliche Ablauf ist für das Verständnis vom Kommen und Gehen des Eises ebenso wichtig wie für das Verständnis der Evolution des Menschen). Was jedoch die Ursachen der Vereisung im allgemeinen betrifft, so kann ich den beiden Forschern nur zugestehen, daß sie einen eleganten Versuch unternommen haben.

Im krassen Gegensatz zu dieser Eleganz steht eine weitere Theorie, mit der wir uns am Schluß dieses Kapitels noch kurz beschäftigen wollen. Sie stammt von Rhodes Fairbridge, der sie als „eklektische" Theorie der Eiszeiten bezeichnet. Sie ist in der Tat eklektisch, das heißt, sie hat von jedem etwas: Fairbridge erklärt das Vorrücken und das Zurückweichen der Gletscher mit einer Kombination aus Gefrieren und Abtauen des Nördlichen Eismeeres (wie Ewing und Donn), aus Schwankungen in der Intensität der Sonnenstrahlung (über die wir im folgenden Kapitel mehr hören werden) und aus der Zu- und Abnahme der Zahl der Sonnenflecken. Die Epoche der Eiszeiten selbst erklärt er mit einer Kombination aus Polverschiebungen, der Entstehung der Gebirge und der Verlagerung von Meeresströmungen. Im letzten Punkt kann ich ihm nicht folgen, denn durch die von ihm beschriebenen Veränderungen der Meeresströmungen, die offenbar tatsächlich stattgefunden haben, hätten die polaren Regionen eher wärmer als kälter werden müssen. Aber darauf kommt es eigentlich nicht an. Ein Wissenschaftler mit einer eklektischen Theorie gleicht einem Mann, der Gürtel und Hosenträger und dazu noch ein Gummiband trägt. Wenn eine oder zwei seiner Theorien nachgeben und reißen, dann muß er immer noch nicht ohne theoretische Hose dastehen.

14. Chronologie der Eiszeiten I

DIE ALLZU MENSCHLICHEN WISSENSCHAFTLER

Der erste einigermaßen wissenschaftliche Versuch, eine Zeittafel für die Eiszeiten aufzustellen, wurde von Penck und Brückner unternommen, denselben beiden systematischen Deutschen, die schon die klassische Terminologie der Eiszeiten nach den Bezeichnungen Günz, Mindel, Riß und Würm vorgenommen hatten. (Viele Klimatologen halten das übrigens für so etwas wie ein Danaergeschenk. Sie sind der Meinung, die Theorie von den vier Eiszeiten sei ein Prokrustesbett, auf das man die Tatsachen nur zwingen könne, wenn man sie bis zur Unkenntlichkeit verstümmelt. Aber darüber werden wir später mehr zu sagen haben.) Die Arbeit der beiden Deutschen war schon dann höchst schwierig, wenn sie nur versuchen wollten, aus dem verfügbaren Material ein Bild des Geschehens zusammenzufügen – ganz zu schweigen von seiner zeitlichen Dauer. Die riesigen Gletscher hatten die störende Gewohnheit, das Gestein und den Mutterboden auf ihrem Wege abzuschleifen, und damit natürlich auch die Ablagerungen aus früheren Eiszeiten. Daran liegt es zum Teil, daß sowohl das räumliche Ausmaß als auch die Zeittafel der letzten (Würm-Wisconsin) Eiszeit viel besser erforscht worden sind als die älteren. Rückstände aus früheren Eiszeiten sind von den späteren vernichtet (oder manchmal begraben) worden.

Die Eiszeitforscher mußten deshalb ihre Bemühungen besonders auf die Ränder der Eisschichten konzentrieren, auf die Moränen und auf die Lößschichten, die von den harten, trockenen Winden an die Ränder der Eiskrusten getrieben wurden. Durch die Analyse dieser Spuren gelang es Penck und Brückner denn auch, das Modell der vier großen Eiszeiten, die jeweils aus zwei (bzw. für die Würm-Eiszeit drei) Unterabschnitten bestanden, auszuarbeiten.

Um das Alter dieser Phasen zu schätzen, versuchten sie festzustellen, wie weit die einzelnen Ablagerungen durch Erosion und chemische Verwitterung verändert worden waren. Einen Hinweis erhielten sie z. B. durch die Bodengestalt, die man gewöhnlich am Rande ehemaliger Gletscher findet: Statt tiefer von Flüssen ausgewaschener Rinnen, Hunderte kleine Bodenerhebungen; dazwischen liegen kesselförmige Mulden, die bei genügender Tiefe jene kleinen Teiche und Seen bilden, durch die die Landschaft so reizvoll wird. Das sind Reste der abtauenden Eiskruste. Als sie schmolz, brachen riesige Eisblöcke an ihrem Rande ab und blieben zunächst liegen. Das Schmelzwasser schwemmte Gesteinstrümmer und Erde auf und neben diese Blöcke und schützte sie vor den Sonnenstrahlen. Im Lauf der Zeit schmolz das Eis und ließ die kesselähnlichen Mulden zurück, während das vom Schmelzwasser herangeschwemmte Material die kleinen Hügel bildete.

Man kann auch terrassenförmige Flußufer untersuchen. Während der Eiszeit führten die Flüsse in der Nähe der Riesengletscher nur wenig Wasser. Zugleich gab es jedoch eine Menge geologischen „Schutt", teilweise vom Eis herangetrieben, teilweise auch von Steinen, die infolge des Frostes zersplitterten. Diese Schuttmengen überstiegen die Kapazität der Flüsse, das wenige Wasser konnte sie nicht mehr abtransportieren, so daß sie größtenteils auf dem Grunde liegenblieben. Das Flußbett hob sich allmählich, und die Ufer wurden terrassenförmig ausgewaschen. Während der Zwischeneiszeit strömte dann wieder mehr Wasser mit größerem Druck das Flußbett hinunter, während gleichzeitig weniger Geröll darin lag. Jetzt konnte das Wasser eine Rinne in die Eiszeitablagerungen spülen.

Penck und Brückner haben die Dauer dieser und anderer Vorgänge geschätzt und danach eine glaubhafte Zeittafel für die Periode der Eiszeit aufgestellt. Daraus geht hervor, daß jede Eiszeit ungefähr 60.000 Jahre dauerte. Zwischen der ersten und zweiten sowie zwischen der dritten und vierten Eiszeit lagen Zwischeneiszeiten etwa der gleichen Dauer. Zwischen diesen beiden Paaren lag die „große Zwischeneiszeit" von fast 250.000 Jahren. Die ganze Epoche der Eiszeiten dauerte insgesamt also ungefähr 600.000 Jahre.

Diese Zahlen gründeten sich auf sehr ungewisse Daten. Man war deshalb einigermaßen überrascht, als eine zweite Zeittafel, die mit ganz anderen Beweisführungen aufgestellt worden war, die Schätzungen von Penck und Brückner offensichtlich bestätigte. An dieser neuen Zeittafel hatten viele Forscher gemeinsam gearbeitet, doch den größten

Anteil daran hatte der serbische Mathematiker Milan Milanković. Sein Arbeitsmaterial waren nicht die Auswirkungen der Eiszeit, sondern ihre vermutlichen Ursachen.

Nach der Theorie von Milanković werden die Eiszeiten durch Schwankungen in der Intensität der Sonnenstrahlung verursacht. Das klingt zunächst so ähnlich wie die recht zweifelhafte Theorie von Sir George Simpson, aber genau besehen ist es doch etwas ganz anderes. Erstens sind die Intensitätsschwankungen, von denen Milanković ausging, tatsächlich bewiesen und nicht bloß vermutet; zweitens handelt es sich bei ihnen nicht um Unterschiede in der Gesamtstrahlung der Sonne, die auf die Erdoberfläche fällt (d. h. der von der Sonne ausgehenden Strahlung), sondern um Unterschiede in der Verteilung der Strahlung von Ort zu Ort und von Jahreszeit zu Jahreszeit. Solche Schwankungen beruhen im wesentlichen auf Ungleichmäßigkeiten in den Bewegungen der Erde selbst. So ist die Umlaufbahn der Erde um die Sonne, wie allgemein bekannt, kein perfekter Kreis, sondern leicht zur Ellipse abgeflacht. Durch Gravitationseinflüsse anderer Planeten – besonders des Riesenplaneten Jupiter – wird diese Ellipse außerdem zuweilen leicht eingedrückt.

Aus ähnlichen Gründen bleibt auch die Neigung der Erdachse – die Ursache der wechselnden Jahreszeiten – nicht immer konstant. Gegenwärtig beträgt sie etwa 23½ Grad; sie kann sich jedoch bis auf 24½ Grad erhöhen oder auf 21½ Grad verringern. Es gibt in den Bewegungen der Erde noch weitere Schwankungen, die das Ergebnis noch weiter beeinflussen, doch können wir sie hier beiseite lassen. Auch brauchen wir uns nicht den Kopf darüber zu zerbrechen, wie es zu all diesen Erscheinungen kommt. Das Wichtige sind allein ihre Auswirkungen, die sich in doppelter Weise bemerkbar machen: erstens im Unterschied zwischen der Strahlungsintensität im Sommer und im Winter; das heißt, die Durchschnittstemperatur des Winters kann nach oben und unten schwanken, während die Sommer den Ausgleich in der Gegenrichtung schaffen. Zweitens schwankt die Strahlungsintensität in den einzelnen geographischen Breiten, so daß in der Zone zwischen dem 45. Grad nördlicher Breite und den Polen mehr (oder weniger) Sonnenstrahlen einfallen, was dann in der Zone zwischen dieser Breite und dem Äquator umgekehrt wieder ausgeglichen wird.

Mit anderen Worten: nicht die Erde als Ganzes nimmt mehr oder weniger Strahlung auf, sondern zu bestimmten Jahreszeiten ist die Sonnenenergie in bestimmten Gebieten stärker oder schwächer.

Nun erfolgen die verschiedenen Schwankungen in den Bewegungen der Erde, die ihrerseits diese Schwankungen in der Strahlungsintensität verursachen, im großen und ganzen zyklisch, aber keineswegs „phasengleich"; d. h. manchmal führen mehrere dieser Veränderungen gemeinsam zu besonders starken Auswirkungen, und manchmal heben ihre Auswirkungen einander ganz oder teilweise auf. Das Ergebnis ist, daß die Intensitätsschwankungen der Sonnenstrahlung für eine bestimmte geographische Breite ihren eigenen Zyklus durchmachen, der vom Maximum zum Minimum (oder umgekehrt) etwa 22.000 Jahre dauert. Aber auch das ist nur ein Annäherungswert. In Wirklichkeit kann jeder Zyklus mehr oder weniger Zeit in Anspruch nehmen. Zeichnet man die Intensitätsschwankungen der Sonnenstrahlung als Kurve auf, so ähnelt das unregelmäßige Auf und Ab den oben erwähnten Landstraßen auf Cape Cod, nur daß die Kurve noch weiter ausschlägt.

Milanković brauchte fast zwanzig Jahre, um seine Strahlungstabellen aufzustellen. Das mathematische Problem war nicht besonders schwierig, aber die Berechnungen selbst, die damals noch nicht mit Computern der schnellen Rechenmaschinen gemacht werden konnten, waren langwierig. Mit großer Mühe berechnete er zunächst die Tabellen für ein halbes Dutzend geographischer Breiten. Dann nahm er die Werte für den 65. Grad nördlicher Breite als Grundlage für seine Theorie. Zur Begründung dieser Wahl gab er an, daß auf diesem Breitengrad die Ausgangspunkte lägen, von denen aus die großen Gletscher ihren Weg nach Süden begonnen hatten. Tatsächlich traf das aber nur für Skandinavien zu. In Schottland liegt dieser Punkt z. B. am 58. Grad nördlicher Breite, und in Nordamerika, wo sich viel mehr Eis gebildet hatte, liegen die wichtigsten Anfänge am 55. und am 70. Breitengrad. Ganz abgesehen von dieser Ungenauigkeit ist es mir nicht ganz klar, weshalb Milanković Jahre damit verschwendete, die Werte für die anderen Breiten zu errechnen, wenn er doch von vornherein wußte, daß der 65. Grad nördlicher Breite für ihn der wichtigste war. Ich habe den Verdacht, daß er sich nach Beendigung seiner umfangreichen Berechnungen für jenen Breitengrad entschieden hat, der am besten zur Zeittafel von Penck und Brückner paßte. Wenn diese meine Vermutung stimmt, dann hat der serbische Gelehrte eine altehrwürdige, wenn auch durchaus unkonventionelle wissenschaftliche Methode verwandt: er bediente sich der sogenannten „Finagle-Konstante".

Diese Konstante (deren Entdecker statt Finagle vielleicht auch

Phenagle oder Murphy geheißen haben mag, man weiß es nicht mehr genau) ist eine mathematische Kuriosität, nämlich eine variable Konstante. Man braucht sie, wenn man die Ergebnisse verschiedener Berechnungen in konstruktiver Weise zur Übereinstimmung bringen will. Definiert ist sie als diejenige Zahl, die durch Addition, Subtraktion, Multiplikation oder Division aus einem gegebenen Rechenergebnis genau diejenige Lösung hervorholt, die man gerade haben will. Als Student am MIT habe ich erlebt, daß man diese variable Konstante unbedingt beherrschen muß, wenn man sein erstes physikalisches Examen bestehen will. Ich bin überzeugt, daß dies auch heute noch so ist.

(Sollte dies jemandem zynisch klingen, so möge er bedenken, daß eine richtige Finagle-Konstante nicht nur aus einer falschen Lösung eine richtige machen kann, sondern einem auch helfen kann herauszufinden, weshalb man zu einer falschen Lösung gekommen ist.)

Milankovićs erste Finagle-Konstante war also der 65. Grad nördlicher Breite. Für diese geographische Breite berechnete er die Kurve der Strahlungsabweichungen im Sommerhalbjahr. Die Tiefpunkte auf dieser Kurve bedeuteten kühle Sommer und milde Winter, die Höhepunkte zeigten Perioden mit wärmeren Sommern und kälteren Wintern an. Das entsprach, wie er meinte, den Zeiten, in denen die Gletscher vorrückten bzw. zurückgingen.

Er argumentierte folgendermaßen: Wenn die Sommer kühl sind, bleibt der winterliche Schnee länger liegen. Irgendwann kommt es soweit, daß er das ganze Jahr liegenbleibt und allmählich zu Eis verhärtet. Der Umstand, daß die Winter in solchen Perioden verhältnismäßig milde sind, spielt keine besondere Rolle, da ihre relative Milde in den höheren Breiten nicht ausreicht, um den Schneefall zu verringern. Die Durchschnittstemperaturen im Winter sind dann vielleicht höher, liegen aber niemals über dem Gefrierpunkt. Sind die Sommer dagegen besonders warm, dann schmelzen Eis und Schnee schneller als sie im folgenden Winter wieder ergänzt werden können. Die Winter werden zwar besonders kalt, aber das vermehrt nicht die Schneefälle, im Gegenteil: Durch die Kälte können die Schneefälle sogar abnehmen (wir alle kennen das ganz kalte Winterwetter, von dem wir sagen, es ist „zu kalt zum Schneien").

Diese Theorie ist zwar nicht ganz unanfechtbar, aber im ganzen doch recht plausibel. Sie wurde sogar noch plausibler, als sich herausstellte, daß alle Tiefpunkte auf Milankovićs Tabelle genau auf die Zeiten fielen, für welche Penck und Brückner auf ihrer Zeittafel die

Eiszeiten angesetzt hatten. Oder doch zumindest fast alle. Es gab nämlich auch einige Tiefpunkte, die augenscheinlich nichts mit den von Penck und Brückner errechneten Eiszeiten zu tun hatten. Nicht weniger als fünf davon entfielen auf die „Große Zwischeneiszeit" von Penck und Brückner. Um mit diesem Problem fertig zu werden, führten die Parteigänger von Milanković, deren es inzwischen eine ganze Reihe gab, eine zweite Finagle-Konstante ein: Sie strichen ganz einfach alle Tiefpunkte, die nicht tief genug lagen, und behaupteten, diese kühlen Sommer seien nicht kühl genug gewesen, um die Bildung von Gletschern zu begünstigen.

Auf die nächste Schwierigkeit hat Sir George Simpson aufmerksam gemacht, jener ehrwürdige Meteorologe, den wir bereits als Begründer einer konkurrierenden Eiszeittheorie kennengelernt haben. Er wies darauf hin, daß Milanković noch eine dritte Finagle-Konstante verwendet hatte – und zwar diesmal die falsche. Nicht das Abnehmen der Sonneneinstrahlung als solches erzeugt eine Eiszeit, so führte Simpson aus, sondern das Sinken der Temperaturen im Sommer, das angeblich durch die Verringerung der Strahlung verursacht wird. Wie wir oben gesehen haben, zeigen die Temperaturen überall auf der Erde nur zum Teil an, wie stark die Sonneneinstrahlung in der jeweiligen Gegend ist. Sie hängen auch weitgehend davon ab, wieviel Wärme durch die Atmosphäre und die Ozeane in die betreffende Gegend gebracht wird. Simpson behauptete nun, Milanković habe diesen Umstand zu wenig berücksichtigt, und seine Schätzungen über den Abfall der Sommertemperaturen hätten das Vierfache der richtigen Werte ergeben. Der tatsächliche Abfall der Temperaturen hätte kaum genügt, um die Entstehung von Gletschern zu veranlassen.

Ein weiterer Schlag kam im Jahre 1953. Vierzig Jahre genauer astronomischer Beobachtungen hatten neue und exaktere Daten über die Schwankungen in den Bewegungen der Erde erbracht. Unter Verwendung dieser neuen Zahlenangaben – sowie eines Computers – rechnete der niederländisch-amerikanische Astronom A. J. J. van Woerkom die Milanković-Kurve nach und fand mitten in der Großen Zwischeneiszeit eine tiefe Senkung, die auf eine bisher nicht bekannte Vereisung hindeutete. Offensichtlich waren die Theorie von Milanković oder die Zeittafel von Penck und Brückner – oder beide – irgendwo nicht so ganz richtig.

Eine der Reaktionen auf diesen peinlichen Umstand zeigt, wie schlimm es manchmal um die vielgerühmte Objektivität der Wissenschaft steht. Ein bekannter Fachmann auf dem Gebiet der Geochronologie, der verstorbene Frederick E. Zeuner, ein überzeugter Verfechter der Theorie von Penck und Brückner, behauptete, die Unterschiede zwischen den Kurven von van Woerkom und Milanković – einschließlich der merkwürdigen „Eiszeit" in der Zwischeneiszeit – seien „unerheblich". Also genau das Gegenteil dessen, was van Woerkom gesagt hatte. Doch andere Anhänger Milankovićs waren gegenüber den Tatsachen nicht so unzugänglich wie Zeuner. Als ihnen klar wurde, daß man eine der bisherigen Theorien aufgeben mußte, legten sie einfach die Zeittafel von Penck und Brückner beiseite und bestätigten zugleich erneut die Theorie von Milanković, um so der Kritik von Simpson gerecht zu werden.

Die vielleicht interessanteste dieser neuen Theorien wurde von Cesare Emiliani und Johannes Geiss vertreten. Ihre Version ist klar, gut durchdacht und versucht, so vielen Fakten wie möglich gerecht zu werden. Sie mag zutreffen oder nicht, man kann ihren Autoren jedenfalls nicht vorwerfen, sie hätten einige Daten wissentlich übersehen.

Aus diesem Grunde, weil sie ein so gutes Beispiel für eine sauber konstruierte wissenschaftliche Hypothese darstellt, soll die Theorie von Emiliani und Geiss hier eingehender behandelt werden – und zwar um so mehr, als diese Darstellung uns helfen wird, zahlreiche wichtige Angaben über die Eiszeiten zusammenzufassen. Ich werde jedoch meinen eigenen Kommentar (*in Kursiv*) einfügen, um deutlich zu machen, wie viele Vermutungen, Deutungen und sonstige „variable Konstanten" auch in einer guten Klimatheorie enthalten sein müssen.

Emiliani und Geiss beginnen damit, daß sie Simpson insoweit zustimmen, als Veränderungen der Strahlungsintensität der Sonne an sich das Klima auf der Erde nur unwesentlich beeinflussen würden; zur Stützung dieser Behauptung bringen sie noch zusätzliche Argumente. Z. B. stellen sie fest, daß die Messungen der Temperatur vorgeschichtlicher Ozeanen (mit der Sauerstoff-Isotopen-Methode) erwiesen haben, daß vor 20 Millionen Jahren – also lange vor Beginn der Eiszeit-Epoche – keine den Strahlungsfluktuationen entsprechende Temperaturveränderungen vorgekommen sind. Eine Veränderung in der Intensität der Sonnenstrahlung könne daher „nur dann größere klimatische Auswirkungen haben, wenn sie als auslösender Faktor quasi als „Abzug" der Vereisung wirken kann. Es ist die Vereisung (*nicht die Strahlung*), die das Klima direkt beeinflußt".

Dies bedeutet soviel wie etwa die Aussage, daß ein Stoß für einen Mann, der die Straße entlanggeht, kaum große Folgen hat, daß derselbe Stoß jedoch sehr ernste Auswirkungen haben kann, wenn der

Mann unmittelbar am Rande eines Abgrundes steht. Im Prinzip ist das sehr einleuchtend.

Wenn nun die Sonnenstrahlung gewissermaßen der klimatische Auslöser, der „Abzug" ist, womit wird das Gewehr dann geladen? Hier vertreten Emiliani und Geiss die Theorie von den wachsenden Gebirgen und den schrumpfenden Ozeanen, über die wir schon im elften Kapitel gesprochen haben. Sie nehmen an, daß dieser langanhaltende Vorgang den Schauplatz für die Vereisung vorbereitet hat.

Ihre eigentliche Geschichte beginnt nach dieser Vorbereitungszeit, wenn die Bühne fertig eingerichtet ist: Die Temperaturen auf der Erde liegen wesentlich unter ihrer „normalen" Höhe, auf den Gebirgen haben sich Gletscher gebildet, die Antarktis und Grönland liegen bereits unter einer Eiskappe – im ganzen also ein Zustand, der dem heutigen sehr nahe kommt. An diesem Punkt bewirkte das nächste Strahlungsminimum, „daß der Schnee in bestimmten Gebieten hoher geographischer Breiten das ganze Jahr über liegenblieb", besonders in Skandinavien, wo der vom Golfstrom erwärmte Ostteil des Nordatlantik „genügend Feuchtigkeit zur Verfügung stellte". Schon nach wenigen Jahrhunderten hatte der hier angehäufte Schnee begonnen, sich zu Eisschichten zu verhärten – und dies nicht nur in Skandinavien, sondern auch in Sibirien und Nordamerika. Die ausgedehnten Gebiete in Nordamerika „wurden vor allem aus dem Golf von Mexiko und dem Ostpazifik mit Feuchtigkeit versorgt". *Das stimmt nicht ganz. Die größten Eisflächen in Nordamerika lagen mit ihrem Zentrum im nordöstlichen Teil des Kontinents und müssen daher einen erheblichen Teil ihrer Feuchtigkeit aus dem Nordwestatlantik bezogen haben. Der Pazifik trug nur wenig dazu bei, außer zur Bildung der Eisschichten in den Rocky Mountains.*

„Waren die Eiskappen einmal bis zu einer gewissen Größe angewachsen, so vergrößerten sie sich hauptsächlich wegen ihrer eigenen Auswirkungen auf das Klima." *Das ist nun der „Auslöseeffekt", ein entscheidend wichtiger Punkt in der Beweisführung.* „Die Lufttemperaturen über ihnen blieben das ganze Jahr über sehr niedrig", *weil die Eisflächen den größten Teil der Sonnenstrahlung in den Raum zurückstrahlten.* „Zwischen den wachsenden Eiskappen und den benachbarten Ozeanen" bildete sich ein scharfes Temperaturgefälle. *Das ist vollkommen richtig.* „Die atmosphärische Turbulenz erhöhte sich, und über dem Nordatlantik ... und dem Golf von Mexiko kam es zu immer heftigeren, kälteren und trockeneren Winden." *Das ist ebenso richtig. Wie schon gesagt, verstärkt sich die atmosphärische Turbulenz infolge* von *Temperaturunterschieden; je größer der Unterschied ist, desto heftiger und turbulenter wird die Zirkulation.* „Es verdunstete jetzt mehr Wasser, obwohl es an der Oberfläche allmählich kälter wurde. Das Ergebnis waren größere Niederschlagsmengen." *Das ist kein so gutes Argument. Heftigere und trockenere Winde lassen zwar mehr Wasser verdunsten, aber kältere Winde und niedrigere Wassertemperaturen hemmen die Verdunstung. Hier fangen unsere Autoren zu raten an – aber dies ist kein entscheidender Punkt.*

„Die Zunahme der Strahlungsreflektion und das Sinken der Temperatur wurden durch die Ausdehnung der Eisflächen beschleunigt *(das ist klar)*, ebenso wie durch die Bewölkungszunahme über Gebieten, die als Folge einer Verschiebung der Klimagürtel heute ganz oder halb trocken sind." *Gewisse Auswirkungen dieser Art sind möglich; wie stark sie waren, kann jedoch nur vermutet werden.*

„Das Absinken des Meeresspiegels *(verursacht durch die Speicherung von Wasser in den Eiskappen)* und die auf dem Festland aufgetürmten Eismassen vergrößerten die Durchschnittshöhe der Kontinente zur Zeit der größten Vereisung um mehr als 300 Meter."

Das ist ein gutes Argument. Gebirgsbildung ist Gebirgsbildung, gleichgültig, ob die Berge nun aus Eis oder aus Felsen bestehen, und je höher sie werden, desto reichlicher werden auch die Schneefälle. Im weiteren Verlauf vermuten die Autoren, daß das Ansteigen des Festlandes einen weiteren Temperaturabfall gefördert hätte, und zwar dadurch, daß die im elften Kapitel besprochenen „Löcher im Glasdach des Treibhauses" entstanden. Das würde aber nur zutreffen, wenn man diese Voraussetzung als gegeben ansähe. Selbstverständlich ist die Angabe von 300 Metern nur eine Schätzung, aber jedenfalls eine durchaus konservative.

„Die Eisschichten wurden jetzt zunehmend dicker und breiteten sich aus", und zwar solange die angrenzenden Ozeane verhältnismäßig warm blieben und deshalb große Wassermengen verdunsten konnten. *Das ist ein wichtiger Punkt, aber eine durchaus nicht gesicherte Annahme. Wahrscheinlich hat die Menge des verdunsteten Wassers und der Niederschläge sich eine Zeitlang kaum verändert, das heißt aber nicht, daß die Niederschläge immer in den gleichen Gebieten fielen. Höchstwahrscheinlich ist das nicht geschehen. Über den Eisschichten müssen sich sehr kalte Luftmassen angesammelt haben, und das hätte eine Verlagerung der Sturmzone weiter nach Süden in ihre heutige Lage zur Folge gehabt. Aus anderen Forschungsergebnissen wissen wir auch, daß das Mittelmeergebiet ebenso wie Gebiete südlich des eis-*

bedeckten Festlandes feuchter als heute waren. *Die Niederschläge über den Gletschern müßten daher merklich abgenommen haben, aber dennoch könnten sich die Eismassen weiter ausgedehnt haben, denn auch die geringeren Niederschläge dürften kaum getaut sein, so daß sie das Eis noch vermehrten. Genau wissen wir das allerdings nicht.*

„Durch die Abkühlung des Wassers an der Oberfläche ging jedoch die Verdunstung ständig zurück." *Das wenigstens ist sicher.* „Als sich die Wassermassen des Atlantiks genügend abgekühlt hatten, begannen sie im Norden an der Oberfläche zu gefrieren. Schließlich war eine riesige Fläche mit Pack- und Treibeis bedeckt." *Nachdem unsere Autoren das Eis auf den Weg gebracht haben, müssen sie nun eine Möglichkeit finden, es wieder anzuhalten. Daß der Nordatlantik sich mit einer Eisschicht bedeckte, ist wahrscheinlich – auch heute sind weite Seegebiete um Grönland im Winter gefroren – aber es ist nicht sicher. Der Leser wird feststellen, daß diese Vermutung mit der Theorie von Ewing und Donn über das gefrorene Nordmeer übereinstimmt. Vielleicht haben beide recht.* „Das Gefrieren wurde zweifellos begünstigt ... durch die zahlreichen Eisberge, die von den Gletschern ins Meer befördert wurden, so daß seine oberen Schichten kälter wurden und sein Salzgehalt abnahm." *Süßwasser ist leichter als Salzwasser und schwimmt daher oben. Süßwasser gefriert außerdem bei höheren Temperaturen als Salzwasser – deshalb verwenden wir auch Salz, um im Winter Straßen- und Gehsteige schnee- und eisfrei zu halten. Der Ausdruck „zweifellos" gilt aber nur dann, wenn die See auch wirklich zufror.* „Die Abkühlung und die darauf folgende Bildung der Eisschicht auf dem nördlichen Nordatlantik verringerten ganz erheblich die Menge des verdunsteten Wassers", und die Eiskappen in Skandinavien und Westsibirien verloren allmählich mehr Feuchtigkeit, als durch Niederschläge hinzukam. *Das ist wieder eine plausible Schlußfolgerung, aber keineswegs bewiesen. Wie stark die Verdunstung zurückging, hängt immer davon ab, ob der Ozean tatsächlich zufror (siehe oben) und außerdem von der Lufttemperatur, die ihrerseits teilweise von der atmosphärischen Zirkulation abhängt. Hier haben wir es vor allem mit Vermutungen zu tun. Man bedenke außerdem, daß sich dieser Vorgang zwar für Europa sehr gut vorstellen läßt, nicht aber für Nordamerika. Der Nordatlantik als Hauptquelle für die Niederschläge in Europa könnte tatsächlich zugefroren sein; der Golf von Mexiko als Hauptquelle für die im Osten und im Zentrum von Nordamerika fallenden Niederschläge war mit Sicherheit nicht zugefroren, ebensowenig der Nordostpazifik, aus dessen verdunstetem Wasser der*

Schnee für die Gletscher im Westteil von Amerika kam. *Die allgemeine Abkühlung der Luft und des Meerwassers hätte sicher zu einem Nachlassen der Niederschläge geführt, ob dies jedoch schon genügte, um in Nordamerika ein allgemeines Zurückweichen des Eises zu veranlassen, ist eine ganz offene Frage.*

„Als die Verhältnisse sich in dieser Richtung zu entwickeln begannen... hat der Vormarsch des Eises wahrscheinlich nicht sofort aufgehört; das Eis müßte vielmehr schon auf Grund seines eigenen Gewichtes weiter vorgerückt sein." *Auch Pfannkuchenteig, den man auf eine Pfanne gießt, läuft auch dann noch auseinander, wenn man schon mit dem Gießen aufgehört hat. Ob das aber auch für das Eis zutrifft, ist eine andere Frage. Wenn die Niederschläge verhältnismäßig abrupt zu Ende gegangen wären, dann hätte sich ein vorher entstandener „Eisbuckel" wahrscheinlich allmählich abflachen und den Rand des Gletschers weiter nach Süden schieben können. Wenn der Niederschlag aber allmählich nachgelassen hat, dann geschah das höchstwahrscheinlich sehr langsam — wenn überhaupt. Wir haben keine Hinweise darauf, was wirklich geschehen ist.*

„Das Vorrücken des Eises (*wenn es tatsächlich vorrückte*) bedeutete eine weitere Zunahme der Strahlungsreflektion und ebenso des Schmelzwassers", *weil sich das Eis jetzt weiter südlich in wärmeren Zonen befand; aber hier kommen unsere Verfasser in Schwierigkeiten. Je weiter der Gletscher vorrückt, desto schneller taut er ab — doch je schneller er abtaut, desto langsamer kommt er voran!*

„Der Nordatlantik blieb daher im Norden zum größten Teil gefroren (*das heißt, wenn alle diese Voraussetzungen zutreffen*), und das Wasser an der Oberfläche der angrenzenden Seegebiete blieb auch verhältnismäßig kalt, während sich die Eiskappen durch ihr eigenes Gewicht abflachten (*wenn sie sich wirklich abgeflacht haben*), und das Eis zumindest bis zu der Stelle abtaute, an der es sich befand, als der nördliche Nordatlantik zuzufrieren anfing", *vorausgesetzt, daß der Gletscher überhaupt über diese Linie vorgerückt ist.*

Die beiden Forscher sind der Ansicht, daß ihre Beschreibung den beobachteten Fakten ohne Übertreibung gerecht wird. „Einerseits zeigen Isotopenmessungen in Bohrkernen aus der Tiefsee nahezu konstant niedrige Temperaturen für die Zeit vor 25.000 bis 11.000 Jahren." *Das stimmt, wenn man die Temperaturmessungen als richtig voraussetzt, was freilich nicht alle Ozeanographen tun, wie wir im folgenden Kapitel sehen werden.* Anderseits hatte die Vereisung vor 18.000 Jahren ihren Höhepunkt erreicht. *Diese Datierung stammt aus*

Messungen mit der Karbon-14-Methode und ist recht zuverlässig.
Unsere Autoren meinen also, daß der nördliche Nordatlantik vor
25.000 Jahren zugefroren sein könnte und das Eis unter dem Druck
seines eigenen Gewichts noch weitere 7000 Jahre lang weiter vor-
rückte. Aber dann „nahm die Masse des Eises ab, und zwar eher dadurch, daß die Eisschichten dünner wurden, als daß sie sich zurückzogen. Die Strahlungsreflektion verringerte sich deshalb nur langsam,
die Temperaturen blieben weiter niedrig." *Hier kommt es darauf an,*
was mit „langsam" gemeint ist. Die Gletscher zogen sich in dem Zeit-
raum von vor 18.000 bis 11.000 Jahren in der Tat ein großes Stück
zurück. „Das Eis des Nordatlantiks ist vielleicht erst vor 11.000 Jahren
abgetaut; und tatsächlich gibt es gewichtige Hinweise darauf, daß die
Temperatur um diese Zeit merklich anstieg." *Das stimmt, aber ebenso*
zuverlässige Hinweise besagen, daß die Temperatur wenige Jahrhun-
derte später, wenn auch nicht ganz so stark, wieder gefallen ist.

„Nachdem der Nordatlantik aufgetaut war und wieder wärmer
wurde, hätte das Eis eigentlich weiter vorrücken müssen, aber das ungeheure Gewicht der Eisschichten hatte die Erdkruste in den eisbedeckten Gebieten nach unten gedrückt." *Daran besteht kein Zweifel.*
„Die Oberfläche der übriggebliebenen Eisschicht lag wahrscheinlich
nicht sehr viel höher als der Meeresspiegel heute." *Das ist eine Vermu-*
tung, die aber vielleicht zutreffen könnte. „Die Eisschicht blieb eine
Zeitlang in dieser Lage, weil die ‚Hebung' der Erdkruste längere Zeit
in Anspruch nahm, als das Eis, von dem sie hinuntergedrückt wurde,
zum Abtauen brauchte. Hier müssen wir mit etwa 10.000 Jahren rechnen." *Diese Schätzung ist glaubhaft und gründet sich auf die Tat-*
sache, daß Teile von Skandinavien, die vor etwas weniger als 10.000
Jahren eisfrei wurden, sich heute noch immer heben.

„Das Eis, das zunächst ein Ansteigen der Gebiete bewirkt hatte,
drückte diese schließlich fast bis auf Meereshöhe hinunter. Deshalb
brauchte dann die hereinströmende feuchte Meeresluft nicht sehr hoch
zu steigen. Die Niederschläge blieben verhältnismäßig spärlich und
fielen aus geringen Höhen, d. h. es gab weniger Schnee und mehr Regen." *Daran gibt es keinen Zweifel.* „Dies bedeutet nun wieder eine
weitere Beschleunigung der Eisschmelze, verstärkt noch zusätzlich
durch zunehmende Sonnenstrahlung im Sommer – bis die Gletscher
restlos verschwunden sind."

Nach dieser Theorie von Emiliani und Geiss haben die Schwankungen in der Intensität der Sonneneinstrahlung lediglich die Funktion
eines Auslösers für die Vereisung; am Ende des Prozesses können sie

vielleicht auch ihr Abtauen beschleunigen. In der Zwischenzeit erzeugt das Eis selbst die Voraussetzungen für seinen Vormarsch (stärkere Stürme und reichlichere Niederschläge, Anstieg des Festlandes, eine größere Reflektion und damit niedrigere Temperaturen) und ebenso schafft es schließlich auch die Bedingungen für sein Verschwinden (kältere und zum Teil zugefrorene Meere und flacheres Festland).

Trotz aller in dieser Theorie enthaltenen Vermutungen halte ich sie für eine plausible Erklärung dessen, was geschehen sein *könnte*. Das Ganze steht und fällt jedoch mit der Zeittafel. Wenn die Eiszeiten tatsächlich gleichzeitig mit den Tiefpunkten auf der Strahlungskurve eintraten, dann haben Emiliani und Geiss höchstwahrscheinlich recht, wenn nicht, so haben sie unrecht. Die Frage nach dem genauen Datum der Eiszeiten ist allerdings bis heute nicht beantwortet. Es ist eine der umstrittensten Fragen in der Klimatologie.

15. Chronologie der Eiszeiten II

DIE OZEANOGRAPHEN

Der Beruf von David Ericson hat etwas mit der See zu tun, und das sieht man ihm an. Der breitschultrige Mann mit den eisblauen Augen und dem angegrauten Seemannsbart sieht so aus wie einer jener alten Seefahrer aus Neuengland, die mit ihren Klippern das Kap Horn umsegelten oder als Walfänger den Pazifik befuhren. Wie Kapitän Ahab in Melvilles Moby Dick hat Ericson jahrelang die Meere durchstreift, um seine eigene Art von weißem Wal zu jagen – eine lückenlose Darstellung und Zeittafel des Klimas während der Eiszeitepoche. Er fand und fing diesen Wal auch tatsächlich – jedenfalls glaubte er selbst, es sei ihm gelungen. Einige seiner Kollegen sind allerdings von seinem Fang nicht ganz so beeindruckt.

Ericson begann seine Berufslaufbahn als Geologe auf der Suche nach Rohöl. Das mutet vielleicht bei einem späteren Ozeanographen und Klimahistoriker etwas eigenartig an, ist aber ganz logisch. Jeder tüchtige Rohölforscher muß Fachmann auf dem Gebiet der sogenannten Mikropaläontologie sein. Wie die Paläontologie beschäftigt sich auch diese Wissenschaft mit Fossilien, aber nicht mit den massiven Knochen, an die man zunächst denkt, wenn von Paläontologie die Rede ist. Hier sind es Mikrofossilien, die winzigen Schalen oder Skelette vorgeschichtlicher Meereslebewesen. Hunderte von Millionen Jahre haben unzählige Myriaden dieser winzigen Organismen die Ozeane bewohnt. Wenn sie sterben, sinken ihre Schalen auf den Meeresboden und bilden viele hundert Meter dicke Schichten schlammiger Ablagerungen. Schließlich verwandeln sich diese Ablagerungen durch Druck und/oder Hitze in Gestein.

Die einzelnen Mikrofossilien sind nicht größer als ein Sandkorn und lassen sich mit dem bloßen Auge von einem solchen nicht unterscheiden. Unter dem Mikroskop erkennt man jedoch ihre komplizierte und oft schöne Struktur, nach der sie in Familien, Gattungen und Arten eingeteilt werden. Ebenso wie bei anderen Fossilien treten von Zeit zu Zeit neue Arten auf, so daß man das Alter von Gestein, das früher einmal am Meeresboden abgelagert worden ist, genau nach Art und Menge der Mikrofossilien bestimmen kann.

Als Rohölforscher hatte Ericson festgestellt, daß die Mikrofossilien in den Bohrkernen, die bei Ölbohrungen zutage gefördert werden, von allergrößter Bedeutung für die Datierung der Gesteinsschichten sind. Als Ozeanograph erkannte er, daß sie ebenso wichtig zur Feststellung der klimatischen Veränderungen sein können.

Auf dem Festland lassen sich, wie wir oben gesagt haben, die klimatischen Verhältnisse während der früheren Eiszeiten nicht mehr so genau feststellen, weil ihre Spuren durch die folgenden Eiszeiten sowie die Wind- und Wassererosion verwischt worden sind. Die Erdoberfläche ist nach den Worten von Ericson „ein abgegriffenes altes Buch, in dem viele Seiten und manchmal sogar ganze Kapitel fehlen". Unter dem Wasser der Ozeane, wo es weder Wind noch Regen noch alles zermahlende Eisschichten gegeben hat, müßten dagegen die Spuren der eiszeitlichen Klimaperioden vollständig und wohlgeordnet erhalten geblieben sein. Dies wenigstens war die Voraussetzung, unter der Ericson seine Jagd begann. Zu seinem Glück erwies sie sich als falsch.

Die erste Fahrt auf der Suche nach dem eiszeitlichen „Moby Dick" war alles andere als erfolgreich. Das Forschungsschiff *Atlantis* machte sich, nachdem es auf den Kapverdischen Inseln aufgetankt und in Dakar ausgerüstet worden war, auf den Weg über den Atlantik. Beim ersten Versuch, einen Bohrkern aus Ablagerungen vom Meeresboden heraufzuholen, riß das Drahtseil, das den schweren Bohrapparat festhielt, und dieser sank 3600 Meter tief zu seiner letzten Ruhestätte auf den Meeresboden.

Am folgenden Tage zerriß das Großsegel, das einzige, das sich an Bord befand.

Am gleichen Abend erkrankte ein Besatzungsmitglied, und die *Atlantis* erreichte gerade noch den Hafen von Barbados. Der Matrose kam in ein Hospital, wo er sich sehr bald „auf ebenso mysteriöse Weise erholte, wie er krank geworden war".

Nun mußte die *Atlantis* in ihren Heimathafen nach New London in Connecticut zurückkehren, den sie tatsächlich ohne weitere Katastrophen erreichte. Wie Ericson feststellte, erbrachte diese Kreuzfahrt den eleganten Beweis für die Richtigkeit des sogenannten Ersten Gesetzes von Murphy: „Wenn irgend etwas unter bestimmten Bedingungen mißlingen kann, dann mißlingt es." (Das ist die wissenschaftliche Formulierung. Viele Nichtwissenschaftler kennen es als das Prinzip von der Butterstulle, die im Zweifelsfall grundsätzlich auf ihre Butterseite fällt.) Aber die Expedition stellte nicht nur die Richtigkeit des Gesetzes von Murphy unter Beweis – es hätte dieses Beweises nicht mehr bedurft –, sondern sie erbrachte auch eine Menge wertvoller Informationen über die Gestalt des Meeresbodens, über Ozeantemperaturen und ähnliches. Doch da die erste Bohrmaschine verloren gegangen war, blieb die Ausbeute dennoch spärlich. Mit den noch zur Verfügung stehenden Geräten konnten etwa 3 Meter lange Bohrkerne entnommen werden. Aber das genügte nicht, um befriedigende Ergebnisse über klimatische Veränderungen zu bekommen. Einer dieser Bohrkerne erwies sich dann aber doch als besonders interessant.

Ein typischer, aus dem Meeresboden entnommener Bohrkern ist ein langer Zylinder von etwa 5 cm Durchmesser. Die Färbung des Materials variiert nach Ablagerungsschichten, ist aber auch bei den einzelnen Bohrkernen verschieden. Einige sind hübsch marmoriert, haben aber nicht viel Wert, denn die Marmorierung zeigt an, daß die Ablagerungen durcheinandergeraten sind. Die verwendbaren Bohrkerne weisen Schattierungen von schmutzigem Weiß bis zu häßlichem Braun auf. Der betreffende Bohrkern bestand aus zwei deutlich erkennbaren Schichten: Die obere war Sand, die untere feiner weißer Schlamm. Beide enthielten Mikrofossilien der Foraminifera, eines einzelligen Organismus, dessen winzige, schneckenartige Schalen mehr als die Hälfte aller Mikrofossilienablagerungen ausmachen. Da sie so reichlich vorkommen, eignen sie sich besonders gut zur Datierung geologischer Ablagerungen und sind deshalb sehr genau erforscht worden. Der heute gültige Katalog der noch lebenden und ausgestorbenen Arten umfaßt etwa 70 Bände.

Im Laboratorium wurde der Bohrkern aufgeschnitten, man untersuchte Proben beider Schichten und wusch sie aus. Unter dem Mikroskop zeigte es sich, daß die Foraminifera der oberen Schicht zu einer Spezies gehörten, die heute noch im Nordatlantik lebt. Diese Schicht mußte also in relativ junger Zeit entstanden sein. Demgegenüber enthielt die untere Schicht nur Spezies, die – wie Ericson aus der Zeit seiner Ölbohrungen wußte – aus dem Eozän stammten und mehr als 40 Millionen Jahre alt waren. Hier fehlte ganz offensichtlich etwas, nämlich die Ablagerungen aus den dazwischenliegenden 40 Millionen Jahren.

Der Schluß, den man zunächst aus diesen Tatsachen ziehen mußte, lag auf der Hand. Wenn aus dem Meeresboden 40 Millionen Jahre einfach „verschwinden" konnten, dann konnten auch die dort liegenden Spuren der eiszeitlichen Klimaperioden (oder irgendeiner anderen Periode) nicht so ungestört geblieben sein wie man das bisher angenommen hatte. Bevor man nicht genaueste Untersuchungen angestellt hatte, konnte man also nicht mehr voraussetzen, daß sich in irgendeinem Bohrkern eine ununterbrochene Folge von Ablagerungen befindet. Der Wal, auf den Ericson Jagd gemacht hatte, erwies sich als ebenso schwer fangbar wie der berühmte Moby Dick.

Spätere Forschungsarbeiten zeigten, daß es am Meeresboden durchaus nicht so ruhig bleibt, wie man lange Zeit vermutet hatte. Tiefseeströmungen, besonders die sogenannten Turbulenzströme der Gewässer, in denen man Sedimente findet, können tief nach unten reichen, alte Ablagerungen fortspülen und sogar tiefe Rinnen im Meeresboden auswaschen (eine dieser Rinnen, der Hudson Canyon, erstreckt sich 200 Kilometer über die Mündung des Hudsonflusses hinaus in den Ozean). An Abhängen liegende Sedimente können außerdem ebenso nach unten „wegrutschen" wie Schlammablagerungen auf dem Festland. Wenn das abgerutschte Material auf dem Grund der Rinnen liegenbleibt, ist es unmöglich, aus den Sedimenten zuverlässig auf die Vergangenheit zu schließen.

Aber alle diese Veränderungen unter Wasser erwiesen sich, obwohl sie die Feststellung der Ablagerungsfolge erschwerten, schließlich als ein verborgener Segen. Sehr bald stellte sich heraus, daß die Chance, einen Bohrkern zu erhalten, aus dem man die ganze zeitliche Abfolge der Eiszeitepoche ablesen konnte, sehr gering war. Selbst die verbesserten Bohrgeräte, mit denen Ericson und seine Mitarbeiter ihre Proben entnahmen, konnten nur bis zu einer bestimmten Tiefe in den Schlamm am Meeresboden eindringen. Die längsten Bohrkerne waren nur etwa 30 Meter lang, die meisten viel kürzer. Sehr bald überzeugte man sich davon, daß alle aus der Eiszeitepoche stammenden Ablagerungen zusammen eine Schicht bildeten, die dicker als 30 Meter sein mußte. Und gerade jenes so ärgerliche „Wegrutschen" der jüngeren Ablagerungen legte nun die älteren Schichten frei, so daß die Bohrungen mit ein wenig Glück Gesteinsproben aus dem frühesten Teil dieser Epoche sowie der Zeit davor herbeibrachten.

Dazu gehörte allerdings Glück, denn selbstverständlich konnte niemand sagen, wo man die Bohrungen auf dem Meeresboden ansetzen sollte, auf dem gewisse Ablagerungen fortgeschwemmt waren, und welche Sedimente zurückgeblieben seien. Ericson und seine Mitarbeiter waren daher gezwungen, buchstäblich Hunderte von Bohrkernen zu untersuchen und die Ergebnisse dieser Untersuchungen ebenso stückweise zusammenzuflicken, wie es bei den Altersbestimmungen mit den Jahresringen an Bäumen und an den Warven üblich ist.

Indessen hatte sich aber auch Cesare Emiliani von der University of Miami, den wir bereits als Anhänger der Eiszeittheorie von Milanković kennengelernt haben, als Ozeanograph betätigt. Wie Ericson so kam auch er über die Rohölforschung zur Ozeanographie – wenn auch die beiden Forscher ansonsten völlig gegensätzlicher Natur sind: Emiliani ist seinem Temperament nach kein Schiffskapitän, sondern ein Condottiere aus der Renaissance, der sich mit großer Begeisterung ins Gefecht stürzt und laut seiner Freude über jeden wirklichen oder eingebildeten Sieg, den er über seine wissenschaftlichen Gegner erfochten hat, Ausdruck verleiht. Wendet sich jedoch das Blatt, so ist er jederzeit zu Rückzugsgefechten bereit. Zugleich kann er sich auch sehr gut in Szene setzen: Einmal hat er einen Artikel mit sechs fingierten Mitverfassern veröffentlicht (damit sich die mystische Zahl Sieben ergibt) und gefordert, anstelle der wissenschaftlichen Zeitschriften sollten sich wissenschaftliche Minnesänger auf den Weg machen, um ihren Kollegen bei nächtlichen Banketten etwas über ihre Entdeckungen vorzusingen.

Zunächst hatte Emiliani in Chicago mit Harold Urey zusammengearbeitet, als jener seine Methode zur Messung von Ozeantemperaturen aus der Frühzeit entwickelte. Später wurde er dann der vielleicht bekannteste Fachmann auf diesem Gebiet der Ozeanographie. Anfang der fünfziger Jahre begann er, zahlreiche Bohrkerne nach den Methoden von Urey zu untersuchen. Zum Teil waren das die gleichen Bohrkerne, an denen auch Ericson gearbeitet hatte. Emiliani und seine Mitarbeiter untersuchten die Foraminifera in zahlreichen Schichten und besonders die Spezies, die nahe der Wasseroberfläche lebten (denn nur aus den Fossilien der oberen Wasserschichten hatte man ein einigermaßen klares Bild über die Temperaturschwankungen zu erwarten). Dabei analysierten sie das Isotopenvorkommen in den Skeletten und erarbeiteten eine Reihe von Tabellen, aus denen die vermutlichen Temperaturschwankungen in den oberen Schichten des Meerwassers während der vergangenen 300.000 Jahre ersichtlich wurden. Das allgemeine Schema dieser Tabellen ließ nun erkennen, daß die Temperaturen der verschiedenen Ozeane im allgemeinen den gleichen Schwankungen unterworfen waren, und daraus ging hervor, daß die Temperaturschwankungen keine örtlich begrenzten Erscheinungen waren. Die Tabelle der Durchschnittstemperaturen zeigte schließlich eine bemerkenswerte Ähnlichkeit mit der Tabelle, die Woerkom und Milanković über die Schwankungen in der Sonneneinstrahlung angefertigt hatten.

Nachdem Emiliani fünf markante Tiefpunkte auf der Kurve für die Wassertemperaturen gefunden hatte, ordnete er sie den vier „klassischen" Eiszeiten zu (die letzten beiden Tiefpunkte waren durch eine Periode kalten Klimas, das aber kein Frostklima war, getrennt; nach seiner Auffassung bezeichneten sie gemeinsam die letzte Eiszeit). Nun behauptete er, die ganze Eiszeitepoche habe nur 300.000 Jahre gedauert. Das war die Hälfte der von Penck und Brückner geschätzten Zeit (allerdings sind auch andere Geologen der Meinung, daß ein Zeitraum von 300.000 Jahren der Wahrheit näher käme). Dann brachte Emiliani diese Zeittafel mit derjenigen für die menschliche Evolution in Verbindung und folgerte daraus, daß der Australopithecus – ein Affenmensch, von dem man allgemein annimmt, daß er kurz vor der ersten Eiszeit aufgetreten sei – erst vor etwa 400.000 Jahren gelebt habe.

Das geschah im Jahr 1958. Wenige Jahre später brachte Ericson, der die ganze Zeit an seinen Bohrkernen gearbeitet hatte, seine Zeittafel heraus. Sie gründete sich nicht auf isotopische Temperaturmessungen an den Skeletten der Foraminifera, sondern auf Veränderungen im Vorkommen dieser Organismen, besonders auf die in großen Massen vorhandene Spezies *Globorotalia menardii,* die nach neuesten Untersuchungen nur in warmen Gewässern reichlich zu finden ist. Fand sich in der Schicht eines Bohrkernes eine große Anzahl dieser Spezies, dann deutete das auf eine Zwischeneiszeit hin. Fand man keine oder nur wenige, dann stammte die Schicht wahrscheinlich aus einer Eiszeit. Ericson und seine Mitarbeiter hatten größte Schwierigkeiten, die einzelnen Bohrkerne miteinander in Verbindung zu bringen. Ihre Jagd nach einer vollständigen Zeittafel der Eiszeitepoche nahm in der Tat ein melodramatisches Ende. Der Bohrkern, der endlich die Lücke in der Reihe der Ablagerungen schloß, war buchstäblich der letzte, der ihnen zur Verfügung stand. Hätte er sich als ungeeignet erwiesen, dann hätten sie so lange warten müssen, bis eine neue Expedition frische Bohrkerne lieferte. Als endlich die Lücke geschlossen war, veröffentlichten Ericson und seine Freunde ihre eigene Zeittafel. Darin erklärten sie nun, die erste Eiszeit habe nicht, wie

Emiliani meinte, vor 300.000 Jahren, und auch nicht, wie Penck und Brückner schätzten, vor 600.000 Jahren begonnen, sondern vor nicht weniger als 1,500.000 Jahren!

Daraus entwickelte sich, wie nicht anders zu erwarten, eine heftige Diskussion.

Ericson kritisierte die Feststellungen von Emiliani, weil die Foraminifera, die der Italiener für seine Isotopenmessungen verwendet hatte, nicht nur in den oberen Wasserschichten vorkamen. Viele von ihnen verbrachten einen Teil ihres Lebens in beträchtlichen Tiefen, wo ganz andere Temperaturschwankungen als an der Oberfläche denkbar sind. Emiliani erwiderte, daß Ericsons Schwankungen der Spezies nicht unbedingt mit Temperaturschwankungen gleichgesetzt werden konnten. Er wies darauf hin, daß die angeblichen „Eiszeitschichten", in denen *Globorotalia menardii* nicht vorkommen, dafür andere Spezies enthalten, von denen man weiß, daß sie nur in tropischen Gewässern lebten.

Inzwischen wurden weitere Forschungsergebnisse bekannt, die vielfach Teile der Theorie von Ericson stützten. Gewisse „harte" Daten über den Australopithecus, die man mit Hilfe von Kaliumkarbonmessungen erhalten hatte, zeigten, daß dieses Lebewesen – wie auch immer seine Beziehungen zur ersten Eiszeit gewesen sein mochte – mit Sicherheit schon vor zwei Millionen Jahren gelebt hatte. Das war etwas ganz anderes als die Aussage von Emiliani, nach der der Australopithecus erst vor 400.000 Jahren aufgekommen war. Bohrkerne aus dem südlichen Indischen Ozean bewiesen, daß es vor 2,5 Millionen Jahren entscheidende und markante Veränderungen gegeben hatte. Hier erschienen in den Ablagerungen kantige, glatte Gesteinspartikel, die offensichtlich nur von Gletschern herrühren konnten. Anscheinend waren sie durch die Einwirkung der antarktischen Eiskruste entstanden, von der sie bis an die Küste mitgeschleppt wurden, und mit den Eisbergen in den Ozean gefallen. Die Eisberge tauten, und die Partikel sanken auf den Meeresboden. Vulkanische Ablagerungen, die man auf der Antarktis gefunden hatte, bewiesen in Messungen nach der Kaliumargon-Methode, daß sich die Eiskruste zumindest an einem Teil der Küste vor etwa 2,7 Millionen Jahren weiter ausgedehnt hatte als heute. Ähnliches Material wies darauf hin, daß die Vereisung dort mindestens schon vor 10 Millionen Jahren, vielleicht sogar noch früher, begonnen hat. Schließlich gaben Kaliumargon-Daten aus Island das Alter der frühesten dortigen Vereisungen mit nicht weniger als 3 Millionen Jahren an. Das alles ließ vermuten, daß die Chronologie der Eiszeitepoche eher länger als kürzer sein mußte.

Angesichts der Übermacht seiner Gegner trat Emiliani einen strategischen Rückzug an. Der Minnesänger wechselte sein Lied. Heute räumt er ein, daß die ganze Epoche der Vereisungen viel länger als 300.000 Jahre dauerte. Er hält jedoch an seiner Zeittafel für die Eiszeiten fest und vertritt weiterhin die Ansicht, daß sie in Intervallen von grob 40.000 Jahren eingetreten sind. Das bedeutet dann allerdings, daß es viel mehr als nur vier Eiszeiten gegeben haben muß. Emiliani selbst spricht von „zahlreichen" derartigen Perioden. Wenn man ihn fragt, wie sich das mit der klassischen Theorie von den vier Eiszeiten in Einklang bringen läßt, so erklärt er, die Geologen hätten sich geirrt. Bei den meisten Ablagerungen aus den Eiszeiten sei es fast unmöglich, sie mit Sicherheit einer bestimmten Eiszeit zuzuordnen, geschweige denn einer Phase innerhalb einer Eiszeit.

Ericson und seine Freunde haben indessen ihre Zeittafel berichtigt. Ursprünglich hatten sie ihre Daten ebenso wie Emiliani mit Hilfe von Radiokarbon-Isotopen bis zu einem Zeitpunkt vor 50.000 Jahren errechnet. Bei der Verwendung von Protoaktinium kamen sie bis 300.000 Jahre vor unserer Zeit zurück und durch ihre Schätzungen des Alters der Ablagerungen noch weiter. Inzwischen wurde aber eine neue Technik entwickelt, mit deren Hilfe man die Bohrkerne aus dem Meeresgrund mit jenen Kaliumargon-Daten kombinieren kann, die bis in die Zeit vor mehreren Millionen Jahren zurückreichen, aber fast niemals – wie wir uns erinnern – auf dem Meeresgrund gewonnen werden können. Die neue Technik stützt sich auf die Entdeckung der magnetischen Umpolung.

Im zwölften Kapitel haben wir vom Paläomagnetismus gesprochen, dem Magnetismus in altem Gestein, der sich noch aus der Zeit nachweisen läßt, zu der dieses Gestein gebildet wurde. Vor etwa zehn Jahren zeigten nun paläomagnetische Untersuchungen bei jüngeren vulkanischen Ablagerungen, daß die magnetischen Pole der Erde in regelmäßigen Abständen umgepolt werden, wobei aus dem Nordpol der Südpol und aus dem Südpol der Nordpol wird. Warum das geschieht, kann man nur vermuten, aber daß es geschieht, dürfte heute zweifelsfrei feststehen. Die gleichen vulkanischen Ablagerungen, an denen diese Umpolungen abzulesen sind, können – wie es ein glücklicher Zufall will – auch mit Hilfe der Kaliumargon-Methode recht genau datiert werden. Wir haben deshalb jetzt ein klares Bild über die Umpolungen innerhalb eines Zeitraumes von mehreren Millionen Jahren. Die Pole waren bis vor etwa 700.000 Jahren in ihrem heutigen „normalen" Zustand. Mit Ausnahme von zwei relativ kurzen Unterbrechungen waren sie dann bis vor 2,4 Millionen Jahren umgepolt, dann wieder „normal" usw.

Später, und das ist sehr wichtig, zeigte es sich, daß man magnetische Umpolungen auch in Bohrkernen aus dem Ozean feststellen kann, d. h. die Kaliumargon-Daten, nach denen man die Umpolungen auf dem Festland bestimmen kann, könnten die aus den älteren Ablagerungen in den Bohrkernen ablesbaren Daten bestätigen und uns dadurch helfen, die Schichten in den Bohrkernen an der richtigen Stelle in die Zeittafel einzufügen.

Als Ericson und seine Mitarbeiter ihre bisherigen Forschungsergebnisse mit den neuen Daten in Übereinstimmung brachten, mußten sie zu ihrem Kummer entdecken, daß sie viele Bohrkerne an der falschen Stelle eingefügt hatten. Emiliani war darüber freilich hoch erfreut. Die Schlüsse, die Ericson jedoch aus den neuen Feststellungen zog, konnten ihm weniger Freude bereiten. Als Ericson die Bohrkerne noch einmal untersuchte – und darunter waren auch drei, die jetzt ganz unerwartet genau die Ergebnisse brachten, nach denen er bisher vergeblich gesucht hatte, nämlich eine genaue Zeittafel der Sedimentschichten aus der Eiszeitepoche –, kam er zu dem Schluß, daß die „erste" (Günz/Nebraska-)Eiszeit nicht vor 1,5, sondern vor ganzen 2 Millionen Jahren begonnen hatte, und daß es noch früher mindestens eine, wenn auch vielleicht nicht so kalte Eiszeit gegeben hatte.

Während ich dieses schreibe, gibt es also zwei ganz verschiedene Bilder von der Eiszeitepoche, die sich sowohl voneinander als auch von der traditionellen Zeittafel wesentlich unterscheiden. In einem wichtigen Punkt stimmen sie jedoch beide mehr oder weniger überein: Ericson und seine Freunde vertreten die Ansicht, daß die Epoche vor zwei Millionen Jahren begonnen hat, und Emiliani, der sich zwar nicht auf eine bestimmte Zahl festgelegt hat, bestreitet das nicht. Doch über die in der Folgezeit eingetretenen Ereignisse sind die Meinungsverschiedenheiten sehr groß: Ericsons Schule spricht von vier Eiszeiten, während die Anhänger Emilianis zwar wiederum keine genauen Zahlenangaben machen, aber doch die Gesamtsumme eher mit vierzig als mit vier Eiszeiten angeben würden.

Aus der Sicht der klassischen Theorie sind beide Auffassungen gleichermaßen unwahrscheinlich. Nach der revidierten Zeittafel von Ericson dauerte die „zweite" (Mindel/Kansas-)Eiszeit etwa 500.000 Jahre, das heißt zehnmal solange wie die von Penck und Brückner geschätzte Zeit. Wenn Penck und Brückner wirklich unrecht hatten – und das ist nicht unwahrscheinlich –, wie konnten sie dann aber so sehr irren? Doch dieselbe Frage stellt sich auch bei Emiliani: er glaubt an etwa 40 Eiszeiten im Gegensatz zu den vier „klassischen", obwohl Geologen in Nordamerika und Europa und auch Geologen in Afrika nur von vier Eiszeiten sprechen (die afrikanischen Geologen sind sich ihrer Sache allerdings nicht so sicher). Setzen wir voraus, daß alles richtig ist, was Emiliani über die Schwierigkeiten bei der Unterscheidung der Eiszeiten voneinander sagt, dann mögen sich die Geologen geirrt haben, wenn sie nur vier Eiszeiten angenommen haben – aber konnten sie sich wirklich *so sehr* irren, und das auch noch auf drei verschiedenen Kontinenten?

Die wirkliche Schwierigkeit besteht darin, daß uns auch heute noch zuverlässige Daten aus den Gebieten fehlen, in denen die riesigen Gletscher lagen – aus den gemäßigten Zonen in Nordamerika und Europa. Daß auf der Antarktis und in Island vor drei Millionen Jahren Gletscher vorgerückt sind, läßt vermuten, daß es auch in den gemäßigten Zonen Eisschichten gegeben hat, beweist es aber nicht. Es gibt zwar einige wenige Kaliumargon-Daten aus den mittleren Breiten, aber was sie bedeuten, hängt davon ab, wer sie entdeckte. Ein deutscher Geologe hat am Rhein eine Eiszeitablagerung datiert und schreibt sie der Günz-Eiszeit zu. Er behauptet, sie sei 350.000 Jahre alt – zur großen Freude von Emiliani; aber ein amerikanischer Geologe hat eine Ablagerung in der Sierra Nevada datiert, die angeblich in der folgenden Kansas-Eiszeit entstanden ist, und behauptet, das sei vor ein bis drei Millionen Jahren geschehen. Dieses Ergebnis erfreute natürlich Ericson.

Schließlich gibt es noch einen kleinen Hinweis, der Emiliani recht geben könnte. Zwei englische Geologen haben Grabungen auf dem Grund eines prähistorischen Sees vorgenommen, der nach allgemeiner Ansicht aus der zweiten Zwischeneiszeit stammt. Über und unter den Ablagerungen des Sees liegen Ablagerungen aus Eiszeiten, und das bedeutet wohl, daß der Seegrund in der Zwischeneiszeit entstanden ist und die vollständigen Daten für diese Periode enthalten könnte. Die Ablagerungen am Seegrund bestehen in der Hauptsache aus Warven. Zum Teil durch das Abzählen der Warven und zum Teil durch Schätzungen (die oberen Schichten sind etwas durcheinandergekommen) haben die englischen Geologen zwar nicht das Datum der Zwischeneiszeit feststellen können, aber dafür ihre vermutliche Dauer. Und diese Dauer beträgt ihren Berechnungen zufolge etwa 35.000 Jahre. Sie kommt also den Temperaturkurven von Emiliani sehr nahe und widerspricht den Schätzungen von Ericson, nach denen es etwa 500.000 Jahre sein müßten. Alles hängt nun davon ab, ob die Engländer mit ihrer Annahme recht haben, daß die Ablagerungen auf dem Seegrund ein vollständiges Zeugnis jener Zwischeneiszeit darstellen, oder ob es Ablagerungen aus irgendeiner anderen Phase der gesamten Eiszeitenepoche sind.

Wir dürfen auch nicht vergessen, daß Emiliani und Ericson in ihrem Urteil über die Klimageschichte der vergangenen 120.000 Jahre einigermaßen übereinstimmen. Das ist erfreulich, denn in diesem Zeitraum kam es zu einigen wichtigen Ereignissen in der Evolution des Menschen.

In diesem Stadium befindet sich die Kontroverse heute – und das gilt auch für die Diskussion über die Ursachen der Eiszeiten. Wenn Emiliani recht hat, dann ist auch die Theorie von Milanković gerechtfertigt. (Es ist recht interessant, daß Wallace Broeker, ein Kollege von Ericson am Lamont Geophysical Laboratory, mit anderen Methoden zu einer anderen klimatischen Zeittafel für die vergangenen 150.000 Jahre gekommen ist. Er glaubt, seine Zeittafel entspräche seiner eigenen Version der Theorie von Milanković, zu der er natürlich gelangt ist, indem er eine Reihe eigener „variabler Konstanten" eingeführt hat.) Wenn Ericson recht hat, dann muß sich Milanković geirrt haben, und die ganze Frage nach den Ursachen der Vereisung bleibt unbeantwortet. Ericson selbst neigt der Auffassung von Sir George Simpson zu, nach der eine Zunahme der Sonnenstrahlung das Vorrücken des Eises ausgelöst hat – obwohl die meisten Klimatologen aus den oben genannten Gründen nicht davon überzeugt sind. Aber wenn auch die Frage nach den Ursachen noch nicht beantwortet ist, so weiß man über die Eiszeiten selbst doch schon eine ganze Menge. Am Schluß dieses Kapitels möchte ich noch meine eigene „Arbeitszeittafel" für diese sehr kritische Periode in der Geschichte der Menschheit geben.

Erstens ist es ganz sicher, daß eine allgemeine und allmähliche Abkühlung auf fast der ganzen Erde vor mindestens 35 Millionen Jahren begonnen hat.

Zweitens ist es fast sicher, daß diese Abkühlung nicht später als vor zehn Millionen Jahren soweit fortgeschritten war, daß sich auf der Antarktis und vielleicht auch in Nordgrönland Gletscher (aber nicht unbedingt schon Eisschichten) gebildet hatten.

Drittens muß es in der Zeit vor etwa drei Millionen Jahren Perioden gegeben haben, in denen das Klima strenger als heute war. Diese Perioden wurden allerdings wahrscheinlich durch (längere?) Perioden unterbrochen, deren Klima milder war, als wir es heute kennen.

Viertens gab es vor spätestens zwei Millionen Jahren mit Sicherheit eine Periode wesentlich kälteren Klimas – eben eine Eiszeit.

Über die Verhältnisse zwischen damals und der Zeit bis vor 100.000 Jahren kann man nur willkürliche Angaben machen. Ich möchte davon ausgehen, daß Ericson und alle diejenigen, die von vier Eiszeiten sprechen, recht haben, und zwar nicht, weil ich vier Eiszeiten einleuchtender fände als Emilianis 40 oder mehr Eiszeiten, sondern ganz einfach, weil vier Eiszeiten übersichtlicher sind. Alles, was man bisher über die menschliche Evolution festgestellt hat, fügt sich in den Rahmen der vier Eiszeiten ein, und wenn man diesen Rahmen nicht umstoßen und durch einen ganz neuen ersetzen will – und dafür bin ich nicht zuständig –, dann gibt es keine andere Möglichkeit, als solange daran festzuhalten, bis der Streit zwischen Emiliani und Ericson entschieden ist – oder bis ein anderer Wissenschaftler mit anderen „Finagle-Konstanten" nachgewiesen hat, daß beide unrecht haben.

16. Die Wiege der Menschheit

DAS KLIMA IN AFRIKA HEUTE UND DAMALS

Nach allem, was wir hier über die zwei Millionen Jahre lange Eiszeit-epoche als die Zeit der Entwicklung des Menschen geschrieben haben, mag es ironisch klingen, daß die Menschheit in der ganzen ersten Hälfte jener Periode nichts von den Eisschichten und wenig oder gar nichts von irgendwelchen Gletschern wußte. Das liegt daran, daß der Mensch sich im tropischen Afrika entwickelt hat, in einem Gebiet, zu dessen klimatischen Eigenarten gehört, daß hier, außer auf den höchsten Bergen, weder Schnee noch Eis vorkommen. Das gilt nicht nur für heute, sondern praktisch auch für die kältesten Perioden der Eiszeit.

Diese klimatischen Eigenarten sind eine ganz wesentliche Ursache dafür, daß der Mensch sich in Afrika und nicht anderswo entwickelt hat. Zum Teil läßt sich das damit erklären, daß die „Primaten" ein bestimmtes Klima und bestimmte Nahrungsmittel bevorzugen. Primaten sind eine Klasse der Säugetiere, zu denen der Mensch, die Menschenaffen, die Halbaffen und einige primitive Verwandte der Affen, wie die Lemuren, gehören. Diese Primaten sind fast ausnahmslos tropische Tiere. Selbst in der subtropischen Zone findet man nur wenige Spezies, und nur zwei – der Mensch selbst und der japanische Makak, ein mit dem Pavian verwandter Halbaffe – leben in kälteren Regionen.

Die tropischen Primaten sind, wenn man so will, an eine Umwelt angepaßt, in der es sich mühelos leben läßt. Ihre relativ unspezifischen Zähne und ihr Verdauungsapparat beschränken sie auf eine hauptsächlich aus saftigen Früchten, Schößlingen und Knospen bestehende Kost, die es nur in einem Klima gibt, das feucht und warm genug ist, um zu allen Jahreszeiten eine reiche Vegetation mit zarten Pflanzen hervorzubringen. Sie leben in warmen Wäldern und baumbestandenen Savannen. In trockenen Gegenden oder in Waldgebieten der gemäßigten Zone, wo die Vegetation einen Winterschlaf durchmacht, würden sie verhungern. Bezeichnenderweise sind die einzigen Primaten, die es außerhalb der feuchtwarmen Klimazone gibt, der Mensch und die pavianartigen Makaken. Sie haben sich mehr oder weniger dem Leben auf dem Erdboden angepaßt und im Lauf der Zeit an eine vielseitigere Ernährung gewöhnt.

Da der Mensch für seine Entwicklung ein tropisches Klima brauchte, scheiden Nordamerika, Europa und der größte Teil Asiens als mögliche Entstehungsgebiete aus. Fossile Primaten – und auch Menschenaffen – sind zwar in Teilen von Eurasien, die heute ein kälteres Klima haben, gefunden worden, aber die spätesten dieser Fossilien stammen aus einer Zeit vor etwa zwanzig Millionen Jahren, als diese Regionen noch schlimmstenfalls subtropisches Klima hatten. Wir müssen annehmen, daß die Menschenaffen später entweder nach Süden ausgewichen oder durch das Vorrücken der kalten Zone und Veränderungen in der Vegetation vernichtet worden sind.

Südamerika hat im ganzen ein fast ebenso tropisches Klima wie Afrika, und auch hier gibt es viele Arten von kleinen Affen. Wie ist es zu erklären, daß keine dieser Spezies sich zu Menschenaffen entwickelt hat? Die Antwort lautet – wie so oft bei Fragen, in denen es um die Evolution geht –, daß dies nun einmal nicht geschehen ist.

Die einzigen Gebiete außerhalb Afrikas, in denen es zu ähnlichen Entwicklungen hätte kommen können, sind Indonesien und die südlichen Randgebiete von Asien. Indonesien ist warm und feucht und stellt, wie wir schon oben gesagt haben, eines der drei Hauptgebiete mit äquatorialem Klima dar. Wir finden dort zahlreiche Halbaffen und einen Menschenaffen, den Orang-Utan. Die Schwierigkeit dürfte wohl darin gelegen haben, daß Indonesien immer gleichmäßig warm und feucht war, auch während der Eiszeiten. Damit hatten die hier lebenden Primaten nur wenig Veranlassung, ihr *dolce vita* auf den Bäumen aufzugeben und auf die Erde herabzusteigen. Es bleibt also nur noch Südasien und besonders die indische Halbinsel. Zunächst könnte ich keinen klimatischen Grund dafür angeben, warum dieses Gebiet nicht die Heimat des Frühmenschen gewesen sein sollte. Vor etwa fünfzehn Millionen Jahren – vielleicht auch noch später – lebte hier auch wirklich eine Spezies des Menschenaffen, von der man annimmt, daß sie recht nahe mit unseren Vorfahren verwandt war. Vielleicht ist Indien, wenn man die für Menschenaffen entweder zu kalten oder zu trockenen Gebiete ausschließt, zu klein für ein Lebewesen, das wie der Mensch oder dessen Vorfahren weite Räume zu durchstreifen gewohnt ist. Vielleicht müssen wir uns aber auch mit der gleichen Antwort zufriedengeben wie für Südamerika: Der Mensch hat sich hier nicht entwickelt, weil er es eben nicht tat.

Wir wissen jedenfalls, daß Afrika mit an Sicherheit grenzender Wahrscheinlichkeit den „Garten Eden" des Menschen darstellte, und mit den guten Argumenten, die wir hinterher immer finden, können wir heute auch sagen, weshalb das so war. Erstens ist Afrika groß; es ist nach Asien der größte Kontinent. Es bietet daher sowohl genügend Raum für die Ausbreitung einer großen Menge von Tierarten, als auch ein breites Angebot verschiedener Umweltbedingungen, aus denen diese Arten die für sie geeigneten auswählen können. Zweitens ist das afrikanische Klima trotz der großen Unterschiede, die es in den einzelnen Zonen gibt, in weiten Gebieten (früher in noch weiteren Gebieten) warm und feucht genug, um zu allen Jahreszeiten eine reichliche Vegetation hervorzubringen. Das bedeutet natürlich, daß hier eine entsprechend reiche Tierwelt aufkommen konnte. Schließlich sind die klimatischen Veränderungen in den vergangenen dreißig Millionen Jahren, über deren Art und zeitliche Abfolge noch keine Übereinstimmung besteht, einerseits sicher nicht so geringfügig gewesen, als daß sie die Evolution nicht hätten anregen können. Auf der anderen Seite waren sie aber auch nicht einschneidend genug, um das Überleben einer so seltenen Spezies, wie es die Vorfahren des Menschen sehr wahrscheinlich gewesen sind, in Frage zu stellen. Nehmen wir nun wieder die Gegenwart als Schlüssel zur Vergangenheit und betrachten wir die klimatischen Verhältnisse in den Zonen Afrikas, wie wir sie heute dort vorfinden.

Der große afrikanische Kontinent erstreckt sich vom Äquator fast ebenso weit nach Norden wie nach Süden. Die Klimazonen zeigen deshalb beiderseits dieser Linie eine gefällige Symmetrie. Unmittelbar beiderseits des Äquators, von der Nordküste des Golfs von Guinea bis halbwegs zum Indischen Ozean liegt ein keilförmiges Gebiet mit äquatorialem Klima. Hier finden wir die immer heißen und feuchten Regenwälder.

Manchen wird es überraschen, zu hören, daß die tropischen Regenwälder für Afrika nicht besonders „typisch" sind. Viel typischer sind – wegen ihrer großen Ausdehnung – die *Savannen*, die den äquatorialen Gürtel im Norden, Osten und Süden (im Westen liegt der Atlantik) in einem zweiten breiten Gürtel umgeben. Die Regenfälle sind hier nicht mehr so ausgiebig und richten sich auch mehr oder weniger nach den Jahreszeiten. Wieviel Regen fällt, hängt von der Entfernung zum

Äquator ab. Je trockener das Klima, desto spärlicher wird auch der Baumbestand, denn die Bäume brauchen mehr Feuchtigkeit als alle anderen Landpflanzen. Zuerst werden die Wälder von Grasflächen unterbrochen; je trockener es wird, desto weiter dehnen sich diese Flächen aus und vereinigen sich schließlich zu einer riesigen Grassteppe, auf der nur noch hier und da ein paar Baumgruppen stehen. Schmale Waldstücke gibt es lediglich zur Einrahmung der gewundenen Flußläufe.

Der Savannengürtel erstreckt sich über einen großen Teil von Südostafrika und reicht bis zum Indischen Ozean. Im übrigen wird er vom Steppengürtel umgeben, wo die Regenzeit kürzer ist und weniger Regen bringt. Hier besteht die Vegetation fast nur noch aus Gras, und dazwischen wachsen vereinzelte Büsche oder Bäume wie Akazien, die sich besonders an das trockene Klima angepaßt haben. Im Norden und Südwesten wird die Steppe zur Wüste. Im Nordteil Afrikas liegt die riesige und unzugängliche Sahara, und im Südwesten, wo der Kontinent viel schmaler ist, die wesentlich kleinere Kalahari. Allerdings ist der größte Teil des auf den Karten als Kalahari bezeichneten Gebietes in Wirklichkeit eine Steppe. Das Wüstenklima beschließt unsere skizzenhafte Darstellung der afrikanischen Klimazonen. Entlang der Nordwestküste sowie in einem schmalen Streifen an der äußersten Südwestspitze des Kontinents finden wir noch das Mittelmeerklima.

So sieht es heute aus; doch was läßt sich nun über die Vergangenheit sagen?

Wir kennen die Geschichte des afrikanischen Klimas nicht so gut wie wir gern möchten. Wir dürfen aber trotzdem sicher sein, daß es vor dreißig Millionen Jahren – dies ist der Zeitpunkt, zu dem ich recht willkürlich mit meinem Bericht über die Evolution des Menschen beginnen will – überall viel feuchter gewesen ist als heute. Wie wir uns aus dem elften Kapitel erinnern, war das die Zeit der größeren Ozeane und geschrumpften Kontinente. Ein großer Teil der heutigen afrikanischen Mittelmeerküste und das Nigertal im Westen lagen unter Wasser. Noch wichtiger ist der Umstand, daß sich im Nordosten, wo heute die trockene arabische Halbinsel und das iranische Plateau liegen, ein weites, warmes Meer ausbreitete. Afrika war in jenen Tagen ganz von warmen Meeren umgeben, aus denen durch die Einwirkung der Sonnenstrahlung große Mengen von Feuchtigkeit verdunsteten. Die kalten Meeresströmungen im Nordwesten und Südwesten, die heute zur Entstehung der Wüstengebiete in der Sahara und der Kalahari beitragen, gab es damals nicht.

Wie die planetarische Zirkulation damals aussah, läßt sich nur vermuten. Aus den thermodynamischen Gesetzen wissen wir allerdings, daß sie weniger heftig gewesen ist als heute, weil der Temperaturunterschied zwischen den Tropen und den Polargebieten nicht so groß war. Wir brauchen uns aber zum Glück nicht lange mit Vermutungen aufzuhalten, denn wir wissen aus direkten Quellen, daß Afrika damals fast überall bewaldet war. Vor dreißig Millionen Jahren bewohnte der Ägyptopithecus, ein vermutlicher Vorfahre des Menschen und der Menschenaffen, den wir im folgenden Kapitel näher kennenlernen werden, ein dichtes Waldgebiet nicht weit vom künftigen Kairo, mitten in der heutigen Wüstenzone.

Wie sich das Klima im allgemeinen in der Folgezeit entwickelt hat, liegt auf der Hand: Je näher wir der Gegenwart kommen, desto ähnlicher muß es dem heutigen geworden sein. Vor zwei bis drei Millionen Jahren müssen die klimatischen Verhältnisse in Afrika schon weitgehend den heutigen geglichen haben. Um diese Zeit aber begann nach unserer Zeittafel die erste Eiszeit. Was damals in Afrika geschah, ist Gegenstand der großen Kontroverse um die afrikanische *Pluvial-* oder Regenperiode.

Sehr bald nachdem Penck und Brückner ihr Schema über die Eiszeitepoche veröffentlicht hatten, überlegten sich Geologen und Klimatologen, wie das Klima während der Eiszeit in eisfreien Gebieten gewesen sein mochte. Für die unmittelbar angrenzenden Regionen konnte man sich ohne Schwierigkeiten ein Bild machen. Direkt südlich der großen Eisflächen lag ein Gürtel, in dem es kalt und mit Ausnahme des abtauenden Wassers trocken war. Die Verhältnisse waren denen nicht unähnlich, die wir heute in Nordkanada und in Sibirien finden. Die Kälte und die Trockenheit ließen nur eine spärliche Vegetation zu. Die durch die beschleunigte atmosphärische Zirkulation stärker gewordenen Winde erzeugten auf der ausgetrockneten, dünnen Mutterbodenschicht Staubstürme, mit denen verglichen die amerikanischen Staubstürme der dreißiger Jahre wie Schönwetterperioden gewirkt hätten. Die Endmoränen im Zentrum der Vereinigten Staaten und in vielen Gegenden Europas werden im Süden von einem Lößgürtel begrenzt. Dieser fruchtbare, feinkörnige Boden wurde durch die großen Staubstürme dorthin geweht.

Die eiszeitlichen Verhältnisse südlich des Lößgürtels sind ebenfalls bekannt. Die damals durch die kalte Eisluft viel weiter nach Süden gedrängte Sturmzone brachte Gebieten wie dem Mittelmeerraum, dem Nahen Osten, dem amerikanischen Südwesten und dem amerikanischen Großen Becken viel mehr Regen als heute. Diese Gegenden müssen außerdem unter einer bedeutend stärkeren Wolkendecke gelegen haben und daher kälter als heute gewesen sein. Obwohl sich die Niederschläge vermehrten, verringerte sich die Menge des verdunsteten Wassers. Die Folgen hat man vielenorts im einzelnen feststellen können. Wir haben z. B. schon den Bonnevillesee erwähnt, einen großen Süßwassersee aus der Eiszeit, der Tausende von Quadratkilometern eines Gebietes bedeckte, das heute Steppe und Wüste ist. Ganz ähnliche Veränderungen hat man auch in Nordafrika, Palästina und an anderen Orten feststellen können. So entdeckte man schließlich das grundlegende Gesetz, demzufolge einer Eiszeit im Norden ein Regenzeitalter im Süden entsprach.

Als die Wissenschaftler anfingen, sich mit der Geschichte des Klimas im tropischen Afrika zu beschäftigen, fanden sie sehr bald Hinweise darauf, daß es auch hier lange Regenperioden gegeben hatte. Hohe Ufer um die Seen und Terrassen an den Flußufern deuteten darauf hin, daß es damals hier viel feuchter war als heute. Die naheliegende – aber doch recht oberflächliche – Folgerung war nun, daß die Regenperioden in Afrika zur gleichen Zeit wie die Eiszeiten stattfanden. Doch schon viel früher hatte man erkannt, daß bei Rückschlüssen aus klimatischen Veränderungen in einem Gebiet auf diejenigen in einem anderen die Gefahr von Irrtümern mit der Entfernung zwischen diesen beiden Gebieten wächst – vielleicht sogar mit dem Quadrat der Entfernung. Das trifft sicher auch auf die Pluvialperioden in Afrika zu; nach neueren Forschungen muß man annehmen, daß vielleicht gerade das Gegenteil dessen, was man zunächst vermutete, eingetreten ist. Wohlgemerkt, wir sprechen hier vom tropischen Afrika. Nordafrika und Teile der heutigen Sahara hatten während der Eiszeiten sicherlich ein etwas feuchteres Klima, ebenso auch die Südspitze des Kontinents mit ihrem Mittelmeerklima – die dort stattgefundenen Veränderungen waren allerdings keineswegs so erheblich, denn bekanntlich gab es auf der südlichen Hemisphäre außerhalb der Antarktis keine größeren Vereisungen.

Wir haben nun aber Hinweise darauf, daß im tropischen Afrika während der Eiszeitepoche nicht nur feuchtere, sondern auch trockenere Perioden vorkamen. Die „fossilen" Sanddünen in Westafrika und im nördlichen Zentralafrika erwähnten wir bereits. Aus ihnen sehen wir, daß sich die Kalahari und die Sahara mehrmals um fast 1000 Kilometer weiter gegen die feuchten äquatorialen Zonen vorgeschoben hatten. In den westafrikanischen Küstengebieten kann man diese Sanddünen bis zum Meeresgrund auf dem Kontinentalschelf verfolgen. Rhodes Fairbridge, der auf diesem Gebiet ein besonderer Fachmann ist, machte ähnliche Beobachtungen in Nordwestaustralien, das heute eine Savanne ist, früher aber eine Wüste war. Wir müssen daraus schließen, daß der Meeresspiegel zu der Zeit, als sich die Wüsten ausdehnten (und die Savannen und Regenwälder schrumpften), niedriger gelegen hat als heute. Das heißt, ein großer Teil des Wasservorrates auf der Erde war in den Eiszeitgletschern gebunden. Doch dies paßt nicht zu der Annahme, daß die Regenperioden im Süden mit den Eiszeiten im Norden zusammenfielen.

Fairbridge hat noch weitere Entdeckungen gemacht, die zum gleichen Ergebnis führen, und zwar bei der Erforschung des mittleren Nils. Der Nil ist ein recht eigenartiger Fluß: Sein ganzer Unterlauf führt über mehr als 1600 Kilometer durch die Sahara und nimmt daher keine Nebenflüsse auf. Das Wasser kommt aus viel weiter südlich gelegenen Gebieten. Der blaue Nil entspringt im regenreichen äthiopischen Hochland, der weiße Nil in Zentralafrika. Diese beiden Gegenden sind in der Hauptsache feuchte Savannen mit den charakteristischen regnerischen Sommern und trockenen Wintern. Die Wassermenge, die der Nil durch Ägypten oder den Sudan befördert, zeigt deshalb die Niederschlagsmengen in einem sehr großen Teil des weiter südlich liegenden tropischen Afrika an.

Der Nil ist auch insofern bemerkenswert, als er in den Hochwasserperioden reichlich Schlamm mitführt (das Hochwasser setzt kurz nach Beginn der Sommerregen im Süden ein). Dieser Schlamm hat sich jahrtausendelang an den Flußufern im engen Niltal und weiter nördlich auf den fruchtbaren Ebenen im Nildelta abgelagert; tatsächlich besteht dieses Delta ausschließlich aus solchen Ablagerungen. Der berühmte griechische Forschungsreisende und Historiker Herodot hat das schon vor 2500 Jahren vermutet und Ägypten (das heißt, den fruchtbaren und bewohnbaren Teil Ägyptens) als ein „Geschenk des Nils" bezeichnet.

Doch nicht immer war der Nil so freigebig gegenüber Ägypten. Bei der Erforschung der Flußufer in der Gegend von Wadi Halfa an der ägyptisch-sudanesischen Grenze hat Fairbridge riesige Schlammablagerungen festgestellt, die an manchen Stellen 35 Meter über der gegenwärtigen Hochwassermarke liegen. Sie beginnen etwa 480 Kilometer stromaufwärts von Wadi Halfa und hören in etwa der gleichen Entfernung stromabwärts allmählich auf. Fairbridge glaubt nun, daß diese Ablagerungen eine Periode bezeichnen, in der es dem Nil an

Kraft fehlte, den ganzen Schlamm bis in das Delta hinunterzuschwemmen. Er meint, zu bestimmten Zeiten könne der Strom in seinem Unterlauf nur noch ein „tröpfelndes Rinnsal" gewesen sein. Damals habe sich das verhältnismäßig tiefe Flußbett des mittleren Nil mit Schlamm gefüllt und allmählich gehoben, und das schwach fließende Wasser habe weiteren Schlamm in die Ebene rechts und links des Flusses geschwemmt.

Unter Verwendung der Karbon-Isotopen aus Muscheln in den Schlammablagerungen hat Fairbridge die mittleren Schichten auf eine Zeit vor etwa 15.000 Jahren datiert. Er schätzt, daß die ersten Schlammablagerungen 25.000 oder 30.000 Jahre alt sind. Das ist etwa die Zeit, zu der die Gletscher ihren letzten Vormarsch begannen. Die obersten Schlammablagerungen sind ebenfalls nach ähnlichen Methoden auf die Zeit vor 11.000 Jahren datiert worden – das war also jene Zeit, zu der die Gletscher sich relativ schnell wieder zurückzogen.

Dieser Tatbestand läßt offensichtlich nur eine Konsequenz zu: Als das Eis in Europa vorrückte, begann sich der Schlamm am Mittellauf des Nil abzusetzen, und das bedeutet, daß der Nil weniger Wasser führte und daß die Regenfälle in Zentralafrika nachließen. Als das Eis abschmolz, wurde der Regen wieder reichlicher, die anwachsende Nilströmung schnitt einen tiefen Kanal in die Ablagerungen und beförderte den Schlamm flußabwärts nach Ägypten – immer unter der Voraussetzung, daß Fairbridge die richtigen Schlüsse gezogen hat. Ich bin davon überzeugt, daß er recht hat, denn anders läßt sich der Vorgang nicht erklären. Aus zahlreichen Hinweisen wissen wir, daß die gemäßigten Zonen über einen Zeitraum von mindestens 30 Millionen Jahren hinweg immer kälter geworden sind, während das Klima in Afrika zur gleichen Zeit trockener wurde. Wenn die Eiszeiten und die Regenperioden zugleich stattgefunden hätten, dann müßte der ganze Vorgang in Afrika umgekehrt verlaufen sein: es hätte nicht trockener, sondern feuchter werden müssen! Doch genau das ist nicht geschehen. Geht man in die jüngere Vergangenheit zurück, dann stellt man fest, daß vor etwa 7500 Jahren in Afrika eine Pluvialperiode vorgekommen ist. In Europa war es um diese Zeit jedoch keineswegs kälter als heute, eher beträchtlich wärmer! Das alles deutet darauf hin, daß während der Eiszeiten in Afrika nicht Pluvialperioden, sondern „Antipluvialperioden" herrschten, also trockenere Zeiten als heute. Die Pluvialperioden entsprechen deshalb wahrscheinlich den Zwischeneiszeiten, deren Klima in Europa wärmer als heute war, wodurch höchstwahrscheinlich die Feuchtigkeit in Afrika ebenso zunahm, wie schon einmal vor zehn Millionen Jahren.

Wenn man allerdings der Theorie von Simpson zustimmt (intensivere Sonnenstrahlung, stärkere Verdunstung, mehr Eis), dann lassen sich die Pluvialperioden in Afrika wieder mit den Eiszeiten in Übereinstimmung bringen. Es gibt aber heute kaum noch jemanden, der dieser Theorie zustimmt. Nehmen wir z. B. die beiden wackeren Kämpen, Ericson und Emiliani, so stimmen sie, trotz ihrer gegenteiligen Ansichten in den meisten Fragen, darin überein, daß der mittlere und südliche Atlantik während der letzten Eiszeit entschieden kälter als heute war. Über den Indischen Ozean, das zweite große Reservoir, aus dem die Niederschläge in Afrika gespeist wurden, liegen uns zwar sehr viel weniger Daten vor, aber auch sie lassen das gleiche vermuten. Wenn aber die tropischen Meere kälter werden, dann muß auch die Menge des verdunsteten Wassers zurückgehen und der Regen in den anliegenden Festlandgebieten nachlassen.*

Interessanterweise haben sich die afrikanischen Daten zur Stützung der Theorie von der Gleichzeitigkeit der Eiszeit und der Regenperiode als ziemlich unzuverlässig erwiesen, seitdem diese Theorie in Mißkredit geraten ist. Die erste Pluvialperiode heißt nach dem Fluß Kagera in Uganda die Kagera-Zeit. Die Nachweise für diese Periode stammen zum Teil aus den Terrassen, die sich über dem Flußufer erheben. Man ist aber heute ziemlich fest davon überzeugt, daß der Fluß irgendwann in den vergangenen zwei Millionen Jahren durch die Bewegungen der Erde in die entgegengesetzte Richtung geleitet worden ist! Die unübersehbaren Folgen, die solche und ähnliche geologische Veränderungen in diesem Gebiet mit sich brachten, veranlaßten schließlich einen Experten zu der resignierten Feststellung, daß es „selten möglich ist, den vorherrschenden Klimatypus einer bestimmten Periode genau zu bestimmen".

---

* Diese Auffassung ist kürzlich durch Forschungsergebnisse aus dem Viktoriasee in Uganda bestätigt worden, wo der Zoologe Daniel Livingston von der Duke University dem Seegrund zahlreiche Bohrkerne entnommen hat. Pollen aus den Schlammschichten, die mit Sicherheit in die letzte Eiszeit datiert werden konnten, zeigen, daß das heute feuchte und dicht bewaldete Gebiet um den See damals eine mit Gras bewachsene Savanne war. In den gleichen Schichten finden sich außerdem Salze wie Kalziumkarbonat, woraus hervorgeht, daß der Wasserspiegel sich infolge starker Verdunstung senkte und der Mineralgehalt des Wassers stieg; das ist ein weiteres Anzeichen für das trockene Klima während der Eiszeit.

Die Dinge werden noch komplizierter, wenn wir das Klima im Gebirge behandeln. Wie schon oben gesagt, sind sogar heute nur wenige der höchsten Berggipfel in Afrika (besonders der Kilimandscharo und der Mount Kenya) das ganze Jahr mit Schnee bedeckt. Es gibt jedoch Hinweise darauf, daß die Schneegrenze zu bestimmten Zeiten etwa 1100 Meter tiefer lag, also tief genug, um auch auf heute schneefreien Bergen „ewigen" Schnee und sogar Gletscher entstehen zu lassen. Zunächst hat man diesen Abstieg der Schneegrenze (der offenbar mehrfach stattgefunden hatte) ebenfalls auf die Pluvialperioden zurückgeführt. Viele Fachleute verwiesen jedoch darauf, daß die Schneefälle auf den Berggipfeln nicht von der Niederschlagsmenge abhängen (selbst heute regnet es auf den höheren Bergen in Kenya und auf dem Kilimandscharo verhältnismäßig selten), sondern von den Sommertemperaturen. Das heißt, in den Zeiten, in denen die Schneegrenze tiefer lag, muß es kälter gewesen sein; es waren also dieselben Zeiten, in denen weiter nördliche Gebiete ihre Eiszeiten erlebten – aber nicht, jedenfalls nicht unbedingt, regenreiche Zeiten im Tiefland. Es ist jedoch wahrscheinlich, daß durch die größere Ausdehnung der Schneedecke geringe Ansammlungen kalter Luft entstanden sind, die an den Hängen dieser Gebirge kurze Regenperioden auslösten.

Nach der plausibelsten heute geltenden Vorstellung herrschte in weiten Flachlandgebieten des tropischen Afrika während der Eiszeiten ein trockeneres Klima. Die Wüsten- und Steppengebiete breiteten sich auf Kosten der Savannen und der äquatorialen Regionen aus. Die Äquatorzone selbst muß auf einen sehr schmalen Gürtel zusammengedrängt worden sein – ohne allerdings vollständig zu verschwinden, denn sonst wären die Tierarten, die sich an dieses Klima angepaßt hatten, während der letzten Eiszeit vor etwa 20.000 Jahren ausgestorben, und es gäbe heute in der äquatorialen Zone kein Tierleben. Im Gebirge war es jedoch während der Eiszeiten feuchter und – wegen der tieferen Schneegrenze und der allgemein niedrigeren Temperaturen – wahrscheinlich auch wesentlich kälter. In den Zwischeneiszeiten müßten sich die Verhältnisse in umgekehrter Richtung entwickelt haben: Die äquatorialen und die Savannenregionen breiteten sich aus, Wüsten und Steppen wurden zusammengedrängt, und im höher gelegenen Gelände war es merklich wärmer und wahrscheinlich auch trockener.

Doch auch wenn man dieses Bild im großen und ganzen für richtig hält, ist es immer noch sehr schwer, bestimmte Einzelheiten zu erkennen. Die Unsicherheit in der Datierung der verschiedenen (vier oder vierzig?) Eiszeiten und ähnliche Ungewißheiten in der Datierung menschlicher oder quasimenschlicher Fossilien erlauben keine sicheren Schlüsse auf die klimatischen Verhältnisse einer bestimmten Gegend, in der wir fossile oder archäologische Funde gemacht haben. Um sicher zu gehen, wollen wir uns deshalb so genau wie möglich an die klimatischen Hinweise halten, die wir an den einzelnen Ausgrabungsstätten finden.

17. Vorspiel

DAS LEBEN IM WALDE

Etwa 90 Kilometer südlich von Kairo, knapp westlich des Niltals, liegt die Senke von El Fayum. Der Name stammt von dem altägyptischen Wort für See, *pa-ym,* und wirklich war das Tal vor einigen tausend Jahren ein See, dessen Wasser durch die alljährlichen Nilüberschwemmungen aufgefüllt wurde. Später, als der Nil nicht mehr so viel Wasser führte, bewässerten die Pharaonen dieses Tal, indem sie es durch einen Kanal mit dem Nil verbanden.

Heute ist der Kanal verschlammt, und der See, der nur noch durch einen spärlichen Zufluß von Grundwasser gespeist wird, ist unter der Wüstensonne so weit ausgetrocknet, daß der Spiegel seines restlichen Brackwassers 50 Meter unter dem Meeresspiegel liegt. Die Umgebung ist dürres Ödland, über das der Wüstenwind weht, der nicht selten den heißen Sand fortbläst und alte Knochen freilegt. Unter diesen Knochen haben die Paläontologen einige Primatenspezies identifiziert. Eine von ihnen, der Ägyptopithecus (der ägyptische Affe) ist der allererste Affe in der Reihe fossiler Zeugen der Vergangenheit, und er ist sehr wahrscheinlich das erste Lebewesen, auf das man die Abstammung des Menschen mit einiger Sicherheit zurückführen kann.

Aus allem, was wir über die von den Primaten bevorzugten Umweltbedingungen gesagt haben, können wir schließen, daß das Klima vor 27 Millionen Jahren, als der Ägyptopithecus und seine Sippschaft in der Fayum-Senke lebten, nicht so übermäßig heiß gewesen sein kann wie heute. Die Knochen unseres Vorfahren aus grauer Vorzeit liegen in der Tat zwischen fossilen Baumstämmen, die in einigen Fällen fast 30 Meter lang sind. Zwar weiß man nicht genau, was das für Bäume gewesen waren (die Paläobotaniker können Bäume gewöhnlich nicht nach ihrem Holz bestimmen, und Pollen oder fossile

144

Blätter sind bis heute nicht gefunden worden), aber wir können sicher sein, daß es sich um tropische oder wenigstens subtropische Arten gehandelt hatte. Folglich muß die Fayum-Senke damals ein Regenwald oder eine feuchte Savanne gewesen sein, wie wir sie heute viel weiter südlich in der äquatorialen Zone oder ihrer unmittelbaren Nähe finden.

Einige Geologen bestreiten allerdings, daß irgendein Gebiet in der heutigen Sahara jemals so feucht gewesen sein könnte. Sie sagen, die Bäume könnten nur von den Flüssen, die damals dort ebenso flossen wie der Nil heute, in die Gegend geschwemmt worden sein. Doch Elwyn Simons von der Universität Yale, der hier einen großen Teil der Ausgrabungen geleitet hat, ist anderer Meinung. Er hat festgestellt, daß dieselben Sand- und Schlammschichten, in denen die Bäume gefunden wurden, auch die Kieferknochen kleiner Nagetiere enthalten. Diese zerbrechlichen Knochen wären mit Sicherheit in winzige Splitter zermahlen worden, wenn der Fluß sie aus weiterer Entfernung angeschwemmt hätte. Und wenn das Gebiet nicht bewaldet gewesen wäre, dann müßte man sich fragen, was diese Primaten, die alle notorische Baumbewohner waren, hier zu suchen hatten. Wir dürfen mit einiger Sicherheit annehmen, daß unsere entfernten Vorfahren in einem dichten Wald lebten.

Welches Leben führten sie dort? Wie wurden sie durch ihr Leben geformt, und wie hat sich das auf ihre Nachkommen ausgewirkt?

Die meisten von uns neigen zu der Vorstellung, daß warme und feuchte tropische Wälder von tierischem Leben nur so wimmeln, aber in Wirklichkeit ist das weit gefehlt. Der Grund liegt in der besonderen Eigenart dieser Wälder, die wiederum weitgehend klimabedingt ist. Die ständige Wärme und Feuchtigkeit erzeugen tatsächlich einen üppigen Pflanzenwuchs. Ein tropischer Wald ernährt pro Hektar jährlich mehr pflanzliche Stoffe als jede andere Klimaregion. Aber diese Pflanzen sind fast ausschließlich riesige Bäume. Der Waldboden liegt im tiefen Schatten. Außerdem verrottet das herabfallende Laub zu schnell, um viel Humus zu bilden, und der reichliche Regen spült die Nährstoffe aus dem Boden aus. Deshalb gibt es auch kaum Unterholz, außer an den Flußläufen, wo der Schatten unterbrochen wird, und in Sumpfgebieten, wo der nasse Boden keinen Baumwuchs zuläßt. Das pflanzliche Leben auf dem Waldboden ist also relativ spärlich, und dasselbe gilt für die Tierwelt. Die einzige pflanzliche Nahrung am Boden ist Holz, ihre Verwertung erfordert einen komplizierten Verdauungsapparat, den nur die Termiten und wenige andere Tiere zu entwickeln vermochten. Nur in den Baumwipfeln ist das tierische Leben im tropischen Wald einigermaßen vielfältig; dort muß folglich auch die Heimat des Ägyptopithecus gelegen haben.

Seine Anatomie zeigt, daß er sich an dieses Leben schon sehr gut angepaßt hatte, besonders was seine Sinnesorgane betrifft. Tiere, die auf dem Boden leben, haben im allgemeinen ein sehr gut ausgebildetes Geruchsorgan, um ihre Nahrung zu finden und sich auch sonst mit ihrer Umwelt bekannt zu machen. Man beobachte nur einen Hund, wie er in einer fremden Gegend herumschnüffelt. Um gut riechen zu können, braucht man eine lange Nase und weite Nasengänge. In den Baumwipfeln kann man jedoch mit dem Geruchssinn wenig anfangen, und so finden wir denn auch, daß die Schnauze des Ägyptopithecus zwar länger war als die aller heute lebenden Menschenaffen und sogar auch Halbaffen, aber eben doch viel kürzer als die der meisten Tiere am Boden.

Wem der Geruchssinn zur Erkundung seiner Umwelt fehlt, der ist um so mehr auf eine gutentwickelte Sehfähigkeit angewiesen. Wir können sicher sein, daß der Ägyptopithecus sie bereits besaß. Wahrscheinlich verfügte er schon über den besonderen optischen Apparat, den nur die Primaten – und keine anderen Säugetiere – heute besitzen, nämlich die *fovea:* ein Grübchen auf der Netzhaut, das ein besonders scharf umrissenes Bild erzeugt. Diese *fovea* ist der Grund dafür, daß wir zwar „aus dem Augenwinkel" sehen können, daß das Bild aber erst scharf wird, wenn wir die Dinge direkt fixieren und dabei das Abbild auf diese besonders empfindliche Stelle projiziert wird. Der Ägyptopithecus besaß auch schon die zweite optische Fähigkeit, deren wir uns heute erfreuen: Er konnte plastisch sehen. Anders als bei den meisten Tieren saßen seine Augen nicht an den Seiten des Kopfes, sondern vorn, weshalb sich die beiden Gesichtsfelder überschnitten. Wir gehen wohl auch nicht zu weit in der Annahme, daß sein Gehirn hoch genug entwickelt war, um beide Bilder zu einem stereoskopischen Bild zu vereinigen, denn sonst hätte die Überschneidung der Gesichtsfelder keinen Sinn gehabt. Das plastische Sehen bedeutet für ein auf Bäumen lebendes Tier ungeheure Vorteile, denn es kann mit diesem Sehvermögen die richtigen Entfernungen wahrnehmen. Ein am Boden lebendes Tier, das die Entfernung zu einem Stein falsch schätzt, kann schlimmstenfalls darüber stolpern. Aber ein Halbaffe oder Menschenaffe, der zwölf Meter über dem Erdboden die Entfernung zu einem Ast, auf den er springen will, nicht richtig wahrnimmt, würde wohl kaum so lange leben, daß er irgend jemandes

Vorfahr werden kann. Man bedecke nur ein Auge und versuche, eine Münze oder einen anderen kleinen Gegenstand zu ergreifen; dann erkennt man sogleich, wie bedeutend die Erbschaft ist, die uns unser affenartiger Vorfahr hinterlassen hat.

Das Leben auf Bäumen und die dadurch bewirkte Verfeinerung der Sinne haben auch das Gehirn verändert. Die für den Geruchssinn zuständigen Gehirnfalten wurden kleiner, der dem Gesichtssinn zugeordnete Teil der Gehirnrinde wurde größer, und wir dürfen annehmen, daß sich auch die Gehirnpartien, die für den Gleichgewichtssinn und die Koordinierung der Muskeln zuständig sind, erweiterten. Ähnliche äußere Veränderungen hat man heute auch bei Eichhörnchen festgestellt. Bei Eichhörnchen, die auf Bäumen leben (wie das europäische braune Eichhörnchen), sind die für die Aufnahme von Gerüchen zuständigen Gehirnfalten kürzer als bei den amerikanischen Erdhörnchen. Das Kleinhirn, der Teil des Gehirns, der den Gleichgewichtssinn regelt und – vergröbert ausgedrückt – die Koordinierung der Muskeln steuert, ist bei den Eichhörnchen komplexer: sie haben 45 Falten, wo die Erdhörnchen nur 25 aufweisen.

Wir können uns deshalb gut vorstellen, daß der Ägyptopithecus einen gut entwickelten Gesichtssinn, einen weniger guten Geruchssinn und eine gut koordinierte Muskulatur besaß, um im Geäst der Bäume herumzuklettern. Wie bewegte er sich nun hier? Genau wissen wir das nicht. Wir besitzen nur wenige Fußknochen, die (wahrscheinlich) vom Ägyptopithecus stammen, aber keine Hand-, Arm- oder Beinknochen. Wir wissen, daß die heutigen niederen Primaten und fast alle Halbaffen echte Vierfüßler sind, daß sie auf allen vieren über die Äste klettern und beim Sprung von einem Ast zum anderen auf vier Füßen landen. Die Menschenaffen anderseits sind „Brachiatoren". Sie hangeln Hand über Hand (oder Hand über Fuß) durch die Äste. Der wichtige Unterschied liegt darin, daß der Vierfüßler bei der Fortbewegung seine (vier) Beine neben dem Körper in der gleichen Ebene vor- und zurückbewegt, während seine Bewegungsmöglichkeiten nach der Seite sehr beschränkt sind. Die Brachiatoren dagegen können und müssen mit den Armen nach der Seite greifen, wie auch wir es tun. Man versuche, mit dem Fuß zur Seite zu stoßen, und dann nach der Seite zu greifen, und sofort wird einem der Unterschied deutlich werden.

Inwieweit hatte sich der Ägyptopithecus schon die Fortbewegungstechnik der Menschenaffen angeeignet? Wahrscheinlich noch nicht sehr weit. In vieler Hinsicht war er ebenso sehr ein Halbaffe wie ein Menschenaffe, besonders, was die Größe seines Gehirns und den Schwanz betrifft. (Simons beschreibt ihn als Tier, das die Zähne eines Menschenaffen im Kopf eines Halbaffen hatte.) Einige seiner Nachkommen waren offensichtlich auch mehrere Millionen Jahre später noch immer keine voll entwickelten Brachiatoren.

Und schließlich, wovon ernährte sich der Ägyptopithecus? Darüber können wir etwas mehr sagen. Für ein auf Bäumen lebendes Wesen gibt es drei Grundnahrungsmittel: Zunächst natürlich die Blätter. Doch obwohl sie reichlich vorhanden sind, ist ihr Nährwert gering. Um nicht zu verhungern, muß das Tier sehr große Mengen aufnehmen. Zur Verdauung dieser vielen Blätter braucht es allerdings einen überlangen Verdauungskanal, wie wir ihn bei Halbaffen und Schlankaffen, die sich fast ausschließlich vom Laub der Bäume ernähren, finden. Wenn ein Schlankaffenweibchen reichlich gegessen hat, so läßt es sich von einem hochschwangeren nicht unterscheiden. Auch die Zähne sind charakteristisch geformt. Nichts davon ist beim Ägyptopithecus zu finden. Laub scheidet deshalb als Grundnahrungsmittel aus.

Eine weitere Möglichkeit sind Insekten – Ameisen und Termiten, die auf den Zweigen entlangkriechen, und Maden, die sich unter der Baumrinde hervorholen lassen. Es gibt gute Gründe für die Annahme, daß entfernte Verwandte des Ägyptopithecus Insektenfesser waren, doch das waren kleine, höchstens 30 cm große Tiere. Wenn ein so großes Tier wie ein Menschen- oder Halbaffe von Insekten leben will, dann muß es eine besondere Vorrichtung entwickeln, um die Insekten in großen Mengen zu sammeln – wie z. B. der Ameisenbär oder das Erdferkel. Sonst geht es ihm wie dem Europäer, der mit chinesischen Stäbchen Reis zu essen versucht, aber nur jeweils ein Reiskorn damit erfassen kann; die Energie, die bei der Nahrungsaufnahme verbraucht wird, ist dann größer als die, die ihm durch das Verdauen der Nahrung zugeführt wird.

Es ist nicht unwahrscheinlich, daß der Ägyptopithecus hin und wieder eine fette Made oder Termite als Hors d'oeuvre verspeist hat. In der Hauptsache ernährte er sich jedoch wahrscheinlich von Früchten, Knospen und zarten Schößlingen, wie das die meisten Halbaffen und Menschenaffen auch heute noch tun. Das sollte später wichtige Folgen haben.

Der Ägyptopithecus gehörte offensichtlich einer recht lebensfähigen Spezies an. Vor etwa zwanzig Millionen Jahren waren seine vermutlichen Nachkommen als menschenaffenähnliche Tiere über die ganze Welt verbreitet. Wenigstens eines dieser Lebewesen, der Pliopithecus

(„mehr menschenaffenähnlich"), besaß die frei zur Seite beweglichen Arme des echten Brachiatoren. Man nimmt sogar an, daß er der Vorfahre der Gibbons ist, jener so besonders geschickten Luftakrobaten. Andere Abkömmlinge des Ägyptopithecus sind viel näher mit unseren Vorfahren verwandt, und von einigen stammen wir wahrscheinlich in direkter Linie ab. Um diese Lebewesen jedoch zu identifizieren, müssen wir uns mit einer weiteren wissenschaftlichen Kontroverse beschäftigen: der Diskussion zwischen den „Spaltern" und den „Zusammenlegern".

Die Wurzel des Konflikts liegt in der Frage, wodurch eine Spezies charakterisiert wird. Man definiert diese biologische Kategorie im allgemeinen als eine Gruppe von Tieren (oder Pflanzen), die einander ähnlicher sind als irgendeiner anderen Gruppe und sich unter naturgegebenen Bedingungen kreuzen und fortpflanzungsfähige Nachkommen erzeugen. Diese Definition reicht aus, wenn wir es mit heute lebenden Organismen zu tun haben, denn es läßt sich leicht feststellen, ob sie sich kreuzen oder nicht. Bei Fossilien ist es natürlich unmöglich, zu bestimmen, welche Lebewesen sich kreuzen konnten und welche nicht. Hier können wir uns nur auf die äußere Ähnlichkeit verlassen, und dabei erhebt sich selbstverständlich sofort die dornige Frage, wie weit diese Ähnlichkeit gehen muß, um als solche bezeichnet werden zu können.

Wenn man sich in einer Großstadt im Omnibus oder in der Untergrundbahn umsieht, dann wird man sehr bald feststellen, daß Individuen unserer Spezies sich in ihrer Größe, Farbe, den Skelettproportionen und vielen anderen äußeren Merkmalen stark voneinander unterscheiden. Wir wissen, daß es bei den meisten heute lebenden Säugetierspezies ähnliche (wenn auch meist weniger extreme) Unterschiede gibt. Zwanzig Halbaffen der gleichen Spezies mögen für den Laien alle gleich aussehen. Aber für einen Affenkenner ist jeder einzelne Affe ebenso ein Individuum wie jeder einzelne Affenkenner. Wenn wir uns aber mit fossilen Menschenaffen oder Halbaffen beschäftigen, dann stehen uns keine zwanzig oder zehn Skelette zur Verfügung, von denen wir wissen, daß sie zu einer Spezies gehören, und wir können auch nicht feststellen, wie sehr sich die einzelnen Angehörigen dieser Spezies voneinander unterschieden. Wir haben sogar Glück, wenn wir nur ein einziges vollständiges Skelett besitzen. Die meisten fossilen Primaten kennen wir nur aus Fragmenten. Von einigen haben wir lediglich ein Stück Kieferknochen oder eine Handvoll Zähne.

Hier gerät der Wissenschaftler, der eben ein neues Fossil ausgegraben hat, in Versuchung. Sein Knochenfragment mag dem einer bekannten Spezies so ähnlich sein, daß sich an seiner wissenschaftlichen Identität nicht zweifeln läßt. Wenn aber Zweifel bestehen – und das ist gewöhnlich der Fall – wer will dann berichten, er habe nur den Knochen einer schon bekannten Spezies gefunden? Für das Ego und für den wissenschaftlichen Ruf ist es viel besser, zu behaupten, man habe eine neue Spezies entdeckt – und wenn möglich, eine neue Gattung. (Die Bestimmung einer Gattung ist noch schwieriger als die Bestimmung einer Spezies. Man kann höchstens sagen, daß die Angehörigen der gleichen Gattung einander etwas weniger gleichen als die Angehörigen derselben Spezies. Man bedenke aber, was ich oben über den Begriff der Ähnlichkeit gesagt habe – und man wird sich an den Kopf fassen.)

Leider hatten nur wenige Fossilien-Ausgräber bis heute den Mut, zu sagen: Hebe dich weg von mir, Satan! Sie gerieten in Versuchung und strauchelten. Sie erfanden neue wissenschaftliche Namen und spalteten dadurch eine in Wirklichkeit bestehende Spezies in mehrere auf. Und aus mehreren Spezies entstanden damit mehrere Gattungen. Einer dieser Sünder war der große Louis Leakey, dessen bedeutende Verdienste um die menschliche Vorgeschichte seine einzige Entschuldigung sind. Doch auf jede Aktion folgt eine Reaktion: Das hemmungslose Erfinden neuer Namen durch die „Spalter" brachte die „Zusammenleger" auf den Plan, Wissenschaftler, die nun versuchten, möglichst viele Fossilien der gleichen Spezies und möglichst viele Spezies der gleichen Gattung zuzuordnen. Die „Spalter" beschweren sich natürlich darüber, daß ihre Widersacher vitale Unterschiede bei den einzelnen Fundstücken ignorieren – und erhalten zur Antwort, daß sie ihrerseits ganze Namens-Gebirge aus bloßen Maulwurfshügeln hervorgezaubert hätten.

Ich persönlich stehe ganz auf der Seite der „Zusammenleger" – und zwar nicht, weil ich die wissenschaftlichen Details der Kontroverse kenne oder mir viel an ihnen liegt, sondern einfach im Interesse der Klarheit. Je mehr Namen, desto größer wird die Verwirrung. Wenn ich also nun über den nächsten Kandidaten für die Aufnahme in den Stammbaum des Menschen berichte, dann nenne ich ihn nicht Proconsul (wie die „Spalter"), sondern Dryopithecus (wie die „Zusammenleger") und ordne ihn damit jener verbreiteten Gattung der Menschenaffen zu, die Europa, Asien und Afrika bewohnen. Der Name bedeutet „Eichenaffe" (aus welchem Grund man ihn so nannte, ist mir allerdings unerfindlich). Der Dryopithecus, für den wir uns nun interessieren und dessen Fossilien im westlichen Kenia gefunden wurden, lebte zwar nicht in Eichenwäldern, war aber bestimmt auch ein Baumbewohner. Jene Gegend in Afrika ist heute eine Savanne, aber vor zwanzig Millionen Jahren muß es hier noch feucht genug für einen dichten Wald gewesen sein. Beide Parteien sind sich darin einig, daß die zur Gattung Dryopithecus gehörenden Affen in Kenia verschiedenen Spezies angehörten und in verschiedenen Größen vorkamen. Eine dieser Spezies war nur wenig größer als der Ägyptopithecus, doch die meisten waren wesentlich größer, eine sogar so groß wie ein Gorilla.

Warum werden Tiere im Lauf der Evolution meistens größer? Biologisch ist die Körpergröße in mancher Hinsicht ein Vorteil. Je größer ein Tier ist (bis zu einer bestimmten Grenze), desto schneller kann es sich fortbewegen. Es kann seinen Feinden, die es jagen, leichter entfliehen und schneller seine Nahrung suchen. Außerdem sind große Tiere meist biologisch leistungsfähiger. Der Hauptgrund liegt in dem sogenannten „Quadrat-Kubik-Gesetz", nach dem das Gewicht eines Tieres, wenn alle anderen Voraussetzungen gleich bleiben, mit dem Kubik seiner Körpergröße wächst, während seine Körperoberfläche nur mit dem Quadrat der Körpergröße zunimmt.

Stellen wir uns einen 2,70 Meter langen Riesen vor, der die gleichen Körperproportionen hat wie ein 1,35 Meter kleiner Pygmäe. Der Riese ist doppelt so groß, die Fläche seiner Haut beträgt das Vierfache (2 im Quadrat), und sein Gewicht das Achtfache (2 im Kubik) des Pygmäen. Nun hängt die innere Wärme, die ein tierischer Körper erzeugt, von seinem Gewicht ab. Die Wärme, die es durch die Haut und die Lungen abgibt, hängt dagegen von der Größe seiner Körperoberfläche ab. Unser Riese erzeugt daher achtmal soviel Wärme wie der Pygmäe (wenn sie sich im übrigen gleichen), aber er verliert nur viermal soviel davon nach außen. Mit anderen Worten: Er verbraucht wesentlich weniger Energie, weil er Wärme speichert. Kleinere Tiere, die ihren hohen Wärmeverlust kompensieren müssen, brauchen einen höheren Stoffwechsel und benötigen deshalb erheblich mehr Nahrung im Verhältnis zu ihrem Körpergewicht. Die winzige Spitzmaus (um einen extremen Fall zu nennen) verbringt fast jeden wachen Augenblick mit der Suche nach Futter. Wenn man ihr das Futter entzieht, muß sie buchstäblich in wenigen Stunden verhungern.

Die meisten Spezies der Gattung Dryopithecus waren größer als der Ägyptopithecus und infolgedessen sozusagen „billiger im Kraftstoffverbrauch" und daher auch biologisch im Vorteil. Da sie aber immer noch auf Bäumen wohnten, gerieten sie in Konflikt mit einem zweiten Aspekt des „Quadrat-Kubik-Gesetzes", der ihnen entschiedene Nachteile brachte. Wenn nämlich ihre Leistungsfähigkeit stieg, dann nahm ihr Gewicht noch schneller zu. Wer sich aber von Früchten und Schößlingen, die gewöhnlich an den äußersten Enden der Zweige wachsen, ernähren will, dem bedeutet eine Gewichtszunahme auch die Zunahme des Risikos, daß der Ast abbricht – und er sich auf dem Wege zu seiner Mahlzeit das Genick bricht: *Es sei denn,* er beginnt sein Gewicht auf mehrere Äste zu verteilen: Er hält sich mit den Füßen an einem und mit den Händen an einem oder sogar an zwei anderen fest. Wenn er das erst einmal gelernt hat, dann merkt er wahrscheinlich schnell, daß er gar nicht bis auf die äußersten zerbrechlichen Enden der Äste hinausklettern muß, wo die Leckerbissen wachsen, sondern nur einen Teil des Weges hinauszukriechen braucht, um dann die Hand auszustrecken und nach der Mahlzeit zu greifen.

Dieses Ausstrecken der Arme ist zwar für uns die natürlichste Sache der Welt, es ist aber etwas, was keine Katze, kein Hund, keine Kuh und kein Nashorn tun kann. Abgesehen von sehr wenigen Ausnahmen können es nur die Primaten, und auch sie nicht einmal alle. Es sollte uns deshalb nicht überraschen, wenn wir erfahren, daß der Dryopithecus im Gegensatz zum Ägyptopithecus kein richtiger Vierfüßler mehr war. Er konnte seine Arme recht gut zur Seite bewegen. Außerdem konnten seine Hände einen Ast oder eine Frucht zwischen den Fingern und der Handfläche ergreifen (aber noch nicht zwischen den vier Fingern und dem Daumen). Auch sein Gehirn war größer, wie nicht anders zu erwarten, damit es gleichzeitig die Füße an einem Ast, den einen Arm an einem anderen Ast, den anderen Arm, der nach einer Frucht greift und die Kauwerkzeuge, die in die Frucht beißen, kontrollieren konnte. Man beobachte einen Hund und ein kleines Kind bei der Nahrungsaufnahme. Beide sind dabei vielleicht nicht sehr sauber, aber das Kind führt erheblich kompliziertere Bewegungen aus als der Hund – auch wenn es sich dabei nicht an einem Ast festhalten muß.

Ein letzter Punkt, und zwar der wichtigste: Wenn man nach einem Ast greifen kann, dann erhöht sich die Beweglichkeit ganz offensichtlich, wenn man sich aufrecht hinstellt und dann danach greift. Ob und wieweit der Dryopithecus diese Fähigkeit schon entwickelt hatte, wissen wir nicht. Jeder Prähistoriker würde wahrscheinlich eines seiner jüngeren Kinder für den Beckenknochen eines Dryopithecus hergeben, aus dem er erfahren könnte, ob die hinteren Gliedmaßen dieses Tieres noch einen rechten Winkel zum Körper bildeten oder sich schon zu strecken begonnen hatten. Bisher hat man noch keinen finden können. Sicher ist aber, daß der biologische Anreiz schon gegeben war, und wenn auch der Dryopithecus vielleicht noch nicht angefangen hatte, sich auf die Hinterbeine zu stellen, so doch gewiß einer seiner engeren Nachkommen viele Millionen Jahre vor unserer Zeit.

Die Experten haben manches dafür und manches dagegen vorgebracht, daß irgendeine der uns heute bekannten Spezies der Gattung Dryopithecus tatsächlich zu den Vorfahren des Menschen gehörte. Was sie vorgelegt haben, sind technische Daten, zum Teil Vermutungen, und dieses Material hat für uns keine allzu große Bedeutung. Einige Dryopitheciden waren mit großer Wahrscheinlichkeit Vorfahren des Gorillas und des Schimpansen, und wenn nicht auch der Mensch von ihnen abstammen sollte, so können wir doch sicher sein, daß sich unsere damaligen Vorfahren nicht erheblich von ihnen unterschieden haben.

Beim nächsten Kandidaten für einen Platz auf dem Stammbaum des Menschen befinden wir uns auf etwas (aber nur wenig) sichererem Boden. Das betreffende Wesen wurde in Kenia gefunden, weshalb es der „Spalter" Leakey Keniapithecus nennt. Die „Zusammenleger" werfen das Tier in einen Topf mit Ramapithecus („Ramas Affe" nach einem alten indischen Gott), dessen Reste man schon früher unweit von Neu Delhi gefunden hatte. Hier sind unsere Kenntnisse leider ebenso fragmentarisch wie die Knochenfunde: Wir wissen, daß beide Lebewesen ein gewölbtes Gaumendach hatten – ebenso wie wir selbst, nicht aber die Gattung Dryopithecus oder die heutigen Menschenaffen – und daß ihre Zähne ganz ähnlich angeordnet waren wie die des Menschen. Das ist aber fast alles, was uns die Knochen sagen.

Dennoch gibt es gewisse Dinge, die wir wissen, und zwar nicht, weil wir sie gesehen haben, sondern weil sie so gewesen sein müssen: Der Ramapithecus lebte etwa fünf Millionen Jahre später als der Dryopithecus; ich habe folglich keine Hemmungen, zu behaupten, daß er auf dem Wege, den sein Vorgänger schon zurückgelegt hatte, weiter vorangekommen war. Wenn wir eines Tages mehr über seine Anatomie erfahren haben, wird sich das erweisen. Der Ramapithecus dürfte ein Brachiator gewesen sein wie der Schimpanse, wenn er sich vielleicht auch noch nicht so geschickt von Ast zu Ast schwingen konnte, weil seine Arme im Verhältnis zum Körper noch kürzer waren. Wir werden auch feststellen, daß sein Gehirn größer war als das des Dryopithecus. Da er begonnen hatte, die Hände nicht nur zur Fortbewegung, sondern auch bei anderen Verrichtungen zu benutzen, muß er ein verfeinertes Gehirn gehabt haben. Die Hände selbst konnten jetzt schon Gegenstände zwischen dem Daumen und den übrigen Fingern festhalten. Der Ramapithecus hatte wohl auch ein Becken und hintere Gliedmaßen, die es ihm ermöglichten, fast – wenn auch noch nicht ganz – aufrecht auf einem Ast zu stehen, um nach einer wohlschmeckenden Frucht über seinem Kopf zu greifen.

Dürfen wir noch weitere Vermutungen anstellen? Es gibt einen ungewissen und indirekten Hinweis: die Ausgrabungsstätten in Kenia, an denen man die Reste des Ramapithecus gefunden hat, enthalten auch die Knochen einer ausgestorbenen Zwergspezies der Giraffe. Giraffen pflegen sich vom Laub der Bäume und hoher Büsche zu nähren – die Zwerggiraffe wird sich allerdings mehr an Büsche gehalten haben. Das bedeutet, daß der Ramapithecus nicht wie seine Vorfahren ausschließlich im Urwald gelebt haben kann. Die dreißig Meter hohen Bäume, zwischen denen der Ägyptopithecus seine Spiele trieb, wären sogar für eine Riesengiraffe zu hoch gewesen. Das Klima in Kenia war also trockener geworden, und die Wälder müssen sich damals geöffnet und allmählich in Savannen verwandelt haben, allerdings wesentlich feuchtere Savannen als die heutigen.

Was aber tat der Ramapithecus, als nun Gras und Buschwerk seine Waldheimat stellenweise ablösten? War er so konservativ, daß er auf den Bäumen blieb und sich von Baum zu Baum um die grasbewachsenen Lichtungen herumhangelte? Oder kletterte er auf den Boden herab, versuchte, auf den Hinterbeinen das Gleichgewicht zu halten, und lief durch das Gras quer über die Lichtung? Ist er es gewesen, oder einer seiner Nachkommen, der diesen folgenschwersten Schritt in der Evolution zum Menschen getan hat? Wenn irgend jemand die Fußknochen des Affen Ramas ausgräbt, werden wir das vielleicht erfahren.

18. Der Abstieg zur Erde

DAS LEBEN IN DER SAVANNE

Wir kommen jetzt zu einem Abschnitt in der Geschichte der menschlichen Evolution, der den Forscher in große Verlegenheit bringt. Es ist, als läsen wir einen spannenden Roman, den wir uns in einer öffentlichen Bücherei geliehen haben, und stellten an der aufregendsten Stelle fest, daß irgendein Vandale ein ganzes Kapitel herausgerissen hat. Mit dem Ramapithecus sind wir in der Zeit vor etwa 14 Millionen Jahren angelangt; Fossilien aus Indien deuteten darauf hin, daß er dort noch bis vor sechs Millionen Jahren gelebt haben mag, um dann aus Gründen, über die ich im 16. Kapitel meine Vermutungen angestellt habe, ohne Nachkommen zu verschwinden. Aber in Afrika finden wir etwa 12 Millionen Jahre lang keine Spur mehr von ihm. Vor dieser großen Lücke (die wir hier mit ihrem wissenschaftlichen Namen als Pliozän bezeichnen wollen) haben wir es höchstwahrscheinlich mit auf Bäumen lebenden Menschenaffen zu tun – obwohl sie, wie wir bereits angedeutet haben, sich manchmal auf dem Boden fortbewegt und wahrscheinlich gelegentlich dort nach Nahrung gesucht haben, wie das viele auf Bäumen lebende Halb- und Menschenaffen auch heute tun. Nach dem Pliozän finden wir eine Reihe von Spezies, die ganz zweifellos am Erdboden beheimatete Menschenaffen waren, und wenigstens *eine* dieser Arten kann mit Sicherheit nicht einfach als Menschenaffe klassifiziert werden; man muß sie vielmehr schon als *Affenmensch* ansehen. Dazwischen besitzen wir jedoch nicht einen einzigen Zahn, der uns helfen könnte, jene Vorgänge zu rekonstruieren, die diese große Veränderung bewirkt haben. Wir können nur Vermutungen anstellen.

Dank unserer Kenntnisse über die klimatischen Veränderungen in Afrika, die durch die Untersuchungen von heute lebenden Primaten ergänzt werden können, sind unsere Spekulationen aber doch mehr als bloße Vermutungen. Obwohl wir nicht aus unmittelbarer Anschauung wissen, was im Pliozän mit den Nachkommen des Rampithecus geschah, kennen wir doch die äußeren Umstände, unter denen sie leben mußten, und können uns deshalb ein einigermaßen überzeugendes Bild von ihrer Lebensweise machen.

Zu Beginn des Pliozän waren die klimatischen Verhältnisse auf der Erde viel weniger extrem als heute. Vor 14 Millionen Jahren gab es vielleicht schon Gletscher in der Antarktis (und vielleicht in Grönland), aber weder dort noch anderswo regelrechte Krusten. Am Ende jener Epoche herrschte sowohl in der Antarktis als auch in Grönland ein ebenso polares Klima wie heute, und die übrigen Klimazonen waren in etwa der gleichen Weise über die Erde verteilt wie jetzt. In der Zwischenzeit muß es zu längeren oder kürzeren markanten klimatischen Schwankungen gekommen sein. Doch das Gesamtbild des tropischen Afrika läßt sich deutlich erkennen: Es war kühler und trockener, und die Regenfälle verteilten sich mehr auf bestimmte Jahreszeiten. Ein großer Teil der Regenwälder wich zunächst der feuchten Savanne mit den durch Grasflächen unterbrochenen Waldgebieten, dann der trockenen Savanne mit einzelnen Bäumen, weiter den trockenen Grasflächen der Steppe und schließlich in einzelnen Gebieten sogar der Wüste. Insgesamt bedeutet dies einfach, daß es inzwischen wesentlich weniger Bäume gab.

Die große Mehrzahl der Baumarten verlangt eine reichliche Versorgung mit Wasser – unter anderem, weil riesige Wassermengen durch die Oberfläche der Blätter an die Atmosphäre abgegeben werden. Einge wenige Arten haben Mechanismen entwickelt, die es ihnen ermöglichen, im Steppenklima zu überleben. Die Akazien versorgen sich z. B. durch ein sehr verzweigtes Wurzelwerk mit Wasser, aber dieser Mechanismus erfordert, daß die Akazien, wenn sie überleben wollen, einzeln und weit entfernt voneinander stehen. So gibt es heute im afrikanischen „Busch" zwar Akaziengruppen, aber keine Akazienwälder.

Beim Gras liegt die Sache anders. Biologisch sind die Graspflänzchen kleine Geschäftsleute, die mit geringem Kapital schnelle Gewinne und bescheidene Umsätze anstreben. Sie können deshalb in Gebieten gedeihen, wo es nur spärlichen jahreszeitlichen Regen gibt und die große „ortsgebundene" Pflanze wie der normale Baum sehr bald in Konkurs gehen müßte. Ein Baum muß viele Jahre wachsen, ehe er Nachkommen erzeugen kann. Eine Graspflanze dagegen braucht vom Keimen des Samenkorns bis zur Reife nur wenige Wochen einigermaßen feuchten Wetters; danach verwelkt sie, während die Wurzeln die trockene Jahreszeit überleben – oder, wenn die Trockenheit zu groß ist, stirbt sie ganz ab, während die Samen für das Überleben der Art im folgenden Jahr sorgen.

Für unsere Vorfahren bedeutete die Ausdehnung der Grasflächen im Pliozän zunächst nur eine gewisse Unbequemlichkeit. Solange das Gras in den Wäldern nur Inseln bildete, konnte ein konservativ veranlagter Affe diese Inseln leicht umgehen. Aber in einigen Gegenden ging der Baumbestand schließlich so weit zurück, daß die Waldstücke zu Inseln in einem Meer von Gras wurden, und das war für ein an das Leben auf Bäumen gewöhntes Tier schon etwas ernster. Eine Affenherde, die sich auf einer solchen Insel „gestrandet" sah, konnte sich nun unter Umständen so stark vermehren, daß die Nahrungsbeschaffung zum Problem wurde, wenn die Tiere nicht über genügend physische und psychische Flexibilität verfügten, um die Bäume verlassen und auf die Erde herabsteigen zu können. Die Herde konnte zwar versuchen, mit dem Problem dadurch fertig zu werden, daß sie über die Grasfläche hinweg auf eine andere Waldinsel umzog, aber dort stieß sie wahrscheinlich auf eine andere Herde, die – wenn man an das Verhalten der heute lebenden Menschenaffen denkt – sich wahrscheinlich ablehnend gegen den Neuankömmling verhielt. Alles in allem sieht es so aus, als sei das Pliozän außerhalb der schrumpfenden äquatorialen Zone – in die sich die Vorfahren der Schimpansen und Gorillas zurückgezogen haben – für die in Bäumen wohnenden Primaten keine gute Zeit gewesen. Wenn sie ihre Lebensgewohnheiten nicht änderten, dann mußte es bald mehr Primaten als Bäume geben.

Abgesehen vom Schwund der Waldgebiete gab es noch ein anderes Problem. Die Bäume, die außerhalb der äquatorialen Zone jetzt noch wuchsen, mußten sich notgedrungen selbst verändern; entweder sie veränderten sich zu Arten, die in einem Klima mit jahreszeitlich bedingten Regenfällen überleben konnten, die also nur in den feuchten Jahreszeiten wuchsen und Früchte hervorbrachten, oder sie mußten durch solche Arten verdrängt werden. Das bedeutet natürlich, daß die Menschenaffen auf diesen Bäumen nicht mehr damit rechnen konnten, daß sie während des ganzen Jahres immer jene zarten Früchte und Schößlinge fanden, die ihre Lieblingsnahrung waren (wenn auch zu dieser Zeit nicht mehr ihre einzige).

Auf dem Boden gab es jedoch andere, weniger jahreszeitlich gebundene Nahrung, die den Affen zuerst vielleicht nicht so gut geschmeckt hat, aber doch genügte, um sie am Leben zu erhalten. Das Gras selbst war, abgesehen von seinem Samen, wenig wert. Wer von Gras leben will, braucht ein besonders dafür geeignetes Gebiß und einen Verdauungsapparat, den kein Primat jemals entwickelt hat. Es gab jedoch Samen, Wurzeln und Knollen, man konnte die Eier am Boden brütender Vögel finden oder vielleicht Fische in den während der Trockenperiode schrumpfenden Seen und Teichen fangen. Es gab auch Wasser. Der echte Waldbewohner trinkt, wenn überhaupt, nur wenig. Seine saftige Nahrung versorgt ihn mit aller Feuchtigkeit, die er braucht. Aber ein Menschenaffe, der sich gezwungen sieht, von trockener Nahrung zu leben, muß das fehlende Wasser an Seen, Flüssen und Tümpeln aufnehmen. Und an diese Wasserstellen konnte er nur gelangen, wenn er von den Bäumen herabstieg.

Dieses ganze Bündel von Veränderungen aller Lebensbedingungen der Primaten erzeugte einen mächtigen biologischen Anreiz für diejenigen Arten, die willens und in der Lage waren, längere Zeit auf dem Erdboden zuzubringen, natürlich vorausgesetzt, daß sie sich auf eine weniger spezialisierte Ernährung umstellen konnten. Zwei Gruppen von Primaten haben das auch wirklich getan: einerseits eine Familie von Halbaffen, aus denen sich die Paviane und Makaken entwickelten, andererseits eine Familie von Menschenaffen, nämlich die Abkömmlinge des Ramapithecus.

Die Paviane (und die Makaken) sind in jeder Hinsicht die lebenstüchtigsten Halbaffen. Da sie sich gut an das Leben auf dem Erdboden angepaßt haben, können sie in Savannen und sogar in Steppen leben, wo kein anderer Halbaffe überleben würde. Weil sie Allesfresser sind (fast ebensosehr wie der Mensch) können sie nicht nur im tropischen, sondern auch im subtropischen und sogar im gemäßigten Klima leben. Aber ihr Wohlergehen wird durch einen wichtigen Umstand eingeschränkt: Sie waren Vierfüßler, als sie noch auf Bäumen wohnten, und sie blieben es, als sie auf die Erde herabstiegen. Ein Pavian kann wie andere Halbaffen auf seinen Keulen sitzen, nach einem Stück Nahrung greifen und es zum Munde führen. Wenn er sich aber fortbewegt, dann tut er es auf vier Beinen. Das bedeutet z. B., daß er nichts mitnehmen kann, jedenfalls nicht, wenn er schneller läuft. Die Nahrung muß an Ort und Stelle verzehrt oder liegengelassen werden.

Bei dem am Boden lebenden Menschenaffen war die Sache dagegen anders. Da sie schon während ihres Lebens auf den Bäumen eine aufrechte (oder fast aufrechte) Haltung entwickelt hatten, brauchten sie sich auf dem Erdboden nur noch etwas zu kultivieren, und schon hatten sie die Hände für andere Tätigkeiten frei. Und für müßige Hände findet sich im Laufe der Evolution bald eine Arbeit: zunächst hauptsächlich die Nahrungssuche, wie sie die Menschenaffen schon auf den Bäumen gelernt hatten. Es ist nicht leicht, mit den Händen Wurzeln auszugraben, aber es ist leichter, als wenn man sie mit der Schnauze herauswühlen muß. Für einen Primaten ist es außerdem viel bequemer, einen Grashalm abzureißen und ihn durch die Zähne zu ziehen, um den Samen abzustreifen, als ihn ohne Hände einfach mit den Zähnen zu ergreifen.

Durch die Hände eröffnete sich für die Menschenaffen zudem eine ganz neue und reiche Nahrungsquelle, nämlich die tierische Nahrung. Die Grasflächen beherbergten zahlreiche am Boden lebende Tiere, wogegen es im Regenwald verhältnismäßig tierarm zuging. Da weniger Regen fiel, wurden die Nährstoffe im Boden besser erhalten, so daß Gras und Büsche für diejenigen Tiere, die den geeigneten Verdauungsapparat entwickelt hatten, eine reiche und sich immer wieder ergänzende Nahrungsquelle bildeten. Es überrascht also nicht, daß die Huftiere, die sich von Gras und Zweigen ernähren, erstmals in der Zeit unmittelbar vor dem Pliozän in großer Zahl aufkamen. Zugleich mit diesen Huftieren, den Vorfahren der Antilope, des Rindes, des Schafes usw. entwickelten sich natürlich auch die Raubtiere mit ihren Zähnen und Klauen und der Schnelligkeit, die sie benötigten, um ihre Beute zu fangen und zu töten. Das waren die verschiedenen Vorfahren der heutigen Katzen, Hunde und verwandten Tiere.

Im Vergleich zu diesen ersten noch nicht einmal vollentwickelten Fleischfressern waren jedoch die am Boden lebenden Menschenaffen für die Jagd auf lebende Tiere schlecht ausgerüstet. Sie besaßen keine Klauen wie die Katzen, und obwohl sie mit den Zähnen scharf zubeißen konnten, war das Gebiß noch nicht so mörderisch wie das der ersten Hunde. Allerdings hatten sie Hände, mit denen sie einen Jungvogel, einen jungen Hasen oder eine neugeborene Antilope ergreifen konnten, um sie dann auf den Boden zu schlagen und zu töten. Sogar Paviane, die eigentlich Pflanzenfresser sind und weniger gut entwickelte Hände haben, tun so etwas zuweilen – allerdings nur, wenn sie zufällig auf solche Beute stoßen, denn ihre geistigen Fähigkeiten reichen zum planvollen Jagen offensichtlich nicht aus. Aber die am Boden lebenden Menschenaffen, deren Gehirn schon besser ausgebildet war als das der Paviane, lernten zweifellos sehr bald, es den anderen Raubtieren gleichzutun. Sie beobachteten die Bewegungen ihrer Beute, schlichen sich an die Beutetiere heran und packten sie schließlich im Sprung. Die

Jagd auf lebende Beute gab erneut einen biologischen Impuls zur Verbesserung des Gehirns. Nicht alle Raubtiere sind gleich intelligent, sie sind aber fast ausnahmslos heller als ihre Beutetiere.

Wir dürfen jedoch nicht glauben, daß sich die am Boden lebenden Menschenaffen ihre Fleischnahrung nur auf der Jagd beschafften. Sie haben sich – so abstoßend das auch klingen mag – höchstwahrscheinlich auch von Aas genährt. Im Vergleich zu den primitiven Hyänen, die ihnen als Aasfresser Konkurrenz machten, waren sie zwar erneut nicht leistungsfähig genug (ein Rudel hungriger Hyänen kann sogar einen Löwen so sehr belästigen, daß er seine Beute im Stich läßt), doch verschafften sich die Affen auch in dieser Beziehung durch den Gebrauch der Hände einen Vorteil. Ein Affe konnte sich – vielleicht mit lautem Geschrei, um die Wirkung zu erhöhen – auf das gefallene Beutetier stürzen, ein abgerissenes Bein oder den Kopf ergreifen und damit das Weite suchen, während sich die anderen Aasfresser um den Rest stritten.

Haben nun die am Boden lebenden Menschenaffen all das mit bloßen Händen getan? Zunächst wohl sicher, doch nach nur wenigen Millionen Jahren haben sie sich wahrscheinlich auf eine bessere Methode besonnen. Wenn wir wissen wollen, wie das kam, dann müssen wir das Problem des Beutemachens aus einem anderen Gesichtswinkel betrachten; nicht aus dem des Jägers, sondern aus dem des Gejagten. Wir dürfen nämlich nicht daran zweifeln, daß die Affen, als sie ihr Leben auf dem Erdboden begannen, von anderen Raubtieren als geeignete Beute angesehen wurden. Wie konnten sie überleben?

Solange sie sich in der Nähe von Bäumen aufhielten, konnten sie sich immer in ihre vertraute Heimat flüchten. Je spärlicher aber der Baumbestand wurde, desto weiter mußten sie sich von diesem Schutz entfernen. Sie hätten sich natürlich in eine ähnliche Richtung entwickeln können wie die Paviane, die zu ihrer Verteidigung lange Hundszähne bekamen, die fast wie Hauer aussahen. Die Männchen einer Pavianherde können sogar einen Leoparden in die Enge treiben und stellen. Nur der Löwe kann sie zum Rückzug zwingen. Die Menschenaffen müssen sich jedoch im Verlauf des Pliozän eine bessere Verteidigungsmethode angeeignet haben, denn keiner der Affenmenschen, die wir aus der Zeit nach dem Pliozän kennen, zeigt Spuren eines solchen Gebisses.

Aus neueren Beobachtungen wissen wir, daß viele Halb- und Menschenaffen die Tiere, die ihnen zu nahe kommen, mit Gegenständen wie Zweigen, Früchten und Exkrementen bewerfen. Sie tun das offensichtlich mit keiner besonderen Absicht, nur als Zeichen der Feindschaft oder weil sie sich gestört fühlen. Aber die Schimpansen, die wahrscheinlich fast ebenso intelligent sind wie es die Menschenaffen des Pliozän waren, sind einen Schritt weiter gegangen: Sie können mit Steinen werfen und tun das in ganz bestimmter Absicht. Die Naturforscherin Jane Goodall hat das Leben der Schimpansen in freier Wildbahn sehr genau studiert und dabei gesehen, wie einer von ihnen einen Photographen mit Steinen bewarf, als er ihm den Weg zu einer Bananenstaude verstellte. Andere wendeten die gleiche Taktik an, um Paviane von einer Futterstelle, an die sie selbst herankommen wollten, zu vertreiben (interessanterweise werfen die Schimpansen ihre Geschoße sowohl überhand als auch unterhand).

Wenn die Schimpansen, die diese Fähigkeit nicht einmal zu ihrer Verteidigung brauchen (denn sie können im Handumdrehen auf einem Baum verschwinden), sich schon soweit entwickelt haben, dann dürfen wir kaum daran zweifeln, daß die am Boden lebenden Affen, die keine solchen Fluchtmöglichkeiten hatten, sehr bald solche und bessere Verteidigungsmethoden gelernt haben. Es dauerte nicht lange, bis sie sich nicht mehr nur auf das Überraschungsmoment und ihre Schnelligkeit verlassen konnten, wenn sie an ein Stück Aas herankommen wollten. Sie lernten ihre Konkurrenten mit Steinwürfen vertreiben, um sich dann das beste Stück Fleisch zu holen und damit zu verschwinden. Wurden sie verfolgt, so wehrten sie sich wieder mit Steinwürfen. Von hier ist es nicht mehr weit zu der Erkenntnis, daß man mit einem Steinwurf ein lebendes Beutetier töten kann – oder daß man ein anderes Tier mit einem groben Knüppel oder einem schweren Stein leichter erschlagen kann, als mit der bloßen Hand. Und wenn sie schon soviel leisten konnten wie die Schimpansen, dann gewiß auch soviel wie die Paviane: Sie konnten die Fähigkeit zum gemeinschaftlichen Handeln erwerben. Ein angreifendes Raubtier stand nun nicht mehr nur einem einzelnen steinewerfenden Menschenaffen gegenüber, sondern mußte den Steinhagel einer ganzen Affenherde über sich ergehen lassen.

So taten die am Boden lebenden Menschenaffen allmählich und fast unmerklich die ersten Schritte auf dem Wege ihrer Entwicklung zum Menschen. Erstmalig setzten sie nicht nur ihre biologisch weiterentwickelten körperlichen Fähigkeiten ein (wie das alle anderen Tiere auch tun), sondern sie verwendeten zusätzlich tote Gegenstände – regelrechte Werkzeuge –, und erstmalig erkannten sie, daß eine Gruppe von Tieren im gemeinschaftlichen Handeln größere Wirkungen erzielt als ein einzelnes Tier.

Und doch wäre es falsch, zu glauben, daß diese Menschenaffen auf Grund ihrer Überlegenheit besonders leistungsfähige oder erfolgreiche Tiere gewesen seien. Im Vergleich mit dem Leoparden waren sie keine guten Jäger, im Vergleich mit der Hyäne keine sehr guten Aasfresser und im Vergleich mit einer Antilope oder einem Schwein waren sie auch als Pflanzenfresser nicht sehr geschickt. Was sie wirklich auszeichnete, war die Tatsache, daß sie mehrere verschiedene Techniken halbwegs beherrschten. Sie waren nicht Meister irgendeines biologischen „Handwerks", dafür aber Dilettanten auf vielen Gebieten. Im Laufe mehrerer Millionen Jahre auf der afrikanischen Savanne hatten sie sich etwas erworben, was fraglos der fundamentalste Charakterzug des Menschen ist: Anpassungsfähigkeit.

19. Lebensgewohnheiten und Wohnstätten

DER AFFENMENSCH

Wir nehmen den Faden der Entwicklungsgeschichte des Menschen bei jenen Fossilien wieder auf, die etwa aus der Zeit stammen, als das Pliozän der Eiszeit-Epoche (oder dem Pleistozän*) wich. Die fossilen Knochen zeigen uns jetzt Lebewesen, die vollständig an das Leben auf dem Erdboden angepaßt ist. Die lange Trockenperiode im Pliozän hatte gute Arbeit geleistet. Betrachten wir die Schädel dieser Tiere, so stellen wir fest, daß das *foramen magnum* – die Öffnung, durch die die Nervenstränge aus dem Rückenmark in den Schädel eintreten – fast unten am Schädel liegt, nicht mehr hinten wie bei den auf Bäumen lebenden Menschenaffen. Das bedeutet, daß die Köpfe dieser Lebewesen schon genau wie die unsrigen auf dem oberen Ende des Rückgrats balanciert wurden und nicht mehr nach vorn gestreckt waren. Die Bein-, Fuß- und Beckenknochen bezeugen den gleichen Tatbestand: diese Tiere standen auf zwei Beinen und bewegten sich aufrecht (oder jedenfalls beinahe), wenn auch ihr Gang wohl eher trabend oder watschelnd als langausgreifend gewesen sein dürfte. Ihre Füße konnten nicht mehr Äste greifen, wie es die ihrer Vorfahren sicher noch getan haben. Gewiß konnten sie bei der Nahrungssuche oder auf der Flucht auch noch auf Bäume klettern und taten das auch – wie der Mensch auch noch heute –, aber sie waren dabei nicht viel geschickter als wir.

Ich habe von „Tieren" gesprochen, aber waren diese Lebewesen wirklich noch Tiere? Hier müssen wir die uralte akademische Forde-

---

* Pliozän bedeutet „in jüngerer Zeit", d. h., später als das vorangegangene Miozän („in einigermaßen jüngerer Zeit"). Pleistozän bedeutet „in jüngster Zeit". Um die Dinge noch mehr zu komplizieren, nennt man die auf das Pleistozän folgende Epoche – in der wir jetzt leben – einfach das Holozän oder die Neuzeit.

rung nach klaren Definitionen stellen: Was ist noch ein Tier? Oder – wenn wir die Frage sinnvoller stellen wollen: Was ist ein Mensch?

Wir haben schon erwähnt, daß die Menschenaffen im Pliozän höchstwahrscheinlich Werkzeuge verwendeten. Schimpansen tun das auch, und zwar nicht nur als Wurfgeschoße. Man hat sie dabei beobachtet, wie sie Stöcke zum Graben und Steine zum Nüsseknacken benutzen. Sie stecken dünne Zweige in Termitennester und ziehen sie bedeckt mit wohlschmeckenden Termiten wieder heraus. Gelegentlich tragen sie ihre Werkzeuge sogar mit sich herum. Das alles müssen auch die Menschenaffen im Pliozän gelernt haben. Damit waren sie aber noch nicht mehr zu Menschen geworden, als die heutigen Schimpansen. Die Anthropologen, die schon lange wissen, daß der Gebrauch von Werkzeugen nicht auf unsere eigene Spezies beschränkt ist, haben den Menschen genauer definiert. Bis vor kurzem lautete ihre Definition noch so, wie sie der einzigartig geniale Benjamin Franklin gefunden hatte: „Der Mensch ist ein Werkzeuge *herstellendes* Tier." Das bedeutet, der Mensch verwendet nicht nur die natürlichen Gegenstände, um seine Umwelt zu manipulieren, sondern er verändert sie auch, um sie für seine Zwecke geeigneter zu machen.

Nun scheint aber auch diese Definition noch zu weit gefaßt. Man hat gesehen, daß auch Schimpansen auf ihre Art Werkzeuge herstellen. Sie gebrauchen nicht nur einen abgestorbenen Zweig, und damit nach Termiten zu stochern, sondern sie streifen auch die Blätter von einem frischen Zweig, um diesen dann auf der Jagd nach Termiten zu benutzen. Sie knüllen auch Blätter zusammen, um damit (wie mit einem Schwamm) Wasser aus einem seichten Tümpel zu entnehmen. Das ist zwar keine besonders wirksame Methode zum Wasserschöpfen, aber (wie die Wissenschaftler durch Versuche festgestellt haben) man bekommt auf diese Weise viel mehr Wasser als mit einem unzerknüllten Blatt oder mit den Fingern. Solche Beobachtungen zwingen uns, den Menschen als ein Tier zu definieren, das Werkzeuge *planmäßig* herstellt. Er verändert nicht einfach irgendwelche Gegenstände, sondern er tut das in einer gleichmäßigen, hergebrachten, man möchte fast sagen gewohnheitsmäßigen Art und Weise.

Denkt man über diese Definition nach, dann genügt sie uns vielleicht immer noch nicht ganz. Wenn der Schimpanse die Blätter von einem Zweig streift, schafft er damit bestimmt eine Art Verhaltensmuster. Vom Menschen geschaffene Muster besitzen dagegen ein zusätzliches Element: ein gewisses Maß an willentlicher Entscheidung. Der Mensch modifiziert nicht einfach natürliche Gegenstände, wie der Affe es beim Zerknüllen des Blattes tut, und er entfernt auch nicht nur Teile eines Gegenstandes, um dann den Rest allein zu benutzen, wie der Schimpanse, der einen Zweig von seinen Blättern befreit. Der Mensch *formt* vielmehr einen Gegenstand und erzeugt dadurch etwas, das *vorher nicht existierte.* Und mehr noch: Er erzeugt etwas, das seiner Kultur, seinem Stamm oder seinem Volk gemäß ist.

An diesem Kriterium gemessen stand das affenähnliche Lebewesen, das im frühen Pleistozän das südliche und östliche Afrika bewohnte, auf der Schwelle vor der Menschwerdung; es stellte aus Steinen Werkzeuge her und formte sie in einigen Fällen planmäßig nach einem Muster. Diese Werkzeuge sind sehr primitiv. Es sind Steine, deren Größe zwischen der eines Tischtennisballes und der einer Billardkugel liegt. An einer Stelle sind ein paar Splitter abgeschlagen, um eine grobe Kante zum Schneiden oder Hacken abzugeben. Gewiß sind manche dieser Werkzeuge schon von der Natur so geformt worden, z. B. Steine, die lange in einem Flußbett herumgerollt sind. Sie lassen sich nur dann als Werkzeuge identifizieren, wenn sie an den Wohnstätten dieser Lebewesen gefunden wurden, kilometerweit von den natürlichen Fundstellen solcher Steine entfernt. Andere wieder gleichen den von der Natur geformten Werkzeugen so sehr, daß man an den klassischen Ausspruch eines französischen Prähistorikers erinnert wird: „Der Mensch macht eines, Gott machte zehntausend. Gott helfe dem Menschen, der das Eine von den zehntausend unterscheiden muß!" Untersucht man aber sorgfältig das Aussehen und den Winkel, in dem der Stein bearbeitet wurde, dann kann man einigermaßen sicher sein, daß der Mensch und nicht Gott ihn bearbeitet hat. Wieder andere zeigen den ersten Ansatz eines planvollen Musters, was uns hilft, Steinwerkzeuge der einen Fundstätte von denen einer anderen zu unterscheiden – so wie wir heute einen japanischen von einem amerikanischen Hammer an der äußeren Form unterscheiden können.

Und doch, waren die Hersteller dieser Werkzeuge Menschen? Anders ausgedrückt, macht die Herstellung eines Werkzeuges nach einem bestimmten Plan schon den Menschen aus? Ich glaube nicht. Diese Definition ist soweit ganz gut, aber wir müssen zugeben, daß sie teilweise deswegen aufgestellt wurde, weil es so am bequemsten war. Man definiert den Menschen nach seinen Werkzeugen, weil die Werkzeuge existieren und untersucht werden können, während die Hersteller der Werkzeuge selbst nur Bruchstücke ihrer Knochen hinterlassen haben. Wenn wir uns aber den Menschen nicht ohne Werkzeuge vorstellen können, dann können wir ihn uns auch nicht ohne *Sprache* vorstellen, die ja selbst eines der vielseitigsten Werkzeuge ist. Aber die Sprache ist mit denen, die sie gesprochen haben, verschwunden. Ist sie wirklich verschwunden? Zwar können wir bestimmt nicht mit Sicherheit sagen, ob die ersten afrikanischen Hersteller von Werkzeugen eine Sprache entwickelt hatten oder nicht, aber wir müssen doch prüfen, ob es nicht Tatsachen gibt, aus denen wir das schließen können. Ich glaube ja. Aber um zu erklären, weshalb ich das glaube, muß ich zuerst erklären, was eine Sprache ist, oder vielmehr wozu sie dient.

Sprache wird oft einfach als Kommunikationsmittel bezeichnet. Sie ist aber mehr als das. Viele Tiere verständigen sich durch Geräusche, Gesten oder Haltungen, durch den Gesichtsausdruck (z. B. die Schimpansen) und sogar durch den Geruch. Die Frage ist nicht, ob ein Tier sich mit dem anderen verständigen kann, sondern worüber es sich verständigt. Alle Tiere – außer dem Menschen – können sich nur über die unmittelbare Gegenwart verständigen. Selbst die intelligentesten Tiere (die Schimpansen) können nicht über den vertrautesten Gegenstand oder die vertrauteste Situation sprechen, wenn sie nicht handgreiflich gegenwärtig sind. Sie können sagen „komm hierher", „geh fort" oder „ich will mich mit dir paaren" oder „gib mir diesen Bissen, sonst...", aber sie können nicht sagen „wir werden morgen Bananen essen", oder „am anderen Flußufer gibt es Termiten", oder „wer war die Schimpansendame, mit der ich dich gestern abend gesehen habe?" Nur vermittels der Sprache – eines Systems willkürlicher Symbole – können wir über Dinge reden, die in der Vergangenheit, in der Zukunft oder jenseits jenes Berges liegen. Nur mit ihrer Hilfe vermögen wir über diese Zusammenhänge zu reden, gemeinsame Pläne im Hinblick auf sie zu machen und über sie nachzudenken, und nur mit Hilfe seiner schweigenden („subvokalen") Sprache grübelt der Mensch in seiner charakteristischen Weise über seine früheren Erfahrungen nach, stellt Überlegungen über die gegenwärtigen Möglichkeiten an und bereitet sich auf künftige Ereignisse vor. Die Sprache und das Denken sind eng mit dem Herstellen von Werkzeugen verbunden. Wir können das sehen, wenn wir beobachten, wie ein Schimpanse aus einem belaubten Zweig einen Termitenbohrer macht. Er kann den Zweig bearbeiten, ihn mit sich herumtragen und ihn geschickt benutzen, aber der ganze Vorgang beginnt erst in dem Augenblick, in dem er ein Termitennest sieht.

Es gibt nun alle möglichen, wenn auch indirekten Hinweise darauf, daß die afrikanischen Werkzeughersteller des Pleistozän in punkto Sprache und Denken nicht weit über das Niveau des Schimpansen

hinausgekommen waren. Erstens erzeugten sie verhältnismäßig große
Mengen von Werkzeugen. Zwar müssen wir zugeben, daß ein Faustkeil
aus Stein viel haltbarer ist als ein menschliches Skelett, aber wenn wir
Tausende von Faustkeilen und nur wenige Dutzend Skelettfragmente
finden (alle bisher gefundenen menschlichen Fossilien aus der Zeit bis
vor 100.000 Jahren würden bequem in einen Schiffskoffer passen),
dann kann man daraus kaum einen anderen Schluß ziehen, als daß die
Werkzeughersteller ihre Werkzeuge meistens an Ort und Stelle hergestellt haben. Das heißt, sie wollten ein gerade in diesem Augenblick
vorliegendes Bedürfnis befriedigen (die Werkzeuge haben eine so un-
spezifische Form, daß sie sich für Dutzende von Zwecken verwenden
ließen: Man konnte mit ihnen eine junge Antilope betäuben, sie zer-
legen, ihr die Schädeldecke einschlagen und das Gehirn damit heraus-
kratzen). Gewiß haben sie ihre Werkzeuge auch mit sich herumgetragen, und zwar über wesentlich weitere Entfernungen, als ein Schimpanse seine „Werkzeuge" mitnehmen würde. Doch normalerweise
wurde ein Werkzeug offenbar nur ein- oder zweimal benutzt und dann
fortgeworfen.

Zweitens haben wir Anhaltspunkte dafür, daß die „Sprache" dieser
Werkzeugmacher sich kaum zum Ausdruck von Zukunftserwartungen
geeignet haben kann, sondern einfach ein Medium des Denkens war,
und zwar eines Denkens, das nach allem, was wir wissen, unvorstellbar
primitiv gewesen sein muß. Die Muster der Werkzeuge – jedenfalls der
Steinwerkzeuge, denn es gab zweifellos auch solche aus Knochen und
Holz, die sich aber nicht bis heute erhalten haben – zeigen über einen Zeitraum von einer Million Jahren oder mehr praktisch keine Verbesserungen. Während mindestens 50.000 Generationen lebten unsere Vorfahren auf dem gleichen niedrigen Niveau, litten oft Hunger, starben
manchmal daran und – dessen können wir sicher sein – fielen nicht
selten jenen Raubtieren zur Beute, die mit besseren natürlichen Werkzeugen ausgerüstet waren als sie. Konnten sie denken? Wenn ja, so kann
man sich kaum vorstellen, worüber sie nachgedacht haben sollen. Wenn
wir diese Lebewesen zwar nicht als Menschenaffen klassifizieren können,
was sicher angesichts ihrer Werkzeuge nicht möglich ist, dann können
wir sie aber auch noch nicht als Menschen bezeichnen. Sie waren Affenmenschen.

Hier geraten wir wieder in eine jener Schwierigkeiten, die sich bei
der Suche nach der richtigen Terminologie ergeben, und werden daran
erinnert, daß die Wissenschaft nicht ganz so rational ist wie manche
Wissenschaftler es uns glauben machen wollen. Als man den ersten

Schädel eines dieser Affenmenschen in Südafrika fand, hatte niemand – nicht einmal seine Entdecker – damit gerechnet, in dieser Gegend ein menschenähnliches Wesen zu finden. Deshalb nannte man dieses Wesen schlicht *Australopithecus*, den „südlichen Affen". In der Folge entdeckte man noch weitere Exemplare der gleichen Art mit Werkzeugen, aus denen deutlich ersichtlich war, daß die Angehörigen dieser Spezies doch etwas mehr als Affen gewesen waren, und man nannte sie nun *Paranthropus* („dem Menschen sehr ähnlich"), *Plesianthropus* („fast ein Mensch") und *Zinjanthropus* („Mensch aus Zinj" – eine alte Bezeichnung für Ostafrika). Hier sind augenscheinlich die „Spalter" am Werk gewesen. Sie haben eine Gruppe von Fossilien willkürlich einer anderen Art zugeordnet, nämlich unserer eigenen – *homo*, was schlicht „Mensch" bedeutet. Dieses Vorgehen nennt Elwyn Simons, den man seinerseits als den König der „Zusammenleger" ansehen kann, „eine Annahme, zu der man durch eine Hypothese gekommen ist, die sich auf eine Vermutung stützt." Simons und die anderen Vereinfacher haben versucht, in dieses terminologische Chaos einige Ordnung zu bringen, indem sie alle Arten zu einer einzigen vereinigten. Sie blieben aber dann bei der ursprünglichen Artenbezeichnung aus dem Jahre 1924, so daß das älteste Lebewesen, das entschieden kein Menschenaffe war, bis heute als südlicher Menschenaffe – *Australopithecus* – bezeichnet wird.

Vieles, was wir über den Australopithecus wissen, verdanken wir den berühmten Ausgrabungen in der Oldoway-Schlucht in Tansania, Ostafrika. Die Schlucht, eine kleine Ausgabe des Grand Canyon, ist von einem prähistorischen Fluß ausgewaschen worden, und dabei kamen Fossilien zutage, die uns fast lückenlose Auskünfte über eine mehr als 1,5 Millionen Jahre lange Periode der Vorgeschichte geben. Ein besonders glücklicher geologischer Umstand führte dazu, daß die Schlucht in der Nähe von zwei jetzt erloschenen Vulkanen, des Ngorongoro und des Lemagrut, liegt, durch deren periodische Eruptionen im Pleistozän zahlreiche Ascheschichten entstanden sind, mit deren Hilfe die Ablagerungen in der Oldoway-Schlucht nach der Kalium-Argon-Methode datiert werden können. Wir haben es vor allem der geschickten und unermüdlichen Arbeit von Louis Leakey und seiner Frau Mary zu verdanken, daß diese Schlucht uns ein einzigartig detailliertes und datiertes Bild von der Entwicklung des am Boden lebenden Menschenaffen zum Menschen vermittelt. Ihre Entdeckungen haben auch dazu beigetragen, daß wir Fossilien des Affenmenschen aus Transvaal in Südafrika chronologisch richtig einordnen können, Fragmente, die

– obwohl sie in ebenso reichlicher Menge gefunden wurden wie in der Oldoway-Schlucht – nicht das Glück hatten, in der Nähe eines Vulkans zu liegen.

Die interessanteste Tatsache im Zusammenhang mit dem Australopithecus aus der Oldoway-Schlucht und aus Transvaal ist vielleicht, daß es von diesen Lebewesen mindestens zwei (Leakey würde sagen drei oder vier) Spezies gegeben hat. Die eine, der Australopithecus africanus, war ein schlanker Vierfüßler, nicht größer als ein heutiger Pygmäe. Sein Vetter, der Australopithecus robustus (Paranthropus, Zinjanthropus) war, wie sein Name sagt, größer (etwa 1,60 Meter) und kräftiger. Aus dem vorliegenden Material können wir entnehmen, daß die beiden Spezies (vor allem in der Oldoway-Schlucht) während der ersten Zeit ihrer irdischen Karriere etwa zur gleichen Zeit lebten. Die gleichzeitige Existenz von zwei nahe miteinander verwandten Arten des Affenmenschen ist erstaunlich und stellt eine seltene Ausnahme dar. Heute gibt es nur eine einzige Spezies des Gorilla, eine des Schimpansen, eine des Orang-Utan – und auch nur eine einzige des Menschen. Der Grund dafür liegt wohl in einem allgemeinen ökologischen Grundsatz: Wo zwei nahe verwandte Spezies das gleiche Gebiet bewohnen (und in der Oldoway-Schlucht taten sie das tatsächlich), müssen sie verschiedene Lebensweisen entwickelt haben. Wenn beide die gleich „ökologische Schublade" bewohnen, dann wird die eine Spezies die andere entweder bald verdrängen oder, was noch wahrscheinlicher ist, es werden sich von vornherein gar nicht erst zwei Spezies entwickeln.

Ein Anhaltspunkt, aus dem sich erklären läßt, weshalb es zwei Spezies des Australopithecus gegeben hat, ergibt sich aus den Knochen selbst. Auf meinem Wohnzimmertisch liegt der Gipsabdruck von einem Schädel des *robustus,* den ich mit Möbelpolitur angestrichen habe, so daß er jetzt fast wie ein echter fossiler Schädel aussieht. Freilich sieht er nicht aus wie ein Menschenschädel. Der auffallendste Unterschied wird sichtbar, wenn ich ihn umdrehe und die Zähne im Oberkiefer betrachte (bei dem Exemplar, von dem der Abguß gemacht wurde, fehlte der Unterkiefer). Die Schneidezähne sind nicht besonders gut entwickelt. Sie sind sogar kleiner als meine. Aber die Backenzähne sind riesig. Sie sind massiv und so breit, daß es aussieht, als seien sie seitwärts in den Kiefer eingefügt.

Das Schädeldach und der rückwärtige Teil des Schädels fehlen ebenfalls. Aber aus Beschreibungen des Schädels weiß ich, daß der *robustus* auf der Mitte des Schädeldachs einen Scheitelkamm hatte, der dem eines heutigen Gorillas gleicht, aber kleiner ist. Die mechanische Funktion eines solchen Scheitelkamms besteht darin, der mächtigen Kaumuskulatur, die den Unterkiefer bewegt, eine sichere Verankerung zu geben. So bezeugt dieser Scheitelkamm, obwohl heute die Muskeln, die daran befestigt waren, verschwunden sind, dasselbe wie die kräftigen Backenzähne: der *robustus* ernährte sich von einer sperrigen Kost, die sehr gründlich gekaut werden mußte. Sehr wahrscheinlich war er folglich ebenso wie der Gorilla ein Vegetarier oder lebte fast ausschließlich in der bei den Primaten üblichen Weise von Früchten und Schößlingen in der Regenzeit und von Wurzeln und Samen in den trockeneren Jahreszeiten. Diese Vermutung wird durch mikroskopische Untersuchungen der Zähne des *robustus* gestützt: Sie haben Kratzer, die wohl von Sandkörnern herrühren. Diese Sandkörner hat der *robustus* wahrscheinlich mit den Wurzeln aufgenommen.

Der Australopithecus africanus, der weder einen Scheitelkamm, noch derartig kräftige Backenzähne hatte, scheint sich einer wesentlich vielfältigeren Kost angepaßt zu haben. Aus Knochen, die man an seinen Wohnstätten gefunden hat, kann man schließen, daß er sich von Eidechsen, Schildkröten, verschiedenen Arten kleiner Säugetiere und den Jungen einiger mittelgroßer Säugetiere wie Antilopen ernährte. Außerdem gehörte zu seiner Kost sicher auch jede Art pflanzlicher Nahrung, deren er habhaft werden konnte.

Diese Hypothese (und ich muß betonen, daß es auch jetzt nur eine Hypothese ist) erklärt eine Reihe anderer bekannter Tatsachen über die beiden Arten. Aus dem bisher über ihre gegensätzliche Lebensweise Gesagten erkennt man, daß zwar beide Arten in einer einigermaßen feuchten Savanne überleben konnten (und das scheint das Gebiet der Oldoway-Schlucht vor etwa zwei Millionen Jahren gewesen zu sein), daß es aber nur dem *africanus* gelungen sein kann, sich in einer trockenen Savanne oder Steppe zu ernähren, denn die pflanzliche Nahrung, an welche der *robustus* durch seine Anatomie – und vielleicht auch durch andere Umstände – angepaßt war, hätte hier zum Leben nicht ausgereicht.

Die Funde in Südafrika bestätigen diesen Befund besonders durch den Sand, den man in den verschiedenen Schichten festgestellt hat. Überall dort, wo wir die fossilen Überreste des *africanus* finden, gibt es Sand, dessen Körner abgerundet sind – offensichtlich, weil sie vom Wind über eine große Entfernung dorthin getragen wurden, vielleicht aus der einige hundert Kilometer weiter westlich gelegenen Kalahari. Dieser vom Winde verwehte Sand bedeutet aber ganz offenbar ein trockenes Klima. Die fossilen Knochen des *robustus* fand man dagegen bei Sand, dessen Körner scharfe Kanten und Ecken haben, ein Zeichen dafür, daß das Klima hier feuchter gewesen ist. Eine weitere Bestätigung wird durch eine andere eigenartige Tatsache beigebracht: Der *robustus* hat sich im Zeitraum von seinem ersten Auftreten vor etwa zwei Millionen Jahren bis zu seinem Abtreten vom Schauplatz seines Wirkens, etwa 1,5 Millionen Jahre später, nicht wesentlich weiterentwickelt. Der *africanus* wurde jedoch im gleichen Zeitraum zu einem ganz anderen Lebewesen. Er wurde größer, entwickelte ein größeres Gehirn und ähnelte auch sonst immer mehr den Menschen, bis er schließlich ein vollgültiges Mitglied der Gattung *homo* wurde.

Es läßt sich zumindest nicht von der Hand weisen, daß dieser Unterschied aus der Ernährung herrührt. Ich habe schon gesagt, welch großes Intelligenzgefälle zwischen den Raubtieren und den Pflanzenfressern besteht. Eine pflanzliche Ernährung bedeutet, vorausgesetzt, daß sie einigermaßen reichlich vorhanden ist, keine besondere Herausforderung für den Intellekt, denn man braucht nichts anderes zu tun, als die Nahrung zu finden und sie zu fressen. Aber lebendige Tiere müssen nicht nur gefunden, sondern auch gefangen werden, und das bedeutet, daß das Überleben von der Überlegenheit der Intelligenz abhängt, es sei denn, man wäre von der Natur so hervorragend ausgerüstet wie die Katzen und Hunde. Der *africanus* ist allem Anschein nach intelligenter gewesen als der *robustus*. Es ist sogar durchaus möglich, daß er allein Werkzeuge hergestellt hat. Man fand jedenfalls bei den Knochen des *robustus* keine Werkzeuge – wenn nicht auch Knochen des *africanus* an der gleichen Stelle lagen. Die Fossilien des *africanus* finden sich dagegen oft ohne die des *robustus*, aber zugleich mit Werkzeugen.

Es zeigt sich also, daß nicht alle auf dem Boden lebenden Menschenaffen gleich gut lernten, wie man in der Savanne leben kann. *Robustus*, der bei der vegetarischen Kost blieb und sich ihr anatomisch angepaßt hatte, blieb an ein bestimmtes Klima gebunden, ein Klima, das weder zu trocken noch zu feucht war. *Africanus* anderseits entwickelte sich in Richtung auf eine geringere anatomische Spezialisierung und kultivierte gleichzeitig seinen Verstand. Er wurde dadurch belohnt, daß sich aus ihm das einzige Lebewesen entwickelte, das sowohl im Regenwald wie in der Wüste wie auch im Polareis überleben kann. *Robustus* blieb ein menschenähnlicher Affe, der schließlich von seinem anpassungsfähigeren Vetter in der weiteren Entwicklungsgeschichte an die Wand gedrückt (und möglicherweise sogar aufgefressen) wurde. Aus dem *africanus* entwickelte sich der Mensch.

20. Die rote Blume

BEGINN DER KLIMAKONTROLLE

Das Schauspiel der menschlichen Evolution gleicht einer Pantomime, die in einem völlig finsteren Theater aufgeführt wird. Von Zeit zu Zeit flammen die Lichter für einen Augenblick auf, so daß wir sehen können, was gerade auf der Bühne geschieht. Erst gegen Ende des letzten Aktes kommen diese kurzen Lichtstöße häufig genug, um uns eine Vorstellung von den Zusammenhängen der Handlung zu vermitteln. Doch während der ganzen vorherigen Spieldauer erkennen wir im unregelmäßig aufblitzenden Scheinwerferlicht lediglich, daß die Darsteller im Verlauf des Abends sich immer mehr aufrichten und freier ausschreiten, daß ihre Stirn höher und ihr Haarwuchs spärlicher wird. Was sie tun, ist zwar nicht genau zu erkennen, es scheint aber im Lauf der Zeit komplizierter zu werden – und das ist ungefähr alles, was wir von dem Stück sehen können.

In einer Hinsicht ist das Bild natürlich nicht so dunkel wie es nach diesem Vergleich scheinen mag. Wir wissen vom Evolutionsstück immerhin im voraus, wie sich der Knoten lösen wird, denn wir selbst sind das Ergebnis. Doch in anderer Hinsicht liegen die Dinge auch wieder ungünstiger, da wir bei unseren Dokumenten der Entstehung des Menschen oft nicht bestimmen können, welches blitzartig sichtbare Szenenbild dem anderen vorausgeht und welches ihm folgt. Zwar konnte man die zeitliche Abfolge für die ersten Szenen, in denen der Australopithecus als handelnde Person auftritt, einigermaßen zutreffend rekonstruieren, da man die Daten mit Hilfe vulkanischer Ablagerungen und der Kalium-Argon-Isotopen ermitteln konnte. In der Folge bis zu einer Zeit vor vielleicht 100.000 Jahren werden die Daten jedoch spärlich und zunehmend unzuverlässiger. Von da an können wir endlich eindeutige klimatische Veränderungen und später

172

sogar das Radiokarbon als zuverlässigen Anzeiger der Chronologie benutzen. In einem kürzlich erschienenen Artikel über den Peking-Menschen heißt es z. B., daß dieser wichtige Vorfahre des Menschen in „der zweiten Eiszeit, der zweiten Zwischeneiszeit und der dritten Eiszeit" gelebt hat – und wenn man der immer plausibler werdenden „langen" Zeittafel für das Pleistozän folgt, so bedeutet diese Datierung, daß der Peking-Mensch irgendwann in der Zeit vor 1 Million bis 400.000 Jahren lebte. Eine einzige Uran-Thorium-Messung verlegt ihn hingegen genauer in eine Zeit „irgendwo" zwischen 500.000 und 210.000 Jahren vor der Jetztzeit.

Jedes einigermaßen zusammenhängende Bild von den Beziehungen des Menschen zum Klima nach seinem ersten Auftreten in der afrikanischen Savanne muß sich zum größten Teil auf Vermutungen stützen, auf ein zartes Gewebe aus wenigen Fakten und zahlreichen Annahmen, das schon im nächsten Jahr durch neue Ausgrabungen zerrissen werden könnte. Unter diesem Vorbehalt wollen wir jetzt weitergehen.

Das erste, was mit unseren Vorfahren in den Savannen und Steppen geschah, war zunächst, daß sehr wenig geschah; für den Zeitraum von etwa 1 Million Jahren bestätigen uns die mit dem Spaten zutage geförderten Zeugnisse nur das, was wir ohnehin vermutet hätten: Das Gehirn wurde etwas größer, und die Werkzeuge wurden etwas feiner. Diese allmählich eintretenden Veränderungen stehen wahrscheinlich – als Ursache, als Wirkung oder wahrscheinlich als beides – mit der Tatsache in Verbindung, daß der Mensch während dieser langen Zeit kaum Veränderungen seiner Umwelt brauchte. Er blieb ein tropischen und subtropischen Zonen angepaßtes Lebewesen und bewohnte Gebiete, in denen die Regenfälle so weitgehend von der Jahreszeit abhingen, daß zumindest ein teilweise offenes Gelände entstand, eine Savanne oder eine warme Steppe.

Was nun den Australopithecus betrifft, so gibt es außer einem umstrittenen Knochenfragment, das in Indonesien gefunden wurde, keine Hinweise darauf, daß er Afrika jemals verlassen hätte oder in ein Gebiet nördlich der Sahara ausgewandert wäre. Einige seiner mit einem größeren Gehirn ausgestatteten und abenteuerlustigeren Nachkommen haben jedoch Nordafrika erreicht; ın Algerien hat man ihre groben Werkzeuge und einen Schädel gefunden. Wenn sie nicht durch das Niltal nach Norden gezogen sind, dann müssen sie ihre Wanderungen wohl während der ersten Zwischeneiszeit angetreten haben, als die Sommerregen viel weiter nach Norden in die Sahara hineinreichten als heute. Aus Felszeichnungen in der Sahara, die viel später entstanden sind, wissen wir, daß der Pflanzenwuchs (und also auch das Klima) dieser Wüste während einer jüngeren Wärmeperiode stark der südafrikanischen Buschsteppe ähnelte. Noch bis fast in geschichtliche Zeiten hinein sind sogar Elefanten, Giraffen und Strauße quer durch die Sahara bis zum Mittelmeer gezogen. Das nordafrikanische Klima ähnelt seinerseits in vieler Hinsicht dem südafrikanischen, nur daß es hier im Winter und nicht im Sommer regnet.

Von Nordafrika stießen unsere Vorfahren weiter nach Osten vor und gelangten – vielleicht wieder während einer feuchteren Periode – über den Nahen Osten nach Indien. Wir besitzen von dieser Reise keine deutlichen Spuren. Man hat aber auf der malaiischen Halbinsel grobe Werkzeuge (wenn auch keine Knochen) gefunden, die aus einer Zeit vor mehr als 1 Million Jahren stammen, also entweder aus der Schlußphase der ersten Zwischeneiszeit oder aus dem Beginn der zweiten Eiszeit. Mir scheint das zweite wahrscheinlicher: In einer Zwischeneiszeit wäre das Klima in Malaia sicher ähnlich wie heute gewesen, nämlich äquatorial, und der Regenwald ist, wie wir gesagt haben, kein günstiger Lebensraum für Tiere oder Menschen, weil er zu reich an Pflanzen ist. Selbst heute sind die Urwälder im Kongo und am Amazonas dünn besiedelt. Der Frühmensch mit seiner mehr als primitiven Technologie hätte in einer solchen Umwelt kaum überleben können. Bis in viel spätere Zeit finden wir keine menschlichen Spuren in äquatorialen Gebieten. Wir dürfen also annehmen, daß seine Wanderung durch Malaia solange aufgehalten wurde, bis dieses Gebiet während einer neuen Eiszeit genügend weit abgekühlt und ausgetrocknet war, um Verhältnisse zu schaffen, in denen unser Frühmensch seine bevorzugte Savanne wiederfand.

Für seinen nächsten Schritt *muß* der Frühmensch eine Eiszeit abgewartet haben. Vor etwa 1 Million Jahren hat er die Insel Java erreicht, und das hätte in einer Zwischeneiszeit ebenso wie heute die Überwindung der Straße von Malakka und der Sundastraße bedeutet. Beide sind zwar schmale und seichte Meerengen, aber doch tief und naß genug, um jeden Menschen aufzuhalten, der nicht wenigstens ein Floß zu bauen gelernt hat. Doch dafür fehlten dem Javamenschen sowohl die Werkzeuge wie der Verstand. Während einer Eiszeit war der Meeresspiegel aber so weit gesunken, daß man über das Sundaschelf im Norden und Westen trockenen Fußes nach Java hätte gelangen können. Noch heute bestehen Teile von Java aus Savannen, während einer Eiszeit müssen sich diese Gebiete also erheblich weiter ausgedehnt haben. Der Javamensch scheint zwar sowohl anatomisch wie zivilisatorisch einigermaßen konservativ gewesen zu sein, doch einige seiner Verwandten hatten mehr Unternehmungslust: Anstatt weiter nach Südosten zu wandern, drangen sie in nordöstlicher Richtung bis nach China vor, wo sie ihre Knochen an einigen Orten zurückgelassen haben – vor allem in der berühmten Höhle von Tschukutien nahe dem heutigen Peking.

Nun ist das heutige Klima in Peking alles andere als tropisch oder subtropisch. Es herrscht vielmehr ein gemäßigtes Kontinentalklima, nicht unähnlich dem in Chicago, doch wegen der ungeheuren Ausdehnung des eurasischen Kontinents nach Westen hat es noch ausgeprägteren Kontinentcharakter mit heißeren Sommern, kälteren Wintern und wenig Regen. Während einer Eiszeit dürfte das Pekinger Klima noch unangenehmer gewesen sein: Mit seinen bitterkalten Wintern glich es wohl am ehesten dem in Zentralkanada oder Rußland. Selbst in einer warmen Zwischeneiszeit muß es dort noch entschieden kalte Winter gegeben haben.

Dies alles legt die Vermutung nahe, daß der Peking-Mensch die entscheidendste und folgenschwerste Entdeckung in der Geschichte der Menschheit gemacht hat: die kontrollierte Nutzung des Feuers. Zumindest war er einer der Mitentdecker. Eine in jüngster Zeit in Frankreich ausgegrabene Feuerstelle läßt sich vielleicht in eine frühere Zeit datieren als die Ablagerungen bei Peking, obwohl die Daten in beiden Fällen keinesfalls mehr sind als grobe Annäherungswerte. Holzkohleablagerungen unter dem Boden der Höhle zeigen, wo seine Feuerstellen lagen. Angekohlte Knochen beweisen, daß er das von ihm erlegte Wild – und bedauerlicherweise gelegentlich auch seine Artgenossen – gebraten hat.

Es gibt zahlreiche Spekulationen darüber, wie und warum der Mensch das Feuer gezähmt hat. Der Anlaß könnte eine Vorliebe für Gekochtes und Gebratenes, die Notwendigkeit, Raubtiere abzuschrecken oder die bloße Faszination einer züngelnden Flamme gewesen sein, die uns auch heute noch hypnotisieren kann, wenn wir ins Kaminfeuer blicken. Doch mit solchen Erklärungsversuchen übersieht man, wie mir scheint, einen bedeutenden Umstand: Für ein wildes Tier ist das Feuer ein Feind. Auch dem Australopithecus ist das Feuer sicher fremd gewesen. Durch die Vulkanausbrüche an der Oldoway-Schlucht muß es gelegentlich zu Steppenbränden gekommen sein, so daß er um sein Leben laufen mußte, und in fast jeder Savanne kann bei spätsommerlichen Gewittern ein Baum durch Blitzschlag Feuer fangen. Aber solche Brände in der Wildnis müssen für den Australopithecus ebenso wie für die damals lebenden Tiere etwas Fürchterliches gewesen sein, vor dem man fliehen mußte.

Wäre der Mensch ein Bewohner der Tropen oder Subtropen geblieben, dann hätte er kaum die dringende Veranlassung verspürt, seine angeborene Furcht zu bekämpfen; in der Tat finden wir in Afrika oder in anderen warmen Gegenden auch aus viel späterer Zeit noch keinerlei Spuren von Feuerstellen. Hier ist wohl nur eine Schlußfolgerung zulässig: Der Mensch lernte mit dem Feuer umzugehen, weil er fror. Irgendwann, vielleicht in einer Zeit, als sich das Eis der zweiten Eiszeit ausdehnte, muß er zufällig in einer Kaltwetterperiode auf ein kleines, nicht allzu furchterregendes Gras- oder Buschfeuer gestoßen sein. Die Wirkung der warmen Strahlen auf seiner vor Kälte zitternden Haut muß in seinem dumpfen Gehirn die Vorstellung geweckt haben, daß diese schreckenerregende und häufig schmerzliche „rote Blume" für irgendwas gut sein könnte, daß es sich also vielleicht lohnte, sie näher zu betrachten. Er tat das und lernte daraus etwas.

Die Zähmung des Feuers war in vieler Hinsicht revolutionär, vor allem wohl als Mittel zur Kontrolle des Klimas. Zwar konnte der Peking-Mensch ebensowenig wie der moderne Mensch das Klima im großen Stil regulieren, aber – so hat es der Wissenschaftler einmal ausgedrückt – am wichtigsten ist dem Menschen das Klima, das in einer $\frac{1}{16}$ Zoll dicken Schicht unmittelbar über seiner Haut herrscht. Sobald er eine Methode entdeckt hatte, um diese Schicht einigermaßen warm zu halten, konnte er – und wie die fossilen Funde zeigen, tat er es auch – in klimatischen Verhältnissen überleben, die denen seiner heimatlichen Savanne in keiner Weise mehr glichen. So hatte sich sein potentieller Lebensraum bedeutend ausgeweitet und umfaßte nun viele Millionen Quadratkilometer in der gemäßigten Zone. Bezeichnenderweise hat man auch bei Vertesszölös in Ungarn Spuren von Feuerstellen gefunden, also in einer Gegend, deren Klima fast ebenso streng gewesen sein muß wie in Peking. Zwar läßt sich diese Ausgrabungsstätte nicht datieren, aber die hier gefundenen Werkzeuge gleichen denen von Tschukutien so genau, daß man annehmen darf, die beiden Gruppen von Feuermachern lebten etwa zur gleichen Zeit, vielleicht vor 500.000 Jahren. Aus etwas neuerer Zeit stammen Karbon und Holzkohle, die man bei Torralba in Spanien gefunden hat. Die Pflanzenpollen aus derselben Bodenschicht zeigen, daß jene Feuer zu einer Zeit brannten, als das Klima wesentlich kälter als heute war (vielleicht zu Beginn der dritten Eiszeit?). Es war dort zwar nicht so kalt wie in Peking, denn es herrschten maritime Temperaturen und nicht die des gemäßigten Kontinentalklimas. Aber es war doch sicher kalt genug, um das Feuer zu einem Segen, wenn nicht sogar zu einer physischen Notwendigkeit zu machen.

Dadurch, daß der Mensch das Feuer gezähmt hatte, nutzte er erstmals in der Evolutionsgeschichte Energiequellen, die außerhalb der Sonnenwärme und seinem eigenen Stoffwechsel lagen. Da seine Körpertemperatur jetzt weniger von der im Körper selbst erzeugten Wärme abhing, konnte er mit weniger Kalorien auskommen (daß wir die Zentralheizung besitzen, ist ein Grund dafür, daß die meisten von uns nicht mehr so riesige Mahlzeiten verzehren wie unsere Urgroßeltern). Und mehr noch: Sobald der Mensch die Energie des Feuers nützte, um sich zu wärmen, lernte er sie auch noch für andere Zwecke zu verwenden, vor allem, wie wir aus den Ablagerungen von Tschukutien wissen, zum Kochen. Kochen und Braten aber ist – gleichgültig ob man nun sein Mammutsteak „englisch" oder durchgebraten bevorzugt – mehr als nur eine geschmackliche Verfeinerung. Der Verdauungsapparat des Menschen gleicht noch immer dem des Affen, er eignet sich deshalb nicht so gut zur Verarbeitung einer Fleischkost wie etwa der eines Löwen, dessen Vorfahren sich schon während ihrer viele Millionen Jahre dauernden Evolution von Fleisch ernährt haben. Durch das Kochen werden die komplexen Moleküle der Proteine und Fette aufgeschlossen, das Fleisch wird leichter verdaulich, d. h. sein Nährwert steigt, und die relative Menge der nützbaren Kalorien erhöht sich. Das gleiche gilt für gewisse pflanzliche Nahrungsmittel, deren Kohlehydrate zugänglicher werden, wenn Hitze die zähen Zellwände der Pflanzen zerreißt. Ich weiß zwar nicht, ob mir heute in der Asche geröstete Kartoffeln noch so köstlich schmecken würden wie damals, als ich acht Jahre alt war, aber ich bin sicher, daß sie besser schmecken als rohe Kartoffeln – und daß sie viel nahrhafter sind. Als kleine Verdauungshilfe ersetzt das Feuer zudem einen Teil der Energie, die man zum Kauen braucht. Wärme war die erste Vorrichtung zum Weichmachen von Fleisch und ist bis heute die wichtigste geblieben.

Der Mensch lernte nicht nur, wie er durch das Feuer den chemischen Zustand seiner Nahrung verändern konnte, sondern auch, wie man den chemischen Zustand von Holz damit beeinflußt. Läßt man vorsichtig das Ende eines Stocks verkohlen und spitzt in dann an, so wird die Spitze härter und dringt leichter in anderes Material ein (man versuche das einmal mit einem Streichholz). Zu den ganz wenigen Fundstücken aus Holz, die man jetzt unter den Werkzeugen des

Frühmenschen gefunden hat (normalerweise verrottet Holz spätestens nach wenigen Jahrhunderten), gehört auch das Bruchstück eines feuergehärteten Speers. Die sonstigen chemischen Tricks, die man mit Feuer machen kann, mußten noch lange auf ihre Entdeckung warten, allerdings deutet die mit Holzkohle durchsetzte Erde in der Höhle von Tschukutien immerhin schon auf den Brennofen des Töpfers und das Schmiedefeuer hin – und sogar die späteren komplizierten Vorrichtungen, mit denen wir heute das Kohle- und Ölfeuer dazu bringen, daß es unsere Waren befördert, unsere Maschinen antreibt und unsere Wohnungen und Fabriken beleuchtet, waren im Keim schon damals angelegt. Sogar das modernste Atomkraftwerk ist im Grunde nur eine Feuerstelle – mit gewissen Verbesserungen!

Als der Mensch seine tierische Furcht vor dem Feuer überwunden hatte, kam er wohl auch auf den Gedanken, damit andere Tiere in Furcht und Schrecken zu versetzen. In den tiefen Ablagerungen von Tschukutien (alle Schichten zusammen sind nicht weniger als 50 Meter stark) wechseln die Schichten mit Resten menschlicher Behausung mit solchen, in denen sich die Knochen des Säbelzahns oder der Riesenhyäne finden. Doch in den höherliegenden, mit Holzkohle durchsetzten Schichten finden sich keine Raubtier-Fossilien mehr. Offensichtlich sind diese furchterregenden Fleischfresser nun ein für allemal vertrieben. Ursache oder Wirkung? F. Clark Howell, der die Ausgrabungen im spanischen Torralba geleitet hat, vermutet, daß die Menschen dort vielleicht Grasbrände legten, um eine Elefantenherde in einen nahen Sumpf zu treiben, wo man die Tiere leichter abschlachten konnte. Die Holzkohlespuren in der Nähe dieser Fundstätte sind weit verstreut, und in einem Umkreis von etwa 12 Metern hat man die Reste mehrerer Elefanten in Ablagerungen eines ehemaligen Sumpfes ausgegraben. Irgendwie muß irgend jemand die Elefanten in den Sumpf getrieben haben, denn wie Howell richtig sagt, tötet niemand Elefanten, um sie dann alle an einen Platz zu schleifen.

Das Feuer gab dem Menschen aber noch mehr als Lebensraum, mehr als reichlichere und bessere Nahrung, größere Sicherheit, bessere Jagdwaffen und Techniken. Es verschaffte ihm auch mehr Zeit. Wir, die wir in der Zivilisation leben, in der die Betätigung eines Schalters ein ganzes Haus erhellt, können es uns schwer vorstellen, was die Nacht in jenen fernen Zeiten bedeutet hat. Manchmal in klaren Sommernächten schalte ich das Licht in meinem Sommerhaus auf Cape Cod aus, gehe hinaus, blicke zu den Sternen hinauf, deren Licht hier nicht durch den Widerschein einer Großstadt gedämpft wird, die hier heller scheinen, als sie ein Stadtbewohner jemals sehen kann. Das ist ein großartiger Anblick, und es ist gleichzeitig so hell, daß ich auf dem weißen Sandweg entlangschlendern und auf die nächtlichen Geräusche horchen kann. Aber es gibt nichts anderes zu tun als die Sterne zu betrachten und zu lauschen.

Bevor der Mensch das Feuer gezähmt hatte, waren alle seine Nächte mit Ausnahme der wenigen, in denen der helle Mond am klaren Himmel stand, wie diese. Man konnte nur die Sterne beobachten oder schlafen. Was immer der Mensch auch zu tun hatte – jagen, Werkzeuge herstellen, Wurzeln oder Beeren sammeln –, er mußte es in der Zeit zwischen Morgengrauen oder Abenddämmerung tun. Das Feuer schenkte ihm die Nachtstunden. Wenn er wie wir mit acht Stunden Nachtschlaf auskam, dann verlängerte sich sein „Arbeitstag" sofort um die Zeit, die ihm von der Nacht übrigblieb. Das war im Jahresdurchschnitt ein Gewinn von vielleicht dreißig Prozent verfügbarer Zeit. Er konnte zwar nachts nicht jagen – es sei denn, er hätte gelernt (was immerhin vorstellbar ist), seine Beute mit Fackeln zu blenden und zu verwirren, wie es einige Jäger auch heute noch tun, wenn sie mit Scheinwerfern auf die illegale Hirschjagd gehen. Er konnte aber am Feuer sitzen und seine Werkzeuge bearbeiten, und er konnte die neugewonnene Zeit verwenden, um bessere Werkzeuge zu erfinden.

Nicht weniger faszinierend als die Wohltaten des Feuers für den Menschen ist das, was wir auf seinen Spuren über unsere Vorfahren lernen können. Wir erinnern uns, daß wir den Australopithecus als einen schwachen Denker und noch schwächeren Planer kennenlernten, weil es ihm, sofern nicht alles täuscht, an Worten fehlte – jenen Mitteln, deren sich der Mensch in charakteristischer Weise bedient, um an die Vergangenheit zu denken und für die Zukunft zu planen. Verfügt man nicht über Wörter, d. h. willkürliche Klangkombinationen, die „für einen Gegenstand stehen", so kann man sich nur mit den gerade anwesenden, greifbaren Dingen beschäftigen, nie aber mit abwesenden. Ein Anzeichen, das uns zu unserer Annahme von der Sprachlosigkeit des Australopithecus geführt hat, war die Tatsache, daß alle seine Werkzeuge improvisiert waren, offenbar nur zur Befriedigung eines momentanen Bedürfnisses hergestellt. Dagegen ist der Mensch als Benutzer des Feuers auf jeden Fall ein anderes Wesen. *Ein Feuer läßt sich nicht improvisieren.* Auch die primitivste Methode des Feuermachens braucht eine gewisse Vorbereitung. Wer aus zwei Steinen einen Funken schlagen will, der muß die richtigen Steine haben. Handelt es sich darum, die sprichwörtlichen beiden Feuerhölzer zu reiben, so geht das nicht mit irgendwelchem beliebigen Holz. In beiden Fällen muß Zunder bereitgehalten werden – zerrissene Baumrinde oder trockenes Moos –, damit der Funken aufgefangen und zur Flamme angeblasen werden kann. Wer nun Feuer machen will, gleich, ob in einer Höhle oder in einem Pfadfinderlager, der muß sich darauf vorbereiten.

Selbstverständlich wissen wir nicht, ob der Peking-Mensch oder seine Nachkommen bei Torralba überhaupt Feuer *machen* konnten. Doch auch wenn sie das nicht konnten, mußten sie vorausplanen. Vielleicht holten sie ihr Feuer von einem Gras- oder Buschbrand, in dem Falle mußten sie es unterhalten. Das heißt, sie mußten intelligent genug sein, um Vorräte an Brennmaterial anzulegen und um das Feuer zu nähren, wenn es allmählich niederbrannte. Wer erst Feuerholz holt, wenn sein Feuer schon heruntergebrannt ist, wird in einem Eiszeitwinter wahrscheinlich sehr bald frieren. Der Bewahrer der Flamme ist in allen Mythologien und Religionen des Menschen ein uralter, überall bekannter Begriff. Die Vestalinnen in Rom bewachten die ewige Flamme, und auch heute noch brennen überall auf der Welt an den verschiedensten Gedenkstätten ewige Flammen.

So können wir annehmen, daß der Mensch, der das Feuer beherrschte und nützte, auch planend vorausschauen konnte (und also als Voraussetzung dafür eine Sprache hatte). Diese Annahme wird auch aus anderen Überlegungen gestützt: Wie wir aus den bei Tschukutien gefundenen Knochen wissen, ernährte sich der Peking-Mensch hauptsächlich von Wild, tötete gelegentlich auch Nashörner und sogar Elefanten, ein Unternehmen, bei dem es mit Sicherheit der Zusammenarbeit vieler Menschen bedurfte. Noch mehr trifft das offenbar für die Menschen zu, die bei Torralba gelebt haben. Um eine Elefantenherde mit Feuer oder auf andere Weise in einen Sumpf zu treiben, muß eine Gruppe von Menschen zur richtigen Zeit an der richtigen Stelle gestanden haben und auf bestimmte Handlungen vorbereitet gewesen sein. Das heißt, irgend jemand muß in der Lage gewesen sein, etwas zu den anderen zu *sagen*, z. B.: „Du versteckst dich hier! Wenn ich rufe, stehst du auf und schreist!"

Diese Anzeichen dafür, daß unsere Vorfahren vor einer halben Million Jahren eine Sprache besaßen – die ohne Zweifel viel weniger ausdrucksvoll war als irgendeine heute bekannte oder vorstellbare –, sind wohl schlüssige Beweise dafür, daß der Mensch in seiner Entwicklung einen entscheidenden Schritt vorangekommen war. Er war nicht bloß etwas heller als der Australopithecus (das sagen uns schon seine Knochen), sondern er war intelligenter in einer neuartigen Weise, insofern er anfing zu planen, vorauszuschauen und eine Sprache zu entwickeln, mit der er seine Zusammenarbeit und sein Denken organisieren konnte. Er verdient durchaus eine höhere Einstufung als ihm in der Wissenschaft gemeinhin zuerkannt wird: Er ist nicht mehr der Australopithecus oder, wie man ihn bisher benannt hat, der Sinanthropus (Peking-Mensch), oder Pithecanthropus (Java-Mensch) usw., sondern der *homo erectus*, der aufrecht stehende *Mensch*. Die flackernden Feuer, die in jener fernen Zeit in den menschlichen Wohnstätten brannten, bezeugen eindeutig, daß die um sie herumhockenden behaarten Kreaturen, wenn auch nocht nicht *„sapiens"* – „weise", wovon wir glauben, daß wir es seien, so doch wenigstens menschlich waren.

21. Die Erde bevölkert sich

KLIMAKONTROLLE UND WANDERUNGEN

Ein Vergleich zwischen den steinernen Werkzeugen des *homo erectus* und den geröllartigen Steinen des Australopithecus zeigt den wesentlichen Fortschritt: Waren jene kaum gehauenen Stücke bestenfalls grobe, annähernde Versuche zur Werkzeugherstellung, die zuweilen nur durch ihre Fundorte als quasi-menschliche Erzeugnisse identifizierbar sind, so finden wir beim *homo erectus* Gegenstände, denen wir deutlich ansehen, daß sich jemand die Mühe gemacht hat, nach einem bestimmten Plan ein nützliches Werkzeug herzustellen.

Dennoch sind die Verwendungszwecke dieser bearbeiteten Stücke alles andere als eindeutig. Eines der charakteristischsten Werkzeuge der *erectus*-Kulturen, ein birnenförmiger, abgeflachter Gegenstand, der gewöhnlich als Handbeil oder Faustkeil bezeichnet wird, ist vielleicht wirklich als Beil benutzt worden, gleichzeitig konnte man damit aber auch Wurzeln ausgraben, einen Speer spitzen, einem Hirsch den Schädel einschlagen oder einem Nashorn die Haut abziehen (die altmodische Axt des Hinterwälders war kaum weniger vielseitig verwendbar. Ein geschickter Holzfäller – so heißt es – hat seine Axt am Sonntagmorgen etwas nachgeschärft und sich dann damit rasiert). Finden wir einen blattförmigen Steinsplitter, der an einer Seite eine recht scharfe geschliffene Kante hat, so können wir kaum entscheiden, ob wir es hier mit einem Schaber – so werden diese Gegenstände heute gewöhnlich genannt – oder vielleicht eher mit einem groben Messer zu tun haben. Denkt man aber an die immer vielseitiger werdende Werkzeugausstattung des Menschen vor ein paar hunderttausend Jahren, dann kann man sich durchaus vorstellen, daß dieses Gerät zum Schaben benutzt wurde. Für schwere Arbeiten hatten diese Leute Handbeile und Werkzeuge, die nach ihrer Größe und Form nur als Keile bezeich-

182

net werden können. Wozu diese kleineren „Schaber" auch benutzt worden sein mögen, es muß eine recht leichte und delikate Arbeit gewesen sein – etwa wie das Abschaben von Fett und Geweberesten von der Innenseite der Tierhäute, damit diese Häute, die bisher ihre tierischen Träger gewärmt hatten, jetzt den Jäger vor Kälte schützen konnten. Denn die Bemühungen des Menschen, das Klima zu regulieren – und hier meinen wir natürlich immer noch das Klima unmittelbar an seiner Haut –, beschränkten sich nicht auf die Verwendung des Feuers. Es gibt schließlich noch andere Methoden, um sich warm zu halten.

Sobald der Mensch intelligent genug geworden war, um verhältnismäßig große und dickhäutige Tiere zu erlegen – nach den bei Tschukutien und anderswo gefundenen fossilen Knochen war das vor mehr als 500.000 Jahren –, mußte er ihnen das Fell abziehen, bevor er sich zur Mahlzeit niederlassen konnte. Wir können uns vorstellen, wie ein zottelhaariger Jäger eines kühlen Tages in Schweiß geriet, als er sich mühte, einem Hirsch oder Wildschaf das Fell abzuziehen, und wie er dann, als er sich hinsetzte und wartete, daß seine Mahlzeit gar wurde, vor Kälte zu zittern begann. Wie unabsichtlich legte er sich das noch blutige Fell um die Schultern und – lehnte sich bequem zurück: In diesem Augenblick hatte er den Prototyp aller späteren Decken, Gewänder, Togas, Nehru-Anzüge und Miniröcke erfunden.

Zunächst müssen diese urtümlichen Wärmespender nur recht kurzfristig verwendbar gewesen sein. Erst nach vielen Generationen konnte der Mensch eine Methode entwickelt haben, mit der er die Tierhäute so behandelte, daß sie nicht schon nach wenigen Tagen oder Wochen steif wurden, oder im feuchten Klima verfaulten, bis nur noch eine schleimige, übelriechende Masse übrigblieb. Doch wo und wie auch immer die Menschen das Gerben lernten, sie müssen zuerst gemerkt haben, daß man die Innenseite der Haut vorher sauberschaben muß. Und dieses zweite Unternehmen zur Regulierung des Klimas zeigt ebenso deutlich wie die Verwendung des Feuers, daß der Mensch immer besser vorauszuplanen lernte. Ein Kleidungsstück aus Fell, so grob es auch sein mag, kann ebensowenig improvisiert werden wie ein Feuer. Der Fund eines schlichten Schabers bedeutet also, wie der Schriftsteller George R. Stewart in einem fast klassischen Abschnitt schreibt, „nicht nur einen Schaber, sondern das Vermögen zu schaben, den Wunsch zu schaben und genügend Muße (neben dem Kampf um Nahrungsbeschaffung) um zu schaben. Das alles verlangt Selbstbeherrschung und *Denken an die Zukunft...*"

Es überrascht nicht, daß die vielleicht frühesten Schaber dort auftauchten, wo das Klima kühl oder sogar kalt war – unter den Werkzeugen der Clacton-Kultur, die nach einer Stadt in Südengland so benannt worden ist. Nach einigen Darstellungen lebten die Clacton-Menschen schon während der zweiten Eiszeit in England und dem benachbarten Europa, doch dem kann man schwerlich zustimmen, solange nicht jemand eine Wohnstätte der Clacton-Kultur ausgräbt, aus der ersichtlich wird, daß diese Menschen das Feuer benützen konnten. Das Klima in England ist schon heute unangenehm genug. Aber als Schottland und die Midlands von einer Eisschicht bedeckt waren, muß es sogar für Menschen, die ihre behaarte Haut mit Fellen und Feuer zu schützen wußten, recht unangenehm gewesen sein.*

Die „Clactonier" waren in der Tat rätselhafte Leute. Wenn es stimmt, daß sie während der zweiten Eiszeit in Westeuropa gelebt haben, so gibt es auch Anzeichen dafür, daß sie es in der folgenden Zwischeneiszeit verließen und durch Angehörige einer anderen Kultur abgelöst wurden. Diese neuen Leute, die wir nach dem bekanntesten ihrer wissenschaftlichen Namen als die „Acheuléen-Kultur" bezeichnen wollen, waren offenbar aus Afrika nach Norden abgewandert. Die Ablösung selbst ist noch nichts Besonderes. Menschliche Kulturen waren schon vor dieser Zeit verschwunden und sollten das auch später noch oft genug tun. Als jedoch das angenehme Klima der zweiten Zwischeneiszeit einer neuen Kälteperiode der dritten Eiszeit wich, zogen sich die Angehörigen der Acheuléen-Kultur wieder in ihre afrikanische Heimat zurück. Und nun wurden sie, soweit man das nach den Werkzeugfunden beurteilen kann, noch einmal von den Nachkommen der ersten Clactonier abgelöst. Es läßt sich nicht feststellen, wo diese Leute in der Zwischenzeit gelebt haben. Wir würden erwarten, daß sie als Bewohner einer kalten Gegend und gewöhnt, sich von den dortigen

---

* Es ist völlig unklar, wann, wo und weshalb der Mensch seinen Haarpelz, den er von seinen Vorfahren, den Affen, geerbt haben muß, verloren hat. Das Klima scheint nicht viel damit zu tun zu haben. Die Eingeborenen des tropischen Afrika haben zwar meistens weniger Körperhaare als die „Weißen", deren frühere Heimat in kälteren Klimazonen lag. Doch dem widerspricht die Tatsache, daß die in den Tropen beheimateten großen Menschenaffen ohne Ausnahme viel dichter behaart sind als der behaarteste Weiße. Wir können nicht mehr sagen, als daß der Verlust der Körperhaare in der tropischen Zone praktisch zu jeder Zeit während der Evolution des Menschen eingetreten sein kann, daß er aber in den gemäßigten Zonen mit allergrößter Wahrscheinlichkeit nicht eher eintrat als bis der Mensch das Feuer benutzte und als Ersatz für seinen eigenen verschwundenen Pelz wahrscheinlich auch Fellbekleidung besaß.

Tieren und Pflanzen zu ernähren, dem Eis nach Norden gefolgt waren, etwa nach Schottland, Finnland und vielleicht Skandinavien. Aber nördlich des 55. Breitengrades finden sich keine fossilen Reste des *homo erectus* – weder Werkzeuge noch Knochen. Die Clactonier sind, soweit es die fragmentarischen Funde bezeugen, einfach verschwunden und wieder aufgetaucht. Die Geschichte ist ziemlich merkwürdig.

Das Rätsel der Clactonier ist nicht das einzige in der frühmenschlichen Geschichte der Ein- und Auswanderungen in verschiedene Gegenden der gemäßigten Zone. Es gibt keine Anzeichen dafür, daß der frühere Mensch jemals die tropische oder subtropische Zone verlassen hat, obwohl die Ausdehnung oder das Schrumpfen der unwirtlichen Gebiete am Äquator und in der Wüstenzone ihn zeitweilig zur Auswanderung gezwungen haben müssen. Man nimmt allgemein an, daß der Mensch erst kurz vor Beginn der erdgeschichtlichen Neuzeit bis nach Sibirien oder Zentralasien vorgedrungen ist, und in der Tat hat man dort keinerlei Spuren des *homo erectus* gefunden, nicht einmal aus den Zwischeneiszeiten.

Heute ist das Winterklima in Sibirien bekanntlich sehr streng. Die warmen Winde aus dem Süden werden durch die mächtigen Gebirgszüge des Himalaja abgehalten, während die Luft über dem gefrorenen nördlichen Eismeer frei nach Süden wehen kann, um noch weiter abgekühlt zu werden, wenn sie über die riesigen Strecken des froststarren Landes streicht.

Darüber hinaus sind große Teile dieser gewaltigen Landmasse entweder Wüsten oder dichte Kiefern- und Fichtenwälder, die zwar mehr Tiere beherbergen als die tropischen Regenwälder, aber für einen so primitiv ausgerüsteten Jäger wie den *homo erectus* kein günstiges Jagdgebiet waren. Zwischen diesen Waldgebieten und Wüsten liegt ein breiter aus Grasland und lichten Wäldern bestehender Gürtel, der in einer Zwischeneiszeit von zahlreichen Pferden, Antilopen, Hirschen, Bisons und Auerochsen (den Vorfahren unseres Hausrindes) bewohnt gewesen sein muß, die, wie wir aus europäischen Fundstätten wissen, von den frühen Jägern mit besonderem Genuß verzehrt worden sind. Wenn *homo erectus* in der dritten Eiszeit in Europa überleben konnte, weshalb finden wir ihn dann nicht in den sibirischen Ablagerungen der vorangegangenen Zwischeneiszeit, wo es damals wenigstens in einigen Gegenden erheblich wärmer gewesen ist als heute? Sogar in der dritten Zwischeneiszeit scheint der Neandertaler – der viel intelligenter als *homo erectus* war – nicht weit über die Südspitze des Kaspischen Meeres nach Norden vorgedrungen zu sein.

Am einfachsten läßt sich dieser Umstand wohl damit erklären, daß wir noch nicht alle Zeugnisse aus dieser Zeit gefunden haben*. Das zentrale Eurasien ist ein weites Gebiet und auch heute noch recht dünn besiedelt. In seinem Boden können noch viele bearbeitete Feuersteinsplitter liegen (Spuren des „modernen" Steinzeitmenschen sind immerhin bereits gefunden worden).

Die zweite Erklärungsmöglichkeit ergibt sich durch einen Blick auf die Karte der heutigen Wintertemperaturen in Eurasien. Die Sommer hätten auch dem *homo erectus* keine Schwierigkeiten bereitet. In der zweiten Zwischeneiszeit müssen Südrußland und Südsibirien ebenso wie heute im Sommer wärmer als Westeuropa gewesen sein. Aber im Winter liegen und lagen die Dinge ganz anders. Wenn wir die Winterisothermen (die Kurven, welche die Temperaturzonen bezeichnen) auf der Karte verfolgen, dann sehen wir an der europäischen Küste eine Ausbuchtung nach oben, die auf den maritimen Einfluß des Atlantik zurückzuführen ist. Über Skandinavien und den Ostseeländern biegt sie scharf nach unten ab, und zwar auf Grund der kontinentalen Einflüsse im Osten. Das Ergebnis ist, daß die Januartemperaturen am nördlichen Kaspischen Meer z. B. ebenso tief liegen wie die an der äußersten Nordspitze von Norwegen viele hundert Kilometer nordwestlich davon.

Es ist daher durchaus möglich, daß die Winterverhältnisse für die Methoden der Klimakontrolle unserer primitiven Vorfahren einfach zu streng waren. Auch die Kombination von Feuer und Pelzen reichte als Schutz vor dem Erfrieren nicht aus. Zudem fehlte es in der russischen Steppe an natürlichem Schutz vor den heulenden sibirischen Stürmen. Selbst wenn man den bescheidenen Schutz dichter Wälder

* In jüngster Zeit hat man in Nordrußland eine recht bemerkenswerte Entdeckung gemacht, als man das Lager von Mammutjägern aus dem Ende der letzten Eiszeit ausgrub. Etwa fünf Meter unter dieser Schicht fanden die sowjetischen Ausgräber 20 Werkzeuge eines Typs, der in die letzte ältere Altsteinzeit gehört und anderswo recht übereinstimmend dem Neandertaler zugeordnet wird. Die Werkzeuge sind nicht genau datiert worden, aber die wahrscheinlichste Schätzung besagt heute, daß sie aus der letzten Zwischeneiszeit stammen. Die geringe Anzahl der Stücke deutet darauf hin, daß es sich hier um ein vielleicht nur zeitweilig (im Sommer) bewohntes Lager handelt, nicht um eine das ganze Jahr bewohnte Siedlung; das Klima in Teilperioden der letzten Zwischeneiszeit war dort, wie wir wissen, wärmer als heute. Dennoch scheinen diese nur etwa 160 Kilometer südlich des Polarkreises liegenden Funde ein recht eindrucksvolles Zeugnis für den Unternehmungsgeist des Neandertalers angesichts recht extremer klimatischer Verhältnisse zu sein.

hätte aufsuchen wollen, so hätte man ihn nur noch weiter im Norden finden können – in einem noch kälteren Gebiet, wo die Jagdgelegenheiten noch ungünstiger waren. Auch gab es nicht viele Höhlen, wie sie von einigen europäischen Frühmenschen während der Eiszeit bewohnt wurden (eine Höhle oder ein „Schutzraum" im Felsen ist natürlich auch eine wenn auch grobe Methode zur Klimaregulierung: Die Höhlenwände können die Wärme des Feuers durch Rückstrahlung verstärken und zugleich die unangenehmsten Winde abhalten).

Theoretisch hätten unsere hypothetischen Bewohner Sibiriens in der Zwischenzeit natürlich jeden Herbst wieder nach Süden ziehen können. Die eiszeitlichen Europäer haben das höchstwahrscheinlich so gemacht. Wir wissen, daß das Rentier, eine ihrer Hauptnahrungsquellen, auch heute noch solche Herbstwanderungen unternimmt, und auch wenn man die Intelligenz und die Voraussicht des *homo erectus* nicht hoch einschätzt, so muß man ihm doch immerhin soviel Einsicht zubilligen, daß er den Herden folgte, von denen er sich ernährte. Aber in Sibirien kann man nicht sehr weit nach Süden gehen, man stößt sehr bald auf die Wüste – und das hieß Hungertod – oder auf die Berge, und das hieß wieder Kälte. Wenn nun aber Sibirien für den Frühmenschen schon in der Zwischeneiszeit ein rauhes Klima hatte, wie konnte er dann in Europa während der Eiszeit überleben? Eine verführerische Antwort bestünde darin, daß das Eiszeitklima in Europa nicht so streng war, wie man zunächst annehmen möchte.

Oberflächlich betrachtet sollte man denken, daß das Klima wenige hundert Kilometer südlich eines kilometerhohen Eiswalls für jeden Menschen außer dem Eskimo fast unerträglich gewesen sein muß – und die Eskimos erschienen erst Zehntausende von Jahren nach der dritten Eiszeit. Doch mit dem Klima ist es wie mit vielem anderen: Die Verhältnisse sind oft anders als man glaubt. Es ist nicht auszuschließen, daß der europäische Winter während einer Eiszeit nicht kälter, sondern sogar wärmer als heute war!

Offen gesagt bin ich mir nicht sicher, ob das für Europa wirklich stimmt. Wir haben jedoch Hinweise darauf, daß es für Nordamerika nicht nur möglicherweise, sondern tatsächlich zutrifft. Der Klimatologe Reid Bryson von der University of Wisconsin hat fossile Reste eines Gürteltieres aus der Eiszeit in den mittleren Vereinigten Staaten gefunden, weit nördlich des Gebietes, in dem man diese Tiere heute findet (am Golf von Mexiko). Bryson schließt darauf, daß die Winter damals milder gewesen sein müssen aus heute, und zwar nicht trotz des Eises, sondern wegen des Eises.

Seine Erklärung ist eigentlich recht einleuchtend. Das kalte Winterwetter im Mississippital wird heute durch Luftströme erzeugt, die aus Zentralkanada und gelegentlich aus noch nördlicheren Gebieten kommen. Diese Massen „kontinentaler Polarluft" können sich erstaunlich weit ausbreiten (manchmal überqueren ihre äußeren Ränder den Golf von Mexiko und kommen bis nach Yucatan). Sie sind aber auch sehr flach – nicht dicker als ein bis zwei Kilometer. Gegen Ende einer jeden Eiszeit vereinigten sich nun die über Labrador und Mittelkanada liegenden Eisschichten mit denen der Rocky Mountains und bildeten einen riesigen Wall von zwei bis drei Kilometern Höhe, der etwa an der heutigen Grenze zwischen den Vereinigten Staaten und Kanada verlief. Die Folge war, daß nur wenig oder gar keine Polarluft einströmen konnte und die Winter *milder* wurden als sie es heute sind (die Sommer waren natürlich viel kälter).

So weit, so gut, aber wie sah es nun in Westeuropa aus?

Hier entsteht das wirklich kalte Winterwetter durch den Zustrom von Luft aus zwei verschiedenen Gegenden. Am wichtigsten ist die maritime Polarluft, die vom Eismeer bei Grönland nach Süden zieht. Weniger wichtig, aber dafür kälter ist die kontinentale Polarluft aus Rußland und Sibirien, die trotz der vorherrschenden Westwinde in den meisten Wintern mehrmals bis zum Atlantik vorstößt.

In der dritten Eiszeit, über die wir hier sprechen, stießen die britischen und skandinavischen Eisschichten in der Mitte der heutigen Nordsee, die damals trockenes Land war, zusammen. Das Resultat war ein Eiswall ähnlich dem nordamerikanischen, der sich von Irland bis tief nach Sibirien hinein erstreckte. Auf diese Weise wurde die kälteste maritime Polarluft abgehalten. Wenn sie überhaupt dorthin kam, dann nur nach einem weiten Umweg über den Atlantik, bei dem sie sich erheblich erwärmt hatte.

Wie steht es nun mit der Luft aus Sibirien?

Es gab in der Tat keine Eisbarriere, die Westeuropa von Osteuropa trennte. Das nördliche Eis reichte nicht weiter als bis nach Mitteldeutschland, es endete etwa 300 Kilometer nördlich der alpinen Eiskappe. Durch den windigen Korridor zwischen diesen beiden Eisschichten konnte gewiß ein Teil der sibirischen Kaltluft nach Westeuropa vordringen, doch da dieser Korridor so eng war, dürfte es dennoch weniger als heute gewesen sein.*

---

* Rhodes Fairbridge glaubt sogar, daß der Korridor zwischen nördlichem und alpinem Eis zeitweilig nur wenige Kilometer breit war.

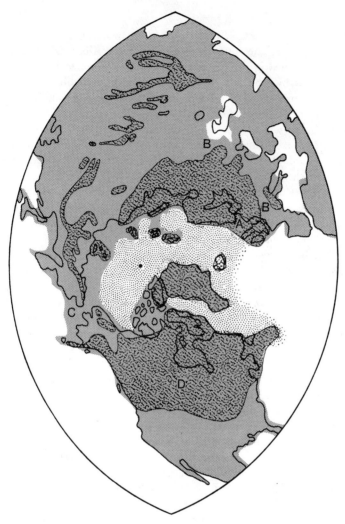

Die Eisschichten, deren Bildung zum Teil wahrscheinlich durch ein Auf-
tauchen von Festland verursacht wurde, trugen weiter dazu bei, daß das Festland sich ausdehnte, weil wegen des in ihnen festgehaltenen Wassers der
Meeresspiegel sank. In Europa haben die Eisbarriere im Norden (A) und
schmale Korridore im Osten (B, B) wohl dafür gesorgt, daß das Klima im
Winter nicht extrem kalt wurde; in Nordamerika bot sich auf der Landbrücke der Beringsee (C) ein Weg für die Wanderungen von Menschen und
Tieren an, aber die Eisbarriere (D) blockierte alle Bewegungen weiter nach
Süden.

Schauen wir weiter nach Osten, so finden wir erneut eine partielle Barriere: die Karpaten und die transsylvanischen Alpen. Diese niedrigen Gebirge (niedrig im Vergleich mit den Alpen) konnten die sibirische Luft zwar kaum abhalten, behinderten sie aber zweifellos stärker als die flache nordeuropäische Ebene, über die sie heute gewöhnlich hinwegstreicht, die aber damals von Eis bedeckt war. Noch weiter im Osten finden wir wieder eine interessante Lage. Die Eisschicht der dritten Eiszeit reichte zumindest zeitweilig bis in die Flußtäler der Wolga und des Don hinab und bildete so einen weiteren breiten Korridor zwischen dem Eis im Norden und den Bergen des Kaukasus im Süden. Quer über das östliche Ende dieses Korridors erstreckte sich das Kaspische Meer, das durch Schmelzwasser und geringere Verdunstung (kältere Temperaturen!) soviel Wasserzustrom hatte, daß es weit über seine heutigen Küsten nach Norden reichte.

So mußte fast jeder Kubikmeter sibirischer Luft das Kaspische Meer überqueren und dabei die im Meerwasser gespeicherte Wärme aufnehmen. Zwar war die Wassertemperatur wahrscheinlich niedriger als heute, und das Meer möglicherweise – wenigstens teilweise während des Winters – zugefroren, aber sogar eine gefrorene Wasserfläche kann die darüber hinwegstreichende Luft merklich erwärmen. Küstengebiete am nördlichen Eismeer sind im Winter zwar kalt, aber doch nicht so kalt wie Festlandsgebiete, die viel weiter im Süden liegen.

Es gab natürlich noch eine weitere Quelle kalter Luft, die wahrscheinlich einflußreicher war als die beiden anderen zusammen, nämlich die Eisschicht selbst. Man darf nicht daran zweifeln, daß im Winter über dem Eis ständig hoher Luftdruck herrschte, hervorgerufen durch die Abkühlung der Luft über dem Eis, wie wir das heute in der Antarktis und in Grönland feststellen. Dieser Vorrat an kalter Luft glitt über den Eisflächen nach allen Seiten ab wie Wasser über die Ränder eines Regenschirms. Allerdings muß man zweierlei beachten: Erstens sammelte sich ein großer Teil dieser Luft über dem Nordatlantik und führte Feuchtigkeit heran, mit der das Eis dieser Eisschicht gespeist wurde. Bei der Abgabe von Feuchtigkeit mußte sich diese Luft gemäß dem Gesetz von der Erhaltung der Energie erwärmen. Wenn bei der Verdunstung von Wasser Wärme verlorengeht (wer jemals in einem nassen Badeanzug herumgesessen hat, weiß das), dann wird beim Kondensieren von Wasser – z. B. über einer Eisschicht oder einem Gebirge – unweigerlich die gleiche Wärmemenge freigesetzt. Zweitens: Während die Luft „talwärts" von der Eisschicht abglitt, nahm sie Wärme auf, wie sich das für sinkende Luft gehört. Wenn die Luft nun ein bis zwei

Kilometer tief abfällt, so kann sie bis zu 10 Grad wärmer werden. Das sagt uns natürlich nicht viel, denn wir kennen die Lufttemperaturen über dem Eis nicht. Es sagt uns aber doch genug, um wenigstens zu vermuten, daß die von den Eisschichten herabkommenden Winde keineswegs so enorm kalt waren wie man zunächst glauben könnte.

Zusammenfassend möchte ich eine Vermutung äußern, für die mir wahrscheinlich mancher professionelle Meteorologe oder Klimatologe das Fell über die Ohren ziehen möchte: In der dritten Eiszeit waren die winterlichen *Durchschnittstemperaturen* in den eisfreien Teilen von Westeuropa wesentlich niedriger als heute. Vielleicht lagen sie eher einige Grade unter dem Gefrierpunkt als einige Grade darüber. Zugleich waren jedoch die *tiefsten* Wintertemperaturen – bei denen das Quecksilber im Thermometer unter die Meßsäule sinkt – höher. Wärmere Perioden gab es wahrscheinlich nur selten oder nie, aber zum Ausgleich waren auch die extremen Kälteperioden milder oder seltener. Insgesamt also ein langer, kalter – aber erträglicher Winter.

Betrachten wir die andere Seite von Eurasien, so finden wir dort eine viel weniger erträgliche Situation. Wenn die sibirische Winterluft nicht ganz nach Europa abfließen konnte, so mußte sie irgendwo anders bleiben. Nach Süden konnte sie nicht ziehen, da die Gebirgszüge des Himalaya eine 5000 bis 6000 Meter hohe Barriere bilden; sie mußte also nach Osten, wohin auch heute noch der größte Teil der sibirischen Kaltluft abfließt. Der eisige sibirische „Wintermonsun" muß mit noch größerer Heftigkeit und Kälte nach China geströmt sein als heute. Bedenkt man dies, so zweifelt man etwas an der Geschichte vom Peking-Menschen, der angeblich in der zweiten Eiszeit seine Höhlen bewohnt hat – es sei denn, er zog tatsächlich in jedem Winter nach Süden, was immerhin möglich ist. Was nun die Gebiete nördlich und östlich von China betrifft, so brauchen wir uns nicht um sie zu kümmern. Im Nordosten ist Asien auch heute noch die unwirtlichste Gegend der Erde, abgesehen von der Antarktis. Mann stelle sich nur vor – möglichst wenn man vor einem prasselnden Kaminfeuer sitzt – wie es dort während der Eiszeit im Winter gewesen sein mag!

Es gab natürlich auch noch die Zwischeneiszeiten, in denen der Peking-Mensch oder seine Nachkommen vielleicht in die Mandschurei oder die fernöstliche Sowjetunion vorgestoßen sind. Nach den bisher vorliegenden archäologischen Funden ist ein solcher Vorstoß allerdings weder für sie noch für die viel intelligenteren Neandertaler bezeugt. Vielleicht war sogar das Zwischeneiszeitklima eine zu schwer zu nehmende Hürde – aber wir brauchen darüber keine Vermutungen anzustellen, denn während der Zwischeneiszeiten war der größte Teil dieses Gebietes ebenso wie heute eine dicht bewaldete Taiga, in der Fichten, Kiefern und Lärchen wuchsen. Das war kein Aufenthaltsort für ein primitives Jägervolk, dem viel an regelmäßigen Mahlzeiten lag. Das alles erklärt, weshalb man weder den *homo erectus* noch den *homo neandertalensis* jemals nördlich von Peking gefunden hat, und weshalb keiner von beiden nach Amerika gelangt ist. Mit Hilfe von Feuer, Tierhäuten und Höhlen hatten diese Frühmenschen gelernt, ihr Klima einigermaßen zu regulieren; aber doch nicht genug, um ihre Wanderzüge bis nach Ostsibirien oder Alaska auszudehnen. Sie konnten es in Teilen der gemäßigten Zone ertragen, wenn die Winter nicht zu kalt waren (oder es nicht zu wenig regnete). Aber ein richtiges subpolares Klima war gewiß zu rauh. Die späteren Eroberer der subpolaren Zonen waren Menschen wie wir. Und wir haben allen Grund zu der Annahme, daß sie zwei wichtige Erfindungen dazu benötigten.

Eigenartigerweise hat der Frühmensch seine Werkzeuge nie oder fast nie aus Knochen hergestellt. Gewiß haben die Neandertaler und vielleicht einige noch primitivere Völker Knochen als Werkzeuge *benutzt*, besonders für die sogenannte „Schlagtechnik", bei der ein Knochen dazu verwendet wurde, von einem Feuersteinkern kleine, flache Stücke abzuschlagen, um auf diese Weise entweder noch dünnere Splitter zu erhalten, oder um den Kern selbst besser zu formen: Es gibt aber nur sehr spärliche und zweideutige Hinweise darauf, daß die Knochen jemals selbst *bearbeitet* wurden, um sie zu besseren Werkzeugen zu machen.

Fast gleichzeitig mit dem Auftreten des modernen Menschen vor etwa 40.000 Jahren finden wir erstmals Knochenstücke, denen deutlich anzusehen ist, daß sie bearbeitet worden sind. Einige von ihnen scheinen als Dolche, andere als Speer- oder Lanzenspitzen gedient zu haben. Noch andere Stücke sind nicht bloß Wiederholungen alter Muster in einem neuen Material, sondern ganz neue Werkzeugarten: Eine in Süddeutschland gefundene Werkzeugsammlung enthält z. B. einen Gegenstand, der als Spitze eines Wurfgeschosses mit einer gespaltenen Basis gedeutet wird. Es ist ein etwa zwei Zoll langes schmales Knochenstück mit einer scharfen Spitze am einen Ende und einem tiefen Einschnitt am anderen. Die Experten sagen, diese Spitze sei auf das Ende eines Stocks aufgesetzt gewesen, der in den Einschnitt eingepaßt und dann wahrscheinlich festgebunden wurde, um als Wurfgeschoß auf der Jagd verwendet zu werden. Das mag sein. Es wäre jedoch ein sehr zierliches und leichtes Wurfgeschoß gewesen und hätte, mit der Hand geworfen, eine nur sehr geringe Durchschlagskraft gehabt. Die Knochenspitze hätte sich freilich gut als Pfeilspitze geeignet, doch nichts deutet darauf hin, daß damals Pfeil und Bogen schon erfunden waren. Ich kann mir eine andere Verwendungsmöglichkeit vorstellen: Wenn man einen Sehnenfaden oder einen rohen Lederstreifen fest in die Einkerbung hineinzieht, so wäre das Werkzeug sehr gut dazu geeignet, den Faden durch Löcher zu ziehen, die vorher in den Rand einer Tierhaut gestanzt worden sind. Die „Spitze des Wurfgeschosses" könnte in der Tat ein Pfriem sein, der Prototyp der Nadel. Auf jeden Fall wissen wir recht genau, daß der moderne Mensch sehr bald mit der Herstellung kompletter Nadeln mit Nadelöhr und allem, was dazugehört, begann. Wer nun aber Nadeln besitzt, der hat offensichtlich auch noch etwas anderes, und zwar etwas, das in einem sehr kalten Klima lebenswichtig ist: genähte Bekleidung.

Und tatsächlich war das Klima kalt – und wurde kälter. Zum Glück sind wir inzwischen so nahe an unsere Zeit herangekommen, daß wir ganz genau wissen, was geschah und wann es geschah – und zur Abwechslung sind sich alle Experten darin einig, sowohl Emiliani mit seinen Isotopen, als auch Ericson mit seinen Foraminifera und ein weiterer Experte auf diesem Gebiet, der Bohrkerne mit verschiedenen Arten Foraminifera aus dem Indischen Ozean untersucht hat, und auch Rhodes Fairbridge, der auf Grund von Veränderungen der Meereshöhe (niedrigerer Meeresspiegel bedeutet mehr Eis) eine Klimakurve ausgearbeitet hat. Sie alle stimmen in der folgenden Darstellung überein:

In der Zeit von vor etwa 100.000 bis 70.000 Jahren (mit einer Toleranz von 5000 Jahren) gab es eine langanhaltende Wärmeperiode. Dabei handelte es sich entweder um die letzte Zwischeneiszeit oder um eine warme Phase in der vierten (und letzten) Eiszeit – das hängt davon ab, mit wem man über dieses Thema spricht. Doch gleichviel, in jedem Falle betrug die Zeitspanne etwa 30.000 Jahre. Auf dem Höhepunkt dieser Periode, d. h. etwa vor 80.000 Jahren, war es in Europa viel wärmer als jetzt. In Mitteleuropa finden sich beispielsweise beachtliche Mengen subtropischer Tierfossilien (Waldelefant und Nashorn). Während dieser Zeit lebte nun der Neandertaler. Vor etwa 70.000 Jahren wurden dann die Verhältnisse ungünstiger, aber nicht plötzlich und auch nicht stetig. In Europa bildeten sich neue Eisschichten, die vorrückten, sich dabei aber immer wieder vor- und zurückbewegten wie die Tänzer in einem alten Menuett. Während einiger dieser klimatischen Schwankungen ist es in Europa vielleicht wärmer gewesen als jetzt, aber die allgemeine Tendenz ging in Richtung auf ein kälteres und trockeneres Klima. Die Abkühlung erreicht vor etwa 45.000 Jahren ihren Höhepunkt; in Mitteleuropa lebte damals das Rentier. Danach wurde es dann wieder etwas wärmer. Der Neandertaler lebte noch etwa 25.000 Jahre lang weiter, während sich das Klima allmählich aber unregelmäßig verschlechterte; doch während derselben Periode hat schließlich der moderne Mensch, soweit wir das wissen (das ist allerdings nicht sehr weit), seine gegenwärtige Gestalt angenommen, wahrscheinlich im gemäßigten oder subtropischen Nahen Osten.

Vor etwa 35.000 Jahren begann die Temperatur ihren stetigen Abfall. Während der folgenden 17.000 Jahre wurde es ununterbrochen kälter. Die Gletscher erreichten ihre größte Ausdehnung, in Europa tauchte der Moschusochse auf, und sogar die meisten an die gemäßigte Zone gewohnten Tiere verschwanden. Ziemlich genau zu Beginn dieser gewaltigen Kälteperiode verschwand auch der Neandertaler: Der moderne Mensch trat an seine Stelle. Die relative Plötzlichkeit dieses Wechsels wirft die Frage auf, ob er nicht auf bessere Methoden der Klimakontrolle zurückzuführen ist.

Wie wir uns erinnern, besaßen die Neandertaler nur Umhänge aus Fell (obwohl sie zweifellos gelernt hatten, sie am Körper festzubinden). Eine solche Bekleidung bedeckte bestenfalls die Schultern, den Oberkörper und die Oberschenkel und ließ über der Brust, wo die Felle zusammenkamen, einen Spalt offen. Viele männliche Europäer (und Amerikaner) lassen in der Verteilung ihrer Körperbehaarung vermutlich noch Spuren dieser unzureichenden Kleidungsstücke erkennen (übrigens eine gewisse Bestätigung der Theorie, daß wenigstens einige Europäer die Erbmasse der Neandertaler in ihren Genen haben): Kopf und Hals des männlichen Europäers haben reichen Haar- und Bartwuchs – vorausgesetzt, daß er seine Haare, wie es jetzt modern ist und sicher auch bei den Neandertalern üblich war, ungehindert wachsen läßt. Auf der Brust unter dem Bart hat er wenigstens Spuren von Haaren, oft sogar einen dichten Pelz. Schließlich findet man eine stärkere Behaarung auf den Unterarmen und Schienbeinen (die Haare in den Achselhöhlen und die Schamhaare hatten dagegen kaum Bedeutung als Kälteschutz, ihre Funktion war eher sexueller Art. Man glaubt auch, daß der Körpergeruch, den wir heute mit Bädern und desodorierenden Mitteln zu vertreiben suchen, seinerzeit dasselbe bewirkte, was den dezenten Andeutungen der modernen Werbung zufolge die Parfüms tun).

Der männliche Leser wird sich nun vorstellen können, wie man sich fühlte, wenn man im Winter draußen lebte, bekleidet mit einer Decke, die nur die unbehaarten Körperpartien bedeckte; er wird sicher verstehen, wie die Neandertaler trotz größerer Abhärtung unter der zunehmenden Kälte der letzten Eiszeit gelitten haben. Ihre Nachkommen dagegen hatten gelernt, wie man Nadeln aus Knochen, Stanzwerkzeuge aus Stein und Fäden aus Sehnen herstellt und wie man Jacken, Hosen, hohe Gamaschen, Mokassins und Stiefel näht. Wie die heutigen Eskimos, die auf einer ähnlichen Kulturstufe stehen, konnten sie sich bei jeder Temperatur – außer in der allerschlimmsten Kälte – im Freien aufhalten.

Für die wirklich kalten Tage – wie auch als Schutz für Frauen und Kinder – machten sie eine neue Erfindung: Sie bauten Häuser. In der Tschechoslowakei und in Südrußland fanden die Archäologen kreisförmig angeordnete Mammutknochen und andere Hinweise darauf, daß der Mensch in diesen Gegenden, wo es nur wenige Höhlen gab, mit dem Bau von Hütten begonnen hatte. Diese Unterkünfte, die zum Teil in den Boden gegraben waren, hatten Dächer aus Zweigen oder Tierfellen, die über ein Gerüst aus jungen Bäumen gespannt waren und mit Erde bedeckt wurden. Mit den kreisförmig angeordneten Knochen wurden die Tierfelle offensichtlich außen verankert. Solche mit offenen Feuern geheizten Hütten waren winzige Inseln gemäßigten Klimas in der eisigen Steppe. Für unsere Begriffe herrschte darin ein fast unerträglicher Gestank, und es war über alle Begriffe stickig. Aber doch waren dies die Prototypen aller späteren menschlichen Behausungen wie Blockhütten, Burgen, Tempel, Apartmenthäuser und Wolkenkratzer.*

Wie wirksam diese beiden neuen Methoden der Klimakontrolle

---

* Kürzlich haben französische Archäologen bei ihrer Arbeit an der Mittelmeerküste Spuren angeblich sehr sorgfältig hergestellter Windschirme gefunden: im Kreis oder in Ellipsenform dicht nebeneinander in den Boden gesteckte Pfähle oder Zweige. Angeblich stammen diese Bauten aus einer Zeit vor 300.000 Jahren! Wenn diese Deutung richtig ist (ich habe die Funde nicht genau untersucht), dann erhält die Geschichte der menschlichen Wohnstätten mit dieser Entdeckung ein ganz neues Kapitel und ich möchte meinen, daß wir gezwungen wären, unsere Vorstellung über die technischen Fähigkeiten des Menschen jener Zeit (wahrscheinlich des *homo erectus*) zu revidieren. Ich glaube aber heute noch, daß man bei der Interpretation sehr vorsichtig sein sollte; die ersten von Menschen erbauten Wohnstätten mit einem Sprung um 250.000 Jahre zurückzudatieren, ist ohne die nötigen sorgfältigen Überprüfungen zu riskant.

gewesen sind, läßt sich aus der Tatsache ersehen, daß ihre Entdecker nicht nur nach Westen in Richtung auf den Atlantik, sondern auch nach Osten in das kalte eurasische Kernland zogen. In Zentralsibirien hat man nur Spuren des modernen Menschen – keine früheren – gefunden. Sehr bald nachdem die Gletscher ihre größte Ausdehnung erreicht hatten, war er bis nach Südostsibirien und an die pazifische Küste gekommen. Die Fähigkeit, Kleidungsstücke zu nähen und Häuser zu bauen, hat dem Menschen weitere Millionen Quadratmeter Lebensraum eröffnet.

Aber auch hier machte er nicht halt; er *konnte* es gar nicht: Ein Jägervolk muß dem Wild auf der Spur bleiben, und wenn das Wild nach Osten zieht, muß das Volk – solange das Klima nicht unerträglich wird – ihm nachfolgen. Wir wissen, daß das Wild nach Osten gewandert ist: Schon zu Beginn der letzten Eiszeit zogen das Rentier und das zottige Mammut von Eurasien nach Amerika, wie das Pferd schon früher in die entgegengesetzte Richtung gewandert war. Der Weg dieser Tiere führte sie natürlich über die heutige Beringsee, die damals, als der Meeresspiegel tiefer lag, zu einer breiten Landbrücke – von den Geologen „Beringia" genannt – geworden war.

Das bringt uns zu einer alten und faszinierenden wissenschaftlichen Streitfrage: Wann hat der Mensch Amerika entdeckt? Wir meinen hier freilich nicht die rivalisierenden Ansprüche des Kolumbus, der Wikinger usw. Als ein Indianer einmal Zeuge eines solchen Streitgesprächs wurde, soll er gesagt haben: „Amerika entdeckt? Zum Teufel, wir haben doch schon immer gewußt, daß es hier liegt!" Sie haben es immerhin schon viel länger gewußt als die Europäer. Die Frage ist nur, seit wann?

Gegen Ende des 19. Jahrhunderts, als die Wissenschaftler endlich die Tatsache anerkannt hatten, daß der Mensch weit älter sein müsse als die etwa 6000 Jahre, die die Bibel ihm zugesteht, entstanden alle möglichen wilden Theorien zu diesem Thema. Ein begeisterter Argentinier behauptete zum Beispiel, er habe in fünfzehn Millionen Jahre alten argentinischen Erdschichten menschliche Knochen gefunden. Wenn das zuträfe, so wäre das ein ganz erstaunlicher Fund: Er würde bedeuten, daß Argentinien das Zentrum war, von dem der Mensch auszog, um die Erde zu bevölkern. Dies war freilich ein extremer Fall. Aber andere, höher angesehene Wissenschaftler äußerten fast ebenso unwahrscheinliche Vermutungen.

Solcher Unsinn löste natürlich eine Reaktion aus; jahrzehntelang war jede Annahme, der Mensch sei länger als nur wenige tausend Jahre in der Neuen Welt ansässig, so gut wie tabu. Dieses Tabu geht in erster Linie auf den großen Aleš Hrdlicka zurück, der für länger als eine Generation der Chef – um nicht zu sagen der Diktator – der amerikanischen Anthropologie gewesen ist. Theoretisch war Hrdlicka bereit, zuzugeben, daß der Mensch schon vor 15.000 Jahren nach Amerika gekommen sei. In der Praxis verstand er es jedoch, mit unnachahmlicher Schärfe alle Hinweise darauf so polemisch zu widerlegen, daß jeder Wissenschaftler, dem etwas an seiner wissenschaftlichen Zukunft lag, das Risiko einer Konfrontation mit dem „Meister" nicht wagte. Die Situation erinnerte in gewisser Weise an die diktatorische Stellung, die später Trofim D. Lysenko, dem heute niemand mehr nachgetrauert, in der sowjetischen Biologie eingenommen hat. Anders als Lysenko hat Hrdlicka zwar niemanden ins Exil geschickt, aber es dürfte wohl manchen Anthropologen gegeben haben, der an Auswanderung dachte, wenn der große alte Mann seine Arbeiten in Grund und Boden kritisiert hatte („Wunschdenken, Einbildung, dilettantische Voreingenommenheit und das Verlangen nach Selbstbestätigung", das waren einige seiner Lieblingsausdrücke). Nachdem Hrdlicka 1943 gestorben und wenige Jahre später die Radiokarbonmethode für die Datierung von Fossilien entdeckt worden war, ließen sich auch auf diesem Gebiet solide wissenschaftliche Beobachtungen anstellen. Die harten Beweise, die uns heute zur Verfügung stehen – ein großer Teil davon bezieht sich auf das Klima –, liefern uns insgesamt ein einigermaßen widerspruchsfreies Bild, wenn auch immer noch nicht alle Anthropologen es anerkennen wollen.

Erstens dürfen wir mit ziemlicher Gewißheit annehmen, daß der Mensch die Reise von Sibirien nach Alaska während der letzten Eiszeit unternommen hat, als der Meeresspiegel sich gesenkt hatte. Zu diesem Schluß kommt man durch schrittweise Ausschaltung anderer Möglichkeiten: In einer warmen Periode hätte der Mensch die Reise im Boot unternehmen können, wie es die Eskimos viel später taten. Aber Boote ließen eine auf das Meer hin orientierte Kultur vermuten, in der die Menschen von Fischen, Robben und ähnlichen Seetieren leben. Die frühesten menschlichen Werkzeuge, die man in Sibirien und Amerika gefunden hat, deuten jedoch ohne Ausnahme darauf hin, daß ihre Hersteller nicht Fischer sondern Jäger waren. Ein Jägerstamm, der an der Meeresküste ankommt, fängt nicht sofort mit dem Bau von Booten an, besonders wenn diese Menschen nicht wissen, ob jenseits des Wassers wieder Land liegt.

Während einer warmen Periode hätte der Mensch die Beringsee

auch im Winter auf dem Eis überqueren können. Man hat mir gesagt, die Armee der Vereinigten Staaten habe vor ein paar Jahren, als der kalte Krieg noch etwas heißer war, tatsächlich Versuche durchgeführt, um festzustellen, ob man mit Panzern von Alaska nach Sibirien oder von Sibirien nach Alaska fahren könne.* Man kam zu dem Schluß, daß das möglich sei. Wo ein Panzer fahren kann, da kann auch ein Mammut gehen – und selbstverständlich ein Mammutjäger.

Gegen eine solche Annahme sprechen die winterlichen Lebensgewohnheiten der großen arktischen Säugetiere. Wir kennen zwar nicht die Lebensgewohnheiten des Mammuts, aber wir wissen, daß das Rentier oder Karibu sich im Winter an Waldrändern aufhält, und zwar aus dem guten Grund, weil es dort am ehesten Nahrung in Form von Zweigen und ähnlichem findet. Ich kann nun nicht recht glauben, daß sich eine Karibu- oder Mammutherde aufmachen würde, um mitten im Winter eine achtzig Kilometer breite, baumlose kahle Eisfläche zu überqueren – und wenn die Tierherden das nicht taten, so hatten auch die Jäger keinen Grund dazu.

Wenn wir also voraussetzen, daß eine Landbrücke für die Wanderung notwendig war, so kann sie nur in der Zeit vor 50.000 bis 40.000 Jahren, nämlich während der ersten Phase der letzten Eiszeit, oder später in der Zeit vor 28.000 bis vor 10.000 Jahren, während der zweiten und kälteren Phase erfolgt sein. Die erste Phase, die etwas vor der Zeit liegt, in welcher der moderne Mensch auftrat (und das immerhin etwa 13.000 Kilometer von der Beringsee entfernt), brauchen wir nicht zu berücksichtigen. Es gab außerdem noch eine weitere klimatische Barriere, die uns in die Lage versetzt, die Möglichkeiten noch mehr einzuschränken. Nachdem der Mensch nach Alaska gelangt war, mußte er den Weg ins Zentrum des amerikanischen Kontinents finden. Während eines großen Teils der Eiszeit war dieser Weg aber durch das Eis blockiert. Die Eisbarriere dauerte mit kurzen Unterbrechungen (wenn es überhaupt welche gab) von der Zeit vor 23.000 Jahren bis zur Zeit vor 13.000 Jahren oder noch länger. Der Mensch könnte deshalb entweder in der Periode nach Amerika gekommen sein, die zwischen der Entstehung der Landbrücke (vor 28.000 Jahren) und der Errichtung der Eisbarriere (vor 23.000 Jahren) lag. Oder es war später, in der Zeit zwischen der Öffnung der Eisbarriere (vor 13.000 Jahren) und dem Versinken der Landbrücke (vor 10.000 Jahren).

---

* Die Vorstellung, daß eines der beiden Völker auf diesem Wege eine erfolgreiche Invasion durchführen könnte, ist natürlich so phantastisch, daß außer einem General niemand daran glauben dürfte.

Vielleicht ist es nur ein Zufall, aber jedes der allgemein anerkannten Karbondaten für den Frühmenschen in der Neuen Welt liegt innerhalb des späteren Zeitraumes. Die sogenannte Llano-Kultur in Neumexiko, die besonders durch ihre „Wurfgeschoß-Spitzen" bekannt wurde, wird auf 12.000 Jahre vor unserer Zeit datiert. Eine Ausgrabungsstätte bei Onion Portage in Alaska läßt sich vielleicht auf die Zeit vor 13.000 Jahren datieren. Um das Bild zu vervollständigen, stellen wir fest, daß die ersten menschlichen Spuren, die man in Sibirien gefunden hat, aus der Zeit vor vielleicht 16.000 Jahren stammen, während die ersten Anzeichen für die Existenz von genähter Bekleidung (in Europa) schon etwa 30.000 Jahre alt sind. Aber die Hoffnung in der Brust des Anthropologen lebt ewig weiter. Der große Louis S. B. Leakey, der durch seine Ausgrabungen in der Oldoway-Schlucht berühmt wurde, hat in Südkalifornien einige sehr rohe Werkzeuge ausgegraben, die seiner Meinung nach 50.000 Jahre alt sind. Doch seine Datierung ist alles andere als zuverlässig, und die Werkzeuge sind so roh, daß sie von manchen Experten gar nicht als Werkzeuge angesehen werden. Ich fürchte, wenn ein anderer als Leakey eine solche Vermutung ausgesprochen hätte, so wäre ein schallendes Gelächter von Kalifornien bis nach Kenia zu hören gewesen. Ein weiteres Bruchstück eines angeblichen Werkzeuges wurde im Löß (vom Wind zusammengewehter Schlammstaub) einer Erdschicht in Indiana gefunden und stammt angeblich aus der Zeit vor 35.000 bis 40.000 Jahren. Doch auch diese Datierung ist nur indirekt, und der Gegenstand selbst läßt sich nicht mit Sicherheit als Werkzeug identifizieren.

Der Mangel an Beweisen hindert die Wissenschaftler freilich nicht daran, Vermutungen aufzustellen – und er sollte das auch nicht. Leider ziehen aber nicht alle Wissenschaftler eine klare Trennungslinie zwischen Vermutung und Tatsachen. So erklärt der schweizerische Anthropologe Hansjürgen Müller-Beck in der Zusammenfassung einer seiner letzten wissenschaftlichen Schriften, er habe die Ausbreitung der Jägerkulturen in Eurasien „rekonstruiert" und die Überquerung der Landbrücke in der Beringsee auf eine Zeit... vor etwa 28.000 bis 26.000 Jahren datiert. Leider hat Müller-Beck seinen Bogen weit überspannt. Liest man den Text seiner Arbeit, die im übrigen sehr gut geschrieben und wertvoll ist, so entdeckt man, daß alles, was er „rekonstruiert" hat, nicht das ist, was geschah, sondern das, was seiner Meinung nach hätte geschehen müssen. Er erklärt detailliert (und ich muß sagen, recht überzeugend), wie der Mensch schon zu einer frühen Zeit nach Amerika gelangt sein *könnte*. Was aber die Beweise angeht, so enthält seine Arbeit keinerlei Angaben darüber – so wie wir auch in Sibirien keine archäologischen Funde gemacht haben, die sich auf eine Zeit vor 16.000 Jahren und früher datieren lassen.

Sibirien ist ein weites Land, man wird dort fraglos noch viele Entdeckungen machen können. Dasselbe gilt übrigens auch für Amerika. Doch trotz eventueller neuer Funde, die dann alles wieder in Frage stellen würden, müssen wir heute feststellen, daß sowohl das Klima wie auch das Karbon die Entdeckung Amerikas gemeinsam auf eine Zeit vor etwa 13.000 Jahren datieren.[*]

Diese frühen Jäger wußten natürlich nicht, daß sie einen neuen Kontinent entdeckt hatten, aber schließlich wußte Kolumbus das auch nicht!

---

[*] Seit ich diese Zeilen geschrieben habe, hat man einige primitive Werkzeuge in Peru gefunden, die mindestens 20.000 Jahre alt sind. Damit wird die Entdeckung Amerikas auf die Zeit vor etwa 25.000 vorgeschoben!

22. Das häßliche Erbe des Klimas

DAS RASSENPROBLEM

Wenn „Rasse" überhaupt etwas bedeuten soll, dann kann man sie doch nur definieren als eine überschaubare Gruppe von Menschen, die von denselben Vorfahren abstammen und einander ähnlicher sind als irgendeiner anderen Gruppe. Wir erinnern uns allerdings an die Schwierigkeiten, die uns der Begriff „Ähnlichkeit" bei der Definition einer Spezies bereitet hat. Mit den Rassen ist das noch schlimmer.

Man nehme zum Beispiel jene, die man verschiedentlich als die schwarze, die Negerrasse, die negroide oder kongoide Rasse zu bezeichnen pflegt. Zu ihr gehören einige der höchstgewachsenen Völker der Erde (die Dinka und die Watussi) und einige der kleinsten (die Pygmäen aus dem Kongo). Unter den Menschen dieser Rasse gibt es solche mit breiten, flachen Nasen, mit mittelbreiten, geraden Nasen und mit schmalen, gebogenen Nasen. Es gibt breitschulterige und untersetzte, hochgewachsene und schlanke Negroide, sowie solche, deren Körperbau in der Mitte zwischen beiden Typen einzuordnen wäre. Man bezeichnet sie alle zusammen als „Rasse", weil fast alle Angehörigen dieser Gruppe eine verhältnismäßig dunkle, wenn auch selten schwarze Haut haben, weil ihre Kiefer stark hervortreten (Prognathismus), weil sie verhältnismäßig kleine Augenbrauenwülste und krauses oder wolliges Haar haben. Aber in bestimmten Gegenden von Indien finden wir Menschen mit ebenso dunkler Haut, feingelocktem Haar und hervortretender Kieferpartie, und dennoch klassifiziert man sie als Angehörige der kaukasischen Rasse oder sogar als „Weiße". Die braunhäutigen Eingeborenen von Australien haben eine stark vorspringende Mundpartie, werden jedoch als „australoid" bezeichnet wie ihre jetzt ausgestorbenen Verwandten in Tasmanien, die außerdem noch wolliges Haar hatten. In manchen Gegenden des Südwestpazifik wie z. B. auf den Salomon-Inseln finden wir schließlich Völker, die nach ihren anatomischen Merkmalen negroid sein sollten und früher auch zu dieser Rasse gerechnet wurden. Jetzt wirft man sie mit den Australoiden in einen Topf, weil niemand überzeugend erklären konnte, wie sie genetisch mit den etwa 16.000 Kilometer von ihnen entfernt lebenden afrikanischen Negern verwandt sein könnten.

Da die Ansichten über das, was eine Rasse ausmacht, so verworren sind, überrascht es niemanden, wenn wir erfahren, daß die Anzahl der von den Anthropologen als Rassen bezeichneten Gruppen zwischen drei und zweihundert liegt. Es wird auch niemanden schockieren, wenn er erfährt, daß ich hier keine lange Diskussion über „Rassen" beabsichtige. Statt dessen wollen wir uns mit den physischen Unterschieden, die es zwischen verschiedenen Gruppen von Menschen gibt, beschäftigen – oder jedenfalls mit den Unterschieden, die offenbar auf das Klima zurückgeführt werden müssen. Ob diese Unterschiede in irgendeinem Fall gemeinsam eine „Rasse" ausmachen, ist eine Frage, über die sich die Fachleute streiten sollen. Wir stellen vorerst einmal fest, daß die „Rassen" – gleichgültig, ob sie eine physische Realität sind oder nicht – jedenfalls als soziale Realität des Rassenproblems nicht zu leugnen sind. Das heißt, zu viele Menschen glauben nicht nur an das Vorhandensein der Rassen, sondern sie glauben auch allen möglichen Unsinn über sie. Soweit jedoch das Klima für zahlreiche körperliche Unterschiede zwischen den einzelnen Gruppen von Menschen verantwortlich ist – und das ist es offenbar recht weitgehend –, ist es auch indirekt für eines der häßlichsten Probleme verantwortlich, die die menschliche Zivilisation heute belasten.

Wenn wir versuchen, die körperlichen Unterschiede der Menschen zu klimatischen Unterschieden in Beziehung zu setzen, dann stoßen wir sofort auf eine unerwartete Schwierigkeit: viele Stammes- und Volksgruppen sind schon seit sehr langer Zeit von einer Klimazone in die andere gewandert, das heißt, eine Volksgruppe, die sich zunächst an ein bestimmtes Klima angepaßt hatte, lebt später in mehreren verschiedenen Klimazonen. Dabei können wir oft nicht mehr feststellen, wo die „ursprüngliche" Heimat einer Gruppe gelegen hat, ja häufig ertappen wir uns sofort dabei, daß wir im Kreise argumentieren: Weil man glaubt, eine Gruppe habe sich körperlich an ein bestimmtes Klima angepaßt, nimmt man an, daß sie aus diesem Klima stammt. Und weil sie aus diesem Klima „stammt", müssen ihre körperlichen Merkmale klimatische Bedeutung haben.

Nachdem wir nun also unsere üblichen Warnzeichen errichtet haben, wollen wir uns zunächst mit den Völkern beschäftigen, die in heißen Klimazonen leben (oder jedenfalls dort ihren vermutlichen Ursprung haben). Die auffallendste Tatsache (und auch die sozial explosivste) im Hinblick auf solche Menschen liegt in ihrer Neigung zu einer wesentlich dunkleren Hautfarbe als bei Bewohnern kälterer Klimazonen. Man findet fast alle dunkelhäutigen Menschen im äquatorialen, Savannen- oder tropischen Steppenklima, also im größten Teil von Afrika, in Südindien, in Neuguinea und auf den benachbarten Inseln sowie in Nord- und Mittelaustralien. Die einzigen wichtigen Ausnahmen sind die Eingeborenen von Südostaustralien und ihre ausgerotteten Verwandten, die früher in Tasmanien lebten. In diesen beiden Gebieten herrscht ein warmes Seeklima. Man darf aber nicht daran zweifeln, daß diese Völker, wann auch immer sie in ihre neue Heimat in der gemäßigten Zone gekommen sind (das früheste Radiokarbondatum aus Tasmanien verweist in die Zeit vor 8000 Jahren), aus dem Norden über Indonesien und Südostasien eingewandert sein müssen, nachdem sie über 10.000 Jahre in tropischen Gebieten gelebt hatten. Wenn wir hingegen verhältnismäßig hellhäutige Menschen in tropischen Gebieten antreffen (wie in Indonesien und Polynesien), dann haben wir auch gewichtige archäologische Gründe für die Annahme, daß sie erst in jüngerer Zeit eingewandert sind (im Falle der heute in tropischen Klimazonen lebenden Europäer *wissen* wir freilich, daß sie Einwanderer sind).

Dies alles gilt nur für die Alte Welt. Zwar sind auch die Indianer aus dem tropischen Teil der Neuen Welt im allgemeinen dunkelhäutiger, doch sind die Unterschiede weniger ausgeprägt. Das ist eine weitere Stütze für die Annahme, daß der Mensch erst in verhältnismäßig neuerer Zeit auf den amerikanischen Kontinent gekommen ist. Bei der Besiedlung wanderte er vermutlich durch so viele Klimazonen, daß er sich nur wenig an eine einzelne angepaßt hat.

Die Menschen mit der hellsten Haut entwickelten sich offensichtlich im kühlen, maritimen Klima von Nordwesteuropa — jene blonden, rosawangigen Völker, die zuweilen die „nordischen" genannt werden. Es ist vielleicht bedeutsam, daß die hellhäutigsten amerikanischen Indianer, die von den Forschern manchmal „weiße Indianer" genannt werden, im Seeklima der Ostküste der Vereinigten Staaten und Kanadas gefunden wurden. Der Zusammenhang zwischen besonders heller Haut und dem maritimen (nicht nur kühlen oder kalten) Klima läßt vermuten, daß der klimatische Faktor, der am meisten auf die Hautfarbe wirkt, nicht in der Temperatur an sich liegt, sondern im Sonnenlicht, besonders in den ultravioletten Strahlen, die beim Aufprall auf die Haut das Vitamin D erzeugen, das unser Körper braucht, um normale Knochen zu bilden. Nach dieser Theorie konnten Menschen, die unter dem oft wolkenbedeckten Himmel eines gemäßigten Seeklimas lebten, wo im Winter sogar bei klarem Wetter nur schwaches Sonnenlicht einfällt (und die zudem den größten Teil ihrer Haut mit Kleidung bedecken mußten), nur mit Hilfe einer sehr hellen Haut überleben. Ihre Haut mußte für den größten Teil der ultravioletten Strahlen durchlässig sein, so daß ein Minimum an Sonnenlicht ein Maximum an Vitaminen erzeugen konnte. Physiologen haben geschätzt, daß Menschen des „nordischen Typs" – im Gegensatz zu denen mit dunklerer Haut – ihren täglichen Mindestbedarf an Vitamin D bereits dann aufgenommen haben, wenn ihre Gesichter nur wenige Stunden pro Tag dem Sonnenlicht ausgesetzt sind.

Weiter südlich in der Mittelmeerzone, wo es weniger Wolken und längere Wintertage gibt, wäre die Vitamin-D-Produktion kein Problem mehr. Dafür aber Sonnenbrand und Hautkrebs – und dafür ist die helle Haut der nordischen Menschen besonders anfällig. Deshalb brauchte man hier eine dunklere Haut, die unter dem sommerlichen Himmel genügend nachdunkelt, um die Sonnenbrand und Krebs verursachenden ultravioletten Strahlen abzufangen. Da die Menschen des Mittelmeerraumes in der Mehrzahl tatsächlich eine solche Haut besitzen, ist diese Theorie so weit ganz gut. Wenn wir aber noch weiter nach Süden gehen, in die Länder, wo die Menschen eine dunkelbraune oder sogar schwarze Haut haben, verliert sie jedoch ihre Gültigkeit. Es gibt in der Tat noch keinen überzeugenden Grund dafür, daß irgend jemand eine schwarze Haut bräuchte – außer daß mehrere hundert Millionen Menschen sie tatsächlich haben.

Schutz gegen Sonnenbrand oder Hautkrebs kann kaum die richtige Erklärung sein, weil schwarze Haut keinen besseren Schutz geben dürfte als eine dunkel gebräunte Haut. Ich selbst bin recht hellhäutig (wenn auch nicht ganz nordisch), aber wenn ich mich im Juli zwei Wochen vorsichtig habe bräunen lassen, kann ich täglich mehrere Stunden am Strande sein, ohne unangenehme Folgen fürchten zu müssen. Die dunkleren Nordafrikaner und Orientalen, die von der Sonne fast kaffeebraun gebrannt werden, können sich den ganzen Tag halbnackt in der Sommersonne aufhalten.

Einige Anthropologen meinen, wie die „nordische Haut" den Menschen vor einem Mangel an Vitamin D schützt, müsse ihn umgekehrt die schwarze Haut vor einem Übermaß an Vitamin D bewahren.

Ständige Überdosen dieses Vitamins haben zwar wirklich eine ganze Reihe unangenehmer Folgen wie Nierensteine und Arteriosklerose, doch hat man berechnet, daß sogar ein hellhäutiger Mensch den ganzen Tag lang ununterbrochen dem Sonnenlicht ausgesetzt sein müßte, um soviel Vitamin D zu erzeugen, daß es schädlich wirkt. Dabei dürfte er nie den Schatten aufsuchen und müßte jeden Quadratzentimeter seiner Haut den Sonnenstrahlen aussetzen. Da notwendigerweise wenigstens die Hälfte unserer Hautfläche ständig im Schatten ist, müßte man schon einiges anstellen, um dieser Forderung zu genügen. Das Problem wird außerdem noch dadurch komplizierter, daß dunkle Haut erwiesenermaßen mehr Sonnenlicht absorbiert als helle, d. h. daß sich die „Wärmebelastung" des Körpers erhöht – was in den Tropen schwerlich von Vorteil sein dürfte. Dieser Umstand würde sich jedoch durch ein einfaches physikalisches Gesetz ausgleichen, an das offenbar keiner der Anthropologen, deren Schriften ich gelesen habe, gedacht hat: Obwohl Schwarz mehr Licht absorbiert als Weiß, strahlt es auch mehr Wärme aus, und das bedeutet, daß eine dunkle Haut zwar mehr Wärme aufnimmt, sie aber auch leichter wieder abgibt.

Die ganze Sache ist sogar noch problematischer: Viele, vielleicht sogar alle dunkelhäutigen Menschen haben sich kaum unter dem blendenden Sonnenlicht der tropischen Steppe oder im Grasland der Savanne entwickelt, sondern eher in der feuchteren, schattigen, baumbestandenen Savanne oder sogar im Dämmerlicht des äquatorialen Regenwaldes. Diese Vermutung war der Anlaß zu der exzentrischsten aller Theorien, die unter anderem von dem Anthropologen Carlton Coon, dem Autor mehrerer Bücher über die „Rassenfrage", vertreten wird: Nach seiner Vorstellung ist die schwarze Haut kein Schutz gegen die Hitze, sondern ein Schutz gegen die Kälte (!), weil sie mehr Wärme absorbieren kann. Ich vermute, daß Dr. Coon und die Verfechter seiner Theorie niemals in den Tropen gelebt haben. Ich kenne die Tropen und kann mich nicht erinnern, dort jemals unter Kälte gelitten zu haben, obwohl ich keine schwarze Haut besitze, die mich davor hätte schützen können. In den feuchten Tropen, wo es natürlich keine Winter gibt, ist es höchstens nachts einigermaßen kühl – also ausgerechnet während der Stunden, in denen auch die schwärzeste, Sonnenlicht absorbierende Haut keinen praktischen Wert hat.

Wenn wir annehmen – was jedoch keineswegs sicher ist –, daß die dunkelhäutigen Menschen ihre Hautfarbe im äquatorialen oder fast äquatorialen Wald bekommen haben, so kann die folgende – meines Wissens zuerst von Rudyard Kipling in seinen *Just-So-Stories* genannte

Erklärung wohl zutreffen: es handelte sich um eine Tarnfarbe. Zweifellos ist ein schwarzer Mensch im Dämmerlicht oder im Waldschatten weniger gut sichtbar als ein weißer, und so ist es gut vorstellbar, daß schwarze Jäger im tropischen Wald erfolgreicher waren als weiße, weil sie das Wild weniger leicht erschreckten. So ließe sich auch erklären, warum die Buschmänner in Südafrika, die in sonnigen Steppen und Wüsten leben und, soweit wir wissen, nie Waldbewohner waren, nicht schwarz oder schokoladenfarben sind, sondern eine gelblich wüstenbraune Hautfarbe haben.

Aber auch gegen die Tarnfarbentheorie gibt es Einwände. Bei dem ganzen Problem der schwarzen oder dunkelbraunen Hautfarbe ist man immer in der Versuchung, so zu reagieren wie jener Anthropologe, der nach dem Studium aller einschlägigen, aber widersprüchlichen Theorien verzweifelt ausrief: „Um Himmels willen – *irgendeine Farbe muß* die Haut doch schließlich haben!"

Das stimmt natürlich. Das Schlimme ist nur, daß sich auf Grund der Hautfarben eine komplizierte Mythologie entwickelt hat, in der alle möglichen nicht hierhergehörenden Eigenheiten mit der Hautfarbe in Verbindung gebracht werden. Dies sogar dort, wo man nur andeutungsweise von einer bestimmten Hautfarbe sprechen kann. So beispielsweise jene amerikanischen „Neger", die zu $7/8$ oder zu $15/16$ „weiß" sind, und dennoch alle gesellschaftlichen Nachteile auf sich nehmen müssen, die auf ihrer angeblich ererbten geistigen und sittlichen Minderwertigkeit beruhen. Wenn $1/16$ afrikanische Erbmasse einen Menschen genetisch zum Neger macht, dann müssen die afrikanischen Chromosome besonders wirkungskräftig sein. Allerdings glaube ich nicht, daß die Allerwelts-Rassisten überhaupt an so etwas denken.

Es gibt zahlreiche andere körperliche Veranlagungen, die augenscheinlich auf eine Anpassung an das heiße Klima zurückzuführen sind. Manche in den Tropen lebende Völker haben sehr geringe Körperbehaarung; allerdings lassen die Widersprüche in der Quantität der Haare darauf schließen, daß es sich dabei nur um eine sekundäre klimatische Anpassung handelt, denn es gibt auch behaarte Menschen in den Tropen und verhältnismäßig wenig behaarte in den gemäßigten Zonen. Eher ließe sich die Form der Haare dem Klima zuordnen. Krauses oder wolliges Haar findet man ausschließlich bei Menschen, die in den Tropen leben oder aus den Tropen stammen. Wenn nun solches Haar frei wachsen kann (wie beim „Afro-Look" vieler Schwarzer in den USA, weniger aber bei afrikanischen Schwarzen), dann bildet es eine dichte, buschige Masse, die den ganzen Kopf oben und an den

Seiten bedeckt. Einerseits isoliert solch buschiges Haar sehr gut das Gehirn und schützt es vor den direkten Sonnenstrahlen. Anderseits läßt es Hals und Schultern frei, so daß diese Körperpartien Schweiß absondern und sich besser abkühlen können. Für die Abkühlung ist der Hals ein besonders wichtiger Körperteil, weil sich hier so viele große Blutgefäße dicht unter der Haut befinden.

Unter den verschiedenen Bewohnern der Tropen gibt es außerdem noch einzelne Typen, die sich nach dem Körperbau unterscheiden lassen. Die Angehörigen der schwarzen Stämme am reißenden Oberlauf des Nil, die Dinka und Schilluk, sind auffallend schlank und langgliedrig. Das sind Eigenarten, durch die sich die Körperoberfläche (d. h. die kühlende Fläche) im Verhältnis zum Körpervolumen vergrößert. Die meisten in den Tropen lebenden Völker sind in der Tat schlank (z. B. die Indonesier, die Vietnamesen usw.), allerdings kann man nicht in jedem Fall sagen, ob als Folge einer Anpassung an das Klima oder einer unzureichenden Ernährung. Dagegen ist die geringe Körpergröße der verschiedenen Pygmäengruppen fraglos genetisch bedingt und hat mit der Ernährung nichts zu tun. Man findet diese Zwergvölker ausschließlich im äquatorialen oder fast äquatorialen Klima: im Kongo, in Südostasien, auf den Philippinen und in Neuguinea, und man ist versucht, anzunehmen, daß die geringe Körpergröße die hohen Temperaturen ausgleichen soll (nach dem Quadrat-Kubik-Gesetz hat ein Pygmäe im Verhältnis zu seinem Körpergewicht eine wesentlich größere Hautoberfläche als ein ähnlich proportionierter Mensch normaler Größe). Aber es gibt auch andere Erklärungsversuche: Man hat angenommen, die Pygmäen wären deshalb so klein, weil sich ein kleiner Mensch leichter im dichten Wald fortbewegen kann. Zu dieser Frage würde ich gern noch genauere Unterlagen sehen. Im echten äquatorialen Urwald gibt es wegen des tiefen Schattens nur wenig Unterholz, weswegen dort Menschen aller Größen kaum in der Fortbewegung behindert werden. Überzeugender ist die Annahme, nach der die geringe Körpergröße der Pygmäen eine Folge der Anpassung an eine Umwelt mit begrenzten Nahrungsquellen ist. Wie schon oben gesagt, gibt es im äquatorialen Klima nur wenige Tiere und geringe Vorräte an erreichbarer Pflanzennahrung. Ein Sammlervolk, das in diesem Klima lebt, müßte sich an eine recht magere Kost gewöhnen, an eine Nahrung, der es insbesondere an den Proteinen fehlt, die für das Wachstum notwendig sind.

Eine weitere Folge der Anpassung an das heiße Klima ist vielleicht die sogenannte „Steatopygie", der griechisch-vornehme Name für einen

dicken Hintern. Bei den Buschmännern und den Hottentotten in Südafrika haben viele Frauen und manche Männer ein übermäßiges Gesäß,
das fast ausschließlich aus Fettablagerungen besteht. Nun haben die
Frauen bei allen Völkern mehr Körperfett als die Männer. Welche
biologische Funktionen dieses Fett auch haben mag (es ist sicher eine
Nahrungsreserve), der weibliche Körper erhält dadurch jedenfalls die
rundlichen Formen, die die meisten Männer anziehend finden. Anderseits ist Fett auch ein guter Isolator. Deshalb die dichte Speckschicht
der Seelöwen und Wale in den polaren und subpolaren Meeren. Im
heißen Klima ist es daher für eine Frau vielleicht sehr von Vorteil,
wenn sie ihre Fettreserven an einer einzigen Stelle mit sich herum-
trägt, während der übrige Körper von der Isolierschicht frei bleibt. Der
Höcker des Kamels hat eine ähnliche biologische Funktion, und vielleicht auch der Höcker des indischen Zeburindes. Alle diese Erscheinungen sind gleichermaßen Ergebnisse der Anpassung an das Klima.
Doch sollte man trotzdem keine voreiligen Schlüsse über die Gründe
für die Entstehung gewisser Formen des weiblichen Hinterteils ziehen.
Auf die Frage, warum seiner Meinung nach die Frauen seines Stammes
so voluminöse Gesäße haben, antwortete ein Hottentotte achselzuk-
kend: „Wir mögen eben solche Frauen!"

Die vielleicht subtilste Art der Anpassung an das Klima findet sich
bei bestimmten tropischen und subtropischen Völkern. Es ist eine
Anomalie des Blutes, die vor einigen sechzig Jahren entdeckt wurde:
die sogenannte Sichelzellen-Anämie, eine Krankheit, bei der – wie der
Name sagte – die roten Blutzellen eine besondere Form annehmen und
leicht zugrunde gehen. Das führt zu einer beschwerlichen und manchmal tödlich ausgehenden Anämie. Diese Krankheit wurde zuerst bei
amerikanischen Negern beschrieben: Man hielt sie lange Zeit für eine
„rassische Veranlagung". Weiße Ärzte wurden bei diesem Thema so
dogmatisch, daß sie in den wenigen Fällen, in denen diese Krankheit
auch bei weißen Patienten festgestellt wurde, darin ein Anzeichen für
verborgenes „Negerblut" in der Familie des Betreffenden sahen. Ein
weiteres Rätsel ergab sich, als man feststellte, daß die Sichelzellen-
Anämie nur dann auftritt, wenn sie von beiden Elternteilen vererbt
wird. Diejenigen „Träger" der Veranlagung, die nur ein krankheits-
verusachendes Gen haben, weisen nur wenige und im allgemeinen
harmlosere Symptome auf. Wenn jedoch zwei solche Träger Nachkommen zeugen, dann besteht eine Wahrscheinlichkeit von eins zu
vier, daß das Kind an Sichelzellen-Anämie erkrankt, und seine Aus-
sicht, bis zur Reife heranzuwachsen, beträgt nur ein Fünftel des Nor-

malen. So gesehen ist diese Veranlagung also ein biologischer Nachteil. Die Genetiker schätzten, daß die frühe Sterblichkeit anämischer Kinder in jeder Generation einer Population etwa $^1/_6$ der Sichelgene ausschalten müsse. Dennoch zeigte sich, daß etwa vierzig Prozent der Angehörigen bestimmter afrikanischer Stämme dieses Gen besitzen, und nichts deutet darauf hin, daß sein Vorkommen sich verringert.

Die Lösung dieses Rätsels kam, als man feststellte, daß das betreffende Gen in Afrika nur in warmen und verhältnismäßig feuchten Gebieten auftritt. Außerhalb des äquatorialen und des Savannengürtels ist es fast unbekannt. Ein besonderes Kennzeichen dieser Klimazonen ist die relative Häufigkeit der Malaria, einer Krankheit, die von Mücken übertragen wird und folglich nur in verhältnismäßig warmen und feuchten Klimazonen auftritt, da sich die Insekten in stehenden Gewässern vermehren. Wie sich herausstellte, tritt die Sichelzellen-Anämie etwa gleichzeitig mit einer besonders gefährlichen Form der Malaria auf. Wir wissen jetzt, daß das Gen, das die Sichelzellen-Anämie bedingt, zwar in „der doppelten Dosis" (d. h. wenn es von beiden Elternteilen vererbt wird) große Nachteile bringt, aber einzeln einen gewissen Schutz gewährt. Auf noch nicht völlig erforschte Weise schützt es seinen Träger vor gewissen Wirkungen des Malariabazillus. Ein Stamm, der in einem stark malariaverseuchten Gebiet wohnt, „tauscht" also gewissermaßen (biologisch gesehen) die zusätzlichen Todesfälle, die durch die Sichelzellen-Anämie eintreten, gegen größere Sicherheit vor der bösartigen Malaria ein.

Im gemäßigten Klima paßt sich der menschliche Körper weniger deutlich den klimatischen Verhältnissen an. Das überrascht uns nicht sehr, wenn wir uns vergegenwärtigen, daß die Menschen in diesen Klimazonen sich schon seit einigen hunderttausend Jahren künstlich durch Feuer und Kleidung an die Kälte angepaßt haben. Die Menschen in der gemäßigten Zone sind durchweg relativ hellhäutig, ihr Haar ist entweder gerade oder gewellt, hängt aber immer so weit herab, daß es Hals und Schultern schützt. Im übrigen haben die Bewohner der gemäßigten Zone außer der „nordischen" Haut, die wie gesagt offenbar eine Folge der Anpassung an das Klima ist, nur wenige auffallende Kennzeichen, die als klimabedingt gelten können. Carlton Coon und andere Wissenschaftler glauben zwar, daß eine schmale und vorspringende Nase auf ein kaltes und/oder trockenes Klima hinweist, weil sie dazu beiträgt, die eingeatmete Luft zu erwärmen und/oder anzufeuchten. Hier gibt es aber zu viele Ausnahmen in jeder Richtung, als daß wir etwas Entscheidendes darüber sagen könnten. Wenn wir z. B. die Menschen ansehen, die sich an das trockene und sehr kalte subpolare und polare Klima gewöhnt haben, so stellen wir fest, daß ihre Nasen flach und nicht gebogen sind. So z. B. die nordostsibirischen Völker der Tungusen und der Tschuktschen – und natürlich die Eskimos, die sowohl anatomisch als auch sprachlich nahe mit ihnen verwandt sind. Wenn wir den Begriff der „Rasse" definieren wollen, als einen Menschentyp, der sich an ein bestimmtes Klima angepaßt hat, dann sind diese im hohen Norden beheimateten Völker diejenige Gruppe innerhalb der Spezies des *homo sapiens*, die einem solchen Begriff noch am nächsten kommen.

Die im kalten Klima entstandenen Veranlagungen dieser Völker sind in der Tat mehr oder weniger bei allen sogenannten „mongoloiden" Völkern zu finden, deren gegenwärtiger Lebensraum sich vom nördlichen Eismeer bis zum äquatorialen Indonesien erstreckt. Dieses und andere Anzeichen deuten darauf hin, daß die Vorfahren dieser Völker (oder zumindest einige von ihnen) aus dem fernen Norden eingewandert sein müssen, nachdem sie sich während der letzten Eis zeit dem dort herrschenden strengen Klima angepaßt hatten. Die deutlichsten Merkmale für eine Anpassung an die Kälte findet man bei den am weitesten im Norden lebenden Gruppen. Erstens sind sie untersetzt und haben verhältnismäßig kurze Gliedmaßen. Damit verringert sich die Körperoberfläche, und der Wärmeverlust sinkt auf ein Minimum. Zweitens haben sie flache Gesichter, ihre Nase ragt kaum über die Gesichtsfläche hinaus (die Chinesen bezeichnen die Europäer sogar oft als „Großnasen", und der weiße Imperialist mit der Hakennase ist in der chinesischen Presse ein ebenso stereotypes Standardbild wie der schlitzäugige, zähnebleckende Orientale in der unseren). Wozu das flache Profil gut ist, wird jeder „weiße" Leser begreifen, der bei kaltem Wetter schon einmal die charakteristische rote Nase bekommen hat.

Die Körperbehaarung ist spärlich, was auf den ersten Blick überraschen mag. Wenn ein Mensch jedoch überhaupt im polaren oder nahezu polaren Klima überleben will, so kann er das nur mit Hilfe von Spezialkleidung und braucht manchmal sogar mehrere Schichten. In solchem Fall hat die Körperbehaarung kaum noch zusätzlichen Wert, und Gesichtshaare bedeuten sogar einen entschiedenen Nachteil: Wie „kaukasoide" Polarforscher zu ihrem Ärger haben feststellen müssen, sammelt sich im Bart und Schnurrbart die Feuchtigkeit aus der Atemluft, gefriert dort und überzieht das Haar mit einer Eisschicht. Die Völker, die sich wirklich an das polare Klima angepaßt haben, „ersetzen" die Behaarung durch Fett. Die am meisten der Kälte ausgesetzten Gesichtspartien – die Augenlider und Wangen – sind von einer Fettschicht bedeckt, welche die Blutgefäße schützt und die charakteristische „Schlitzäugigkeit" erzeugt (tatsächlich sind die Augen eher verengt als schräggestellt und geschlitzt).

Die übrigen körperlichen Unterschiede, die wir zwischen den Völkern finden, haben, soweit wir das sagen können, keine klimatische oder sonstige biologische Bedeutung. Alles deutet darauf hin, daß sie das Ergebnis zufälliger Variationen der sogenannten genetischen Tendenz sind, jener Verschiebungen, die wir bei kleinen und isoliert lebenden Gruppen jagender und Nahrung sammelnder Menschen antreffen. Gerade bei solchen Gruppen machen sich die Auswirkungen genetischer Impulse am klarsten bemerkbar, und gerade so hat der *homo sapiens* in den etwa 40.000 Jahren, in denen er die Erde bevölkert, meistens gelebt. Solange eine bestimmte Veranlagung für das Überleben weder positive noch negative Bedeutung hatte, konnte sie auftreten und sich rein zufällig innerhalb eines Stammes vererben – oder vielleicht weil die Männer dieses Stammes „solche Frauen mochten" oder umgekehrt.

Nimmt man die durch das Klima oder nur durch Zufall verursachten körperlichen Unterschiede zwischen den Völkern als fraglos gegeben an, so erhebt sich manchmal auch die Frage, ob es nicht auch *geistige* Unterschiede gibt. Was das Temperament, die emotionale Veranlagerung betrifft, so spricht wohl kein Grund dagegen – obwohl das Temperament so stark von Tradition und Kultur geprägt ist, daß seine genetische Komponente heute und wohl auch später kaum festzustellen ist. Der „reservierte" Engländer oder der „phlegmatische Deutsche" unterscheiden sich schließlich in ihren „rassischen Merkmalen" kaum von dem „launenhaften" Spanier oder dem „überschwenglichen" Italiener.

Doch wer so fragt ist meistens sehr unaufrichtig: Er denkt dabei natürlich nicht an das Temperament, sondern an die Intelligenz. Und hier sprechen nun allerdings alle Gründe gegen eine solche Vermutung. Nehmen wir nur den Umstand, daß die Intelligenz in jeder beliebigen Kultur (außer vielleicht in unserer eigenen, hochzivilisierten) einen deutlichen und positiven Wert für das Überleben hat, während Dummheit ebenso klar schadet. Erinnert man sich nun, daß der Mensch während der längsten Zeit seiner Existenz Jäger und Sammler war, so frage sich jeder selbst: Ist irgendeine menschliche Gesellschaft vorstellbar, in welcher der plumpe Werkzeugmacher, der ungeschickte Jäger und das törichte Weib, das eßbare Wurzeln nicht von giftigen zu unterscheiden weiß, mit *größerer* Wahrscheinlichkeit überlebt und Nachkommen hinterläßt? Gibt es irgendeine natürliche Umwelt oder irgendein Klima, das dem intelligenten Menschen nicht mehr Vorteile verschafft als dem Dummen? Solange man sich eine solche Gesellschaft nicht vorstellen kann, dürfte es schwer zu erklären sein, weshalb irgendeine Volksgruppe intelligenter oder weniger intelligent sein sollte als eine andere.

Noch dubioser ist der Versuch gewisser Ignoranten, aus den körperlichen Merkmalen verschiedener Gruppen Schlüsse auf die „Rassenintelligenz" zu ziehen – besonders aus deren angeblich „affenähnlichem" Aussehen. Ich habe kürzlich nur zum Vergnügen eine Liste jener „affenähnlichen" Merkmale zusammengestellt (fliehende Stirn, starke Körperbehaarung, ausgeprägte Augenbrauenwülste, dünne Lippen und ähnliches) und geprüft, bei welchen „Rassen" sie am seltesten auftreten. Nun raten Sie einmal, wer als der am *wenigsten* affenähnliche Ehrengast an der Festtafel saß!

Die Frage, ob bestimmte Gruppen intelligenter seien als andere, ist übrigens auch deswegen so dumm, weil auch eine „objektive" Antwort, wie sie manche Rassisten so krampfhaft suchen, uns nichts Verwertbares sagen könnte. Unterschiede in der Rassenintelligenz wären, wenn sie überhaupt existieren würden, höchstens Unterschiede im *Gruppendurchschnitt*, und ebenso wie beim Umgang mit dem Klima sind Durchschnittswerte auch beim Umgang mit Menschen nicht viel wert.

Die jährliche Durchschnittstemperatur in St. Louis beträgt plus 13 Grad Celsius – eine Temperatur, bei der man einen leichten Mantel trägt. Jeder Bewohner von St. Louis, der so närrisch wäre, im Juli (bei einer Durchschnittstemperatur von plus 27 Grad) oder im Januar (bei einer Durchschnittstemperatur von 0 Grad) im leichten Mantel herumzulaufen, hätte die Folgen seiner Dummheit verdient: höchstwahrscheinlich einen Hitzschlag oder eine Lungenentzündung. Ebenso verdiente jeder Unternehmer, was ihm blüht, wenn er einen leitenden Angestellten oder Ingenieur deshalb einstellt, weil der Mann aus einer gesellschaftlichen oder „rassischen" Gruppe mit hoher durchschnittlicher Intelligenz kommt: hoffentlich der Konkurs! Die amerikanische Durchschnittsfamilie hat, glaube ich, so etwas wie dreieinhalb Kinder. Bis heute habe ich noch keinen Vater und keine Mutter kennengelernt, die sich den Kopf darüber zerbrechen, wie man ein halbes Kind ernähren, bekleiden und erziehen soll.

Dritter Teil

KLIMA UND ZIVILISATION

23. Die Gletscher sind verschwunden

DIE BEMERKENSWERTE NEUZEIT

Vom Standpunkt der Naturwissenschaft gesehen gibt es keinen besonderen Grund für eine Abgrenzung der Neuzeit – grob gerechnet: die letzten 12.000 Jahre – gegen das vorangegangene Pleistozän. Zwar hat sich das Klima der Erde nach der letzten Eiszeit merklich verändert, aber doch nicht einschneidender als schon vorher ein halbes Dutzend Mal. Die modernen Tier- und Pflanzenarten unterscheiden sich nur wenig von denen, die schon vor 20.000 Jahren auf der Erdkugel lebten, und streng anatomisch betrachtet, hat sich auch der Mensch kaum verändert. Doch unter soziologischem und ökologischem Aspekt ist dieser unbedeutende Zeitraum in der Tat außerordentlich bemerkenswert. Während der wenigen Jahrtausende, die zusammengenommen vielleicht $\frac{1}{200}$ der Zeit ausmachen, die vergangen ist, seit der Australopithecus seine ersten rohen Steinwerkzeuge bearbeitete, hat sich die Kultur des Menschen und mit ihr seine Beziehung zur übrigen Natur ganz entscheidend verändert.

Am Ende des Pleistozän war der Mensch noch ein Jäger und Sammler und wanderte unablässig über die ganze Erde, hin- und hergetrieben durch die jahreszeitlichen Wanderungen des Wildes und das Wachsen und Vergehen der Vegetation. In den folgenden 7000 Jahren lernte er, Pflanzen, Tiere und gelegentlich das Klima soweit zu beherrschen, daß er in weiten Gebieten wenigstens ein halbwegs seßhaftes Leben führen konnte und in wenigen, besonders günstigen Gegenden sogar große feste Siedlungen anlegte – regelrechte Städte. Aus einem seltenen, wenn auch weitverbreiteten Tier wurde er zur beherrschenden Spezies der Erde, er erwarb die Fähigkeit, sowohl im äquatorialen Regenwald als auch in der polaren Tundra zu überleben – also in der Tat überall, außer in den kältesten Teilen der Polarzone und den allertrockensten

Wüstengebieten. Die Fähigkeit des Menschen, extreme klimatische Verhältnisse zu ertragen, übersteigt um vieles diejenige aller anderen Spezies (natürlich abgesehen von Parasiten wie der Laus, dem Bandwurm und dem Bazillus, denn für diese Organismen erzeugt der Körper des Menschen selbst die notwendige Wärme und Feuchtigkeit).

In der Neuzeit wurde die gegenseitige Beeinflussung von Mensch und Klima immer mehr zu einer regionalen oder sogar lokalen Angelegenheit. Davon wird in den folgenden Kapiteln noch genauer die Rede sein. Doch zuerst müssen wir uns einen Überblick über die Geschichte des neuzeitlichen Klimas auf weltweiter Ebene verschaffen, sowie über einige Theorien zu ihrer Erklärung.

Zunächst müssen wir uns klarmachen, daß wir jetzt das Klima aus einer viel geringeren Entfernung betrachten, das heißt, wir beschäftigen uns jetzt auch mit geringeren klimatischen Schwankungen als bisher. Eine Eiszeit oder eine Zwischeneiszeit wird nach Zehntausenden und vielleicht Hunderttausenden von Jahren gemessen. Die klimatischen Veränderungen in der Neuzeit nach dem Verschwinden der Gletscher dauerten dagegen wenige Jahrhunderte oder höchstens wenige Jahrtausende. Das Ausmaß der Veränderungen selbst ist ebenfalls geringer: Statt der auffälligen Kontraste zwischen Eiszeiten und Zwischeneiszeiten sehen wir jetzt nur, daß die jährliche Durchschnittstemperatur um wenige Grade steigt oder fällt und die jährliche Regenmenge um wenige Zentimeter zu- oder abnimmt.

Die Methoden, mit denen die Klimatologen diese geringen Veränderungen rekonstruiert haben, unterscheiden sich kaum von denen, die wir schon verwendeten, um uns die Geschichte der Eiszeiten zu vergegenwärtigen. Wieder haben wir die Pollen, die Jahresringe der Bäume, die „fossilen" Seen und besonders die „fossilen" Küstenlinien oder andere Hinweise auf Hebungen und Senkungen des Meeresspiegels. Die Ozeane reagieren rasch auf eine Zunahme oder Abnahme der „kontinentalen" Gletscher von Grönland und der Antarktis wie auch der Gebirgsgletscher, die sogar am Äquator vorkamen. In warmen Perioden wachsen die Meere außerdem noch dadurch, daß sich das Wasser ausdehnt, wenn es wärmer wird.

Das Gesamtbild, wie wir es aus solchen Hinweisen gewonnen haben, sieht etwa folgendermaßen aus: um 10.000 v. Chr. (man beachte die neue Art der Datierung) waren die Gletscher noch vorhanden, obwohl das Abtauen schon 6000 Jahre früher begonnen hatte. Etwa 7000 v. Chr. war die Eisschicht in Großbritannien abgeschmolzen, und in Skandinavien gab es nur noch Reste von Eis im Gebirge. In Nordamerika gingen die Gletscher langsamer zurück, vor allem deshalb, weil sie hier sehr viel mächtiger waren: Sie blieben noch 1000 bis 2000 Jahre länger liegen.

Um 6000 v. Chr. waren die klimatischen Verhältnisse auf der Erde den heutigen sehr ähnlich, aber die Temperaturen stiegen weiter: Die Erde erreichte jetzt schnell einen Zustand, der oft als das „klimatische Optimum" bezeichnet wird, wobei die Jahresdurchschnittstemperaturen in der gemäßigten Zone um einige Grade höher lagen als heute. Zwischen 5000 und 4000 v. Chr. erreichte der Temperaturanstieg seinen Höhepunkt. Etwa um 5000 v. Chr. scheint es jedoch in Teilen von Nordeuropa zu einer ausgesprochen feuchten Periode gekommen zu sein, in der sich die Torfmoore weit über die bisherigen Waldgebiete ausbreiteten. Danach wurde es wieder etwas kühler. Gegen 2500 v. Chr. war das Klima erneut ähnlich wie heute, aber wieder blieb es nicht dabei: Die Abkühlung schritt fort bis etwa zum Beginn der christlichen Zeitrechnung. In Nordeuropa wurden die Verhältnisse ungünstiger, erreichten dafür aber in weiten Teilen des Mittelmeerraumes ein Optimum mit ausreichenden Niederschlägen, die sich offenbar mehr auf das ganze Jahr verteilten. Nach dem britischen Klimatologen H. H. Lamb gab es sogar noch im 2. Jahrhundert n. Chr. keine wirklich trockene Jahreszeit im Mittelmeerraum – im Gegensatz zum heutigen Klima, das – wie er meint – „durch etwas mehr Sommerregen nur besser werden könnte".

Etwa seit 200 n. Chr. wurde es wieder wärmer, wenn auch nicht bis zur Temperatur des klimatischen Optimums. Ein „kleines klimatisches Optimum" erreichte zwischen 800 und 1200 n. Chr. seinen Höhepunkt und hatte in Nordeuropa bemerkenswerte historische Auswirkungen, über die wir im 35. Kapitel noch sprechen werden. Danach sanken die Temperaturen erneut und erreichten zwischen 1200 und 1400 n. Chr. den gegenwärtigen Stand. Während des folgenden Jahrhunderts war es nochmals etwas wärmer, worauf zwischen 1600 und 1850 n. Chr. vorwiegend kühle Temperaturen herrschten. Während dieser Zeit, die man in gewaltiger Übertreibung die „kleine Eiszeit" genannt hat, breiteten sich die Gletscher der europäischen Gebirge offenbar weiter aus als jemals seit dem endgültigen Abtau der riesigen Eisschichten.

Nach 1850 wurde es dann merklich wärmer (es scheint zuzutreffen, daß wir „nicht mehr so kalte Winter haben wie früher"), allerdings hat dieser Trend offenbar nun sein Ende gefunden. Und damit sind wir bei dem Punkt angelangt, an dem sich das Klima mit dem Wetter zu überschneiden beginnt. Ein wärmeres oder kälteres Jahrhundert stellt deutlich eine Veränderung des Klimas dar. Dagegen ist ein halbes Dutzend ungewöhnlicher kalter Winter oder trockener Sommer wohl kaum etwas anderes als eine Periode ungewöhnlichen Wetters.

Die Theorien zur Erklärung dieser jüngsten klimatischen Schwankungen sind nicht viel befriedigender als die im II. Teil dieses Buches erwähnten Eiszeiterklärungen. Wie nicht anders zu erwarten, gründen sich die meisten entweder auf Unregelmäßigkeiten der Sonneneinstrahlung oder auf Veränderungen innerhalb der Erdatmosphäre. Eine Theorie jedoch erklärt die Klimaschwankungen durch Veränderungen im Ablauf der Gezeiten.

Eine „atmosphärische" Erklärung, die einiges Aufsehen erregt hat, ist die Vulkantheorie, deren bekanntester Vertreter der berühmte amerikanische Meteorologe Harry Wexler war, der bis zu seinem Tode vor wenigen Jahren das amtliche Wetterbüro der Vereinigten Staaten leitete. Wexler führte aus, daß Vulkane riesige Mengen von feinem Staub in die obere Atmosphäre befördern können. Beim katastrophalen Ausbruch des ostindischen Krakatau im Jahre 1883, der direkt und indirekt den Tod von etwa 30.000 Menschen verursachte, wurden so viele Aschenpartikel in die Stratosphäre geschleudert, daß noch mehrere Jahre später in großen Teilen der Welt ungewöhnlich düster-rote Sonnenuntergänge beobachtet wurden. Selbstverständlich halten Staubwolken einen Teil des auf die Erde gestrahlten Sonnenlichtes ab. Und wirklich scheinen auf den Ausbruch des Krakatau eine Reihe ungewöhnlich kalter Winter in Europa und Nordamerika gefolgt zu sein. Der berühmte Blizzard von 1888 ist vielleicht die letzte klimatische Auswirkung dieses Vulkanausbruchs gewesen. Wexler sah nun ähnliche Zusammenhänge zwischen anderen größeren Ausbrüchen oder Serien kleinerer Ausbrüche und einer Reihe kalter Jahre (oder glaubte sie wenigstens zu sehen). In der Tat wäre es denkbar, daß ein Jahrhundert mit starker vulkanischer Tätigkeit nicht nur zu einer Reihe von kalten Jahren*, sondern sogar zu einer „kleinen Eiszeit" führt.

---

* Besonders das zweite Jahrzehnt des 19. Jahrhunderts, das in den meisten Gebieten auf der nördlichen Halbkugel entschieden kälter war als der Durchschnitt, ist ein Beispiel dafür. In den Vereinigten Staaten erreichte diese ungünstige Periode im Katastrophenjahr 1816 ihren Höhepunkt, das in unserer Folklore „das Jahr ohne Sommer" und „Achtzehnhundert-Hungerjahr" heißt. Hier übertreibt die Überlieferung einmal nicht. Im ganzen Nordosten der Vereinigten Staaten erfror die Frühjahrsernte im Boden, und im Juni waren tief gelegene Gebiete im Staat New York, wo die Durchschnittstemperatur für diesen Monat bei 18 Grad Celsius liegt, mit 90 Zentimeter Schnee bedeckt.

Allerdings hat das leider niemand beweisen können. Man bräuchte dazu eine genaue Tabelle der Vulkanausbrüche im Zeitraum von mehreren tausend Jahren – und die historischen Aufzeichnungen in den meisten Teilen der Welt (einschließlich so vulkanreicher Gebiete wie der ostindischen Inseln) reichen nicht so weit zurück.

Doch die Theorie von Wexler wirft noch ein weiteres Problem auf: Vulkane erzeugen nicht bloß Staub, sondern setzen bei ihren Ausbrüchen auch viele Tonnen Kohlendioxyd frei, die das Klima in genau entgegengesetzter Richtung beeinflussen. Kohlendioxyd ist ebenso wie Wasserdampf (wenn auch in geringerem Ausmaß) für den „Treibhauseffekt" der Atmosphäre verantwortlich, da es die Rückstrahlung der infraroten Wärmestrahlen behindert. Und wenn es schon schwierig ist, zu schätzen, welche Mengen vulkanischer Asche bei einem Ausbruch vor zwei Jahrhunderten ausgeworfen wurden, dann ist es so gut wie unmöglich, die Menge des dabei erzeugten Kohlendioxyds auch nur zu raten, geschweige denn zu berechnen, wie weit der eine Vorgang die klimatischen Auswirkungen des anderen wieder aufgehoben hat. Was also die größeren klimatischen Schwankungen in der Neuzeit betrifft, so können wir über die Vulkantheorie bestenfalls sagen, daß sie „unbewiesen" ist – und wahrscheinlich auch unbeweisbar bleibt.

Kohlendioxyd und wahrscheinlich auch Staub – aus nicht-vulkanischen Quellen – haben zwar höchstwahrscheinlich das Klima der letzten hundert Jahre wesentlich beeinflußt. Da dies aber ein Spezialproblem ist, können wir es uns bis zum letzten Kapitel aufsparen.

Die Theorie von der Auswirkung der Gezeiten auf das Klima wurde von dem großen schwedischen Ozeanographen Otto Pettersson aufgestellt, der einen großen Teil seines langen und schöpferischen Lebens der Untersuchung der „Unterwasserwellen" im Ozean gewidmet hat. Es sind dies Wasserbewegungen ähnlich den gewöhnlichen Wellen, nur größer (manchmal höher als 70 Meter) und langsamer. Wie der Name sagt, bewegen sie das Wasser jedoch tief unter der Oberfläche an der Grenze zwischen zwei Wasserschichten, deren eine kälter oder salziger (d. h. schwerer) ist als die andere. Obwohl diese Unterwasserwellen natürlich unsichtbar bleiben, lassen sie sich dadurch feststellen, daß man in einer bestimmten Tiefe die Temperatur- oder Salzgehaltschwankungen von Minute zu Minute mißt, während die untere Wasserschicht aufsteigt und dann wieder sinkt. Bei der Messung dieser Wellen stellte Pettersson fest, daß einige der größeren offensichtlich an die Gezeiten gebunden sind, da ihre Höhe in denselben regelmäßigen Abständen von 12 $\frac{1}{2}$ Stunden, wie wir von einer Flut zur nächsten messen, variiert. Außerdem verändert sich ihre Stärke von einem Abschnitt des Mondmonats zum anderen im selben Rhythmus wie die Gezeiten.

Soweit, so gut. Jetzt erinnerten sich die Ozeanographen daran, daß die Intensität der Gezeiten auch in langen Perioden schwankt, weil die Entfernungen zwischen Erde, Mond und Sonne bestimmten geringen Veränderungen unterliegen. Sie vermuteten also, daß dieselben Laufzeitschwankungen auch bei den „Unterwasserwellen" zu beobachten sein müßten. Die höchsten Flutwellen und vermutlich auch die höchsten Unterwasserwellen treten etwa alle 1700 Jahre auf. Die Perioden mit den höchsten Wellen, so meinte Pettersson, sollten auch Perioden eines kalten und stürmischen Klimas in Europa sein. Nach seiner Argumentation müßten die Unterwasserwellen große Mengen relativ warmen atlantischen Wassers in die Tiefen des nördlichen Eismeeres befördern. Die allmähliche Erwärmung der polaren Gewässer läßt einen Teil des Packeises schmelzen, wodurch viel mehr Eisberge als sonst in den Nordatlantik gelangen. Das schmelzende Eis wiederum schwächt die klimatischen Auswirkungen des Golfstroms, der bekanntlich wesentlich dazu beiträgt, daß Westeuropa bewohnbar ist. Die Folge wäre eine mehrere Jahrhunderte anhaltende Abkühlung des Klimas in Nordwesteuropa.

Ein solcher Ablauf der Dinge wäre immerhin möglich; es gibt jedenfalls eine Reihe von Klimatologen, die die Erklärungen Petterssons für plausibel halten – ich neige allerdings zu der Vermutung, daß sie sich von seinem verdienten wissenschaftlichen Ansehen vielleicht ebenso stark beeinflussen ließen, wie von seiner wissenschaftlichen Logik. Denn leider muß festgestellt werden, daß die Ergebnisse seiner Überlegungen, so plausibel sie auch sein mögen, mit den Tatsachen nicht übereinstimmen. Astronomische Berechnungen zeigen, daß das letzte „Gezeitenmaximum" für das Jahr 1433 n. Chr. anzusetzen ist, während das vorangegangene Minimum, das nach der Theorie von Pettersson mit einer Wärmeperiode zusammengefallen wäre, etwa um das Jahr 600 n. Chr. eingetreten sein muß. Tatsächlich kam es jedoch, wie gesagt, zwischen 1650 und 1850 n. Chr. zur „kleinen Eiszeit" – etwa 300 Jahre später als nach der Theorie von Pettersson –, und auch das „kleine klimatische Optimum", das zwischen 800 und 1000 n. Chr. eintrat, ereignete sich 300 Jahre später, als die Theorie es ansetzte. Die Datierung der wirklichen Klimaschwankungen – das darf ich betonen – erfolgte auf Grund von mehreren unabhängigen Beobachtungen, d. h. sie beruht viel weniger auf Spekulationen als die Gezeitentheorie. Es ist zwar vorstellbar, daß die „Unterwassergezeiten" von Pettersson etwas mit kurzfristigen, nur wenige Jahre oder Jahrzehnte dauernden klimatischen Schwankungen zu tun haben, aber mit langfristigen Veränderungen lassen sie sich schlechterdings nicht in Einklang bringen.

Kommen wir nun zu den Theorien, die von den Schwankungen in der Sonneneinstrahlung ausgehen. Hier stoßen wir zuerst auf unseren alten Freund Milanković. Nach seiner Meinung war das letzte Strahlenmaximum um das Jahr 8000 v. Chr. Das war etwa 4000 Jahre vor dem Höhepunkt des klimatischen Optimums, aber dieser Zeitunterschied ist nicht unverständlich, wenn man bedenkt, daß im Jahr 8000 v. Chr. ein großer Teil der Eisschicht noch nicht abgetaut war und die enormen Wassermassen der Ozeane noch weitgehend eiszeitliche Temperaturen aufwiesen und erst aufgewärmt werden mußten. Betrachten wir aber die Milanković-Kurve seit 8000 v. Chr., so finden wir, daß sie zwar langsam absinkt, doch bis vor einigen Jahrzehnten höher gelegen ist als der gegenwärtige Durchschnitt. Wir haben aber auch gesehen, daß die Temperaturen in den vergangenen Jahrhunderten seit dem Klimaoptimum keineswegs stets höher gewesen sind als heute. Über relativ weite Zeiträume waren sie sogar niedriger.

Das würde wieder dafür sprechen, daß Sir George Simpson recht hat, wenn er sagt, daß die von Milanković genannten Veränderungen nicht groß genug sind, um das Klima direkt zu beeinflussen. Sie können es zwar indirekt beeinflußt haben, indem sie den Anstoß für den Beginn von Eiszeiten gaben, wie Emiliani und Geiss meinen, aber zur Erklärung der klimatischen Veränderungen in der Neuzeit bringen sie nichts.

So bleibt uns noch die letzte und in jeder Hinsicht plausibelste Theorie übrig: die Sonnenfleckentheorie.

Die Astronomen beobachten die Sonnenflecken schon seit dem Tage, als Galilei zum erstenmal ein angerußtes Glas vor sein primitives Fernrohr gehalten und Flecken auf der Oberfläche der Sonne entdeckt hat. Bis heute weiß noch niemand, wodurch sie verursacht werden oder warum sie zeitweilig häufiger auftreten als sonst. Die Auszählung der Sonnenflecken über mehrere Jahrhunderte hat jedoch deutlich gezeigt, daß ihre Zahl wechselt: Etwa alle elf Jahre erreicht die Anzahl der Sonnenflecken einen Höhepunkt. Einige Astronomen glauben, daß es auch Zyklen über größere Zeitabstände gibt, aber diese Vermutung ist umstritten. Obwohl die Sonnenflecken erst seit relativ kurzer Zeit beobachtet werden, kann man ihre Zahl auch für die Jahrhunderte vor der Erfindung des Fernrohrs nach dem Auftreten der *aurora borealis*, des Nordlichts, indirekt schätzen. Man weiß, daß die Sonnenflecken das Magnetfeld der Erde stören und daß häufiges und starkes Nordlicht ein Symptom für diese Störungen ist. Nun haben chinesische Astronomen das Erscheinen des Nordlichts schon viele Jahrhunderte vor Galilei registriert, und aus ihren Aufzeichnungen läßt sich die Zahl der Sonnenflecken fast bis zum Beginn der christlichen Zeitrechnung schätzen.

Diese Schätzungen lassen sich außerdem durch die Jahresringe an Bäumen und Datierungen nach der Karbon-14-Methode überprüfen. Der Leser wird sich aus dem siebenten Kapitel erinnern, daß es möglich ist, Baumstümpfe und Balken in bestimmten Gegenden für bestimmte Zeitabschnitte auf das Jahr genau zu datieren. Deshalb verwendet man solche Jahresringe auch zur Kontrolle und zur Eichung der Karbon-14-Methode. Wenn man weiß, daß ein Stück Holz aus der Zeit um 1400 n. Chr. stammt, die Datierung nach der Karbon-14-Methode jedoch das Jahr 1600 n. Chr. anzeigt, dann liegt der Fehler entweder bei der Methode, oder das Stück Holz ist irgendwie mit „jüngerem", d. h. radioaktiverem Karbon „infiziert" worden. Mit den Jahren stellte sich heraus, daß bei Karbon-Datierungen gewisse systematische Fehler auftreten; keine großen Fehler, nicht bedeutender als die normalen Ungenauigkeiten bei allen solchen Datierungen – aber doch regelmäßige Fehler. Das heißt, für bestimmte Perioden zeigten alle Karbondatierungen gleichmäßig ein „zu junges" Alter der Hölzer, und für andere Perioden war es wieder ein „zu hohes" Alter. So kam man darauf, daß die nuklearen Reaktionen, die hoch in der Stratosphäre das Karbon-14 bilden, zu bestimmten Zeiten offenbar aktiver als zu anderen sind.

Nun stammt die Energie, die diese Reaktionen auslöst, von „kosmischen Strahlen". Das sind Partikel, die mit hoher Geschwindigkeit aus dem Raum kommen und die stabilen Stickstoffatome in der Atmosphäre beim Aufprall in radioaktive Karbonatome verwandeln. Man weiß auch, daß die Menge der Partikel, welche die Erde erreichen, vom Magnetfeld der Erde beeinflußt wird, das seinerseits unter dem Einfluß der Sonnenflecken steht. Vergleichen wir nun eine Tabelle der Anzahl der Sonnenflecken im Verlauf eines Jahrhunderts mit einer zweiten Tabelle, die die systematischen Fehler bei der Karbon-14-Datierung angibt, so entsprechen sich beide Kurven im umgekehrten Verhältnis: Perioden mit einem hohen Durchschnitt von Sonnenflecken zeigen eine geringe Menge von Karbon-14 und umgekehrt.

Rhodes Fairbridge und andere haben die Untersuchung noch einen Schritt weiter vorangetrieben und gezeigt, daß Tabellen der klimatischen Veränderungen – wie z. B. das Steigen und Sinken der Meereshöhe – den Kurven für die Sonnenflecken und im entgegengesetzten Sinne den Kurven für das Vorkommen von Karbon-14 entsprechen. Eine längere Periode mit zahlreichen Sonnenflecken und nur geringen Mengen von Karbon-14 ist zugleich auch eine Periode überdurchschnittlich warmen Klimas. Wenige Sonnenflecken bedeuten dagegen eine kühle oder kalte Periode.

Niemand weiß genau, warum das so ist. Man hat angenommen, daß die intensiven Ausbrüche ultravioletter Strahlung, die bekanntlich von den Sonnenflecken hervorgerufen werden, die Bildung von Ozon in der oberen Atmosphäre steigern; Ozon ist neben anderen Bestandteilen der Atmosphäre an der Schaffung des Treibhauseffektes beteiligt. Man weiß aber noch nicht genug über die Konzentrationsschwankungen von Ozon in großen Höhen, um sicher zu sein, daß dieser Stoff wirklich verantwortlich ist. Die Beziehung zwischen den Sonnenflecken und den klimatischen Zyklen ist jedenfalls bis in das Jahr 1000 n. Chr. zurückverfolgt worden. Aus den weiter zurückliegenden Jahren besitzen wir nicht so genaue Daten. Wie die meisten Beziehungen in der Natur (oder im zwischenmenschlichen Bereich) ist diese Beziehung nicht perfekt, aber doch jedenfalls sehr auffällig.

Doch jetzt kommt der Auftritt des Bösewichts: David Shaw vom Lamont Geological Laboratory, der das Problem von einem anderen Gesichtswinkel aus beleuchtet hat. Er hat die monatlichen Durchschnittstemperaturen für einige Orte zusammengestellt, an denen sie seit langer Zeit aufgezeichnet worden sind – für New York (bis 1822), für die Niederlande (bis 1735) und für Mittelengland (bis 1698). Dann fütterte er einen Computer mit allen diesen Zahlen und programmierte ihn für eine „Analyse des Intensitäts-Spektrums". Nur ein Mathematiker könnte erklären, was das ist! Was jedoch damit bezweckt wird, ist eine Antwort auf die Frage, ob die Temperaturkurve in bestimmten Intervallen Höhepunkte oder Tiefpunkte hat. Die rohen Temperaturangaben von Shaw zeigten in Intervallen von jeweils zwölf Monaten einen deutlich sichtbaren und markanten Höhepunkt. Das war zu erwarten, denn eine solche Kurve stellt den jährlichen Temperaturzyklus vom Winter zum Sommer dar. Als die Zahlen jedoch auf ihre Durchschnittswerte gebracht wurden, um so den Jahreszyklus auszuschalten (Shaw nannte diesen Vorgang mit einem aus der Waschmittelindustrie geborgten Ausdruck „Vorbleichen"), da zeigten die Tabellen keinerlei markanten Höhepunkt, insbesondere zeigten sie keinen Höhepunkt, der dem Elfjahreszyklus der Sonnenflecken entsprochen hätte – obwohl eine „Analyse des Intensitäts-Spektrums" der Anzahl der Sonnenflecken ganz deutlich einen solchen Höhepunkt nachwies. Daraus schloß Shaw, daß es „keine nachweisbare Beziehung zwischen den Temperaturen in den mittleren Breiten und den Sonnenflecken gibt". (Überraschenderweise stellte er ebenfalls fest, daß offenbar auch zwischen den Winter- und Sommertemperaturen keine Beziehung besteht. Das heißt, auf einen kalten Winter kann ebensogut ein heißer wie ein kühler Sommer folgen.)

Es scheint als ob die ganze Angelegenheit erledigt wäre, solange niemand einen Fehler in Shaws mathematischen Berechnungen nachweisen kann. Dem ist aber nicht so. Shaw beschäftigte sich nämlich mit Zyklen, d. h. mit *regelmäßig* wiederkehrenden Veränderungen der Temperaturen und Sonnenflecken. Doch die klimatischen Veränderungen in der Neuzeit, über die wir gesprochen haben, sind alles andere als regelmäßig. Sie alle dauerten außerdem wesentlich länger als elf Jahre. Was Shaw offensichtlich nachgewiesen hat, ist die Tatsache, daß die Sonnenflecken keinen unmittelbaren oder kurzfristigen zyklischen Einfluß auf die Temperatur haben – und das ist sehr wertvoll zu wissen. Er hat aber nicht widerlegt, daß unregelmäßige Temperaturschwankungen über lange Zeiträume hinweg durch parallele Veränderungen in der *durchschnittlichen* Anzahl der Sonnenflecken hervorgerufen werden könnten. Es gibt in der Tat gute Gründe zu glauben, daß sich solche Auswirkungen, wenn es sie überhaupt gibt, *nur* bei den Durchschnittswerten über lange Zeitabschnitte hinweg bemerkbar machen würden. Wollte man dagegen annehmen, daß Schwankungen in der Anzahl der Sonnenflecken die Temperaturen kurzfristig und entscheidend verändern könnten, dann hieße das meiner Ansicht nach die „Trägheit" der auf der Erde herrschenden Temperaturen – besonders derjenigen der Ozeane – zu unterschätzen.

Da das Wasser, wie wir wissen, eine enorme „spezifische Wärme" hat, wirken die Ozeane wie ein klimatisches „Schwungrad": Sie gleichen kurzfristige Temperaturschwankungen aus und verringern besonders in Zonen mit maritimem Klima die Temperaturen zwischen Sommer und Winter. Wenn die Sonnenflecken also die Umdrehungen dieses „Schwungrades" nicht *rasch* beschleunigen oder verlangsamen können – was Shaw offenbar bewiesen hat –, so ist das noch kein Argument dagegen, daß sie dies *allmählich* bewirken könnten. Die Sonnenfleckentheorie ist noch weit davon entfernt, schlüssig bewiesen zu sein, aber sie ist bisher zumindest die beste Erklärung, die wir haben.

24. Der Weg der Zivilisation

EINIGE DEFINITIONEN

Bevor wir berichten, wie der Mensch mit einiger Unterstützung und gelegentlicher Aufmunterung durch das Klima zu einem zivilisierten Lebewesen wurde, sollten wir vielleicht den Begriff Zivilisation zunächst definieren.

Zivilisation im sozio-kulturellen Sinne ist die dritte Hauptstufe in der gesellschaftlichen Evolution des Menschen. Auf der ersten Stufe, dem „wilden Urzustand", lebte er als Jäger und Tierfänger und als Sammler pflanzlicher Nahrung von dem, was die Natur ihm anbot. Dabei war es typisch für diese Lebensweise, daß die Menschen in kleinen Trupps umherzogen. Auf der zweiten Stufe, der sogenannten „Barbarei", lebte der Mensch vor allem von dem, was er erzeugen konnte. Er baute eßbare Pflanzen an und hielt Haustiere (allerdings ergänzte er seine Kost oft mit dem Fleisch wildlebender Tiere, die er auf der Jagd erbeutete). Nun lebte er in Gruppen von mehreren hundert Personen in Dörfern, die man schon fast als feste Wohnsitze bezeichnen kann.

Diese beiden Gesellschaftstypen glichen sich trotz aller ausgeprägten Unterschiede darin, daß sie eine sehr einfache Struktur hatten: Alle Familien übten die gleichen Tätigkeiten aus, und die verschiedenen Arten von Arbeit waren nur nach Alter und Geschlecht aufgeteilt. Mit Ausnahme eines gelegentlich auftretenden Priesters und Medizinmannes gab es keine hauptberuflichen Spezialisten oder Handwerker.

Auf der Stufe der Zivilisation erhalten wir ein ganz anderes Bild. Erstens leben zwar viele Menschen noch in Dörfern, aber ein recht großer Prozentsatz bewohnt bereits Städte mit Einwohnerzahlen, die in die Zehntausende (und später in die Hunderttausende) gehen. Zweitens gibt es sowohl auf den Dörfern wie in den Städten – hier sogar in erster Linie – zahlreiche Spezialisten: Töpfer, Schmiede, Tischler, Maurer, Weber, Seeleute, Schiffszimmerleute, Kaufleute und Buchhalter, Soldaten und Zolleinnehmer, Priester und Altardiener – lauter Leute, die sich von dem ernähren, was andere erzeugen. Zu dieser Gruppe – das ist ein wichtiger Punkt – gehören immer auch einige Schreibkundige, die genau verzeichnen, was im Handel, in der Regierung und auf religiösem Gebiet geschieht.

Aus allem bisher Gesagten ist deutlich geworden, daß der Mensch den Weg vom wilden Urzustand zur Zivilisation in zwei Etappen zurückgelegt haben muß: Zuerst erfolgte der Übergang zu Ackerbau und Viehzucht und dann in einigen begünstigten Gegenden zu einer vielfältigen städtischen Gesellschaft. Der erste Schritt wurde mit Sicherheit in zwei Gebieten, die keine Verbindung untereinander haben, getan: im Nahen Osten und in Mittelamerika (in Südmexiko und in Nordguatemala). Wahrscheinlich auch noch in mindestens zwei weiteren Gebieten: in China und Peru. Der zweite Schritt, der nochmals besondere klimatische und geographische Veraussetzungen erforderte, ist wohl nur zweimal selbständig erfolgt: in Mesopotamien (im Tigris- und Euphrattal) und in Mittelamerika. Man stimmt heute allgemein darin überein, daß zwei andere Zivilisationen der Alten Welt – Ägypten und das Industal – ursprünglich durch Anregungen aus Mesopotamien ihren Anstoß erhielten, obwohl beide sehr rasch eigene typische Formen annahmen. Welche Rolle eventuelle Anstöße von außen bei der Entwicklung der chinesischen Kultur gespielt haben, ist noch ungewiß, und das gleiche gilt für Peru im Verhältnis zu Mittelamerika. Peru ist in der Tat ein Sonderfall, vielleicht war es keine ganz echte Zivilisation. Trotz ihrer hohen Kultur waren die Städte verhältnismäßig klein, und es hat sich niemals eine Schrift entwickelt.

Wenn man erfährt, daß Europa während der kältesten Perioden der Würmeiszeit eine Tundra oder eine kalte Grassteppe war, die von Rentieren, Moschusochsen und ähnlichen Tieren bewohnt wurde – dann stellt man sich leicht ein Klima vor, das den heutigen Tundren im äußersten Norden von Kanada und Sibirien gleicht. Doch solch ein trübes Bild ist ein wenig zu trübe. Eiszeit oder nicht, Europa lag auch damals fast 2400 Kilometer weiter südlich als die heutigen Tundren und hatte ebenso wie heute eine entsprechend stärkere Sonneneinstrahlung. Die Sommersonne stand höher, und ihre Strahlen waren wirksamer als in der heutigen Tundra, obwohl das zum Teil durch die kürzeren Sommertage und die fehlende Mitternachtssonne ausgeglichen wurde. Dafür gab es aber auch keine vier Monate lange

Winternacht. Sogar zur Wintersonnenwende fielen die schrägen Sonnenstrahlen täglich acht Stunden auf das Land.

Die europäischen Winter müssen zweifellos hart gewesen sein, aber wie wir im 21. Kapitel gesehen haben, doch nicht übermäßig hart. Der „Korridor" zwischen Europa und Rußland war vielleicht sogar etwas breiter als in einigen vorangegangenen Eiszeiten, so daß mehr Raum für das Einströmen der bitterkalten sibirischen Luft zur Verfügung stand. Dennoch darf man wohl kaum daran zweifeln, daß das Tierleben im Winter in den eisfreien Teilen von Europa reich bis sehr reich gewesen ist. Der Mensch dürfte sich von seinen Rentieren ganz gut ernährt haben.

Seine Kultur war sicher schon bedeutend höher entwickelt als alle früheren, wovon seine künstlerischen Leistungen beredtes Zeugnis ablegen: Zu Beginn und auf dem Höhepunkt der letzten Eiszeit hat der Mensch die Malerei und die Bildhauerkunst erfunden. Es liegt auf der Hand, daß die Künstler entweder eine Zeitlang hungern mußten, oder daß sie – was wahrscheinlicher ist – ihre Stammesgenossen dazu überreden konnten, ihnen einen Teil der Jagdbeute zu überlassen, im Austausch gegen die für die Jagd günstigen magischen Kräfte, die sie wahrscheinlich in den Höhlenbildern vermuteten. Ironischerweise scheint diese Kultur durch eine „Verbesserung" des Klimas vernichtet worden zu sein. Als das Eis sich zurückzog, traten Wälder an die Stelle der Grassteppen und Tundren – die Folge war: Es gab weniger Wild. Sicher wurde der Wald noch von Hirschen, Auerochsen und Wildschweinen bevölkert, aber die riesigen Rentier-, Mammut- und Wildpferdherden folgten dem Eis nach Norden (wenn sie nicht durch ein prähistorisches Massensterben dezimiert worden sind). Einige Jägervölker folgten ihnen – sie waren vielleicht die Vorfahren der heutigen Lappen und Finnen. Wer zurückblieb, muß wohl zumindest für einige Zeit ein recht entbehrungsreiches Leben geführt haben.

Doch die Erfindungsgabe des Menschen zeigte sich der Herausforderung des abtauenden Eises gewachsen: Er erfand die Mittel, neue Nahrungsquellen zu erschließen und die verschwundenen Herden zu ersetzen. Die Harpune, die bisher zur Jagd auf Rentiere benutzt worden war, diente nun als Fischspeer. Der Wurfspeer wurde verkleinert und in Verbindung mit einer neuen Erfindung, dem Bogen, auf der Jagd nach Flugwild und Niederwild benutzt. Der Mensch begann nochmals, Früchte und Nüsse, Wurzeln und Beeren zu sammeln und erfand zu diesem Zweck die Korbmacherkunst.

An diesem Punkt hebt sich der Vorhang zum Auftritt der Zivilisation.

25. Das Klima im Hochland

DIE BESIEDLUNG DES NAHEN OSTENS

Der Übergang vom wilden Urzustand zur „Barbarei", d. h. zur Einführung des Ackerbaus, ist in zwei Gebieten selbständig erfolgt: Im Nahen Osten und in Mittelamerika. Im Fernen Osten hat sich der Ackerbau höchstwahrscheinlich ebenfalls selbständig entwickelt, doch sind die Zusammenhänge noch so unklar, daß man nicht sicher sagen kann, wie, wo und wann das geschah*. In Peru hatte sich der Ackerbau zunächst möglicherweise selbständig entwickelt, wurde aber schon in recht früher Zeit von Mittelamerika beeinflußt, ganz besonders durch die Einführung von Mais als Kulturpflanze (heute nimmt man an, daß eine benachbarte, südamerikanische Kultur im Küstengebiet von Ekuador die wichtige Kunst der Keramikherstellung ausgerechnet von Japan übernommen hat. Ob hier zugleich auch der Ackerbau begonnen hat, ist noch nicht festgestellt worden).

Vielleicht ist es ein Zufall, daß sich der Ackerbau sowohl im Nahen Osten als auch in Mittelamerika erstmals im gebirgigen *Hochland* entwickelte (das gleiche gilt im übrigen auch für das Kerngebiet in Peru). Doch Zufall oder nicht, es ist jedenfalls eine Tatsache − die übrigens sehr aufschlußreich für die Frage ist, warum sich der Ackerbau gerade in solchen Gegenden und nicht anderswo entwickelt hat.

Das auffallendste Merkmal jedes Hochlandklimas ist seine relativ kühle Durchschnittstemperatur. Je höher man steigt, desto niedriger wird der atmosphärische Druck (weshalb die Kabinen der Düsenflugzeuge unter Druck gehalten werden müssen). Je niedriger der Luftdruck ist, desto mehr kann sich die Luft ausdehnen; Luft, die sich ausdehnt, kühlt sich ab (die Ausdehnung und damit die Abkühlung

---

* Neuere Ausgrabungen im Norden von Thailand lassen vermuten, daß der Ackerbau im Fernen Osten in diesem Gebiet begonnen hat.

von vorher unter Druck gehaltenem Gas ist der Grundmechanismus in den meisten Haushaltskühlschränken). Als Faustregel gilt, daß die Temperatur auf je 200 Meter Anstieg um etwa 1 Grad Celsius fällt; wenn also am Fuß eines 5000 Meter hohen Berges 25 Grad Celsius herrschen, dann haben wir am Gipfel den Gefrierpunkt erreicht.

Dieses Temperaturgefälle bewirkt, daß auf sehr kleiner Fläche zuweilen vollständige Serien von Klimazonen entstehen. Nehmen wir beispielsweise einen hohen Berg in der äquatorialen Zone: An seinem Fuß haben wir tropischen Regenwald. Kommt man weiter hinauf, trifft man auf Laubbäume, die denen in der Sturmzone (bzw. gemäßigten Zone) gleichen. Noch weiter oben haben wir dann einen „subpolaren" Nadelwald, gefolgt von Bergwiesen, die etwa der polaren Tundra entsprechen. Das Ganze ist schließlich mit einer „Eiskappe" aus ewigem Schnee bedeckt, vielleicht findet man sogar noch ein paar Gletscher. So kann uns eine Bergwanderung von nur wenigen Stunden durch Klimazonen führen, die auf Meereshöhe mehr als 6000 Kilometer weit auseinanderliegen würden.

Dieses etwas vereinfachte klimatische Bild wird durch die zweite klimatische Variable weiter kompliziert: durch den Regen. Wie bereits mehrfach erwähnt, ist kühlere Luft feuchter und erzeugt deshalb mehr Niederschläge als warme. Darum sind Hochlandgebiete fast ohne Ausnahme feuchter – manchmal viel feuchter – als das benachbarte Tiefland. Die feuchteste Stelle auf der Erde liegt nicht im äquatorialen Tiefland, sondern in der gemäßigten Zone, etwa 1400 Meter hoch: In Cherrapundschi in Nordostindien fallen im Jahresdurchschnitt 12 *Meter* Regen. In einem einzigen Jahr (1860/61) wurde hier eine wahre Sintflut von 29 Meter Regen gemessen (zum Vergleich: Die Niederschlagsmenge in New York liegt im Jahresdurchschnitt bei 1,3 Meter; in London ist sie noch geringer). Bei einem starken Regen in Cherrapundschi sollen die Regentropfen so groß wie Tischtennisbälle sein. Das andere Extrem finden wir in der Zentral-Sahara: Doch sogar auf dem knochentrockenen Tibesti-Plateau fällt im Sommer manchmal etwas Regen, weil feuchte Luft aus dem Hunderte von Kilometern entfernten Golf von Guinea herangeführt und „in die Höhe gehoben" wird.

Anders als bei den Temperaturen gibt es keine einfachen Faustregeln für das Verhältnis zwischen Regenmenge und Meereshöhe. Nicht selten fällt der meiste Regen an den Gebirgshängen. Wenn die aufsteigende Luft den Bergrücken erreicht, hat sie schon fast ihre gesamte Feuchtigkeit abgegeben. Steigt sie dann auf der anderen Seite wieder ab, wobei sie sich erwärmt, so kommt es zum Regenschatteneffekt: Während die Luvseite eines Gebirgszuges von üppigem Wald bedeckt ist, kann die Leeseite im Extremfall eine Halbwüste sein (obwohl sie immer noch feuchter ist als das noch weiter leewärts gelegene Tiefland)*. Nimmt man nun zusätzlich die Variablen, die sich durch unterschiedliche Bodengestalt im Gebirge ergeben – von den sanften Hügeln des Gebirgsvorlandes über die Hochtäler und Geröllhalden bis zu den felsigen Klippen – dann hat man ein Dutzend oder mehr verschieden-artige Lebensräume mit ganz unterschiedlichen klimatischen Ver-hältnissen und jeweils anderen Pflanzen- und Tierarten. Das Ganze möglicherweise in einem Gebiet von nur relativ wenigen Quadratkilo-metern Fläche.

Nachdem wir uns dies verdeutlicht haben, sehen wir uns das Klima im nahöstlichen Ursprungsgebiet des Ackerbaus etwas näher an. Wie sieht die Gegend aus, in der zum erstenmal aus jagenden und sammeln-den Wilden Ackerbauer und Viehzüchter wurden**. Das Gebiet, von dem wir sprechen, wird im Westen vom Mittelmeer, im Norden vom anatolischen Plateau, im Süden von der Halbinsel Sinai und der arabischen Wüste und im Osten vom Zagrosgebirge begrenzt. Auf den heutigen Karten umfaßt es die südliche Türkei, Syrien, den Libanon, Israel, Jordanien, den Irak und Westiran. Klimatisch kann man es als eine Erweiterung des Mittelmeergebietes bezeichnen, da es seine Feuchtigkeit ausschließlich aus diesem Gewässer bezieht (die Feuchtig-keit aus dem Schwarzen und dem Kaspischen Meer wird durch Gebirge abgehalten und die Feuchtigkeit aus dem Persischen Golf durch die fast ununterbrochenen Nord- und Westwinde). Die westli-chen Küstengebiete haben ein typisches Mittelmeerklima: Im Sommer kann man sie fast als Vorposten der im Süden gelegenen arabischen Wüste bezeichnen, und im Winter wehen die Weststürme (viele von ihnen entstehen über Norditalien oder über dem Westteil des Mittel-meeres) nach Osten und bringen Regen, der in größeren Höhen auch als Schnee fällt. Weiter landeinwärts wird das Klima aber rasch trockener, da viel von der herankommenden Feuchtigkeit in den Höhenzügen entlang der Küste aufgefangen wird, so daß häufig ein

---

* Kontraste dieser Art finden sich besonders häufig dort, wo die Wind-richtungen verhältnismäßig konstant sind, wie in Hawaii, das im Gürtel der Passatwinde liegt.

** Nach ersten Meldungen über Ausgrabungen in Thailand vermutet man, daß der Ackerbau hier früher begonnen hat als im Nahen Osten. Eine gegenseitige Beeinflussung hat wahrscheinlich nicht stattgefunden.

Regenschatten über der syrischen Wüste und dem nur wenig feuchteren Land nördlich davon liegt. Wo das Gelände wieder abfällt und sich die tief gelegenen, ebenen Flußtäler des Euphrat und des Tigris ausdehnen, wird die Luft noch trockener. Schließlich muß sie über den hohen Rücken des Zagrosgebirges nach Osten abfließen, wobei sie ihre restliche Feuchtigkeit abgibt, bevor sie das iranische Hochplateau erreicht.

So kommt es, daß das Klima dieses Gebietes von mäßig trocken an der Küste bis zu extrem trocken in der Wüste reicht. Man hat noch vor einiger Zeit angenommen, daß diese Verhältnisse erst jüngeren Datums seien und daß die Entwicklung von Ackerbau und Viehzucht nur dadurch angeregt werden konnte, daß ein allmählicher Übergang von feuchterem zu trockenerem Klima nach der Eiszeit das Wild zurückgehen ließ. Doch bei dieser Theorie wurde ein wichtiger Umstand übersehen: In den Eiszeiten brachte die Verschiebung der Sturmzone nach Süden zweifellos mehr Regen in die Küstengebiete und Gebirge, besonders im Sommer; doch wenn die Windrichtungen sich im Verlauf der Zeit auch ändern konnten (und das auch taten), so blieben doch die Gebirge mit ihrem Regenschatten-Effekt immer dort, wo sie waren. Die jüngsten Forschungen haben ergeben, daß zumindest das Binnenland früher eher trockener war als jetzt.

Wie schon gesagt, auf eine Aktion erfolgt oft eine Reaktion, und so haben einige Archäologen jetzt nicht nur behauptet, das Klima habe sich am Ende der Eiszeit nicht nur kaum, sondern überhaupt nicht geändert. Als Begründung dieser These verweisen sie darauf, daß man Tierknochen gefunden hat, die darauf schließen lassen, daß die Fauna, vor allem, was die Säugetiere betrifft, in der letzten Eiszeit etwa die gleiche gewesen ist wie heute, wobei natürlich die Auswirkungen der Jagd in letzter Zeit zu berücksichtigen sind. Hier hat irgend jemand nicht sehr scharf nachgedacht. Erstens sind die meisten Säugetiere recht anpassungsfähig, und zweitens *muß* die radikale Veränderung der Verhältnisse von der Eiszeit zur Zwischeneiszeit das Klima geändert haben. In der Tat fanden die Geologen bei der genauen Erforschung des Zagrosgebirges Moränen und andere Anzeichen dafür, daß dort Gletscher gewesen sein müssen. Sie schätzen, daß die Schneegrenze, die heute mehr als 3000 Meter hoch liegt, damals tiefer als 1500 Meter gelegen haben muß. Im angrenzenden Tiefland dürfte es folglich wesentlich kälter gewesen sein.

Man weiß bis heute nicht genau, an welcher Stelle dieses Gebietes der Ackerbau erfunden wurde – sofern man überhaupt von einer *einzigen*

Stelle sprechen kann. Der Mensch hat mindestens 50.000 Jahre im Nahen Osten gelebt. Man hat sowohl in Palästina als auch im Zagrosgebirge Knochen des Neandertalers gefunden, und wie wir im 21. Kapitel schon ausführten, vermutet man hier die Wiege des modernen Menschen. Wollte man einen bestimmten Teil dieses Gebietes erforschen, so sollte man am besten im Hügelland zwischen Mesopotamien im Westen und den Höhen des Zagrosgebirges im Osten beginnen. Botaniker und Zoologen, die die wilden Vorfahren derjenigen Pflanzen und Tiere untersuchten, die der Mensch zuerst domestiziert hat – Weizen und Gerste, Schafe, Ziegen, Schweine und Rinder – stellten fest, daß sie in verschiedener Kombination über den ganzen Nahen Osten verteilt waren. Doch nur in den Vorgebirgen des Zagros scheinen alle diese Arten gemeinsam gelebt zu haben. Hier fand man außerdem die Reste sehr früher, vielleicht der frühesten festen Siedlungen.

In der Zeit vor 9000 v. Chr. war das Klima in diesem Raum kälter als heute und offenbar auch trockener. Pollen aus Seeböden zeigen, daß es nur wenige oder gar keine Bäume gab. Die vorherrschende Holzpflanze war die beifußartige *Artemisia*, die heutzutage reichlich in Teilgebieten des trockenen iranischen Hochplateaus im Regenschatten des Zagros vorkommt. Doch nach wenigen tausend Jahren hatte sich das Klima, oder richtiger gesagt, hatten sich die verschiedenen Klimatypen soweit verändert, daß sie den heutigen sehr ähnlich geworden waren, mit stattlichen Pistazien- und Eichenwäldern.

Und in dieser selben Zeit war auch der Ackerbau entwickelt worden. Ursache und Wirkung? Hat das Vordringen der Bäume auf der Grassteppe den Wildbestand so verringert, daß der Mensch gezwungen war, sich nach zuverlässigeren Nahrungsquellen umzusehen? Die Experten sind sich nicht einig, und ihre Meinungsverschiedenheiten lassen sich zunächst offenbar nicht beilegen. Es dürfte dagegen so gut wie sicher sein, daß die klimatischen Verhältnisse ihren Teil zur Gestaltung der menschlichen Lebensweise beitrugen. Durch die Veränderungen seiner Umwelt war der Mensch gezwungen, seine Kultur zu verändern. Solange es ihm einigermaßen gelingt, unter den gegebenen Umständen zu überleben, hält er verständlicherweise an seiner bisherigen Lebensweise fest. Wenn die Umstände ihn aber zwingen, seine Erfindungsgabe einzusetzen, dann besteht immer eine gute Chance, daß er sich neue Verhaltensweisen aneignet, die den alten überlegen sind.

Wenn ein vorgeschichtlicher Mesopotamier um 9000 v. Chr. von den

Ufern des Tigris zum Zagrosgebirge zog, so mußte er durch eine ganze Reihe von Klimazonen wandern, nicht unähnlich denen, die wir heute auf einer solchen Reise antreffen würden. Zuerst kam er durch trockenes und ebenes Gebiet, wo der jährliche Regen von weniger als 25 Zentimetern nur spärliche Flora und Fauna zuließ. Die einzigen Ausnahmen waren die Sümpfe in den Flußtälern, in denen sicher zahlreiche kleine und ein paar größere Säugetiere lebten. Ob auch Menschen dort wohnten, wissen wir nicht. Die Verlagerung der Fluß-betten und der Schlamm, den die jährlichen Hochwasser zurückließen, haben höchstwahrscheinlich alle Spuren verwischt. Während das Gelände allmählich anstieg, kam unser vorgeschichtlicher Wanderer auf die assyrische Steppe. Im Sommer war sie fast ebenso heiß und trocken wie die Wüste, die er soeben durchquert hatte, aber im Winter verwandelte sie sich durch die ergiebigen Regenfälle (25–35 cm) in üppiges Weideland. Zu dieser Jahreszeit stieß er auf Herden von Gazellen, Wildeseln und Wildrindern und fand in den Flüssen Karpfen und Welse. Als aufmerksamer Beobachter konnte er auch noch mehr entdecken: Erdpech, das sich sehr gut dazu verwenden läßt, eine steinerne Pfeilspitze am Schaft zu befestigen. Noch weiter östlich kam er in das eigentliche Vorgebirge und in die Berge selbst. Hier fielen je nach Höhe und Bodengestalt im Jahr zwischen 25 und 100 Zentimeter Regen. An vielen Stellen versickerte der Winterregen im porösen Gebirgsboden und trat als Quellwasser, das auch in den trockenen Monaten nicht versiegte, wieder zutage. Die Eintönigkeit der Gras-fläche wurde nur von Baumgruppen unterbrochen. Es gab sogar kleine Eichen- und Pistazienwälder, und an den Flußufern wuchsen Pappeln. In größerer Höhe waren die Winter ziemlich kalt, aber im Sommer gediehen Pflanzen und Tiere, die in der tiefer liegenden Steppe nicht leben konnten. Hier gab es in jenen fernen Zeiten Wildschafe im Grasland, Wildschweine unter den Eichen und Ziegenherden in den trockeneren und rauheren Gegenden. An den feuchteren Hängen wuchsen Gräser mit harten Samenkörnern, Emmer-Weizen und wilde Gerste. Wenn unser Wanderer noch weiter vorgestoßen wäre, so hätte er die Hochgebirgsregion des Zagros erreicht. Doch dort war es kalt und unwegsam und also für Menschen und Tiere nicht besonders anziehend.

Die ganze Reise hätte zu Fuß nicht viel länger als eine Woche gedauert, er hätte dabei etwa 240 Kilometer zurückgelegt. Berücksich-tigt man, daß Frauen und Kinder mehr Zeit brauchen und der Wan-derer unterwegs jagt und Grassamen sammelt, so hätte die Wande-

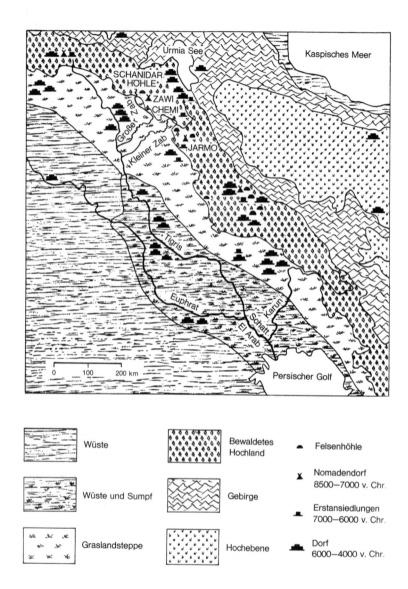

Wüste	Bewaldetes Hochland	Felsenhöhle
Wüste und Sumpf	Gebirge	Nomadendorf 8500—7000 v. Chr.
Graslandsteppe	Hochebene	Erstansiedlungen 7000—6000 v. Chr.
		Dorf 6000—4000 v. Chr.

Die verschiedenen Lebensräume des mesopotamischen Gebietes trugen dazu bei, die ersten Anfänge der Zivilisation zu stimulieren. Die trockensten Gegenden wurden erst spät besiedelt – d. h. nach Erfindung der Bewässerung.

rung des primitiven Mesopotamiers vielleicht vier bis sechs Wochen in Anspruch genommen. Wir haben allen Grund zu der Annahme, daß wenigstens einige Mesopotamier um 9000 v. Chr. solch einen Ausflug unternommen haben, wenn sie dem Wild auf dem Wege von der Winterweide zur Sommerweide folgten und unterwegs die Pflanzen der Jahreszeit, wie sie in verschiedenen Höhenlagen reifen, ernteten. Z. B. findet man überall in der Steppe zwei Verwandte der Linse mit sehr kleinen Samen (die Arten *Astralagus* und *Trigonella*). Sie reifen jedoch in den verschiedenen Lagen jeweils zu anderen Zeiten. Unser Wanderer konnte sie in der Tiefland-Steppe im März ernten und im April und Mai etwa 700 Meter höher eine zweite Ernte einfahren. Zwischen 700 und 1400 Meter reifte Weizen und Gerste im Juni, und im Juli bestand zusätzlich die Möglichkeit, auf etwa 1600 Meter Höhe im kühlen Klima der Bergwiesen zum drittenmal Linsen zu ernten. Das waren dann die damaligen Sommerfrischen.

Die frühen Bewohner Mesopotamiens waren zwar Nomaden, aber wegen der eng beieinanderliegenden Klimazonen waren ihre Wanderungen bei weitem nicht so ausgedehnt, wie die ihrer Zeitgenossen in anderen Teilen der Erde. Man denke nur an die europäischen Rentierjäger in der Eiszeit, die den Herden als ihrer wandernden Speisekammer gefolgt sein dürften: Heutige Ödland-Karibus in Nordkanada legen jährlich Strecken zurück, die schon in der Luftlinie 2000 km betragen, tatsächlich aber noch viel länger sind. Ihre europäischen Vorfahren aus der Eiszeit lebten in etwas schmaleren Klimazonen und wanderten deswegen nicht ganz so weit, aber wir gehen wohl kaum fehl in der Annahme, daß die Rentierjäger alljährlich etwa ein- bis zweitausend Kilometer zurücklegten. Das heißt, sie müssen etwa das halbe Jahr auf der Wanderschaft zugebracht haben.

Die Jäger und Sammler in Mesopotamien, die den Schafen, Ziegen, oder Wildrindern von der Sommerweide zur Winterweide und wieder zurück folgten, mußten dagegen vielleicht nur ein Fünftel dieser Strecke bewältigen. Da sie langsamer wanderten, konnten sie eine umfangreichere Ausrüstung mitnehmen, das heißt, es lohnte sich für sie, mehr Mühe auf die Herstellung von Werkzeug zu verwenden. Aus dieser Periode stammen die ersten Sicheln: sorgfältig bearbeitete kleine Klingen aus Feuerstein, die mit Erdpech an einem eingekerbten Griff aus Holz oder Knochen befestigt waren. Niemand würde soviel Mühe auf ein Werkzeug verwenden, wenn er es nach der Ernte fortwerfen müßte, um das Gewicht seiner Traglast zu verringern. So reisen sogar die heutigen Ureinwohner Zentralaustraliens noch immer mit leichtem

Gepäck, da sie auf der Nahrungssuche viele Hunderte von Kilometern in ihrem kargen Lebensraum umherziehen müssen. Auch heute noch improvisieren sie die meisten Steinwerkzeuge an Ort und Stelle wie der Australopithecus*. (Um Mißverständnisse zu vermeiden, muß gesagt werden, daß der Australopithecus seine Werkzeuge improvisierte, weil er dumm war. Die Australier hingegen tun es, weil sie intelligent genug sind, um sich an ein sehr ungastliches Land und Klima anzupassen, an Verhältnisse, die zahlreichen weißen Forschern das Leben gekostet haben.)

Vielleicht noch wichtiger als die verfeinerte Herstellung der Werkzeuge war die genaue Kenntnis der örtlichen Verhältnisse. Die frühen Nomaden, die jährlich viele hundert Kilometer zurücklegten und dabei vielleicht von einem Jahr zum anderen auch noch verschiedene Strecken benutzten, konnten sich nicht jede Einzelheit des Geländes, der Vegetation und der Tierwelt merken. Doch gerade die Kenntnis der Umwelt vermag aus dem bloßen Überleben einen bescheidenen, wenn auch primitiven Wohlstand zu machen.

Bei der Erkundung der wenigen Quadratkilometer in der Umgebung meines Sommerhauses in Cape Cod habe ich in wenigen Jahren eine Menge Informationen zusammengetragen, die für Sammler (das bin auch ich) oder Jäger (das bin ich nicht) sehr wertvoll sein würden. Ich weiß, wo die besten Blaubeerbüsche stehen und in welcher Reihenfolge sie ungefähr reif werden. Ich kenne den kleinen Gezeitenstrom, in dem man bei Ebbe Miesmuscheln sammeln kann**, und ich kenne die Markierungspunkte am Strand von North Truro, die mich zu den sandigen, seichten Stellen führen, an denen man in fünf Minuten einen ganzen Eimer mit Chowder-Muscheln füllen kann. Ich weiß, wo an den grasbewachsenen Hängen die Wachteln nisten, kenne die Wiesen, auf denen die Hirsche sich abends im hohen Gras niedertun, und die bei Ebbe zurückbleibenden seichten Tümpel, in denen die Regenpfeifer und die großen Gelbschenkel auf dem Zuge von ihren arktischen Brutplätzen nach Süden ausruhen. Wäre ich ein Angler, so wüßte ich, wo ich die besten Flundern und Streifenbarrel fangen kann und in welchen Teilen es die meisten Barsche und Sonnenfische gibt. Ohne mir dessen bewußt zu sein, verhielt ich mich wahrscheinlich ebenso wie die kleinen Trupps von Mesopotamiern in den Jahrhunderten um 9000 v. Chr.,

---

* Freilich sind diese Werkzeuge inzwischen besser als die des Affenmenschen.
** bzw. konnte, bis die Muschelbänke durch zu intensives Sammeln ausgeschöpft waren.

die sich damals in einem verhältnismäßig engen Lebensraum „angesiedelt" hatten. So wie ich müssen auch sie gelernt haben, wo der wilde Weizen wuchs, von dem die Wachteln sich nährten, in welchen Wäldern es Nüsse und Eicheln gab, wo die fischreichen Gebirgsseen lagen und an welchen Wechseln der Jäger den Wildziegen auflauern konnte.

Keith Flammery von der Smithsonian Institution schreibt: „Ein Jäger und Sammler, der wußte, welche Pflanzen und Tiere zu den verschiedenen Jahreszeiten und unter den verschiedenen Umweltbedingungen (d. h. Klimazonen) zur Verfügung standen, konnte sich von einer sehr abwechslungsreichen Kost ernähren. Er mußte wissen, in welchem Lebensraum die einzelnen Arten zu finden waren – ob an Berghängen, an den Klippen oder in den Flußtälern – und welche Arten... sich am besten jagen oder sammeln ließen." Damit hörten aber die Ortskenntnisse noch nicht auf: Wenn man einer Herde folgt, die vielleicht aus 5000 Rentieren besteht (das wäre nicht einmal eine besonders große), dann lernt man sicher eine ganze Menge über Rentierherden, aber kaum etwas oder gar nichts über das einzelne Rentier. Aber wenn man jahrelang dieselbe Herde Wildschafe oder Wildrinder verfolgt – wobei eine solche Herde vielleicht zwei Dutzend Tiere umfaßt –, dann kennt man allmählich jedes einzelne Tier: das flinke Mutterschaf, das zu gewitzt ist, um sich fangen zu lassen, oder den angriffslustigen Bullen, der den Jäger auf die Hörner zu nehmen droht.

Ein wichtiges Ergebnis solcher Kenntnisse wurde an zwei Stellen ausgegraben, im Shanidartal und nicht weit davon im nördlichen Zagros. In den oberen Schichten der Shanidarhöhle (die untersten gehen bis in die Zeit der Neandertaler zurück) und am Talboden bei Zawi Chemi fand man Hinweise auf ein Volk, das in den Jahrhunderten um 9000 v. Chr. Ziegen und machmal auch Schafe jagte. In den etwas jüngeren Schichten ist eine bemerkenswerte Veränderung festzustellen: Die bisher nur geringe Zahl von Schafsknochen vermehrt sich sprunghaft auf mehr als 90 Prozent aller Knochenfunde. Außerdem erhöht sich die Anzahl der Jungtiere von etwa 25 Prozent (entsprechend den Verhältnissen in einer Herde von Wildtieren) auf 60 Prozent. Daraus kann man nur eines schließen: Die Shanidarier erbeuteten die Schafe nicht mehr auf der Jagd, sondern hielten sich Schafherden. Außerdem hatten sie bereits gelernt, vor allem Lämmer und Jährlinge zu schlachten und die älteren Tiere zur Zucht zu verwenden.

Wie es dazu gekommen ist, daß die Menschen Haustiere züchteten, werden wir vielleicht niemals erfahren. Eine ganz plausible Theorie besagt, daß der Mensch bei seiner ersten Zähmung einem natürlichen Impuls gefolgt ist. Vielleicht hat irgend jemand ein Lamm, dessen Mutter von Jägern getötet worden war, lebend ins Lager gebracht und es seinen Kindern zu Gefallen am Leben gelassen. Wir wissen, daß viele Tiere in zartem Alter „geprägt" werden können. Sie schließen sich in den ersten Tagen ihres Lebens fast jedem beweglichen Gegenstand an, mit dem sie ständig in Berührung kommen. Normalerweise ist das freilich die Mutter, doch unter besonderen Bedingungen kann es ein Mensch oder sogar irgendein Automat sein. Unser vorgeschichtliches Lamm hat sich daher vielleicht daran gewöhnt, den Menschen zu folgen, die es gefangen hatten. Zwei Tiere, ein männliches und ein weibliches, sind möglicherweise zum Grundstock einer domestizierten Herde geworden. Und gewiß bedarf es keiner übergroßen Genialität für die Erkenntnis, daß es nützlich ist, den Fleischvorrat im Lager zu haben, anstatt im freien Revier danach jagen zu müssen.

Die Menschen bei Zawi Chemi haben offenbar nur diese eine Tierart gezähmt und noch keine Nutzpflanzen angebaut. Es gibt aber Hinweise darauf, daß sie fleißige Sammler pflanzlicher Nahrung waren. Bei den Ausgrabungen sind nicht nur Bruchstücke von Sicheln, sondern auch Stücke von Steinmörsern gefunden worden (man versuche nur, einen dieser Mörser auf eine 1500 Kilometer lange Wanderung mitzunehmen!), mit denen Getreidekörner und Eicheln zerstoßen werden konnten. Reste von geflochtetenen Zweigen könnten sehr wohl die Überbleibsel der ersten Körbe sein. Tiefe Erdlöcher dienten augenscheinlich als Getreidespeicher. Das waren die ersten Silos. Wenn diese Leute aber Getreide aufbewahrten, so darf man wohl auch annehmen, daß sie es in Körben oder Fellsäcken als Nahrungsreserve mitnahmen, wenn sie sich im Herbst zu den Winterweiden in der Steppe des Tieflandes aufmachten.

Obwohl die natürliche Verbreitung des wilden Weizens und der wilden Gerste auf ein verhältnismäßig kleines Gebiet beschränkt ist, gedeihen diese Pflanzen auch unter anderen Umweltbedingungen, vorausgesetzt, daß der Boden vor der Einsaat gelockert worden ist. Flannery schreibt, dieses Getreide wächst heute „auf den schwarzen Schutthaufen einer archäologischen Ausgrabungsstelle und dürfte wahrscheinlich ebensogut auf den Kehrichthaufen vor einem prähistorischen Lager gediehen sein. Wir können uns daher vorstellen, wie

unsere vorgeschichtlichen Herdenbesitzer im Herbst ihre Getreide-
körbe oder Fellsäcke zur Steppe hinuntertrugen und wie bei der
Mahlzeit ganz zufällig eine Handvoll Körner auf dem Abfallhaufen
landete oder vielleicht auf einem Platz, an dem die Kinder beim
Spielen die Erde gelockert hatten. Im Frühjahr, als es fast schon Zeit
zur Rückkehr ins Hochland wurde, war die Saat gekeimt und zu
Weizen geworden, den irgendeine sparsame Hausfrau (oder Hütten-
frau) aberntete, um den Reiseproviant der Familie damit zu bereichern.
Schon wenige Generationen später fing man an, den Boden zu lockern
und die Saat absichtlich hineinzustreuen. Vielleicht legte man sogar an
jedem Rastplatz ein kleines Feld an, um es bei der Rückkehr abzu-
ernten.

Und hier kommen wir zum entscheidenden Punkt in unserem
Bericht über das Hochland. Anstatt *selbst* aus einer Klimazone in die
andere zu ziehen, hatte der Mensch begonnen, seine *Nahrungsquellen*
an andere Orte zu *verpflanzen*. Jetzt ist die Zeit nicht mehr fern, in der
ein Teil des Stammes sich in einem festen Lager niederläßt, in einem
Dorf im feuchten Klima des tiefergelegenen Vorgebirges. Die Frauen,
Kinder und alten Männer bleiben dort, bauen Weizen, Gerste und
allmählich auch andere Nutzpflanzen an. Die Knaben und jungen
Männer treiben im Frühjahr die Schafherden des Stammes (zu denen
jetzt auch Ziegen gehören) auf die Sommerweide, um im Herbst in das
mildere Klima des Tieflandes zurückzukehren und das Wiedersehen
mit dem Stamm festlich zu begehen.

Der Anbau von eßbaren Pflanzen hatte freilich noch mehr Auswirkungen. Wahrscheinlich sind diese Pflanzen schon vor der Zeit,
als man sie regelrecht zu pflegen begann, durch die bloße Verpflanzung
etwas kräftiger geworden. Wilder Weizen und wilde Gerste unterscheiden sich ganz wesentlich von den kultivierten Getreidesorten, die wir
heute kennen, und zwar besonders darin, daß die Körner in Reihen an
einem Stengel, einer „Spindel", befestigt sind, die sehr spröde wird,
wenn die Samen reifen. Wenn wilde Ähren von einem Windstoß
angeblasen werden, bricht die Spindel auseinander und die Samenkörner zerstreuen sich im Umkreis. Dieser Mechanismus sorgt hervorragend für die Verteilung des Samens – das ist ja auch seine biologische Funktion –, aber für die prähistorischen Erntearbeiter stellte er
eine große Schwierigkeit dar, weil viel Getreide schon bei der Ernte
verlorenging. Auf jedem Feld wachsen aber auch einige mutierte
Ähren, deren Spindeln fester sind als die anderen. Unter naturgegebenen Verhältnissen verbreiten sie sich nicht, weil ihr Streumechanis-

mus funktionsunfähig ist. Aber aus dem gleichen Grund fanden die fleißigen Sammler in ihren Körben verhältnismäßig viele solche mutierte Ähren mit festen Spindeln. Man kann also annehmen, daß die Samenkörner aus diesen festen Spindeln auch auf den kleinen Getreidefeldern der Menschen reichlicher vorhanden waren als auf den wilden Feldern. Von hier aus konnte es nicht mehr allzu lange dauern, bis man eine Weizensorte gezüchtet hatte, aus der die spröden Ähren weitgehend beseitigt waren, so daß die Körner nicht mehr herausfielen. Ganz zufällig und unbewußt hatte der Mensch hier zum ersten Mal eine Züchtung vollbracht und dabei eine Getreidesorte erhalten, die als Wildpflanze nur schlechte Überlebenschancen hatte, aber als Nutzpflanze entschieden bessere Ernten brachte.

Das ist ein wichtiger Punkt, denn viele von uns meinen, die Einführung des Ackerbaus hätte nur darin bestanden, daß der Mensch lernte, den Boden umzugraben und den Samen hineinzulegen. In Wirklichkeit war der ganze Vorgang viel komplizierter und dauerte auch viel länger. Die domestizierten Pflanzen und Tiere, die Jahrtausende später die ersten echten Zivilisationen ernährten und bekleideten, unterschieden sich wesentlich von ihren wilden Vorfahren. Sie waren ebenso ein Produkt menschlicher Tätigkeit und menschlichen Erfindungsgeistes – denn der Mensch muß bald gelernt haben, mit Vorbedacht das zu tun, was er zunächst nur zufällig getan hatte – wie die Sicheln, mit denen das Getreide geerntet und die Äxte, mit denen das Vieh geschlachtet wurde.

Ein weiteres Beispiel dafür, wie der Mensch die natürlichen Tier- und Pflanzenarten für seine Zwecke umformte, ist das Schaf. Die ersten Schafherden (z. B. in Zawi Chemi) bestanden sicher nicht aus den fetten Tieren mit der dichten Wolle, die wir heute kennen. Sie haben sich wohl kaum von den Wildschafen unterschieden, die man heute noch an einigen Stellen im Mittelmeerraum findet. Diese Tiere sind flink, drahtig und haben einen Haarpelz, aber keine Wolle. Wollig ist bei ihnen nur das Unterhaar. Wieder haben wir mit einer oder mehreren Mutationen zu rechnen: In einer der ersten Herden von domestizierten, aber noch mit einem Haarfell bekleideten Tieren gab es wahrscheinlich einige Exemplare, deren stark entwickeltes Unterhaar die Deckenhaare überwucherte. Als ein solches Schaf geschlachtet und gehäutet wurde, stellte man eines Tages fest, daß die aus diesem Fell hergestellte Jacke viel wärmer als die aus Haarpelz gefertigte war.

Der verstorbene große Prähistoriker V. Gordon Childe hat den Übergang vom wilden Urzustand zur Barbarei – von der Jagd zur

Tierhaltung und vom Sammeln zum Ackerbau – als die *Revolution der Jungsteinzeit* bezeichnet. In den vierziger und fünfziger Jahren haben sich viele seiner Kollegen gegen diesen Ausdruck gewehrt und behauptet, dieser Übergang sei nicht „revolutionär" erfolgt, d. h. nicht binnen weniger Jahre oder Generationen wie die industrielle, die amerikanische oder die russische Revolution. Ich fürchte allerdings, die Ablehnung der Terminologie von Childe war eher in politischer Schamhaftigkeit als im Streben nach wissenschaftlicher Präzision begründet. In jenen Jahren des Kalten Krieges war der Begriff „Revolution" ein Wort, das man nicht ungestraft aussprechen durfte, und außerdem war Childe ein überzeugter Marxist (wenn auch kein Kommunist). Es ist natürlich richtig, daß der Übergang vom wilden Urzustand zur Barbarei nicht so plötzlich vonstattenging wie der Sturz von Ludwig XVI., oder Nikolaus II., und ich nehme auch nicht an, daß Childe so dumm war, so etwas zu glauben. Aber was heißt denn „plötzlich"? Der Übergang erfolgte in etwas weniger als 2000 Jahren, in der Zeit von 9000 v. Chr., als der Mensch noch ein Sammler (wenn auch ein sehr hochentwickelter) war, bis 7000 v. Chr., als Dörfer von ackerbautreibenden Menschen nicht nur in den Bergen Mesopotamiens existierten, sondern auch in Palästina, der südlichen Türkei und vielleicht sogar in Griechenland. Das Ganze geschah, nachdem der moderne Mensch die Erde schon seit mindestens 30.000 Jahren bevölkert hatte – ein Zeitverhältnis von 30:2. Man stelle sich ein Land vor, das 300 Jahre lang unverändert die gleiche Herrschaftsform gehabt hat und diese Form innerhalb von zwanzig Jahren drastisch verändert. Es wird wahrscheinlich niemand bezweifeln, daß dies eine Revolution wäre.

Doch ganz abgesehen von allen Zeittafeln und Verhältniszahlen war die Umwälzung der Jungsteinzeit vor allem deshalb revolutionär, weil sie tiefgreifende und radikale Veränderungen in den Beziehungen des Menschen zu seiner Umwelt mit sich brachte. Statt nehmen zu müssen, was die Natur ihm bot, zwang er jetzt die Natur, ihm das zu geben, was er nehmen wollte. Seit den Tagen des Australopithecus war der Mensch *Sammler* gewesen, wenn auch seine Werkzeuge und seine Intelligenz mit der Zeit immer feiner und brauchbarer geworden waren. Nun aber war der Mensch zum *Produzenten* geworden – und wenn das keine Revolution ist, dann müssen wir diesen Begriff ganz neu definieren.

26. Variationen über ein Thema

DIE ERSTE MEXIKANISCHE REVOLUTION

Obwohl ich nicht viele Archäologen kenne, glaube ich doch, daß sie als Gruppe irgendwie Sonderlinge sind. Ihre Grabungsexpeditionen führen sie oft an abgelegene Orte, wo sie schwierige Verhandlungen mit Leuten führen müssen, die fremde Sprachen sprechen und fremdartige Gewohnheiten haben. Ein Wissenschaftler, der nicht genügend Beweglichkeit und Phantasie hat, um mit seltsamen und unerwarteten Dingen fertigzuwerden, wird es in der Archäologie nicht sehr weit bringen, auch wenn es ihm schon gelungen sein sollte, in sie einzudringen.

Wenn an dieser Verallgemeinerung überhaupt etwas Wahres dran ist, dann dürfte Richard „Scotty" McNeish von der University of Alberta in Calgary ein ausgezeichnetes Beispiel dafür abgeben. Mehr als irgendein anderer hat McNeish zur Erforschung der Anfänge des Ackerbaus in Mittelamerika beigetragen, und seine bedeutenden wissenschaftlichen Leistungen stehen in enger Beziehung zu seiner farbigen Persönlichkeit.

Die Jagd nach den Ursprüngen der mittelamerikanischen Zivilisation, an der McNeish so wesentlichen Anteil hat, begann etwa zu Beginn dieses Jahrhunderts, wurde aber erst vor 30 Jahren schärfer ins Auge gefaßt, als daraus bereits die Jagd nach dem Ursprung der Maispflanze geworden war. Die kultivierte Maispflanze diente der Bevölkerung Mittelamerikas schon lange vor Columbus als Grundnahrungsmittel – und sie tut das noch heute. Doch trotz sorgfältigster Suche hat man nirgendwo wilden Mais gefunden (im Gegensatz zum Nahen Osten, wo noch heute wilder Weizen und wilde Gerste wachsen). Einige Botaniker vermuteten sogar, daß wilder Mais niemals existiert habe. Der kultivierte Mais, so meinten sie, müsse als Kreuzungsprodukt zwischen bestimmten wilden Grasspezies entstanden sein. Diese Vermutung konnte schließlich 1953 widerlegt werden, als die Forscher eine Bohrung in einem prähistorischen Seegrund vornahmen, der heute unter der Stadt Mexiko liegt. In einer Tiefe von etwa 32 Metern fanden sie in ihren Bohrkernen zusammengepreßten Schlamm, der Maispollen enthielt, und dieser Pollen stammte aus einer Zeit um 80.000 v. Chr., lange bevor der Mensch amerikanischen Boden betreten hatte.

Auch schon vor diesem Fund war die Jagd nach dem Mais durch mehrere Entdeckungen in Neu-Mexiko und im Norden von Mexiko verstärkt worden: McNeish und andere Forscher hatten dort kleine, aber offensichtlich kultivierte Maiskolben aus der Zeit um 3600 v. Chr. ausgegraben. Nachdem man dann Spuren des wilden Mais unter dem Stadtgebiet von Mexiko, nördlich davon aber nur kultivierten Mais gefunden hatte, wandte sich McNeish im Jahre 1959 nach Süden; doch in Guatemala und Honduras brachten seine Grabungen keine Ergebnisse. Jetzt war zu vermuten, daß er über sein Ziel zu weit südlich hinausgegangen war; folglich setzte er seine Jagd im Süden von Mexiko an den üblichen Stellen fort: in trockenen Hochtälern, wo die Möglichkeit bestand, daß pflanzliche Überreste die Jahrtausende überdauert hatten. Nachdem er im ersten Tal nichts gefunden hatte, ging er in das Tehuacantal im Staat Puebla. Dort untersuchten er und seine ortskundigen Führer 38 Höhlen auf das Genaueste und in der 39. fanden sie endlich etwas: winzige Maiskolben, die sich bei der Karbodatierung als um einige Jahrhunderte älter als alles, was bisher entdeckt worden war, erwiesen. Einer Eingebung folgend beschloß McNeish, in dieser Gegend ein größeres archäologisches Unternehmen zu beginnen. Mit der Unterstützung von zwei privaten Stiftungen und der Regierung der Vereinigten Staaten begannen die Grabungen im Jahre 1961.

In den folgenden vier Jahren erlebte man hier das vielleicht intensivste archäologische Forschungsunternehmen, das jemals auf so eng begrenztem Raum durchgeführt worden war. Allein über ein Dutzend wissenschaftliche Experten beteiligten sich daran, dazu Hunderte von ortsansässigen Ausgräbern (einige von ihnen sind wahrscheinlich auf Funde gestoßen, die ihre eigenen entfernten Vorfahren hinterlassen hatten). Bei dem ganzen Unternehmen kamen nahezu eine Million verschiedenster Zeugnisse früher menschlicher Aktivität zum Vorschein: feine Pfeilspitzen aus schimmerndem Obsidian, Schleifsteine, die mit großer Mühe aus Felsblöcken herausgearbeitet worden waren, ein Stück Schnur aus Baumrinde, das noch in einen prähistorischen Achterknoten verschlungen war und ein langer hohler Stock, an einem Ende verkohlt: zweifellos die Tabakspfeife eines prähistorischen Indianers. Etwa die Hälfte aller Fundstücke waren Tonscherben, jene Bruchstücke, die wegen ihrer unglaublichen Haltbarkeit zum täglichen Brot des Archäologen geworden sind. Pflanzliche Stoffe können verrotten, Knochen zu Staub werden, aber gebrannter Ton bleibt praktisch über unbegrenzte Zeit erhalten.

Um diese riesige Ausbeute zu klassifizieren und zu interpretieren bediente sich die Tehuacan-Expedition der Fachkenntnisse von einigen dreißig Gelehrten aus ganz Nordamerika. Allein für die Maisfunde brauchte man die Hilfe von vier Wissenschaftlern aus Harvard und der Rockefeller-Stiftung. Für Bohnen und Kürbisse, Textilien und Keramik mußten die jeweiligen Spezialisten der Reihe nach bemüht werden. Ein Student der Universität von Chikago klassifizierte die Tierknochen. Ein Franzose und ein Mexikaner steuerten spezielle Kenntnisse in Geologie und Fragen der Landschaftsformen bei. Ein Professor in British Columbia untersuchte Muscheln. Das vielleicht auffallendste Spezialgebiet hatte ein schottisch-kanadischer Wissenschaftler: Er untersuchte getrocknete menschliche Fäkalien, um zu erfahren, von welcher Kost sich ihre längst verstorbenen Erzeuger ernährt hatten.

Die Geschichte, die von allen diesen Spezialisten wie ein Mosaikbild zusammengesetzt worden ist, beginnt selbstverständlich mit der natürlichen Umgebung, in der sich das menschliche Drama abgespielt hat: Das Tehuacantal ist knapp 120 Kilometer lang und etwa 30 Kilometer breit. Es liegt im Gebirge, so daß der Regenschatten der Berge die Feuchtigkeit weitgehend daraus fernhält. Die spärlichen Regenfälle (auch an den feuchtesten Stellen weniger als 75 Zentimeter pro Jahr) fallen vor allem im Sommer, der dortigen Blütezeit des Jahres. Außerdem gibt es an mehreren Orten Quellen, die während des ganzen Jahres eine ausreichende, wenn auch knappe Wasserversorgung garantieren.

Etwas näher betrachtet gleicht das Klima ungefähr demjenigen, das wir in Mesopotamien kennengelernt haben: eine Reihe schmaler Zonen, entsprechend den Höhenlagen, von denen jede einzelne eine charakteristische, mehr oder weniger zur Ernährung des Menschen geeignete Fauna und Flora hervorbringt. Die tiefste und deshalb trockenste ist das Schwemmland im ebenen Gelände beiderseits des Rio Salado. Hier leben das ganze Jahr über Kaninchen, Hasen, Beutelratten und Wachteln, und in der Regenzeit gibt es die eßbaren Schoten des Süßhülsenbaumes. Etwas höher an den Hängen finden wir einen Wald aus Kakteen und Dornengestrüpp. Hier ist die Kost abwechslungsreicher: Im Frühjahr gibt es Kaktusfeigen, im Herbst Hirsche und Schweine und das ganze Jahr über Kaninchen, Stinktiere und Tauben. An den höchsten Hängen wie auch in einigen feuchten Schluchten wachsen Eichen und mexikanische Agaven. Auch hier gibt es im Herbst Hirsche und dazu Eicheln. Während des Sommerregens werden die Avocados reif, und die Früchte der Agave gibt es das ganze Jahr über.

Das Tehuacantal ist trockener und karger als das mesopotamische Hügelland und deshalb für den Menschen weniger attraktiv. Als hier jedoch die Geschichte der menschlichen Besiedlung vor etwa 10.000 Jahren begann, war das Gebiet nicht ganz so rauh. Da weite Flächen im Norden Kanadas noch unter der Eisschicht lagen, war das Klima beträchtlich kühler und (wegen der geringeren Verdunstung) feuchter als heute. Es gab mehr Hasen, Antilopen und Pferde (von einer heute ausgestorbenen Spezies), wodurch die Fleischversorgung entschieden besser war. Doch die wirklich großen Fleischpakete – Bison und Mammut –, welche die weiten Prärien im Norden durchstreiften, fehlten hier. Die ersten Tehuacanos, so meint McNeish trocken, „sind wahrscheinlich nur einmal im Leben einem Mammut begegnet und hörten dann nie mehr auf davon zu reden – ganz wie manche Archäologen".

Die Größe und Art der Wohnstätten aus dieser frühen Zeit zeigt deutlich, daß ihre Bewohner, wie nicht anders zu erwarten, nomadisierende Stämme waren, die bei jedem Jahreszeitwechsel von einem provisorischen Lager zum nächsten zogen, sehr ähnlich wie die heutigen Buschmänner in Südafrika. Zunächst lebten hier wahrscheinlich nicht mehr als zwanzig Menschen. Um 6000 v. Chr. war die Zahl der Talbewohner etwas gestiegen, es waren aber immer noch nicht viel mehr als hundert. Als die Eisschichten in Nordamerika fast abgetaut waren, wurde das Klima wärmer und trockener. Deshalb wanderte die Antilope vielleicht nach Norden ab. Die Pferde verschwanden ganz, wie auch in allen übrigen amerikanischen Gebieten – über die Gründe streitet man sich noch heute.

Diese Ereignisse zwangen die Tehuacanos zu einer mehr vegetarischen Ernährung, zu deren Zubereitung sie alle möglichen Steinwerkzeuge zum Schaben, Zerkleinern und Zerreiben herstellten. Außerdem flochten sie Körbe und Netze. Auf ihrem Speisezettel finden wir eine Art Kürbis, eine samenbildende Pflanze der Gattung *Amaranthius*, kleine Avocados mit erbsengroßen Vertiefungen und Paprikaschoten. Alle diese Pflanzen werden auch heute noch in Mexiko angebaut. Die Kürbisse haben bitteres Fleisch, weshalb man nur die Samen ißt. Wir dürfen annehmen, daß die Samen gelegentlich ebenso wie in Mesopotamien in Körben herumgetragen wurden und irgendwo auf fruchtbaren Boden fielen, vielleicht in der Nähe einer Quelle an einem Lagerplatz. Jedenfalls hatten die Tehuacanos schon lange vor 5000 v. Chr. ihre Schlußfolgerungen gezogen und nicht nur runde Kürbisse, sondern auch Paprika, Flaschenkürbisse und Bohnen angebaut. Etwa aus dieser Zeit stammen die ersten archäologischen Funde von Mais. Es war ein wildwachsender Mais mit Kolben von der Größe einer halben Zigarette. Wie beim wilden Weizen in Mesopotamien waren die Samenkörner nur lose befestigt, und der Kolben war nicht von Blättern umgeben. Und ebenso wie dort erfolgte die Züchtung auch hier durch allmähliche Selektion, zunächst zufällig und später mit dem Fortschreiten der Kultivierung planmäßig. Dabei verwandelte sich der Mais allmählich in eine Pflanze, die dem heutigen Kulturmais sehr ähnlich war.

Aber jetzt nimmt die Geschichte eine ganz andere Wendung, denn die Tehuacanos brauchten trotz ihres immer intensiver betriebenen Ackerbaus viel länger als die Mesopotamier, bis sie zu einem vollständig seßhaften Leben gekommen waren. Noch um 1500 v. Chr. mußten sie wahrscheinlich ihre kleinen Hüttendörfer für einen Teil des Jahres verlassen, um wildwachsende Pflanzen zu sammeln und Jagd auf Wildtiere zu machen. In einem Zeitraum von 4000 Jahren hatten sie weniger erreicht als die Mesopotamier in 2000. Der Grund ist derselbe wie auch sonst in Amerika: Es fehlten die Haustiere. Die amerikanischen Bauern, die bei der Kultivierung von Pflanzen bemerkenswerte Leistungen vollbracht haben (außer Mais, Kürbissen und Bohnen schenkten sie der Welt die Erdnuß, die Tomate, die Kakaobohne, den Guavenbaum, den Avocado, die Süßkartoffel und die „irische" Kartoffel), waren im Umgang mit Tieren erstaunlich rückständig. Außer dem Hund (der sowohl als Schlachttier wie auch als Jagdbegleiter verwendet wurde) gab es als Haustier nur den Truthahn, das Meerschweinchen und dazu in den Anden das lastentragende Lama und das wollige Alpakaschaf, die außerdem als Fleischtiere verwendet wurden (bezeichnenderweise wurden die letzten beiden Haustiere aus derselben wilden Tierart gezüchtet, dem Guanaco, einem entfernten Verwandten des Kamels). Die Menschen aus dem Tehuacantal hatten daher anders als die Mesopotamier keine Milch, keine Butter und keinen Käse (und auch keinen Dung für ihre Felder). Das Fleisch mußten sie sich zum größten Teil auf der Jagd beschaffen.

Daß auch der Ackerbau im Tehuacantal sich langsamer entwickelte als in Mesopotamien, ist dagegen auf das Klima, das an der Grenze des Erträglichen lag, zurückzuführen. Da es nur eine kurze Regenzeit gab, konnte man das Leben erst dann ganz auf den Ackerbau einstellen, als man die künstliche Bewässerung entdeckt hatte. Das dürfte aber erst um 1000 v. Chr. geschehen sein. Wo die ersten Dauersiedlungen in Mittelamerika entstanden sind, ist ungewiß. Vielleicht lagen sie in einer günstigeren Hochlandregion, die nicht so tief im Regenschatten lag wie das Tal von Tehuacan, die man aber noch nicht entdeckt hat. Der amerikanische Archäologe Michael Coe ist allerdings der Auffassung, daß sie im Tiefland am Pazifik und am Golf von Mexiko gelegen haben. Dort gab es tropische Buschwälder und Savannen mit reichlichen Regenfällen und einer längeren Regenzeit. In diesen klimatisch weniger ungünstigen Gebieten könnte es schon lange vor 1500 v. Chr. regelrechte Ackerbausiedlungen gegeben haben, aber das läßt sich nur schwer feststellen. Wegen der größeren Feuchtigkeit überdauern die Reste von wilden oder kultivierten Pflanzen nur unter außergewöhnlichen Umständen längere Zeit.

Es liegt eine gewisse Ironie darin, daß das trockene Klima von Tehuacan (und ähnlichen mexikanischen Hochlandgebieten), das der Wissenschaft ermöglicht hat, die erste mexikanische Revolution viel genauer zu rekonstruieren als irgendeine andere jungsteinzeitliche Revolution auf der Welt, gleichzeitig auch dafür sorgte, daß diese Revolution in der Neuen Welt viel langsamer vonstatten ging als in der Alten. Der klimatische Unterschied zwischen Mittelamerika und dem Nahen Osten ist letztlich eine der wesentlichen Ursachen für die spätere Eroberung des ersteren Gebiets durch die Kulturerben des letzteren.

27. Das Land blüht auf wie eine Rose

DIE WASSER DER ZIVILISATION

Wie wir gesehen haben, ist die menschliche Evolution im Pleistozän durch zwei bedeutende Erfolge in der Regulierung des Klimas entscheidend beeinflußt worden: Das Feuer versetzte den *homo erectus* in die Lage, aus den Subtropen in die gemäßigte Zone zu ziehen und erlaubte ihm oder seinen Nachkommen sogar, die eisige europäische Kälte während der dritten Eiszeit zu überleben. Die genähte Bekleidung und die Fähigkeit zum Hüttenbau führten den *homo sapiens* in die subpolare oder sogar polare Zone und erschlossen ihm bei dieser Gelegenheit die Jagdgründe der Neuen Welt.

Obwohl die Revolution der Jungsteinzeit als Fortschritt zur Zivilisation eine große Bedeutung hatte, brachte sie keinen vergleichbaren Fortschritt in der Regulierung des Klimas, sondern mit ihr wuchs vielmehr die Fähigkeit des Menschen, die klimatischen Veränderungen innerhalb der Zeit (d. h. der Jahreszeiten) und des Raumes (d. h. des bergigen Geländes) auszunutzen. Je mehr wir uns aber dem Höhepunkt des „Zivilisationsprozesses" nähern, desto mehr rückt die Regulierung des Klimas wieder in den Vordergrund. Und mehr noch: Es handelt sich nun um eine ganz neue Art von Klimakontrolle, und sie vollzieht sich in einem bisher nicht dagewesenen Umfang. Jetzt geht es nicht um die Wärme, sondern um eine andere klimatische Variable, nämlich die Feuchtigkeit: Statt die dünne Schicht über seiner Haut oder die wenigen Kubikmeter in seiner Hütte oder Höhle weiter zu erwärmen, beginnt der Mensch jetzt, das Land auf viele Hektar und Quadratkilometer großen Flächen zu *bewässern*. Unter seinen immer geschickteren Händen und geleitet von seinem zunehmend verfeinerten Verstand blühte die Wüste auf wie eine Rose — und mit ihr auch die Zivilisation.

In Wirklichkeit trifft dieser biblische Ausdruck nur auf zwei oder vielleicht drei der ersten Zivilisationen zu. Das Tiefland von Mesopotamien war damals ebenso wie heute eine Wüste, und Ägypten, das heute eine Wüste ist, war – wenn überhaupt – auch damals kaum mehr. Das Industal ist heute größtenteils Wüste, dürfte aber damals etwas weniger unwirtlich gewesen sein, wie wir weiter unten sehen werden.

China ist ein Sonderfall. Das Tal des Gelben Flusses, in dem sich die erste chinesische Zivilisation entwickelt hat, liegt viel weiter nördlich als die genannten drei Regionen. Theoretisch „sollte" es ein feuchtes Kontinentalklima haben wie New York oder Washington, die etwa auf der gleichen geographischen Breite liegen. Aber die nordchinesische Tiefebene liegt im Osten der riesigen eurasischen Landmasse, über der sich in den Wintermonaten eine gewaltige Menge Kaltluft ansammelt. Diese ständig anwachsende Luftmasse muß irgendwohin abfließen, aber (wie wir im 21. Kapitel gezeigt haben) der natürliche Ausweg nach Süden wird durch hohe Gebirge blockiert, und ein Abfluß nach Westen (d. h. über Europa hinweg) ist selten möglich, weil die meisten Winde aus dieser Richtung kommen. Also muß der größte Teil der Luft nach Südwesten über die Mongolei und Nordchina zum Pazifik abfließen, um dann zunächst in südlicher und später südwestlicher Richtung unter Umständen sogar bis nach Südostasien zu gelangen. So liegt Nordchina etwa die Hälfte des Jahres ununterbrochen in diesem sehr kalten und trockenen Luftstrom, dem „sibirischen Monsun". Die jährliche Regenmenge liegt bei 50 Zentimetern, das meiste davon fällt zwischen Mai und September. (Man könnte das Klima also als extrem warmes subpolares Klima bezeichnen.) Wollte man hier intensiven Ackerbau betreiben, so brauchte man Bewässerungsanlagen für die Frühjahrsbestellung; und in den regnerischen Sommermonaten mußte man wiederum häufig das Hochwasser kontrollieren.

Wie weit Bewässerungsanlagen in der mittelamerikanischen Zivilisation eine Rolle gespielt haben, ist noch eine offene Frage. Die Archäologen sind sich nicht darüber einig, ob die erste echte Zivilisation in diesem Gebiet – die der Olmeken – im verhältnismäßig trockenen Hochland oder im warmen, feuchten Tiefland am Golf von Mexiko entstanden ist. Die Nachkommen der Olmeken, die Mayas, haben ihre bemerkenswerten Tempel freilich im Tiefland gebaut und dort auch ihren hochkomplizierten Kalender aufgestellt. Doch gibt es keinen Zweifel daran, daß die mittelamerikanische Zivilisation ihre höchste Blüte mit ihren mächtigsten Staaten und prächtigsten Städten im Hochland erreicht hat und daß sie zumindest teilweise auf Ackerbau mit künstlicher Bewässerung beruhte.

Diese enge und fast durchgängige Parallele zwischen Bewässerung und Zivilisation läßt natürlich vermuten, daß die Zivilisation irgendwie durch die Anlage von Bewässerungssystemen verursacht worden ist. Einige Prähistoriker haben deswegen eine Theorie entwickelt, derzufolge der Staat als auffallendstes Merkmal der Zivilisation erstmals entstanden sei als Kontrollorgan des sich immer weiter ausdehnenden Bewässerungssystems. Andere lehnen diese Vorstellung glatt ab – so glatt wie ein Prähistoriker überhaupt etwas ablehnen kann – und sagen, der Staatsbegriff sei schon lange vor dem Entstehen weiträumiger Bewässerungsanlagen aufgetaucht. Nun gibt es natürlich alle möglichen Definitionen für den Begriff „Staat" – oder auch für das Prädikat „weiträumig". Sicher darf man wohl annehmen, daß schon irgendeine Art von Bewässerungsanlagen existierte, bevor eine Organisation entstand, die man vernünftigerweise als Staat bezeichnen könnte. Wir wissen nicht genau, wann oder wo der Boden zum erstenmal bewässert worden ist – vor allem, weil dies wie so viele menschliche Einrichtungen zunächst nur in ganz kleinem Maßstab geschah. Am Anfang war es kaum mehr, als daß jemand mit Ledereimern oder Krügen Wasser aus einem Fluß schöpfte, um einen in der Nähe gelegenen trockenen Garten zu begießen. Solch eine „Gießkannenbewässerung" existiert auch heute noch in Teilen von Mexiko, und zwar in ganz beachtlichem Umfang. Doch obwohl wir vielerorts noch alte Tonkrüge finden, läßt sich nicht nachweisen, ob sie als Gießkannen benutzt worden sind.

Der erste Ort, von dem wir mit einiger Sicherheit sagen können, daß dort eine Bewässerungsanlage bestand, ist Jericho – lange bevor Josua mit seinen Posaunenbläsern dort eintraf. Jericho liegt im Jordantal unter dem Meeresspiegel, im tiefen Regenschatten der Berge von Judäa. Das Klima ist trocken und tropisch warm, aber die jährlichen Frühjahrsregen sorgen kurzfristig für reichlich Wasser. Die erste menschliche Siedlung bei Jericho dürfte wohl eine Art Rastplatz und vielleicht eine Kultstätte nomadisierender Jäger, die um 8000 v. Chr. lebten, gewesen sein. Doch schon 1000 Jahre später war dort eine ansehnliche Siedlung auf einer Fläche von mehr als vier Hektar entstanden, die mit einem drei Meter tiefen Graben und einer sieben Meter hohen Steinmauer befestigt war und von einem mindestens zehn Meter hohen Wachtturm beherrscht wurde.

Das Jericho aus der Zeit um 7000 v. Chr. ist mit Sicherheit eine Dauersiedlung gewesen. Kein Nomadenvolk hätte sich die Mühe gemacht, gegen seine Feinde so starke Befestigungen zu bauen. Es wäre viel einfacher gewesen, die Zelte abzubrechen und zu fliehen. Des weiteren war Jericho eine Siedlung, deren Bewohner genügend Zeit – und genug zu essen – hatten, um sich mit recht umfangreichen Bauvorhaben zu beschäftigen. Ein Teil des Wohlstandes dieses Gemeinwesens könnte durch den Handel entstanden sein. Später war Jericho fraglos ein wichtiges Zentrum auf der Handelsstraße, die entlang des Jordan von Palästina und Syrien an das Rote Meer führte. Doch Handel allein kann das Gemeinwesen nicht ernährt haben, besonders weil es selbst nicht viel besaß, das es zum Tausch hätte anbieten können. Es wäre auch denkbar, daß die Bewohner von Jericho, die ja eine Festung zur Kontrolle einer wichtigen Handelsstraße besaßen, in den ersten bekannt gewordenen Fall von Erpressung verwickelt waren, indem sie von den vorüberziehenden Händlern Tribute forderten. Aber auch das ist unwahrscheinlich, solange wir nicht annehmen, daß sie über ausreichende Verpflegungsvorräte verfügten, um nicht ausgehungert werden zu können. Das günstigste Frühjahrsklima allein hätte noch keine reichen Ernten garantiert, solange die Menschen nicht eine Methode entwickelten, mit der sie das Frühjahrswasser auf ihre Felder leiten konnten, d. h. ein Bewässerungssystem, um den fruchtbaren Boden und das tropische Klima für die Erzeugung einer reichlichen Getreide- und Gemüseernte auszunutzen.

Der eigentliche Beginn der Zivilisation kam dann schließlich nicht im Jordantal, sondern weiter östlich in Mesopotamien. Spätestens um 5500 v. Chr. gab es im mesopotamischen Tiefland schon recht gut ausgebaute Bewässerungsanlagen. In Gegenden, wo die Regenfälle für den Anbau von Getreide zu spärlich waren (und heute noch sind), hat man Spuren von Bauerngemeinden gefunden. Aus der Zeit wenige Jahrhunderte später besitzen wir zahlreiche Zeugen für das, was diese neue Form der Klimakontrolle für die Entwicklung der menschlichen Kultur bedeutet hat: Ackerbau mit künstlicher Bewässerung macht Hunderte Quadratkilometer vorher unfruchtbaren Landes der menschlichen Besiedlung zugänglich. Aber das ist nur das wenigste. Das neuerschlossene Land war aus mehreren Gründen viel ertragreicher als das Hügelland, in dem der Ackerbau ohne Bewässerung betrieben werden mußte.

Erstens ist das eigentliche Mesopotamien – das zwischen Euphrat und Tigris gelegene „Zweistromland" – bedeutend wärmer als die umliegenden Berge; es gibt dort keine Jahreszeit, die wir als Winter bezeichnen würden, lediglich eine kühlere Jahreszeit, die mit dem Frühherbst in unseren Breiten verglichen werden könnte. Wenn es überhaupt einmal kalt wird, dann doch kaum so sehr, daß die Feldfrüchte dadurch Schaden litten. Und ebenso wie die Temperatur erlaubt auch die vorhandene Feuchtigkeit eine ganzjährige Feldbestellung. Als der Mensch gelernt hatte, sich aus den großen Flüssen regelmäßig mit Wasser zu versorgen, hinderten die klimatischen Verhältnisse ihn nicht mehr daran, zwei bis drei Ernten pro Jahr einzubringen. Es hinderte ihn nichts, außer vielleicht der Gefahr, daß der Boden sich erschöpfte; doch Wüste und Fluß sorgten gemeinsam dafür, daß er auch mit diesem Problem fertig wurde.

Wenn der Boden in den äquatorialen Regenwäldern zu den unfruchtbarsten der Welt gehört, weil die starken Niederschläge fast alle Nährstoffe aus der Erde auswaschen, dann gehören die Wüstenböden bei sonst gleichen Verhältnissen zu den fruchtbarsten. Die Wüstenböden an großen Flüssen wie in Mesopotamien, Ägypten und im Industal sind die fruchtbarsten von allen, weil sie alljährlich erneuert werden. Jedes Jahr treten die braunen Fluten über die Flußufer und überschwemmen das Land in weitem Umkreis mit ruhigem, seichtem Wasser, das eine Schicht aus feinem Schlamm zurückläßt, der dem Boden neue Kraft gibt. Gelegentlich bleibt die Überschwemmung zwar aus, und dann leidet die Ernte im folgenden Jahr darunter. Manchmal kommen die Hochwasserfluten auch mit solcher Heftigkeit, daß die Wohnstätten der Menschen fortgespült werden. Doch im großen und ganzen sind die jährlichen Überschwemmungen kein Fluch sondern ein Segen. Während die Dörfer im Hügelland verlassen werden mußten, weil der Boden spätestens nach zwei bis drei Jahrhunderten erschöpft war (und sogar dann brauchte man recht fortschrittliche Ackerbautechniken), haben die Flußtäler über Tausende von Jahren reiche Ernten hervorgebracht (schließlich verwandelte sich ein großer Teil von Mesopotamien wieder in Wüste, allerdings aus Gründen, die nichts mit der Erschöpfung des Bodens zu tun hatten. Darüber werden wir im 29. Kapitel berichten.)

Wo es keinen Winter gab, die Wasservorräte praktisch unerschöpflich waren und der Boden ständig neu gedüngt wurde, konnte der Bauer mit seiner Arbeit viel mehr erzeugen, als er zum bloßen Unterhalt brauchte. Diese größere Produktivität brachte ihm entweder mehr Freizeit, die er zur Herstellung von „Luxusgütern" verwenden konnte, oder einen Überschuß an landwirtschaftlichen Erzeugnissen, den man gegen nützliche Waren von anderen Gemeinwesen eintauschen konnte. Unter den Fundstücken aus der Zeit zwischen 5000 und 4500 v. Chr. finden sich steinerne Armringe, Muschelhalsbänder, Kupferperlen, Halbedelsteine, sorgfältig polierte steinerne Schüsseln und Becher und vor allem reich verzierte Tongefäße, die immer eleganter wurden (die Töpferei war freilich schon tausend Jahre früher erfunden worden). Die schönen geometrischen Ornamente einiger Tongefäße sind manchen Webmustern so ähnlich, daß man annehmen darf, daß auch die Webkunst bereits erfunden worden ist. Auch die Innenwände der Häuser wurden erstmals zu dieser Zeit verputzt und bemalt.

Dies alles geschah freilich nicht mit einem Schlag und auch nicht nur in Gebieten, in denen es Bewässerungsanlagen gab. Auch dort, wo man noch den unbewässerten Boden bearbeitete, verbesserten sich die landwirtschaftlichen Methoden, und die domestizierten Pflanzen und Tiere brachten steigende Erträge. In der Südtürkei fand man eine Siedlung ohne Bewässerungsanlagen, die die erstaunliche Größe von etwa 14 Hektar erreicht hatte. Sie verdankte ihren Wohlstand vielleicht zum Teil einem Monopol im lokalen Handel mit Obsidian (ein vulkanisches Glas, aus dem sich erstklassige Steinwerkzeuge herstellen lassen). Wenn die Ausgrabungsarbeiten beendet sein werden, stellt sich vielleicht heraus, daß hier ein Fabrikationszentrum lag. Aber selbst das vollständigste Monopol und die geschicktesten Handarbeiter sind wertlos, solange die Nachbarn keine überschüssigen Nahrungsmittel oder andere Werte besitzen, gegen die man die eigenen Erzeugnisse eintauschen kann.

Wenn der Nahe Osten allgemein eine Blütezeit erlebte, so erreichte diese Blüte ihren Höhepunkt in den Flußtälern Mesopotamiens. Hier lag das Land, das durch Bewässerungsanlagen und menschliche Arbeitsleistung am produktivsten von allen war. Doch die neuen Methoden der Klima-Regulierung brachten dem Menschen nicht nur einen bescheidenen Wohlstand, sondern bescherten ihm gleichzeitig auch ein sehr schwieriges Problem: die menschliche Ungleichheit.

In einem nomadischen Jägerstamm beschränken sich die Besitztümer eines Mannes auf das, was er selbst auf dem Rücken tragen kann. Niemand kann sehr viel reicher werden als seine Stammesbrüder. Auch in den primitiven bäuerlichen Gemeinwesen des Hochlandes scheint der Wohlstand einigermaßen gleichmäßig verteilt gewesen zu sein, wenn man bedenkt, daß alle Häuser etwa gleich groß

waren. Besonders die Felder eines jeden Dorfes waren höchstwahrscheinlich Gemeineigentum und wurden gemeinsam bearbeitet. In
vielen Dörfern ist das noch bis in geschichtliche Zeit so geblieben. Als
aber die Bewässerung und andere landwirtschaftliche Verbesserungen
einen raschen Zuwachs an Produktivität hervorriefen, entstand etwas
ganz Neues: ein *regelmäßiger Nahrungsüberschuß*. Seither hat die
gesamte menschliche Geschichte bewiesen, daß überall dort, wo ein
Überschuß ist, der Schlauere, der weniger von Skrupeln Gehemmte,
der Stärkere oder einfach Redegewandtere es irgendwie fertig-
bekommt, sich einen unverhältnismäßig hohen Anteil davon zu
sichern.*

Weitere landwirtschaftliche Entwicklungen förderten diese Tendenz: die Einführung der Weinrebe, der Olive und der Dattelpalme,
die jahrelang gepflegt werden müssen, bis sie Früchte tragen. Wenn
jemand einen Baum gepflanzt und fünf oder zehn Jahre gepflegt
hat, dann entwickelt er leicht ein ausgesprochenes Besitzverhältnis
zu diesem Baum und zu dem Boden, auf dem er wächst. Es ist kein
Zufall, daß die Periode der zunehmenden Prosperität auch einen
neuartigen Gebrauchsgegenstand hervorbrachte: kleine gebrannte
Tonstücke mit verschiedenartigen Kerbmustern auf einer Seite. Vergleicht man sie mit ähnlichen Gegenständen aus späteren Zeiten, so
darf man kaum daran zweifeln, daß es Siegel waren. Ihr Kerbmuster
wurde in die Tonschicht eingedrückt, die den Deckel eines Getreide-
oder Ölkruges luftdicht abschloß. Diese Siegel sind der greifbare
Beweis für die Existenz von Privateigentum.

Die Ungleichheit entwickelte sich auch noch in anderer Weise.
Die Bevölkerung der bewässerten Landstriche war notwendigerweise
reicher als die nomadischen oder halbnomadischen Hirtenstämme,
die die höher gelegenen oder trockeneren Gegenden bewohnten.
Nomaden haben im allgemeinen eine härtere und widerstandsfähigere
Konstitution als seßhafte Bauern; die brauchen sie auch. So mußte es
folglich dazu kommen, daß die Nomaden Raubzüge unternahmen,
wenn es ihnen an Nahrung fehlte – oder auch schon vorher (man
denke an die Befestigungen der Stadt Jericho). Manchen Nomaden ist
es wohl zuweilen auch gelungen, nicht nur in raschem Überfall

---

* Als sich die Bewässerungsanlagen später bis zum Bau von Kanälen und
  ähnlichen Einrichtungen fortentwickelt hatten, war der Boden nicht mehr
  überall gleich viel wert. Es gab „verbesserten Boden", und das bedeutete,
  daß der Besitz eines bestimmten Feldes vorteilhafter war als der eines
  anderen.

Getreide, Vieh und ein paar hübsche Mädchen zu rauben, sondern gleich die ganze Siedlung zu besetzen und sich als Herren darin zu etablieren. Ihre Härte und ihre Kampferfahrung ermöglichte es ihnen, die besten Teile der Ernte für sich in Anspruch zu nehmen – und gleichzeitig nach einer Eingewöhnungszeit ihren Unterhalt gewissermaßen dadurch zu „verdienen", daß sie die Angriffe ihrer nomadischen Vettern abwehrten. Der Unterschied zwischen Räuber und Gendarm, zwischen Ausbeutung und Besteuerung ist in der Geschichte der Menschheit sehr oft verwischt worden und, wie wir uns vorstellen können, ebenso auch in der frühen Geschichte Mesopotamiens.

Der Zwang zum Unterhalt von „Verteidigungskräften" – ob dies nun ehemalige Nomaden oder eigene Leute waren – erhöhte sich noch durch einen weiteren Umstand: das Anwachsen der Bevölkerung. Die Menschen haben sich schon immer so lange vermehrt, bis die vorhandenen Möglichkeiten für ihre Ernährung gerade noch oder schon nicht mehr ausreichten, und auf fast jede Zunahme der Nahrungsquellen folgte sofort auch eine Bevölkerungszunahme. Die Folge war, daß der verfügbare Boden stärker belastet wurde. Wir dürfen nicht vergessen, daß der nutzbare Boden immer noch beiderseits der Flußläufe konzentriert war (große Bewässerungskanäle, in denen das Wasser kilometerweit landeinwärts geleitet wurde, lagen noch in der Zukunft). Die Folge waren Streitigkeiten und Kämpfe zwischen den einzelnen Landbesitzern und Dörfern.

Wann genau der professionelle Krieger zum ersten Mal in Mesopotamien aufgetreten ist, kann nur annähernd vermutet werden. Aber wir dürfen mit Sicherheit annehmen, daß derselbe Überschuß an landwirtschaftlichen Erzeugnissen, der seine Existenz ermöglichte, auch die Entwicklung anderer Berufszweige möglich gemacht hat: den des Töpfers, des Webers und besonders des Schmiedes. Die schwierigen technischen Voraussetzungen, die erfüllt sein mußten, um Kupfer und Zinn aus rohem Erz herauszuschmelzen und die Metalle zu Werkzeugen und Waffen aus Bronze zu verarbeiten, konnten kaum von Dilettanten bewältigt werden. Dazu brauchte man hauptberufliche Handwerker. Außerdem gibt es im Schwemmland von Mesopotamien keine Erzlager. Metallverarbeitung setzte demnach so etwas wie organisierten Handel mit bestimmten Gemeinwesen im erzreichen Iran und Kleinasien voraus, die den Abbau und die Schmelze betrieben. Manche Nomadenstämme haben beim Metallhandel vielleicht die Rolle von Zwischenhändlern übernommen und sich zu halb oder ganz berufsmäßigen Kaufleuten entwickelt.

Alle diese Einzelberufe waren in gewissem Sinne Variationen eines Themas, das schon die allerersten Spezialisten angestimmt hatten: die Priester. Noch bevor es Schmiede gab, ja sogar vor den frühesten Anzeichen für das Vorhandensein einer militärischen „herrschenden Klasse" finden wir Reste von Tempeln, sogar von solchen recht kunstvoller Art (wie schon oben ausgeführt, läßt sich der Beruf des Priesters, Medizinmannes und Schamanen sehr wahrscheinlich bis zu den Jägerstämmen der letzten Eiszeit zurückverfolgen). Wir können wohl annehmen, daß mit dem wachsenden Wohlstand der Gesellschaft auch der der Priester zugenommen hat. Die Menschen waren von jeher darauf bedacht, sich alle Mächte geneigt zu machen, von denen sie glaubten, daß sie ihre Welt beherrschen; also versorgten sie großzügig diejenigen Männer und Frauen, von denen sie glaubten, daß sie diese Mächte gut kennen und beeinflussen können. So ist es auch noch heute, allerdings besteht die moderne Priesterkaste eher aus Wissenschaftlern als aus religiösen Führern. Es war auch nicht Aberglaube, was zur Entstehung von Priesterkasten führte – auch nicht vor 6000 oder 7000 Jahren: Was immer der Wert ihrer Beschwörungen und Gesänge zur Beschwichtigung der Götter gewesen sein mag, man darf nicht daran zweifeln, daß sie sehr wichtige gesellschaftliche und wirtschaftliche Funktionen hatten. Eine der wichtigsten hatte etwas mit dem Klima zu tun, und ist als solche ein besonderes Kapitel wert.

28. Von Zeiten und Flüssen

JAHRESZEITEN, PRIESTER UND KALENDER

Für viele Schriftsteller und Wissenschaftler die sich mit der Geschichte der Zeitrechnung beschäftigen, ist es fast so etwas wie ein Glaubensartikel, daß der Mensch eher nach Monaten als nach Jahren gezählt habe. Begründet wird diese Theorie mit der vermeintlichen Frühgeschichte des Kalenders in Mesopotamien und Ägypten sowie mit sehr spärlichen, um nicht zu sagen zweifelhaften Anhaltspunkten aus der zeitgenössischen Anthropologie. Als Erklärung hat man dann versichert, daß das Mondlicht für die Jägervölker von besonderer Bedeutung gewesen sei, sowohl für die Jagd selbst, wie auch als Lichtquelle bei anderen Tätigkeiten.

Dies ist eine von den Theorien, bei denen ich mich immer frage, ob ihre Vertreter eigentlich selber lesen, was sie schreiben und – falls ja – ob sie darüber nachdenken. Die Vorstellung vom frühzeitlichen Menschen, der bei Mondschein auf die Jagd geht, strapaziert die Einbildungskraft beträchtlich. Ich gehe manchmal auf dem Lande im Mondschein spazieren, allerdings auf Straßen, nicht auf Feldern oder im Wald. Und ich hüte mich dabei zu rennen – wie es die Jäger dagegen häufig müssen –, weil man zu leicht stolpern und sich den Knöchel verrenken kann, wenn man im Dämmerlicht ein Hindernis übersieht. Außerdem spaziere ich in einem Land, in dem es keine Leoparden oder Tiger, Wölfe oder Bären gibt. Hätte der frühzeitliche Mensch seine Jagdzüge in den Nachtstunden unternommen, dann hätte er statt als Beutemacher wohl selbst als Beute geendet. Doch ganz abgesehen von solch einer phantastischen Überbewertung des Mondlichts als Lichtquelle für menschliche Tätigkeiten kann man sagen, daß die Vertreter der Theorie vom urtümlichen „Mondkalender" einen wesentlichen Aspekt der menschlichen Umweltbedingungen übersehen: die

Tatsache nämlich, daß die entscheidenen Natur-Zyklen seit jeher vor allem vom Klima beherrscht wurden (und werden) – und das heißt selbstverständlich nicht Monatszyklen sondern Jahreszyklen.

Im äquatorialen Regenwald und in der Wüste (die beide für den primitiven Menschen keine besondere Anziehungskraft besaßen), verändert sich das Klima von einem Jahr zum anderen nur wenig. Aber in jeder anderen Zone entstehen mit dem Steigen und Fallen der Temperatur, dem Kommen und Gehen des Regens wichtige jahreszeitliche Veränderungen im Leben der Pflanzen und Tiere, Veränderungen, die jeder Primitive berüchsichtigen muß, wenn ihm an regelmäßigen Mahlzeiten gelegen ist. Es überrascht daher nicht, wenn wir feststellen, daß sich auch die primitivsten Völker der Erde noch heute allgemein an den Jahreszeiten orientieren. Sie tun das, indem sie die Sterne beobachten.

Da die meisten von uns in der Großstadt leben, wo das Licht der Sterne durch die Dunstglocke und den Widerschein der Lichter am Himmel getrübt wird, sind wir uns des gewaltigen Schauspiels kaum bewußt, das die Sterne in einer klaren Nacht auf dem Lande bieten. Wenn man aber einmal in einer sternklaren Sommernacht weit außerhalb der Großstadt ist und dann eine halbe Stunde lang in den von Diamantenstaub übersäten Himmel hinaufgeblickt hat, dann kann man sich vielleicht vorstellen, was der primitive Mensch dabei empfunden haben muß: zunächst ein großes Staunen, dann wurde ihm der Anblick immer vertrauter und schließlich erkannte er einzelne Gruppen von Sternen und begann, sie als Bilder von Tieren und Göttern zu sehen. Aus der regelmäßigen Beobachtung der Sterne wußte schon der Primitive recht gut, was die Anhänger der Astrologie neuerdings wiederentdeckt haben: Das Aussehen des Himmels verändert sich von Tag zu Tag und von Jahreszeit zu Jahreszeit. Die Sonne „bewegt sich" durch die Sternbilder, und mit ihrer Bewegung verschieben sich die Partien des Himmels, die am Tage unsichtbar und in der Nacht sichtbar sind.

Der Anthropologe Martin P. Nilsson hat einen großen Teil von dem, was die frühzeitliche Sternbeobachtung bereits erkannt hatte, zusammengestellt. Er weist unter anderem darauf hin, daß der damalige Mensch vor allem das Phänomen des Morgen- und Abendsterns – von den modernen Astronomen als heliakischer Auf- und Untergang bezeichnet – sehr genau kannte. Wenn er im Morgengrauen erwachte, wurde sein Blick von selbst auf den Osthimmel gelenkt, und so bemerkte er die letzten Sterne, die kurz vor Sonnenaufgang am Horizont aufsteigen. Kehrte er in der Abenddämmerung zu seinem Lager zurück, so sah er wiederum, welche Sterne zuerst im Westen aufleuchteten, um dann mit dem schwindenden Sonnenlicht unterzugehen. Wir finden auch heute noch primitive Völker, die die jahreszeitlichen Veränderungen dieser heliakischen Phänomene genau kennen, was wohl nur für solche Leute erstaunlich ist, die den Begriff „primitiv" mit Dummheit gleichsetzen. Ein australischer Eingeborenenstamm – wohl die primitivsten Menschen der heutigen Welt – bestimmt nach dem Stand des Arktur am westlichen Horizont die Zeit, zu der man Termitenlarven sammeln kann. Die Wega sagt ihnen, wann die Laubenwallnister ihre wohlschmeckenden Eier legen. Primitive Bauernvölker sind in noch größerem Maße auf die genaue Berechnung der Jahreszeiten angewiesen. So beobachten z. B. Indianerstämme das Sternbild der Plejaden, dessen heliakischer Untergang ihnen sagt, wann die Regenzeit kommt, das heißt, wann man Süßkartoffeln pflanzen muß.

In manchen Stämmen beherrscht jedermann die Kunst der Zeitberechnung mit Hilfe der Gestirne. In anderen dagegen, sogar auch schon in sehr primitiven, entwickelte sie sich bald zu einer Spezialwissenschaft. Nilsson schreibt, bei den Australiern ist die Tradition der Sternbeobachtung in allen Stämmen verbreitet, doch bestimmte Familien stehen im Ruf, die genauesten Kenntnisse darüber zu besitzen. Bei den Kenyas auf Borneo ist die Entwicklung schon einen Schritt weitergegangen. „Die Bestimmung des Zeitpunktes für die Aussaat ist so wichtig, daß sie in jedem Dorf einem Manne übertragen wird, der keine andere Aufgabe hat, als die entsprechenden Zeichen zu beobachten. Er *braucht selbst keinen* Reis *anzubauen, denn die anderen Dorfbewohner versorgen ihn mit dem Notwendigen.* Seine Sonderstellung gründet sich zum Teil auf den Umstand, daß die Zeit für Aussaat und Ernte durch bestimmte Beobachtungen der Sonne festgestellt werden muß, wozu besondere Instrumente erforderlich sind. Die Beobachtungen selbst bleiben geheim, und der Ratschlag des Sonnen-Beobachters wird in jedem Falle befolgt." Daraus folgert Nilsson: „Die Entwicklung des Kalenders vertieft die Kluft zwischen... den Kalendermachern und dem einfachen Volk. Hinter dem Kalender stehen vor allem die Priester..." Er berichtet außerdem, daß bei den Maori in Neuseeland sogar alljährlich ein „Seminar" für Priester und Oberhäuptlinge stattgefunden habe, auf dem die Tage für Aussaat und Ernte gemeinsam festgelegt wurden.

Wir dürfen sicher sein, daß die Aufgabe der mesopotamischen

Priester ähnlich wie die der heutigen neuseeländischen darin bestand, den Bauern die Zeit der Aussaat und der Ernte zu verkünden und ihnen zu sagen, wann das jährliche Hochwasser zu erwarten war, das zwar den Boden wieder fruchtbar machte, aber auch eine gewisse Unbequemlichkeit und manchmal sogar eine Gefahr bedeutete. Dadurch entstand eine Vorrangstellung der Priester, die zweifellos noch gefestigt wurde durch die uralte Neigung des Menschen zur Verehrung der Himmelskörper, mit deren Hilfe er die Zeit zu berechnen pflegte. Wer im voraus wußte, wann bestimmte Sternbilder sichtbar werden oder wann die Mittagsonne im Sommer ihren höchsten Stand erreicht, der wußte offensichtlich mehr als der gewöhnliche Mensch über die Geheimnisse der Götter; deshalb hielt man ihn auch für geeignet, mit ihnen zu sprechen und ihren Willen zu interpretieren.

So waren die Priester die ersten Gebildeten der Geschichte, und es ist nur logisch, daß ihnen auch die Aufgabe zufiel, die Bewässerungsanlagen, die allmählich immer komplizierter wurden, zu planen und zu überwachen. Sie bestimmten die Opfergaben für die Tempel und was mit ihnen zu geschehen hatte, und sie kratzen in unbeholfener Bilderschrift ihre Aufzeichnungen in feuchte Tonklumpen. Wenige Jahrhunderte später waren diese Bilder bereits systematisiert worden und entwickelten sich bald zu einem echten Schriftsystem, dessen früheste Dokumente uns eine lebendige Vorstellung von der Bedeutung der Klimakontrolle für die Mesopotamier geben – jene Bewohner des Zweistromlandes, die sich nun deutlich als das Volk der *Sumerer* identifizieren lassen.

Es heißt, Gott habe den Menschen nach seinem Bilde geschaffen; mir scheint aber, daß das Gegenteil eher zutrifft. Die Götter der meisten Völker sind übermäßig vergrößerte Menschen, und was immer sie auch bewegte, mußte für die Menschen von geradezu überwältigender Bedeutung sein. Es überrascht uns also nicht, wenn wir im sumerischen Weltschöpfungsmythos lesen, wie die Göttin Ninhursag, die „Mutter des Landes", vom Wassergott Enki geschwängert wurde. In dieser Schilderung vermischen sich die Symbole der Bewässerung mit denen der menschlichen Zeugung:

> Er füllte die Kanäle mit Wasser,
> Er füllte die Gräben mit Wasser,
> Er füllte das brachliegende Land mit Wasser,
> Der Gärtner im Staub... umarmt ihn...
> und goß den Samen in den Leib der Ninhursag.

Enki war nicht der einzige Gott, der etwas mit dem Wasser zu tun hatte. Neben ihm gab es Ennuge, den Bewässerer (dessen Titel wörtlich übersetzt „Aufseher der Kanäle" bedeutet). Aus einem weiteren Tontafelfragment erfahren wir, wie ein ungenannter Gott (vielleicht Ennuge) „die Reinigung der kleinen Flüsse einführte". Hier wird zweifellos darauf angespielt, daß die natürlichen und künstlichen Wasserläufe regelmäßig ausgebaggert werden mußten, weil sie sonst wohl bald vom Schlamm verstopft worden wären.

Eine Gesellschaft, in der die Götter durch ihre priesterlichen Beauftragten als Aufseher der Kanäle handeln und für die Instandhaltung der Bewässerungsanlagen sorgen, kann nicht mehr als „barbarisch" bezeichnet werden. Die reichen Ernten, die der bewässerte Boden hervorbrachte, hatten eine vielschichtige soziale Struktur entstehen lassen, in der es Reiche und Arme, Arbeiter und Intellektuelle, professionelle Handwerker, Bürokraten – und professionelle Herrscher gab. Denn ohne die herrschende Klasse der Priester und Soldaten hätten sich die übermäßig Reichen und die hungrigen Armen in einem ständigen Bürgerkrieg befunden, bei dem das Bewässerungssystem, das die Grundlage ihrer Gesellschaft bildete, wahrscheinlich zerfallen wäre.

Daß der Mensch entdeckt hatte, wie er die Wüste zum Blühen bringen konnte, brachte ihm, wie so viele technologische Errungenschaften vorher und nachher, nicht ausschließlich Segen. Es brachte ihm Reichtum, Bildung, die besonderen Fertigkeiten des berufsmäßigen Handwerkers, die mathematischen und wissenschaftlichen Errungenschaften des priesterlichen Kalendermachers und die gewaltigen Impulse an Phantasie und Erfindungsgabe, die immer dann entstehen, wenn viele Menschen mit den verschiedensten Fähigkeiten und Erfahrungen auf engem Raum zusammenleben. Doch all dies mußte teuer erkauft werden. Der Preis war die Armut, die den Reichtum ermöglicht, der institutionalisierte Aberglauben einer Staatsreligion, die Sklaverei, der Zwang und die Herrschaft des Menschen über den Menschen. Während der Mensch die an seinen Bewässerungskanälen gereiften Früchte verzehrte, verlor er in Wahrheit seine Unschuld und gewann dafür die Kenntnis des gesellschaftlich Guten und Bösen.

29. Wieder Variationen über ein Thema

CHARAKTERISTISCHE MERKMALE DER ZIVILISATION

Fast jeder, der enge Beziehungen zur Kultur eines anderen Landes gehabt hat, mußte wohl irgendwann über die Frage nachdenken, warum „Fremde" anders sind als „wir". Eine der ältesten Erklärungen macht das Klima für diese Unterschiede verantwortlich. Italiener und Spanier, die im sommerheißen Mittelmeerraum leben, sind „heißblütig". Briten, Skandinavier und Deutsche, deren Temperament durch die Seewinde und das Klima in nördlichen Breiten gemäßigt wird, sind kühl und reserviert. Die Oberflächlichkeit dieser klimatisch-charakterologischen Klischees sollte uns jedoch nicht blind für die viel subtilere Wahrheit machen: Der Charakter eines Volkes oder einer Zivilisation ist größtenteils das Produkt ihrer Geschichte, und diese wiederum hängt notwendigerweise weitgehend von dem Klima ab, unter dem sich jene Zivilisation entwickelt hat. Einige nützliche Beispiele finden wir bei der Entstehung und dem Schicksal der vier ersten Zivilisationen der Alten Welt.

Am lehrreichsten ist vielleicht der Kontrast zwischen Ägypten und Mesopotamien. Die ägyptische Zivilisation hat sich bekanntlich im Nildelta und im Niltal entwickelt, also im Herzen der Wüstenzone. Das flache Delta, in dem sich die zahlreichen Arme der Flußmündung zur Küste hin auseinanderfächern, ist kaum breiter als 150 Kilometer, das Flußtal selbst dagegen viel schmaler, nur etwa 20 bis 30 Kilometer breit. Die ägyptische Zivilisation mußte sich folglich auf einen schmalen Streifen kultivierbaren Landes beschränken, das „Schwarze Land" der Hieroglyphen, das zwischen den felsigen Klippen eingebettet lag, hinter denen das trockene „Rote Land" sich bis weit hinter den Horizont erstreckte. Im Osten und Westen war Ägypten von der roten Wüste eingerahmt und geschützt. Während der Zeit des klimatischen Optimums war die Wüste allerdings eine Grassteppe gewesen, auf der zahlreiche weidende Steppentiere und ihre Jäger lebten. Doch als die ägyptische Zivilisation kurz vor 3000 v. Chr. einsetzte, waren diese Gebiete schon zur Wüste geworden. In Gräbern aus jener Zeit, die einfach in den Wüstenboden gegraben sind, hat man guterhaltene Geräte aus Holz gefunden; das heißt, daß das Rote Land schon damals kaum feuchter als heute gewesen sein kann. Im Norden lag das Mittelmeer, über das damals ebenso wie heute die Handelswege führten (Ägypten importierte Holz aus dem Libanon, schon lange bevor Salomo dem Hiram befahl: „Fälle mir Zedern.“). Doch obwohl die damalige Technologie schon so weit fortgeschritten war, daß man Handelsschiffe bauen konnte, war es noch nicht möglich, den Krieg über das Meer zu bringen. Das bedeutet, Ägypten war gegen Invasionen aus dem Norden fast ebenso gut geschützt wie gegen Einfälle aus dem Osten und Westen. Auch im Süden lagen die Dinge ähnlich. Im Innern Ägyptens war der Warentransport auf dem Wasser (damals die einzig mögliche Methode für sperrige Güter) leicht zu bewältigen: Die vorherrschenden Nordwinde, die angezogen durch die Wüstenhitze vom kühleren Mittelmeerraum heraufwehen, treiben die Segelschiffe stromaufwärts; für die Rückfahrt braucht man bloß die Segel zu streichen und sich von der Strömung treiben zu lassen (in der altägyptischen Sprache gab es bezeichnenderweise zwei verschiedene Verben: *Chad* = stromabwärts fahren und *Chenet* = stromaufwärts segeln). Aber jenseits des heutigen Assuandammes wird der ruhige Flußlauf des Nil durch eine Reihe von Katarakten unterbrochen (die wohl richtiger als Stromschnellen bezeichnet werden sollten), wodurch der Schiffsverkehr auf dem Fluß stark behindert, wenn auch nicht ganz unmöglich gemacht wurde. Südlich des ersten Katarakts treten außerdem die Felsklippen der Wüste so nahe an den Fluß heran, daß nur noch ganz schmale Landstreifen bewässert und kultiviert werden können. Deshalb entstand im südlichen Niltal keine sehr mächtige Zivilisation.

So war Ägypten durch Klima und geographische Gegebenheiten bestens gegen Invasionen von außen gesichert. Das erste Aufkeimen einer Zivilisation im Niltal ist wahrscheinlich von Kaufleuten oder Reisenden aus Mesopotamien angeregt worden; dafür gibt es eine Reihe von archäologischen Anhaltspunkten. Einige Wissenschaftler vermuten zwar, es habe eine militärische Invasion stattgefunden, aber das ist bestenfalls unbewiesen. Jedenfalls steht fest, daß Ägypten in den ersten fünfzehn Jahrhunderten seiner Geschichte (das entspricht dem Zeitraum vom Zusammenbruch des Römischen Reiches bis zur Gegenwart) niemals angegriffen worden ist, weder erfolgreich noch erfolglos. Die ägyptischen Städte waren fast nie von Mauern umgeben.

Isolation ist nicht nur ein Segen, sondern auch ein Fluch: Invasionen bringen Tod und Zerstörung, aber sie bringen auch neue Ideen – ebenso wie die Händler und Reisenden, die in weniger isolierten Ländern zusammentreffen. Und auch abgesehen von den fehlenden äußeren Einflüssen begünstigt die Isolierung noch in anderer Hinsicht den Konformismus: In zugänglicheren Ländern können Feinde des Regimes über die Grenzen fliehen oder sich in die Berge zurückziehen. In Ägypten hätte sich einem Andersdenkenden nur die Wüste als Zufluchtsort geboten – und dies war wahrhaftig keine Zuflucht.

Die besondere Eigenart Ägyptens wurde noch durch einen weiteren klimatischen Umstand bestimmt, der seinen Ort viel weiter südlich am äthiopischen und zentralafrikanischen Oberlauf des Nils hat, nämlich dem Rhythmus des Sommerregens in diesen Gebieten, der seinerseits den Zeitpunkt des Nilhochwassers bestimmt. Nun sind diese Regen „Monsunregen", das heißt, sie entstehen durch die Erwärmung der Sahara im Sommer, wenn die feuchte Luft über dem Indischen Ozean nach Afrika hineingesogen wird – etwa so, wie wenn an unseren Küsten an einem heißen Julinachmittag eine leichte Seebrise landeinwärts weht (diese Erklärung ist natürlich stark vereinfacht). Da die Erwärmung der Sahara und deshalb die Monsune und deshalb wiederum das Hochwasser des Nil durch den regelmäßigen Kurs des Erdumlaufs um die Sonne bestimmt werden, müssen auch alle drei Erscheinungen, verglichen mit den meteorologischen Vorgängen in der gemäßigten Zone, in ungewöhnlich regelmäßigen Abständen eintreten. So kommt das Nilhochwasser im August nur selten mehr als eine oder zwei Wochen früher oder später als üblich. Außerdem tritt es zu einer Zeit auf, in der die Ernte geborgen ist, so daß das Land für die alljährliche befruchtende Umarmung durch den Fluß bereitliegt.

Wir dürfen diese Regelmäßigkeit allerdings auch nicht überbetonen: Wenn auch der Zeitpunkt der Nilüberschwemmung vorhersehbar war, so konnte man doch ihre Höhe nicht voraussehen; die Jahre eines „armen Nils", in denen die Überschwemmung nur wenige Kilometer über die Ufer hinaustrat, waren Hungerjahre (die sieben mageren Jahre, die Joseph durch seine klugen Maßnahmen so gut bewältigte, hatten frühe Vorläufer, wie aus viel älteren ägyptischen Urkunden bezeugt ist). Und wenn das Land auch selten von feindlichen Einfällen heimgesucht wurde, so gab es doch gelegentlich Bürgerkriege.

Dennoch war das ägyptische Leben leichter vorhersehbar, mehr von sicheren Erwartungen bestimmt und weniger durch fremde Einflüsse gestört als fast jede andere Zivilisation seither. Das Ergebnis war nicht anders als zu erwarten: nach einem kurzen und intensiven Ausbruch von Neuerungen und schöpferischer Kraft, durch den die ägyptische Zivilisation auf den Weg gebracht worden war, wurde die Kultur recht bald fast statisch. Neuen Ideen setzte sie zwar kaum aktiven Widerstand entgegen, aber sie stand ihnen gleichgültig gegenüber. Die Regierungsform war bis auf wenige Perioden, in denen die innere Geschlossenheit zerbrach, fast unvorstellbar absolutistisch. Der Pharao war nicht Stellvertreter der Götter oder der Gesalbte Gottes wie die Könige an anderen Orten und zu anderen Zeiten, sondern er war selbst ein lebender Gott. Sein Wille war Gesetz. Anders als andere antike Zivilisationen hatten die Ägypter niemals ein schriftlich fixiertes Gesetz. Daß sie es vermißten, kann wohl bezweifelt werden. Sie waren (oder wurden bald) zu einem in sich abgeschlossenen, wenig wißbegierigen und pragmatischen Volk. Mit ihrer Lebensweise waren sie zufrieden und daher allen Experimenten abgeneigt. Das Hochwasser des Nil kam alljährlich mit der gleichen Gewißheit, mit welcher der Sonnengott Ra am Himmel aufstieg. Pharao wohnte in seinem Himmel-auf-Erden in Theben oder in Memphis. Was also konnte dieser Welt noch fehlen? Nichts, solange sie nur weiterbestand. Das Volk hatte natürlich – wie immer – ein schweres Leben. Aber für die dünne Oberschicht hieß es: „Iß, trink und sei fröhlich – denn morgen gibt es wieder ein Fest."
Von allen antiken Zivilisationen war es die ägyptische, vielleicht mit Ausnahme der chinesischen, die die (für unseren Geschmack) schönsten Plastiken und Gemälde hervorgebracht hat – und das erste „schöne" Volk.

Das erste unvorhergesehene Ereignis war eine Invasion aus Palästina entlang der Sinaiküste über die Meerenge von Suez. Das Volk, das diese Invasion unternahm, läßt sich schwer identifizieren. Die Ägypter nannten es die Hyksos, aber dieser Name sagt nicht viel, denn er heißt nur „Beherrscher fremder Länder". Wie es zu der Invasion kam, können wir noch weniger feststellen. Es scheint, daß der Einfall durch einen der periodisch auftretenden ägyptischen

Bürgerkriege begünstigt worden ist. Aber auch das erklärt nicht viel. Bis zum Einfall der Hyksos etwa um 1700 v. Chr. war Ägypten durch seine Wüstenbarriere vor Angriffen von außen gesichert, wobei es keine Rolle spielte, ob das Land im Inneren stark war oder schwach.

Es ist möglich, daß der ägyptische Schutzwall, der etwa auf der Linie des heutigen Suezkanals durch die Wüste verlief, im Laufe der Zeit durchlässig geworden war, weil man Straßen gebaut und Trinkwasserbrunnen gebohrt hatte. Durchlaßstellen solcher Art hätten vielleicht genügt, um einer schnell geführten militärischen Expedition oder einer Handelskarawane den Weg nach Ägypten freizumachen. Weniger leicht läßt sich dagegen erklären, wie nomadische Hirten aus Palästina und vom Sinai ihre Herden ins Nildelta bringen konnten, als anderswo die Weiden knapp geworden waren (dies wird nicht nur durch die Bibel in der Geschichte von Joseph und seinen Brüdern berichtet, sondern auch durch ägyptische Urkunden aus älterer Zeit bezeugt). Die Voraussetzung wäre nämlich, daß sie auf ihrem Wege nicht nur Wasser, sondern auch Weideland gefunden hätten. Ein leichter Klimawechsel zu jener Zeit ist freilich nicht auszuschließen: Möglicherweise hatte sich die Sturmzone weit genug nach Süden verlagert, so daß die Sinai-Halbinsel etwas Regen erhielt. Zur Römerzeit ist das wahrscheinlich geschehen. Aufzeichnungen aus dieser Periode besagen, daß an der Küste Ägyptens damals nicht nur im Winter, sondern auch im Sommer etwas Regen gefallen ist. Wir besitzen jedoch keinerlei Anhaltspunkt für die genaue Zeit, zu der sich dieser klimatische Umschwung soweit auswirkte, daß der Landverkehr durch die Sinaiwüste zwischen Gaza und dem Delta wesentlich erleichtert wurde.

Doch gleichgültig ob die Ursachen nun beim Klima, bei kulturellen Gegebenheiten oder bei beiden zugleich zu suchen sind, Ägypten war jedenfalls nun nicht mehr gegen die Außenwelt isoliert. Aber auch die neuen Kontakte mit fremden Ländern berührten die ägyptische Kultur nur oberflächlich, eine wesentliche Veränderung konnten auch sie offenbar nicht bewirken. Ägypten blieb so reich wie das Niltal – und ebenso eng, ja, die Enge und Starrheit nahmen sogar noch zu. Die Priesterbürokraten klammerten sich an ihre Macht und bauten sie weiter aus (eine religiöse und wohl auch politische Revolution, geführt von dem Pharao Echnaton, blieb nur eine Generation lang erfolgreich). Der im Ausland fühlbar werdende ägyptische Imperialismus führte nur zu einer aufgeblähten „Verteidigungsorganisation". Und als Ägypten später selbst von außen militärisch erobert wurde, führte das nicht zu einer Wiedergeburt der Kultur auf neuer Ebene, sondern bloß zu einer um so intensiveren Hinwendung zur Vergangenheit. Dies zeigte sich beispielsweise darin, daß Skulpturen und Gemälde aus vergangener Zeit, als die Reichtümer noch durch die Wüstenbarrieren gesichert waren, aufs genaueste kopiert wurden. Zum Schluß wurde das „Geschenk des Nils" zur Beute jedes Eroberers, der gerade daherkam. Die ägyptische Zivilisation war vielleicht die erste, in der die besonderen klimatischen und geographischen Vorzüge fälschlicherweise als ein Zeichen für die besondere Gunst der Götter angesehen wurden. Die letzte war sie nicht.*

Die Mesopotamier waren durchaus nicht davon überzeugt, Lieblinge der Götter zu sein. Ihre Lage war bedeutend weniger sicher: Im Südwesten wurden sie zwar fast ebenso gut wie Ägypten durch die Wüste geschützt, aber im Norden und Westen grenzte ihr Land an Syrien und Kleinasien, die beide schon damals verhältnismäßig dicht besiedelt waren, während die Gebirge im Nordosten überall von kriegerischen Gebirgsstämmen bewohnt wurden. Gelegentlich kamen aus dieser Richtung sogar noch mächtigere Feinde aus dem iranischen Hochland über das Gebirge. In den Jahrhunderten, in denen Ägypten in seiner natürlichen Wüstenfestung eine friedliche, den irdischen Freuden ergebene Kultur entwickelte, wurde Mesopotamien von den Elamiten, den Guti, den Mitanni, den Kassiten und anderen Völkern heimgesucht. Und wenn die Städte in Mesopotamien sich nicht gerade der Überfälle fremder Völker zu erwehren hatten, dann kämpften sie meistens gegeneinander. Während das schmale Niltal verhältnismäßig leicht zu kontrollieren und zusammenzuhalten ist, erstreckt sich das Tal des Euphrat und Tigris über eine viel weitere Fläche, auf der sich Flüsse mit ihren Nebenflüssen und Kanälen ausbreiten. Die schwierige Aufgabe, dieses Gebiet zu vereinigen und zu regieren, erklärt wohl zum guten Teil, weshalb dort schon in recht früher Zeit schriftlich fixierte Gesetze auftauchten.

---

* Die *New York Times* zitierte vor einiger Zeit einen ägyptischen Journalisten, der sich darüber beklagte, daß seine Landsleute die Dinge zu leicht nähmen: „Tausende von Jahren haben wir von den Geschenken des Nils gelebt, denn wir wußten, daß die Überschwemmungen uns jedes Jahr neuen Wohlstand bringen würden und daß wir von beiden Seiten durch die Wüste geschützt waren." Noch nach 5000 Jahren ist das Klima hier in gleicher Weise am Werk.

Angesichts der allgemeinen Unsicherheit dieser Gegend überrascht es uns nicht, wenn wir im Umkreis der alten mesopotamischen Städte die Überreste gewaltiger Mauern finden. Die große Stadt Ur war zur Zeit ihrer höchsten Blüte um 2200 v. Chr. von einem zweieinhalb Stockwerke hohen Festungswall aus Lehmziegeln umgeben, der mit einer Mauer aus gebrannten Ziegeln „wie ein Gebirge" gekrönt wurde.

Das Leben in Mesopotamien wurde auch noch auf andere Weise verunsichert, und zwar durch die Eigenart der Flüsse, die dieses Leben nährten. Besonders der Euphrat führt sehr viel Schlamm mit, bedeutend mehr als der Nil. Im Lauf der Jahrtausende haben sich deshalb das Flußbett und die Ufer (die natürlichen Schutzdämme) erhöht und liegen jetzt über der umliegenden Tiefebene. Bei Ur liegt bereits das *Flußbett* zwei Meter höher als die parallele Eisenbahnlinie.

Wollte man nun das Land bewässern, so brauchte man diesen Schutzdamm nur zu durchstechen. Wenn aber der Damm bei Hochwasser auseinanderbrach, dann wurde die Sache gefährlich. Dann konnte das flache Land kilometerweit überschwemmt werden, und das ist tatsächlich mehrfach geschehen (das Niltal ist anders als das Flußtal des Euphrat und Tigris muldenförmig). Wenn das Hochwasser katastrophale Ausmaße annahm, wovon wir bei Ausgrabungen in Mesopotamien zahlreiche Spuren gefunden haben, so konnte durchaus der Eindruck entstehen, daß die ganze Welt von den Fluten überschwemmt wird. Es überrascht nicht, daß die biblische Erzählung von der Sintflut auf die babylonische und schließlich auf die sumerische Sage von Gilgamesch zurückgeht, in der „die Stürme mit außerordentlicher Stärke gemeinsam angriffen. Zugleich ergossen sich die Fluten über die Städte". Es kommt hinzu, daß sich der Zeitpunkt des jährlichen Hochwassers nicht so genau voraussagen ließ. Der Euphrat und Tigris kommen aus dem Norden und fließen in der entgegengesetzten Richtung wie der Nil (weshalb die Ägypter Mesopotamien als „das Land, wo die Flüsse rückwärts fließen" bezeichneten). Die Zeit des Hochwassers hängt in Mesopotamien nicht vom klimatischen Zyklus des tropischen Afrika ab, sondern von dem des gemäßigten Kleinasiens, besonders von der Zeit der dortigen Schneeschmelze. Diese wiederum richtet sich weniger nach dem zeitlich festliegenden Lauf der Sonne als nach dem zufälligen Eintritt der letzten starken Regenfälle im Frühjahr. Das Hochwasser in Mesopotamien kann deshalb zu jeder beliebigen Zeit von Anfang April bis Anfang Juni einsetzen, und zwar ganz überraschend.

Die Wasserfluten erreichen das Land außerdem zu einer sehr ungünstigen Zeit: nicht wie in Ägypten, wenn die Ernte schon eingebracht war, sondern drei bis vier Monate früher (entsprechend dem Zeitabstand zwischen dem Frühjahrsregen in Kleinasien und dem Sommerregen im tropischen Afrika), zu einer Zeit, in der das Wintergetreide noch nicht reif ist und das Sommergetreide noch in der Erde liegt. Um zu verhindern, daß die Ernte durch das Hochwasser vernichtet wurde, mußten die Bauern und eiligst zusammengestellte Arbeitstrupps aus Tempeldienern die Fluten bekämpfen, die Böschungen an den Flußufern mit Schilfmatten abdecken und zweifellos auch schwache Stellen mit Erde verstärken.

In Ägypten war der Gott des Nilhochwassers, Hapi, ein wohlwollender Gott, und die Priester konnten singen: „Wir preisen dich, o Nil, der du kommst, Ägypten zu nähren, der du die Wiesen bewässerst... und der du die wüsten Orte tränkst." Die Haltung der Mesopotamier gegenüber den Flüssen und gegenüber Nin-Girsu und Tiamat, den Beherrschern ihrer Gewässer, war eher zweideutig: Sie waren sich genau ihrer Abhängigkeit von den Flüssen bewußt, wie die in unserem 27. Kapitel erwähnten Mythen deutlich zeigen. Genausogut wußten sie aber auch, daß die Flüsse und ihre Götter launisch und sogar gefährlich waren.

Der literarische Prototyp des biblischen Hiob, des Gerechten, der leiden muß, ist kein Ägypter, sondern ein Mesopotamier. Er ist der Mann, den die Götter trotz seiner Gerechtigkeit mit Unglück überhäuft haben.

> Der Betrüger hat mich mit dem Südwind zugedeckt...*
> Du (mein Gott) hast mir immer wieder neue Leiden zugeteilt...
>
> Mein Hirte hat böse Kräfte gegen mich erregt...
> Mein Freund sagt mir kein wahres Wort...
> Der Betrüger hat sich gegen mich verschworen,
> Und Du, mein Gott, hinderst ihn nicht daran...

Auch in Ägypten hat es natürlich schlechte Zeiten gegeben (besonders vielleicht während der Periode innerer Unruhen um

* Der feuchtheiße Wind aus dem Persischen Golf.

2200 bis 2050 v. Chr.*), aus denen auch durchaus glaubhafte Klagegesänge schriftlich erhalten sind. Was man aber darin vernimmt, ist weniger der Schmerz eines Mannes, der vom Unglück geschlagen wurde, als vielmehr die Stimme eines gekränkten Kindes, das in seiner Verwirrung fragt, weshalb so etwa geschehen mußte. In gewissem Sinne waren die alten Ägypter wirklich Kinder: frühreif, begabt und liebenswürdig, aber auch überfürsorglich geschützt und verwöhnt durch ihr Klima, so daß sie weder mit dem Erfolg noch mit dem Mißerfolg fertigwerden konnten. Die Zivilisation in Mesopotamien, die seit ihrer Geburt durch das Klima abgehärtet worden war und erkennen mußte, daß das Leben eine schwierige und riskante Angelegenheit ist, war nicht so liebenswürdig, aber dafür haltbarer. Trotz einiger besonderer Schwierigkeiten, die sich aus der Klimakontrolle ergaben, und trotz einiger Perioden der Dekadenz blieb Mesopotamien etwa 4000 Jahre lang ein Zentrum der Zivilisation. Es war das Herzland nicht nur der Sumerer und Babylonier, sondern auch der Assyrer und ihrer neubabylonischen Nachfolger, danach der Perser, der seleukidischen Griechen und der Parther. Noch im frühen Mittelalter verlieh es dem Reich der Kalifen von Bagdad den späten Glanz seiner untergehenden Sonne.

Mesopotamien hatte nicht nur eine lange Blütezeit, es beeinflußte auch andere Zivilisationen – darunter schließlich auch die unsere – in viel stärkerem Maße als das isolierte Ägypten. Jahrhundertelang galt die babylonische Keilschrift im ganzen Nahen Osten als das anerkannte Kommunikationsmittel der Diplomaten (wie das Französische im Europa des 19. Jahrhunderts). Man hat in Palästina, Kleinasien und selbst in Ägypten Urkunden in dieser Schrift gefunden (Siegelringe, Ziegel, gebrannte Tontafeln usw.). Die babylonische Astronomie und Mathematik bildete die Grundlage der griechischen Wissenschaft, und es gibt sogar Experten, die glauben, die Babylonier hätten den Satz des Pythagoras („Das Quadrat über der Hypothenuse eines rechtwinkligen Dreiecks...") schon lange vor Pythagoras gefunden. Unser System, Winkel und Zeitabschnitte in Minuten und Sekunden zu messen, geht auf die babylonische Arithmetik zurück, die sowohl das Dezimalsystem als auch ein System mit sechzig Zahlen verwandte. Es waren die Mesopotamier und nicht die Ägypter, die die erste schriftliche Gesetzessammlung besaßen, sie waren es

---

* Vielleicht verursacht durch eine lange Trockenperiode in Zentralafrika und eine Reihe von trockenen Jahren am Nil.

auch, die die ersten großen „privaten Handelsunternehmen" gründeten und das Bankwesen einschließlich von Hypotheken und Kredit-
briefen erfanden. Von ihnen übernahmen die Hebräer die Geschichte
der Sintflut, und in der Klage des Gerechten, der leiden muß,
begegnet uns nicht nur Hiob, sondern hier wirft der Verzweiflungsruf
vom Kreuz schon seinen Schatten voraus: „Mein Gott, mein Gott,
warum hast Du mich verlassen?" Während die Ägypter ihre hübschen
religiösen Kindermärchen erzählten, rangen die Mesopotamier mit
dem Problem des Bösen und des menschlichen Leidens. Sie haben es
nicht gelöst – aber auch uns ist das nicht gelungen.

Die mesopotamische Zivilisation hielt sich zwar länger als die
ägyptische, aber sie war doch nicht unsterblich. Niedergang und
Verfall vollzogen sich langsamer aber doch mit gleicher Gewißheit.
Der Irak, der den größten Teil des alten mesopotamischen Gebiets
umfaßt, ist heute eines der ärmsten Länder im Nahen Osten – und
wäre noch bedeutend ärmer, wenn er nicht seine Ölvorkommen hätte.
Der Grund für diesen Niedergang liegt wohl weniger in der Qualität
der mesopotamischen Zivilisation als in der Qualitätsabnahme des
Bodens, der diese Zivilisation einst zum Blühen brachte. Mesopotamien
ist in der Tat ein frühes und ernüchterndes Beispiel für jenes Grund-
prinzip, dessen ganze Bedeutung wir erst heute allmählich zu begreifen
beginnen: Wenn der Mensch das Klima (oder irgendeinen anderen
Aspekt seiner Umwelt) zu manipulieren beginnt, so muß er mit
Folgen rechnen, die er nie erwartet hat und auf die er gerne verzich-
tet hätte.

Die Schwierigkeit in Mesopotamien lag darin, daß das Land so
flach wie ein Tisch ist, im Gegensatz zum Niltal, das eher den
Querschnitt eines Tellers hat. Es kommt hinzu, daß die beiden mesopotamischen Flüsse nur ein sehr geringes Gefälle haben, etwa
anderthalb Zentimeter pro Kilometer, gerade halb soviel wie der
Nil. So konnten die Ägypter ein Bewässerungssystem anwenden,
das man als „Muldenbewässerung" bezeichnet: Sie leiteten das Nil-
wasser an einem Ende in die Felder und führten es dann stromabwärts
entweder wieder in den Fluß oder auf ein anderes Feld. Die Mesopotamier dagegen sahen sich gezwungen, das Wasser auf dem Land
stehen zu lassen, bis es entweder versickerte oder verdunstete. Nun
enthalten alle Flüsse einen gewissen Prozentsatz gelösten Salzes
(hauptsächlich Kochsalz); Tigris und Euphrat haben mehr davon als
die meisten anderen. Wenn das Flutwasser verdunstet, bleibt das
Salz zurück und bildet im Lauf der Jahrhunderte eine immer

dickere Schicht. Darüber hinaus steigt durch die Bewässerung der Grundwasserspiegel, so daß sogar das Salz, das durch den Mutterboden in tiefere Schichten gedrungen ist, wieder hinaufbefördert wird und den Boden vergiftet. Heutzutage weiß man, daß das Wasser unter solchen Verhältnissen in bestimmten Zeitabständen abgeleitet werden muß, damit das Salz fortgespült wird – dies ist ebenso wichtig wie die Bewässerung selbst. Die alten Mesopotamier wußten das nicht. Es gibt schon sumerische Urkunden aus der Zeit um 2400 v. Chr., in denen von der Versalzung des Bodens in Südmesopotamien berichtet wird. Das erste Ergebnis war, daß man den Weizen allmählich durch Gerste, die das Salz besser verträgt, ersetzen mußte. Doch später wurde der Boden sogar für die Gerste zu salzhaltig, und die Ernten wurden immer schlechter. Man glaubt, daß dieser Prozeß zumindest teilweise für den Zusammenbruch der dynamischen sumerischen Kultur verantwortlich war. Mit dem Verfall der Landwirtschaft im Süden verschob sich das Zentrum der mesopotamischen Zivilisation von den sumerischen Städten Ur und Lagasch nach Kisch und Babylon in das weiter nördlich gelegene Land der semitischen Akkader. Die Nordverschiebung setzte sich fort und erreichte Assur, die Stadt der Assyrer, und um 1000 v. Chr., als Ur bereits eine „verlorene Stadt" war, wurde die mesopotamische Kultur von den im Norden gelegenen Städten Ninive und Nimrud beherrscht.

Der endgültige Zusammenbruch der mesopotamischen Zivilisation etwa 2000 Jahre später wird oft mit einer Invasion der Mongolen begründet, die aus reiner Bosheit die Bewässerungsanlagen zerstört haben sollen. Das scheint mir eine recht zweifelhafte Theorie zu sein. Bewässerungsanlagen mit bloßen Händen (d. h. ohne moderne Sprengstoffe und Planierraupen) zu zerstören, wäre eine Aufgabe, die auch der brutalste Gegner kaum zum bloßen Vergnügen übernehmen würde. In Wirklichkeit dürfte die Geschichte wohl weniger sensationell gewesen sein: Im Lauf der Jahrhunderte hatte sich der Boden der Felder durch die Schlammablagerungen über das Niveau der Kanäle gehoben, so daß das Wasser nicht mehr das Land erreichen konnte.

Jetzt ging es nicht mehr nur darum, daß die Kanäle selbst verschlammten. Dagegen hatten die Mesopotamier schon sehr früh etwas unternommen, schon seit die Götter „das Reinigen der kleinen Flüsse" befahlen. Jetzt wäre der Bau eines ganz neuen Bewässerungssystems notwendig gewesen. Doch die Regierung – das Kalifat – geschwächt durch Türken- und Mongoleneinfälle, war nicht mehr in der Lage, ein Projekt für öffentliche Arbeiten dieses Ausmaßes durchzuführen, und so entstand einer jener sozialen Teufelskreise: Der Verfall der Bewässerungsanlagen führte zu einem Rückgang in der Landwirtschaft und damit auch der Bevölkerungszahl, was wiederum einen weiteren Verfall der Bewässerungsanlagen zur Folge hatte und so weiter. Die Regulierung des Klimas, die einstmals die menschliche Zivilisation hervorgerufen hatte, brachte schließlich infolge von Versalzung und Verschlammung das Gegenteil hervor: ein verarmtes, fast vollständig unfruchtbares Land. Erst seit etwa einer Generation haben die heutigen Bewohner des Zweistromlandes die gewaltige Aufgabe, Bewässerungsanlagen und Kanäle zu bauen, um den Boden wieder nutzbar zu machen, erneut in die Hand genommen.

30. Weitere Variationen

CHINA UND INDIEN

Im Fernen Osten entwickelte sich die Zivilisation erheblich später als im Nahen Osten – nach heutigen Berechnungen etwa um 1500 v. Chr. Wie oben gesagt, entstand die erste Zivilisation in diesem Raum in Nordchina, wo die starken jahreszeitlich bedingten Regenfälle den Menschen die Einrichtung von Bewässerungsanlagen nahelegten, während gleichzeitig der ungebärdige Hoang Ho (der Gelbe Fluß) mit den schlammigen Fluten, von denen er seinen Namen hat, das dringende Bedürfnis nach einer Kontrolle des Hochwassers erzeugte (dieser Fluß wird zuweilen auch: „Chinas Kummer" genannt).

Die Geschichte der chinesischen Zivilisation ist ebenso wie die mesopotamische und ägyptische in starkem Maße von den klimatischen Verhältnissen beeinflußt worden. Die Besonderheit Chinas bestand bis vor hundert oder zweihundert Jahren darin, daß es gleichzeitig isoliert und angreifbar war.

Wenn wir im Nordosten beginnen und an den Grenzen des chinesischen Herzlandes gegen den Uhrzeigersinn entlanggehen, so stoßen wir zuerst auf die kalte sibirische Taiga, dann auf die Steppen und Wüsten in der Mongolei und Sinkiang, die zwar nicht so kalt wie Sibirien, aber doch dürr bis vollkommen trocken sind, dann auf das tibetanische Hochplateau, das ebenfalls kalt und trocken ist (einerseits wegen seiner enormen Höhe: das tibetanische Tiefland liegt fast so hoch wie die Alpengipfel, andererseits, weil es im Regenschatten des noch höheren Himalaya liegt), dann auf die zerklüfteten Gebirgszüge zwischen China und dem heutigen Burma und schließlich auf den verhältnismäßig schmalen Küstenstreifen des heutigen Vietnam. Abgesehen von Teilen der Mongolei und Sinkiangs war keines dieser Gebiete so ungeeignet für menschliche Besiedlung wie die ägyptische Wüste beiderseits des Nils. Aber auf der anderen Seite konnte sich in keinem dieser Gebiete eine so hohe Bevölkerungsdichte entwickeln, daß die selbständige Bildung einer Zivilisation möglich geworden wäre. So blieb die chinesische Zivilisation, auch als sie sich bis an ihre natürlichen klimatischen Grenzen ausgedehnt hatte, ungestört und fast unbeeinflußt von anderen Zivilisationen. China konnte wohl zuweilen aus der Mongolei und aus Zentralasien angegriffen werden, aber es ist niemals in dem Sinne erobert worden, daß es irgendeinem anderen Lande unterworfen wurde. Wenn Eindringlinge kamen, so waren sie bei aller militärischen Stärke doch zahlenmäßig schwach, weil sie aus sehr unwirtlichen Gegenden stammten. Die gefährlichsten Feinde Chinas waren wohl die Mongolen – doch ihre Zahl betrug kaum drei Prozent der chinesischen Gesamtbevölkerung. Eventuelle Invasoren, die zudem gewöhnlich auf einer niedrigeren Kulturstufe standen als die Chinesen, konnten daher schnell in die chinesische Zivilisation integriert werden, ohne daß sie viele Spuren hinterlassen hätten.

Vietnam, dessen Zivilisation später als die chinesische entstand und teilweise auch von ihr abstammte, war niemals groß oder mächtig genug, um an einen Einfall in das riesige Nachbarland auch nur zu denken. Die Lage war eher umgekehrt: China kontrollierte jahrhundertelang das Schicksal Vietnams, eine Tatsache, deren sich sowohl die kommunistischen als auch die antikommunistischen Vietnamesen voll bewußt sind. Ähnlich stand es mit Japan, das allerdings durch seine Insellage vor einer chinesischen Invasion weitgehend sicher war. Einmal wurde eine chinesisch-mongolische Invasionsflotte bei einem Versuch, Japan anzugreifen, von einem Taifun vernichtet; man nannte ihn daraufhin den „Göttlichen Wind" – auf japanisch *Kamikaze*.

Die chinesische Kultur erfreute sich daher einer Kontinuität, die wir sonst nirgends auf der Welt finden. Die von den Sumerern erfundene Keilschrift und die Hieroglyphen der Ägypter verschwanden vor etwa 2000 Jahren, aber die chinesische Schrift ist heute noch im wesentlichen dieselbe wie um 1500 v. Chr. und früher – ein für die chinesischen Schulen sehr wichtiger Umstand, schätzt man doch, daß der Umgang mit dem schwierigen System der schönen chinesischen Schriftzeichen mindestens doppelt so lange geübt werden muß wie der mit unserem alphabetischen System.

China, dessen Kultur dauerhafter war als die Ägyptens oder sogar Mesopotamiens, und das hinsichtlich seiner Einwohnerzahl, seiner technologischen Entwicklung und seines Wohlstandes schließlich beide übertraf, blieb in einzigartiger Weise in sich abgeschlossen und begrenzt. Die meisten Zivilisationen neigen dazu, „Fremde" als Barbaren anzusehen. In China wurde die Neigung dadurch noch verstärkt, daß fast alle seine Nachbarn tatsächlich Barbaren waren. Während der längsten Zeit ihrer Geschichte war die chinesische Zivilisation weiter fortgeschritten als irgendeine andere, mit der sie in engere Berührung kam. Zeitweilig – besonders nach dem Verfall der römischen Kultur – war sie die höchstentwickelte der Welt.

Nur ein einziges Mal hat China den Versuch unternommen, aus seiner klimatisch-geographisch bedingten Isolation auszubrechen: Seit dem 12. Jahrhundert n. Chr. unternahmen südchinesische Kaufleute Handelsreisen, die sie weit in den Indischen Ozean und sogar bis an die ostafrikanische Küste führten. Doch im Jahre 1424 wurden diese Unternehmen durch ein kaiserliches Edikt untersagt. Die Gründe waren vielfältig und sind bis heute nicht vollständig geklärt worden. Möglicherweise spielte die Bedrohung durch einen neuerlichen Mongoleneinfall aus dem Nordwesten dabei eine Rolle. Der Verdacht ist aber nicht ganz von der Hand zu weisen, daß der Hauptgrund für diese Entscheidung in der allgemeinen Geisteshaltung lag: China glaubte, es sei sich selbst genug oder solle es doch sein, von anderen Ländern könne es weder etwas bekommen noch gar lernen. Jedenfalls hat es seither kaum ein Interesse an der Handelsschiffahrt oder an kriegerischen Unternehmungen zur See gezeigt – eine Tatsache, über die jene gramzerfurchten Propheten nachdenken sollten, die vor ihrem inneren Auge bereits chinesische Flotten beim Überfall auf Hawaii oder Kalifornien sehen.

Psychische oder ideologische Gewohnheiten, die in fünfunddreißig Jahrhunderten entstanden sind, werden nicht so schnell aufgegeben, auch nicht in einer Zeit militärischer und sozialer Kämpfe, wie sie China im Lauf der letzten sechzig Jahre erschüttert haben. Wenn ich die traurige und verlogene Polemik betrachte, die im Dialog zwischen Peking und Moskau herrscht, so kann ich mich nicht des Gefühls erwehren, daß die Chinesen hier größtenteils ein sehr altes Thema variieren. Wenn sie behaupten, sie seien das kommunistischste Land der Welt (und deshalb auch das fortschrittlichste überhaupt), dann sprechen sie nicht anders als ihre Vorfahren lange vor ihnen. Das Rezept Maos für den Schnell-Kommunismus, jener erstaunlich schlecht gelungene „Große Sprung nach vorn", läßt sich in der Erklärung zusammenfassen: „Wir Chinesen sind es, nicht irgendwelche fremden

Teufel, die wissen, wie man die Sache richtig macht!" Gewiß haben sich das chinesische Denken und die chinesische Lebensart in der letzten Generation drastisch verändert, aber in manchen klimatisch und geographisch bedingten Grundelementen sind sie sich doch ziemlich gleich geblieben.

Verlassen wir nun Ägypten, Mesopotamien und China und wenden uns dem Industal zu. Hier geraten wir in ein schwer überschaubares Gebiet. Wir wissen, daß hier schon vor 2500 v. Chr. eine Zivilisation entstanden ist, daß sie reich und mächtig wurde, sich über ein viel weiteres Gebiet als Mesopotamien oder Ägypten erstreckte (oder es zumindest beherrschte) und daß sie zwischen 1700 und 1500 v. Chr. vollständig verschwand.

Nur wenige schriftliche Zeugnisse haben überlebt, und keines von ihnen können wir entziffern. Die ersten lesbaren indischen Inschriften sind fast tausend Jahre jünger als die Zivilisation selbst und lassen sich nicht leicht interpretieren. Die Situation ist so, wie wenn wir unsere ganze Kenntnis des Römischen Reiches allein auf archäologische Funde und einige Legenden, die erst von Italienern in der Zeit Leonardos niedergeschrieben wurden, begründen müßten. Allerdings gibt es im Zusammenhang mit der Zivilisation des Industal ein klimatisches Problem, dessen Erforschung sich lohnen würde –, nicht zuletzt deswegen, weil sich hier im Licht unseres heutigen Wissens und der heutigen Entwicklung Möglichkeiten ergeben, die besonders düster erscheinen: Es steht zu vermuten, daß die Industal-Zivilisation ökologischen Selbstmord begangen hat, d. h. daß sie ihre Umwelt vernichtete und daran zugrunde ging.

Um zu verstehen, wie das geschehen sein kann, müssen wir zuerst den Begriff „Industal" aufgeben. Man hat zwar zahlreiche Siedlungen dieser Zivilisation, vor allem die beiden größten Städte (Harappa und Mohendscho-Daro) am Indus und seinen Nebenflüssen gefunden, aber sie erstreckte sich nach Osten bis zum Oberlauf des Ganges, nach Westen entlang der Küste fast bis zur heutigen indisch-pakistanischen Grenze, und auf der ganzen Halbinsel Gudscherat (zwischen dem Golf von Cambay und dem Rann of Cutch) lagen zahlreiche eng miteinander verbundene Dörfer und wenigstens eine große Stadt, die zu dieser Zivilisation gerechnet werden müssen. Man sollte sie daher lieber „Harappa-Zivilisation" nennen.

Unter den vielen Geheimnissen dieser Zivilisation ist die Ursache für ihr vollständiges Verschwinden das größte. Gewöhnlich macht man die Arier dafür verantwortlich, eine Gruppe halbnomadischer

Bauern und Viehzüchter, deren Sprache zu jener indo-europäischen Gruppe gehörte, die auch fast alle modernen europäischen Sprachen ebenso wie die des heutigen Pakistan und Nordindien umfaßt (die Sprache der Harappa-Leute gehörte dagegen wohl zur drawidischen Gruppe, deren moderne Nachfolger die südindischen Dialekte sind). Daß die Arier in Indien eingefallen sind, läßt sich nicht bestreiten: Erstens befinden sie sich heute dort, zweitens sprechen ihre Legenden von einer kriegerischen Vergangenheit (ihr Gott Indra heißt der „Zerstörer von Festungen", der „befestigte Plätze niederreißt wie das Alter die Kleider zerfallen läßt"). In den oberen Bodenschichten bei Mohendscho-Daro hat man mehrere Gruppen von Skeletten mit verrenkten Gliedern gefunden, an denen man deutlich sieht, daß diese Menschen eines gewaltsamen Todes gestorben sind. Aber solche Spuren von Invasion und Massaker sagen noch nicht, wer dafür verantwortlich war und welche Folgen das gehabt hat. Ägypten, Mesopotamien und China haben im Lauf der Jahrtausende immer wieder militärische Invasionen erlebt. Sogar etwa zur gleichen Zeit wie der vermutete Überfall der Arier auf die Harappakultur sind ihre indo-europäischen Verwandten, die Kassiten, nach Mesopotamien vorgestoßen. Dennoch blieb jeweils die Zivilisation während all dieser Einfälle aus guten Gründen erhalten. Erstens waren die barbarischen Eindringlinge im allgemeinen zahlenmäßig schwach, weil sie aus relativ unwirtlichen Gegenden kamen (im Falle der Arier und Kassiten aus dem trockenen iranischen und afghanischen Hochland). Zweitens wollten die Eindringlinge ja gerade die Wohltaten der Zivilisation genießen, und man kann sich des Wohlstandes nicht erfreuen, wenn man seine Quelle vernichtet, sondern nur, wenn man „die Geschäfte übernimmt" und weiterführt.

Der berühmte britische Archäologe Sir Mortimer Wheeler, einer der besten Kenner der Harappa-Kultur, ist überzeugt, daß ihr Ende „seine Wurzeln in tiefen Verfallsursachen" hatte. Zu den Anzeichen dieses Verfalls gehört unter anderem, daß die Qualität der Handwerkserzeugnisse in den späten Phasen immer weiter abnahm: An die Stelle vielfarbig bemalter Keramiken traten einfache, unbemalte Stücke, und die fein modellierten Tierfiguren aus Speckstein wurden durch grobe geometrische Formen ersetzt. Was könnten diese „tieferen Verfallsursachen" gewesen sein? Der Archäologe George F. Dales vermutet eine Reihe von Überschwemmungen. Tatsächlich haben wir viele Hinweise darauf, daß Mohendscho-Daro und das ganze untere Industal in der Harappaperiode unter regelmäßigen Hochwasserkatastrophen zu leiden hatten. Aber auch in Mesopotamien und China gab es solche Katastrophen. Dales glaubt nun allerdings, daß die Fluten des Indus besonders hoch gewesen seien, und zwar nicht als Folge von starken Regenfällen am Oberlauf des Flusses (die vielleicht noch dadurch verstärkt wurden, daß man die Wälder als Brennholz kahlschlug), sondern auf Grund von periodischen Erdbewegungen, die von Zeit zu Zeit große Gesteinsdämme – oder eher noch Schlammbänke – am Unterlauf des Indus aufgeworfen hätten; so hätten sich Barrieren vor die Strömung gelegt, das Wasser angestaut und den Talboden in einen großen See verwandelt. Erst im Verlauf etwa eines Jahrhunderts sei ein solcher Damm dann wieder fortgespült worden, so daß das Wasser abfließen konnte.

Diese Theorie hat jedoch zu viele schwache Punkte. Erstens nimmt Dales an, daß sich der Hochwasserzyklus mindestens fünfmal wiederholt habe. Wenn die Zivilisation aber vier solcher Hochwasserperioden überlebt hat, warum wurde sie dann von der fünften vernichtet? Zweitens hätten die Fluten, wie er selbst zeigt, weder in den oberen Teil des Industals gelangen können, wo die Stadt Harappa lag, die ebenso groß und reich wie Mohendscho-Daro war, noch hätten sie das Gudscherat erreicht, wo – soweit wir das heute wissen – viel mehr Siedlungen aus der Harappazeit lagen als im unteren Teil des Flußtales. Dales meint, der Verfall der Gudscheratsiedlungen sei durch den Zustrom von Flüchtlingen aus dem Überschwemmungsgebiet verursacht worden. Aber hier scheint er mir im Kreise zu argumentieren: Zuerst nimmt er an, daß es Flüchtlinge gegeben hat, die irgendwo geblieben sein müssen, und dann meint er, sie seien in das Gudscherat gegangen. Aber da der hypothetische See von dem hypothetischen Damm aus nach Norden angewachsen wäre, müßten die Flüchtlinge logischerweise ebenfalls stromaufwärts gegangen sein. Sie wären dann aber nicht in das Gudscherat, sondern nach Harappa gekommen. Überschwemmungen hat es sicherlich gegeben, aber eine Überschwemmungstheorie, die die Vernichtung der weitverbreiteten Harappazivilisation durch eine relativ lokale Katastrophe zu erklären sucht, läuft auf die Behauptung hinaus, daß alles auseinandergefallen sei, weil das Zentrum den Zusammenhalt nicht wahren konnte. Als dichterische Vorstellung mag das hingehen, aber es überzeugt nicht.

Ein besonderes Merkmal der Harappazivilisation liegt in dem Umstand, daß viele ihrer Siedlungen in Gegenden lagen, die heute für den Menschen praktisch unbewohnbar sind. Das untere Industal selbst ist bis auf seine bewässerten Teile eine Halbwüste, und nicht wenige ehemalige Harappasiedlungen liegen weit vom Fluß entfernt oder auf den Uferhöhen, die schwer oder gar nicht zu bewässern wären. Das Gudscharat ist zwar etwas feuchter, aber auch kein Garten Eden, es gibt dort außerdem keine größeren Flüsse, deren Wasser man für Bewässerungsanlagen hätte nutzen können. Noch auffallender sind die Ausgrabungen von mehr als vierzig Siedlungen mitten in einem Gebiet, das heute Wüste ist: die ausgetrockenten Täler ehemaliger Nebenflüsse des Indus, die heute im Wüstensand versickern, lange bevor sie den Hauptstrom erreichen. All diese und viele andere Hinweise zeigen deutlich, daß die Heimat der Harappakultur heute erheblich trockener ist als einst. Es gibt außerdem überzeugende Gründe für die Annahme, daß dieser Klimawechsel, der an sich schon zur Vernichtung der ganzen Zivilisation ausreichte, eine direkte Folge eben dieser Zivilisation selbst war.

Eine solche Annahme vertritt besonders Reid Bryson von der University of Wisconsin. Seine Theorie ist teilweise so kompliziert, daß ich ihr nicht folgen kann, doch im wesentlichen lautet sie etwa so: Das gegenwärtige Klima im Industal und in den angrenzenden Gebieten ist ein „Problemklima", das heißt, es gibt im Rahmen der normalen atmosphärischen Vorgänge keinen vernünftigen Grund für seine hochgradige Trockenheit. Im Winter gibt es allerdings keine Probleme, das Gebiet wird ebenso wie das ganze übrige Indien von der sinkenden trockenen Luft des Wüstengürtels überlagert, so daß das Klima trocken ist. Aber im Sommer liegt der ganze indische Subkontinent unter dem Einfluß des Südwestmonsuns, eines warmen, feuchten Luftstroms, der vom Indischen Ozean herkommt. Der Monsun bringt fast überall reichlichen und manchmal stürmischen Regen, im Nordwesten jedoch bestenfalls gelegentlich spärliche Schauer. Dieser Mangel an Niederschlägen setzt voraus, daß die obere Luftschicht sinkt. Das könnte durch irgendeine „äußere" Kraft bewirkt werden (also etwa durch die planetarische Zirkulation). Doch unter solchen Umständen müßte die Lufttemperatur beim Absinken der Luft ansteigen. Da dies offensichtlich nicht der Fall ist, muß man annehmen, daß die Abwärtsbewegung durch einen Kompensationsmechanismus aufrechterhalten wird, durch den sich die Atmosphäre wieder abkühlt.

Vor einigen Jahren hat nun der indische Meteorologe P. K. Das den Luftabfall über der Wüste geschätzt und berechnet, wieviel atmosphärische Abkühlung notwendig wäre, um ihn aufrechtzuerhalten. Dann berechnete er, wie stark die Abkühlung allein auf Grund der atmosphärischen Zusammensetzung (d. h. der prozentualen Verteilung von Kohlendioxyd und Wasserdampf, also der Substanzen, die den Treibhauseffekt erzeugen) theoretisch sein müßte. Es stellte sich heraus, daß diese zweite Zahl nur etwa 75 Prozent dessen ergab, was eigentlich „notwendig" wäre. Ein paar Jahre später untersuchte Bryson mit einigen Mitarbeitern, woran es lag, daß diese 25 Prozent „fehlten". Mit Hilfe von Meßballons untersuchten sie die tatsächlich über der Wüste stattfindende Abkühlung und stellten dabei fest, daß sie fast genau der von Das berechneten „notwendigen" Abkühlung entsprach. Der Unterschied zwischen diesem tatsächlichen Wert und dem berechneten theoretischen Wert der „Treibhausabkühlung" erwies sich als das Resultat einer dicken Schicht atmosphärischen Staubes. Von Flugzeugen entnommene Luftproben zeigten, daß dieser Staub bis in eine Höhe von etwa 10.000 Metern hinaufgetragen worden ist, und aus Photos, die der amerikanische Astronaut Gordon Cooper aufgenommen hatte, erwies sich, daß hier stellenweise die Erdoberfläche völlig vom Staub verdeckt wird. Diese Staubschicht bewirkt durch Rückstrahlung eine Verminderung des atmosphärischen Wärmeverlusts in der Höhe von einigen Tausend Metern, wodurch sich die Atmosphäre zusätzlich abkühlt und weiter absinkt.

Es sieht also aus, als sei der Staub die Ursache für das Weiterbestehen der Wüste – und diese Wüste erzeugt natürlich wiederum den Staub. Wenn aber die Wüste früher nicht existierte, wodurch ist sie dann entstanden, und woher kam der Staub?

Die nächstliegende Antwort wäre irgendeine weltweite Veränderung des Klimas. Das Dumme ist nur, daß sich das Erdklima während der vergangenen tausend Jahre zwar mehrmals erheblich verändert hat, aber keine Anzeichen dafür vorliegen, daß sich zugleich die Verhältnisse in der indischen Wüste wesentlich verändert hätten. Doch vor diesem Zeitpunkt gab es dort eine Reihe von Klimaveränderungen: Einige Funde weisen darauf hin, daß das Gebiet abwechselnd ziemlich dicht (wahrscheinlich in einer feuchteren Klimaperiode) und dann wieder dünn (entsprechend dem Wüsten- oder Halbwüstenklima) besiedelt war. Es fällt auf, daß der erste bekannte Klimaumschwung in Richtung auf ein Wüstenklima etwa um 1500 v. Chr. eingetreten ist, genau zu der Zeit, als die Harappazivilisation auseinanderfiel. Vielleicht haben wir den Ariern unrecht getan! Ohne Frage waren sie ein kriegerisches Volk, aber die Zivilisation, die sie angeblich vernichtet haben, könnte schon vor ihrem Eintreffen zerfallen sein.

Aus welchem Grunde die Wüste um diese Zeit vordrang, ist noch nicht schlüssig erforscht worden. Die Erklärung von Bryson gründet sich auf Parallelen zur jüngsten Geschichte Indiens. Er sagt, als die Bevölkerungszahl zunahm „sind die Wälder vernichtet worden, denn man hatte so viel Brennholz und Bauholz geschlagen, daß große Gebiete... fast vollständig kahl geworden waren." Solche Kahlschläge verändern natürlich das „effektive" Klima, besonders im Bergland, wo das Wasser schneller abfließt, die Bodenerosion beschleunigt wird, und die Bodenfeuchtigkeit sich verringert. Als dann die Bäume verschwunden waren – so argumentiert Bryson weiter – „wurde auch der Kuhmist, der zum Düngen der Felder hätte verwendet werden sollen, als Brennmaterial benutzt. Der Boden wurde also immer unfruchtbarer, und das führte wiederum zu einer Überbeanspruchung des Weidelandes." Bryson vergißt hinzuzufügen, daß dieser Umstand durch das bei den Hindus bestehende Verbot des Rinderschlachtens noch verschärft worden sein könnte. Wir wissen zwar nicht, ob auch die Angehörigen der Harappa-Kultur das Rind heilig hielten, aber ein Siegelabdruck, der einen erkennbar girlandengeschmückten Bullen zeigt, läßt es immerhin vermuten. Eine zu starke Beanspruchung der Weiden führt zur weiteren Ausplünderung des Bodens, zu Staub und zu einer Verschlechterung des gesamten realen Klimas: nicht nur zunehmende Ausspülung des Bodens, sondern auch insgesamt immer weniger Regen. Wenn dieser Vorgang erst einmal richtig in Gang gekommen war, dann konnte innerhalb von wenigen Generationen eine Wüste entstehen, die sich selbsttätig am Leben erhielt.*

Wenn man diese sehr einsichtige Theorie akzeptiert, so heißt das, daß die Harappa-Zivilisation im Gegensatz zur ägyptischen oder mesopotamischen nur teilweise auf künstlicher Bewässerung des Bodens begründet war. Nehmen wir an, es hat damals in diesem Gebiet mehr geregnet als heute – das würde auch erklären, weshalb

---

* Bryson meinte außerdem, daß der Staub die möglichen Regenfälle noch enger begrenzt haben könnte, insofern er die potentiellen Regenwolken mit seinen zahllosen Staubteilchen „überimprägniert" hätte – ein Vorgang, auf den wir im 40. Kapitel noch näher eingehen werden. Inzwischen vermutet Bryson, daß die wüstenartigen Verhältnisse zwar gewiß erstmals infolge menschlichen Versagens eingetreten sind, daß sie dann aber durch eine allgemeine klimatische Veränderung um 1500 v. Chr. kräftig befördert wurden. „Wenn der Mensch seine Umwelt bis zu den Grenzen des Erträglichen belastet", so führt Bryson aus, „dann wird sie besonders anfällig für natürliche Veränderungen."

man dort so viele gebrannte Ziegel verwandte, denn ungebrannte Lehmziegel lösen sich im Regen auf – dann hätte dieses Volk weit über das bewässerte Tiefland hinaus Vieh halten und in den feuchteren Teilen seines Landes auch ohne Bewässerungsanlagen Ackerbau treiben können. Doch die nachfolgende „Bevölkerungsexplosion" führte zur Überbeanspruchung des Weidelandes und zur Ausdehnung der natürlich-bewässerten Landwirtschaft bis zur Grenze des Möglichen – wodurch schließlich das günstige Klima, das die Entstehung der ganzen Zivilisation überhaupt ermöglicht hatte, vernichtet wurde. Der Ackerbau mußte sich nun auf die Flußtäler beschränken, und auch hier wurde er mit dem allmählichen Schwund des Wassers auf immer engeren Raum zusammengedrängt. Am Ende ist die Zivilisation nach dieser Theorie an *ihrem eigenen Erfolg zugrunde gegangen.*[*] Bis der Boden sich wieder ganz oder teilweise erholt hatte (als Folge der Entvölkerung), dürften wohl etwa tausend oder mehr Jahre ins Land gegangen sein. Dann folgte erneut eine Periode der Bevölkerungszunahme, erneut wurde Raubbau getrieben, und wieder breitete sich die Wüste aus, bis sie ihre heutigen Ausmaße erreichte.

Doch Bryson geht noch weiter: wenn die Geschichte uns lehrt, so führt er aus, daß der Mensch einen wesentlichen Anteil an der Schaffung der indischen Wüste hatte, so zeigt ihm die Wissenschaft auch, wie er das wieder gutmachen könnte. Bryson stellte z. B. fest, daß Versuche in ganz trockenen Teilen dieses Gebiets gezeigt haben, daß „es ausreicht, ein bis zwei Jahre lang keine Tiere auf das Land zu lassen, um zu erreichen, daß der Boden wieder seine natürliche Grasnarbe hervorbringt". Wenn man das in genügendem Umfang durchführen würde, dann „gäbe es nur noch sehr wenig aufgewirbelten Staub". Die Abkühlung der Atmosphäre in großen Höhen und das Absinken der Luft würden sich verringern, und das bedeutete mehr Regen im Sommer, mehr Gras usw. Doch zur Verwirklichung eines solchen Sanierungsprogramms müßten die Lebensgewohnheiten der Bevölkerung dieses Gebietes wesentlich verändert werden – und das ist, wie Bryson sagt, „nicht Sache der Meteorologen, sondern der Soziologen". Er hat natürlich recht, aber die Soziologen werden sich nicht gerne mit einer solchen Aufgabe beschäftigen. Die Lebensgewohnheiten der

---

[*] Neuere Untersuchungen von Pollen haben diese Theorie bestätigt: Die Vegetation auf dem Höhepunkt der Harappazivilisation deutet auf ein viel feuchteres Klima hin. Als sich das Wüstenklima ausbreitete, folgte ein drastischer Rückgang der Getreidepollen, und daraus dürfen wir schließen, daß viel weniger Land kultiviert wurde.

Menschen zu verändern ist nicht viel leichter, als das Klima direkt zu beeinflussen –, und man erntet dabei viel weniger Dank.

So bruchstückartig und unsicher unser Wissen über die Harappa-Zivilisation auch sein mag, so lohnt sich doch gewiß gerade heutzutage die Mühe einer Beschäftigung mit ihrem Schicksal. Überall auf der Welt wird unsere Umwelt durch die wachsende Bevölkerung und die damit Hand in Hand gehende Gedankenlosigkeit und Habgier des Menschen vernichtet, ebenso wie auch die Angehörigen der Harappa-Zivilisation ihre Umwelt offenbar vernichtet hatten. Hat man aber einmal begonnen, der Umwelt schweren Schaden zuzufügen – sei es durch die Schaffung von Wüsten, durch Erosion oder durch chemische Verschmutzung –, dann wächst sich das sehr bald zu einer Lawine aus. Vielleicht gelingt es uns doch noch eines Tages, dieser Lawine Herr zu werden – aber wir werden dazu alle verfügbaren Kräfte einsetzen müssen.

31. Straßen und Barrieren

DIE BESIEDLUNG UNERSCHLOSSENER GEBIETE

Nicht nur die Entstehung der antiken Zivilisationen wurde jeweils vom Klima beeinflußt, sondern auch ihre fernere Ausbreitung. Wenden wir uns zuerst dem Gebiet östlich von Mesopotamien zu.

Das iranische Plateau ist hochgelegen und trocken. Rings umgeben von Gebirgszügen, die es in ihren Regenschatten tauchen, bietet es gute natürliche Bedingungen für nomadisierende Hirten. In höheren Lagen erlaubt es auch eine relativ karge Landwirtschaft, deren Ernten vom Regen in den Bergen abhängen, hin und wieder vielleicht auch von einer primitiven Bewässerung, die mit Hilfe der Gebirgsflüsse eingerichtet werden könnte. Der Ackerbau muß sehr bald, nachdem er im Westen aufgekommen war, auch den Iran erreicht haben, aber mehrere Jahrtausende lang behinderte das Klima hier jeden Fortschritt. Die harten Bergbewohner konnten zwar Raub- und Eroberungszüge in die reicheren Nachbargebiete unternehmen, und sie taten das auch, aber der Iran selbst blieb rückständig.

Irgendwann um das Jahr 800 v. Chr. entwickelten kluge iranische Bauern eine neue Methode der Klimakontrolle. Der erste Bericht darüber stammt von dem assyrischen König Sargon II. Während eines Feldzuges, den er wahrscheinlich gegen iranische Räuber geführt hat, fand er in der Nähe des Urmiasees ein Tunnelsystem zur Erschließung des Grundwassers. Dies war das erste bekannte Beispiel für eine Anlage, die später unter dem Namen *Qanat* bekannt wurde. Ein *Qanat* ist ein unterirdischer Aquädukt. Er sammelt das Wasser aus feuchten Erdschichten in gebirgigem Gelände und führt es durch Tunnel in die Täler. Anders als die aus Flüssen gespeisten Bewässerungsanlagen ist dieses System unabhängig von offenen Wasserflächen, die im Iran selten sind. Außerdem wird durch den unterirdischen Transport verhindert, daß das kostbare Naß in der trockenen Luft des Hochplateaus verdunstet. Der hohe Nutzen des *Qanat* wird durch die Tatsache unterstrichen, daß es heute im Iran 22.000 solche Leitungen mit 250.000 Kilometern Tunnel gibt. Aus ihnen kommen drei Viertel des gesamten im Lande verbrauchten Wassers.

Weniger als ein Jahrhundert nach dem frühesten Bericht über ein *Qanat* war aus dem Iran ein mächtiger zivilisierter Staat geworden. Die Meder, die als erste den Iran einigten, zogen nach Westen, unterwarfen die Assyrer mit Hilfe der Babylonier und dehnten später ihren Herrschaftsbereich über einen beträchtlichen Teil von Kleinasien aus. Ungefähr ein weiteres Jahrhundert später beherrschten ihre Nachfolger, die Perser, ein Reich, das sich vom Indus im Osten bis zum Niltal im Westen erstreckte und ganz Kleinasien umschloß. Nur der heroische Widerstand der griechischen Krieger bei Thermopylä, Salamis und Platää hinderte sie daran, auch noch Griechenland zu unterwerfen. Der Aufstieg des Iran folgte der Erfindung einer neuen Technik der Klimakontrolle auf dem Fuße. Man kann das für einen Zufall halten, ich glaube es aber nicht.

Die Auswirkungen der persischen Eroberungszüge drangen noch weiter vor als die persischen Armeen selbst. Insbesondere haben sie wohl die Entstehung einer zweiten Zivilisation in Indien angeregt, diesmal im reichen Doab, dem „Land der zwei Flüsse", das vom Ganges und dessen Nebenfluß, dem Yamuna, beherrscht wird. Hier sind die Regenfälle zwar stark an die Jahreszeiten gebunden, aber doch viel reichlicher als im Industal – das bezeichnenderweise nie wieder zu einem bedeutenden Zivilisationszentrum geworden ist.

Etwa um 1000 v. Chr. hatten sich die arischen Eroberer im Doab niedergelassen und begannen mit dem Bau größerer Städte. Wenige Jahrhunderte später entwickelten sie unter dem Einfluß der Perser und anderer nahöstlicher Völker ein Schriftsystem sowie ein grobes Münzsystem, und bald gelangte das städtische Leben zur vollen Blüte. Von ihrem Kernland aus breitete sich die Zivilisation am Ganges entlang nach Südindien aus, wobei friedlicher Vormarsch und militärische Eroberungen einander abgewechselt haben dürften. Das gleiche gilt für den Ostteil von Indien, allerdings dauerte die Ausbreitung dort wegen des feuchteren Klimas und der folglich dichteren Wälder länger. Die langsame Entwicklung von geeigneten Ackerbaumethoden und die großen Anstrengungen der Siedlungsgründungen im Dschungel, für die der Urwald gerodet werden mußte, sorgten dafür, daß auch dieses Gebiet wahrscheinlich bis zum Mittelalter recht dünn besiedelt blieb (heute ist es dagegen eines der dichtest besiedelten Gebiete der Erde).

Wenden wir uns jetzt nach Westen und Norden.

Nach Palästina und Syrien kam der Ackerbau zur gleichen Zeit wie in den übrigen Nachen Osten. Die Entstehung einer vollwertigen Zivilisation verzögerte sich jedoch. In dem hier herrschenden Mittelmeerklima konnten die Küstenbewohner schon kurz nach Ende des Winterregens Getreide ernten und ihre Herden auf den Stoppeln weiden, bevor sie sie in die Berge trieben, wo das Vieh während des langen und heißen Sommers grasen konnte. Doch außerhalb der relativ schmalen Flußtäler etwa des Jordan und des Orontes konnte man kaum größere Bewässerungsanlagen aufbauen, so daß der Ackerbau gerade für das Existenzminimum genügte und keine so zahlreiche Bevölkerung ernähren konnte, wie sie für die Entstehung einer Zivilisation erforderlich gewesen wäre. Eine Lösung war der spezialisierte Ackerbau: Die Weinrebe und der Ölbaum sind im Mittelmeerraum beheimatet und gedeihen besonders gut in der Sommersonne (ein feuchter, regnerischer Sommer bedeutet auch heute noch in Frankreich ein schlechtes Jahr für die Winzer). Beide Kulturpflanzen können in einem Gebiet Ernten bringen, das für jede andere Bodenkultur zu gebirgig oder zu steinig ist.

Niemand kann allerdings allein von Olivenöl – oder von Wein (obwohl macher es versucht hat) – leben. Spezialisierung der Landwirtschaft zwingt daher zu ausgedehntem Außenhandel. Wein wurde zwar sowohl in Mesopotamien als auch in Ägypten angebaut, aber wir dürfen annehmen, daß die aristokratischen Weinkenner in beiden Ländern den Importwein gegenüber dem heimischen bevorzugten, wenn auch manchmal vielleicht nur, weil er teurer war. Der wichtigste landwirtschaftliche Exportartikel war jedoch das Öl, das man nicht nur zum Kochen, sondern auch als Seifenersatz (Seife war damals noch nicht erfunden) verwendete. Außerdem bildete es die Grundlage für die wahrscheinlich sehr starken Parfüms und wurde in den Öllampen zur Beleuchtung der Häuser benutzt.

Als die Orientalen auf Grund der klimatischen und geographischen Bedingungen ihres Landes erst einmal mit dem Handel begonnen hatten, beluden sie ihre Schiffe und Karawanen auch bald schon mit anderen Waren. Auf den Gebirgen des Libanon wuchsen hohe Zedern, und das Meer lieferte Fische, die getrocknet ins Binneland gebracht werden konnten, um den Speisezettel der Olivenbauern zu bereichern (die Schwierigkeit, Muscheln soweit zu konservieren, daß sie bekömmlich oder wenigstens genießbar bleiben, erklärt vielleicht das mosaische

Gesetz, das den Genuß dieser Tiere verbietet. Die Juden lebten so weit im Binnenland, daß Schalentiere beim Abtransport von der Küste mit Sicherheit verfaulen mußten).

Der Handel muß natürlich in beide Richtungen gehen. Auf der Nachbarinsel Zypern gab es Kupfer (daher der Name dieses Metalls); aus Ägypten konnte man Leinen, Papyrus und das allseits begehrte Gold einführen; aus Mesopotamien kamen getrocknete Datteln und Asphalt zum Kalfatern der Schiffe; aus Kleinasien importierte man Mineralien wie Obsidian und Schmirgel, und zugleich vermittelten die dortigen Händler Silber und Zinn aus dem Kaukasus. Selbstverständlich regte der Handel auch die Herstellung aller möglichen Gebrauchsgegenstände an: Tonkrüge zur Beförderung von Öl und Wein, Textilien, aus der Pupurschnecke gewonnene Stoffarben (das kostbare Purpur wurde später zur Symbolfarbe der Monarchen), Schmuck aus Gold und Elfenbein sowie Werkzeuge zum täglichen Gebrauch und Waffen. So entstand etwa um 1800 v. Chr. an der Mittelmeerküste die erste echte Handelszivilisation, deren Exponenten Kaufleute, Handwerker und Seefahrer waren. Die letzteren beförderten Waren und Ideen im Austausch zwischen den verschiedenen zivilisierten oder halbzivilisierten Ländern des Nahen Ostens und brachten, wenn sie weiter nach Westen kamen, die Lockungen und Laster der Zivilisation in neue Länder.

Gewöhnlich vergißt man, daß das Meer ebenso wie das Land vom Klima beeinflußt wird. Doch gerade wenn man das berücksichtigt, muß man feststellen, daß sich das Mittelmeer bestens dazu eignete, die eng miteinander verbundenen Berufe des Händlers, des Entdeckers und des Seeräubers entstehen zu lassen. Im Sommer gibt es nur wenige Stürme, der meistens sternklare Himmel war vorteilhaft für die Navigation, die damals noch ohne Karten oder Kompaß auskommen mußte. Nebel, der auch heute trotz des Radars noch eine Gefahr bedeutet, ist im Mittelmeer selten. Die Winde drehen häufig, was sehr wichtig für die Segler ist, die noch nicht gegen den Wind zu kreuzen gelernt hatten: Obwohl vorwiegend Nordwind herrscht, ändert sich die Windrichtung doch oft genug, so daß die Schiffe früher oder später jedes gewünschte Ziel ansteuern konnten; sogar wenn der Wind einmal ungünstig oder zu schwach war, konnte der Segler noch die Luftströmungen ausnutzen, die durch den Kontrast zwischen Land und Meer entstehen. Wenn sich die Luft über dem Lande tagsüber erwärmt, steigt sie auf und saugt von der kühleren Wasserfläche her die Seebrise ein. In der Nacht kehrt sich dieser Vorgang um, so daß die

Landbrise zum Meer hinaus weht. Jede dieser Brisen genügte, um ein Schiff vorwärts zu bewegen, das etwa 35 Kilometer vor der Küste lag*. Im Mittelmeer gibt es außerdem keine wirklich heftigen Stürme wie etwa den Hurrikan oder den Taifun, von denen die Karibische See oder der Westpazifik heimgesucht werden. Für die Besatzung eines syrischen oder phönizischen Segelschiffs hätte diese Feststellung allerdings kaum etwas bedeutet, denn schon eine steife Brise konnte ihre Schiffe kentern lassen oder sie auf Grund setzen – wie Paulus es erlebt hat, und wie moderne Sporttaucher und Archäologen es bestätigen. Wo aber eine steife Brise schon ein Schiff zum Kentern bringen kann, dort würde ein Hurrikan eine ganze Küstenstadt verwüsten.

Man nimmt allgemein an, daß levantinische Seefahrer spätestens um 2000 v. Chr. die Keime ihrer Handelszivilisation nach Kreta gebracht haben. Die Kreter waren sicherlich bedeutende Kaufleute, und nachdem man begonnen hat, die älteste kretische Schrift (das „Linear A" stammt etwa aus der Zeit um 1800 v. Chr.) zu entziffern, nimmt man an, daß ihre Sprache mit der phönizischen verwandt war. Von den Kretern wiederum ging der Anstoß für die Entstehung der ersten echten europäischen Zivilisation samt zugehöriger Schrift aus, die sich – wenn auch nur für kurze Zeit – bei den Mykenern entwickelte. Einige Jahrhunderte später wurde durch den phönizischen Unternehmungsgeist Karthago gegründet, dessen nordafrikanische Zivilisation den westlichen Mittelmeerraum beherrschte, bis sie von Rom zerschlagen wurde.

Die besondere levantinische Zivilisation, die auf Grund einzigartiger klimatischer und geographischer Verhältnisse entstanden war, leistete zwei wichtige und dauernde Beiträge zur menschlichen Kultur, einen „praktischen" und einen moralischen. Da es in der Levante keine großen Flußtäler gibt, die ein besonderes Bewässerungs- und Verwaltungssystem erforderten, brauchten die Levantiner keine große Hierarchie von Priesterbürokraten. Wie überall, so hatten auch hier die

---

* Sehr viel später, d. h. kurz vor Beginn der christlichen Zeitrechnung, lernten kluge Seeleute im Indischen Ozean, wie man den Monsum in ähnlicher Weise ausnutzen kann. Der Monsum ist in gewisser Hinsicht eine See- bzw. Landbrise kontinentalen Ausmaßes und nicht nur ein Küstenwind. Er ändert seine Richtung nicht vom Tage zur Nacht, sondern vom Sommer zum Winter. Im Sommer wird der Südwestmonsom, die „Seebrise", durch die erwärmte Luft über der indischen Halbinsel eingesogen und bringt die Schiffe von der Mündung des Roten Meeres geradewegs an die Westküste Indiens, während der Nordostmonsom, die „Landbrise", die Rückreise im Winter ermöglicht.

Kaufleute ohne Zweifel kein Verlangen nach einer staatlichen Regle-
metierung. Es entstand deshalb auch kein Bildungsmonopol der
Schriftkundigen und Priester wie in Ägypten und Mesopotamien. Der
vielbeschäftigte Kaufmann hatte außerdem ganz einfach nicht die
Zeit, um ein kompliziertes System von Silbenzeichen, Konsonanten,
Doppelkonsonanten, Ideogrammen, Determinativen usw. zu erlernen,
wie man es in Ägypten oder Mesopotamien verwendete. Die früheste
bekannte levantinische Schrift (aus der Hafenstadt Ugarit), war zwar
äußerlich der mesopotamischen Keilschrift nachgebildet, stellte aber
eine Art Alphabet dar. Es war noch kein vollständiges Alphabet –
die Vokale, die auch in anderen semitischen Schriften ausgelassen
werden können, fehlten noch – aber doch erstmals eine Schrift nach
dem Prinzip eines einzigen Zeichens für jeden einzelnen Laut. Etwas
später erfanden die Phönizier den Vorläufer unseres Alphabets, der
allerdings formal auf ägyptische und nicht auf mesopotamische Vorbilder zurückging.

Aus den gleichen Gründen gab es in der Levante kaum eine politische
Einheit, ein Umstand, der den Bibelleser nicht überrascht, wenn er sich
der unzähligen Stämme und Städte erinnert, mit denen die Juden
abwechselnd kämpften und sich verbündeten. Der Einfall der Hyksos
in Ägypten war zwar offenbar das Werk einer Koalition palästinensi-
scher Städte und vielleicht arabischer Stämme, aber nachdem sie aus
Ägypten wieder vertrieben worden waren, fiel ihr Bündnis auseinander,
wie das bei Bündnissen sehr oft geschieht, die nur zum Zweck von
Raubzügen geschlossen werden.

Die kleine, reiche und uneinige Levante lag zwischen den großen
und reichen Ländern Ägypten und Mesopotamien. Man brauchte
kein Prophet zu sein, um vorauszusehen, was in einer solchen Lage
geschehen mußte: Die Levante wurde immer wieder von Ägypten
oder Mesopotamien erobert und war häufig das Schlachtfeld, wenn
beide Länder einander bekriegten. Für die Handelsstädte an der Küste
bedeuteten die ständigen Einfälle im allgemeinen kaum mehr, als daß
ein fremder Steuereinnehmer von einem andern abgelöst wurde. Ansonsten ging das Geschäft weiter und wurde in seiner Entfaltung
schon deshalb nicht gestört, weil kaum ein Eroberer bereit war, die
goldene Gans zu schlachten, die so wertvolle Eier legte. Doch für die
Bewohner des Hinterlandes, die sich nicht mit Geld loskaufen konnten,
bedeutete ein feindlicher Überfall meist die Verwüstung ihrer Felder,
den Verlust ihrer Herden und gelegentlich die Verschleppung der
ganzen Familie in die Sklaverei.

Eines dieser Völker dachte über seine Lage nach: Die Isrealiten waren in Mesopotamien mit der Literatur zum Problem des Bösen in Berührung gekommen (Abraham stammte aus Ur). Nachdem sie sich in Palästina niedergelassen hatten und immer wieder von mesopotamischen oder ägyptischen Armeen überfallen wurden, wuchs ihre Erfahrung mit dem Unglück und dem Bösen noch beträchtlich. Gewiß hätten sie darauf auch so reagieren können, daß sie die traditionellen religiösen Vorschriften noch strenger befolgten, um so die Götter zu besänftigen, die sie so oft mit ihren Heimsuchungen plagten. Manche Nachbarvölker gingen bei solchen Versöhnungsversuchen so weit, daß sie ihren Göttern Menschopfer brachten. Aus Gründen, über die wir nur Vermutungen anstellen können, schlugen die Juden aber einen anderen Weg ein. Auf die immer wiederkehrende Frage des Menschen – oder der Gemeinschaft – im Unglück: „Was habe ich falsch gemacht?" suchten sie die Antwort nicht in komplizierten religiösen Zeremonien (die freilich auch bei ihnen bestanden), sondern eher im Verhalten des Menschen zu seinen Mitmenschen. Auf die Frage: „Was verlangt der Herr von uns?" gaben die jüdischen Propheten die Antwort: „Tue Recht, sei barmherzig und bescheiden." Eine bessere Antwort ist, so meine ich, niemals gefunden worden.

Die levantinischen Küstenbewohner haben durch die Schrifterfindung den sozialen Ort des Wissens und der Bildung vom Tempel auf den einzelnen Bürger verschoben. Die harten jüdischen Hinterwäldler taten dasselbe mit der Moral.

In Kleinasien hatte sich zunächst ebenso wie in der Levante der Ackerbau entwickelt. Neurere Ausgrabungsergebnisse lassen vermuten, daß der Mensch hier erstmals das Rind gezähmt und gezüchtet hat. Aber die weitere Entwicklung verzögerte sich. An der Küste muß die Landwirtschaft ganz ähnlich ausgesehen haben wie in Palästina und Syrien. Im höher gelegenen, trockenen und rauheren Landesinneren waren die Verhältnisse dagegen weit weniger für großen Bevölkerungszuwachs geeignet. So gab also auch hier wie in der Levante der Handel den Ausschlag – vor allem mit Mineralien, die im Lande selbst gewonnen wurden, wie beispielsweise Kupfer, aber auch mit andern Bodenschätzen, die von primitiveren Hirtenstämmen im Norden abgebaut wurden.

Bald nach 2000 v. Chr. drang das Volk der Hethiter in das Land ein, eroberte das östliche Kleinasien und organisierte einen mächtigen, zivilisierten Staat, von dem Urkunden in Keilschrift sowie in einer eigenständigen Hieroglyphenschrift erhalten sind. Schon früh ent-

deckten die Hethiter (oder einer der von ihnen kontrollierten Gebirgs-
stämme) ein Verfahren zur Eisengewinnung und erschlossen sich damit
eine neue und wichtige Quelle des Wohlstandes, da dieses Eisen gegen
landwirtschaftliche Erzeugnisse und andere Waren eingetauscht werden konnte. Die Hethiter behielten das Geheimnis ihres Schmelzver-
fahrens so lange wie möglich für sich. Archäologen entdeckten einen
ausführlichen Briefwechsel zwischen einem Pharao und einem Hethi-
terkönig, worin der Ägypter seinen „königlichen Bruder" mehrfach
dringend um größere Eisenlieferungen ersucht, während der Hethiter
die Bitte einfach überhört und nur ein paar Prunkwaffen aus dem
wertvollen Metall nach Ägypten schickt. Doch wie bei allen Geheim-
waffen, so auch hier: Das Herstellungsverfahren sickerte allmählich
durch —, und die Macht der Hethiter schmolz im gleichen Rhythmus
dahin.

Wenden wir uns nun Europa zu.

Der zivilisatorische Ackerbau begann in Europa dort, wo es dem
Vorderen Orient am nächsten ist: an der ägäischen Küste Griechenlands gegenüber von Kleinasien, und zwar verhältnismäßig früh,
spätestens etwa um 6500 v. Chr. Doch obwohl Griechenland geographisch zu Europa gehört, ist es klimatisch ein Teil der Mittelmeerzone. Je weiter der Ackerbau nach Norden und Nordwesten vordrang,
desto schwieriger wurden die klimatischen Probleme, mit denen er zu
kämpfen hatte.

Die europäische Mittelmeerzone ist von den weiter nördlich geleg-
nen Klimazonen recht scharf getrennt. An ihrer Nordgrenze liegen
die Pyrenäen, die Alpen und der Balkan, die alle gleichermaßen starke
Hindernisse für die kalten Luftströme aus dem Norden bilden, ebenso
wie sie auch die entgegengesetzte Warmluft aufhalten. Es gibt natürlich Lücken in dieser Barriere, so beispielsweise in Jugoslawien, wo
die kalte Luft — der stürmischen Bora — bis zur Adria vordringen kann,
und im Rhonetal, durch das der noch heftigere Mistral in die Provence
gelangt. Aber in den meisten Gegenden ist der Übergang sehr plötzlich. Wenn man von den griechischen Küsten in nördlicher Richtung
nach Bulgarien, Rumänien oder Ungarn reist, gelangt man nach kaum
150 Kilometern aus einem warmen, quasi südkalifornischen Klima
in eine relativ rauhe kontinentale Klimazone ähnlich derjenigen von
Iowa oder Nordnebraska. Während des klimatischen Optimums
(der Periode, über die wir hier sprechen) war das ganze Gebiet zwar
etwas wärmer als heute, aber die Gegensätze waren ebenso markant.
Mir scheint, daß dies am besten erklärt, wieso es so lange dauerte —

etwa 1500 Jahre – bis der Ackerbau von Griechenland ins Donautal kam. Bedenkt man, daß Iowa und Nebraska heute im Herzen des nordamerikanischen Weizengürtels liegen, so mag das vielleicht seltsam anmuten. Aber damals waren Weizen und Gerste immerhin noch um 7000 Jahre näher an ihrem subtropischen Ursprungsgebiet. Es hat sicher sehr lange gedauert, bis Sorten entwickelt worden waren, die in strengerem Klima gedeihen können.

Auch die Methoden der Bodenbewirtschaftung mußten verändert werden. In den natürlich bewässerten Gebieten des Mittelmeerraumes wurde das Getreide im Winter gesät, um die jahreszeitlichen Regenfälle auszunutzen. Weiter nördlich mußte man einen neuen Rhythmus entwickeln: entweder Aussaat im Spätherbst, bevor der Boden gefror, oder im Frühjahr, sobald die Frostgefahr vorüber war. Dann gab es noch das Problem des Bodens und der natürlichen Vegetation. Im Donautal fallen viel mehr Niederschläge als im Mittelmeerraum, und der Boden gibt hier wegen der niedrigeren Temperaturen weniger Feuchtigkeit durch Verdunstung ab. Die höhere Feuchtigkeit bringt fast überall dichte Wälder hervor, ganz im Gegensatz zum Mittelmeerraum, wo das Tiefland (die für die Bodenkultur nutzbare Fläche) im allgemeinen Grasland oder subtropische Savanne ist. Bevor man in Waldgebieten Getreide anbauen kann, muß man die Wälder roden –, gewiß keine leichte Arbeit für die Donautalbewohner, da die meisten Bäume Eichen oder andere Harthölzer waren. Wer jemals versucht hat, mit einer modernen stählernen Axt eine Eiche zu fällen, wird sich vielleicht vorstellen können, wie mühsam dies mit einer Steinaxt gewesen sein mag. Zudem wuchsen jene Eichen auf jungfräulichem Boden und erreichten Durchmesser von gut anderthalb Metern! Und wenn es schließlich gelungen war, den Wald zu roden, dann hatten sich die Bauern eine Mutterbodenschicht erkämpft, die dünner und auch wesentlich weniger fruchtbar war als der Boden in den meisten Savannen.

Die Bewohner des Donautals lösten diese durch Klima und Vegetation entstandenen Probleme auf verschiedene Weise. Erstens bauten sie ihr Getreide vor allem auf lößhaltigen Hochebenen und Höhenzügen an. Löß ist die fruchtbare Ablagerung, die von den trockenen Winden im Süden der erst kürzlich verschwundenen Eiszeitgletscher herangebracht worden ist. Solche Ablagerungen sind wasserdurchlässig („Löß" bedeutet „lose"), weniger dicht bewaldet und deshalb leichter zu roden. (Anderswo, besonders in Südengland, ließen sich die Bauern an den wasserdurchlässigen Kreidehöhen nieder, die man als „Downs" bezeichnet.)* Zweitens hatten auch sie wohl jenes Verfahren entwickelt, das man fast überall auf der Welt gefunden hat, wo immer Menschen versuchten, bewaldete Gebiete für den Ackerbau nutzbar zu machen: die Technik der Brandrodung. Zuerst schlägt man eine Schneise oder eine Lichtung in den Wald, dann läßt man das Ganze trocknen, um es in Brand zu stecken. So werden mit einem Schlag die Hindernisse aus dem Weg geräumt und der Boden durch die Asche gedüngt. Wir haben sichere Beweise dafür, daß diese Technik ein bis zwei Jahrtausende später in Dänemark angewandt wurde. Bei fossilen Pollenfunden haben wir immer wieder die Reihenfolge Baumpollen-Getreidepollen-Unkrautpollen, wobei das Unkraut zu den Arten gehörte, die besonders gut nach Waldbränden gedeihen. Wir haben also jeden Grund zu der Annahme, daß damals schon die Technik der Brandrodung altbekannt war.

Wie es im einzelnen auch gewesen sein mag, jedenfalls gelang es den Bewohnern des Donautals im Lauf der Jahrhunderte, Ackerbaumethoden zu entwickeln, die dem Klima ihres Heimatlandes angemessen waren. Mit der Erweiterung der Nahrungsquellen wuchs die Bevölkerungszahl, und das bedeutete Ausbreitung, verstärkt noch durch die natürlichen Folgen des Abholzens und Niederbrennens der Wälder: Die dünne Mutterbodenschicht ehemaliger Waldgebiete verliert nämlich rasch ihre Fruchtbarkeit, auch wenn sie zunächst mit Asche gedüngt wird. Zwar könnte man die Etragsfreudigkeit des Bodens dadurch aufrechterhalten, daß man ihn im regelmäßigen Rhythmus abwechselnd düngt und brachliegen läßt, wie es etwa im Mittelmeerraum geschieht. Aber in Europa gab es so viel jungfräulichen Boden, daß man nicht damit haushalten mußte.

Während der Eiszeit hatte Europa eine verhältnismäßig zahlreiche Jäger-Bevölkerung ernährt. Als aber die Gletscher sich zurückzogen, begannen auf Tundren und Grasflächen, wo bisher große Rentierherden gelebt hatten, Kiefern und Birken zu wachsen. Mit dem Eintritt des klimatischen Optimums verschlechterten sich die Verhältnisse noch weiter. Die Zahl der Laubbäume wie Eichen, Ulmen und Buchen wuchs, der Boden wurde schattig, der Bestand an Gras und Unterholz

---

* In Südengland gibt es vier solche Formationen: die North Downs, die South Downs, die Somerset Downs und die Chiltern Hills. Sie alle gehen strahlenförmig von der aus Kreide bestehenden Hochebene der Salisbury Plain aus. Es ist sicher kein Zufall, daß die vorgeschichtlichen englischen Bauern in dieser zentralen Lage das große Heiligtum von Stonehenge errichtet haben.

ging stark zurück, und die Hirsche und Wildrinder begannen Mangel zu leiden. Diejenigen Jägervölker, die diese fast katastrophale Veränderung des Klimas überlebten, zogen sich an die Meeresküste oder auch an die Seen und Flüsse zurück und versuchten die immer schwerer zu erbeutenden Säugetiere durch Fische, Muscheln und Wassergeflügel zu ersetzen.

Als die Bewohner des Donauraumes, ernährt durch ihre auf Lößboden gewachsenen Ernten und vorwärtsgetrieben durch ihre Brandrodetechnik, um 4500 v. Chr. vorzurücken begannen, lag ein fast leerer Kontinent vor ihnen. Das Ergebnis war eine fast explosionsartige Ausbreitung: nach Osten ins Gebiet des heutigen Rußland, nach Norden in die polnische Gegend und in nordwestlicher Richtung nach Deutschland. Um 3000 v. Chr. hatten sie – oder ihre Nachfolger – den Ackerbau im Westen bis zu den britischen Inseln und im Norden bis nach Skandinavien gebracht. Wie weit die Donauleute selbst vorgedrungen sind, hängt davon ab, als was man dieses Volk ansehen will – und um das festzustellen, müssen einige recht komplizierte archäologische und sprachliche Anhaltspunkte miteinander in Einklang gebracht werden.

Es gibt Leute – und ich gehöre dazu –, die die Bewohner des Donaubeckens als die ursprünglichen Indoeuropäer ansehen, d. h. als jenes bemerkenswerte und turbulente Volk, dessen kulturelle und sprachliche Nachfahren heute Europa, den indischen Subkontinent, Nordamerika, Nordasien, Australien und Neuseeland beherrschen. Viele Archäologen bestreiten das allerdings; sie meinen, daß die ersten Indoeuropäer erst viel später entstanden sein können, daß ihre Kultur zu der sogenannten „Streitaxt"-Kultur gehörte, deren charakteristische Gegenstände (vor allem gewisse Typen von Streitäxten) in die Zeit um 2500 v. Chr. datiert worden sind, das heißt also etwa zwanzig Jahrhunderte nach der Bevölkerungsexplosion im Donauraum. Nun bezweifelt kaum jemand, daß die Angehörigen dieser Streitaxt-Kultur Indoeuropäer waren. Zu der Zeit und in den Gegenden, wo sie lebten, könnten sie kaum einem anderen Volk angehört haben. Waren es aber *die* Indoeuropäer? Ich glaube das nicht. Die Gründe liegen hauptsächlich in bestimmten Anhaltspunkten über die „ursprüngliche" indoeuropäische Kultur, und dazu gehört natürlich auch die Umwelt, in der diese Kultur entstanden ist.

Zunächst gewisse Wörter: Aus Ähnlichkeiten in Wortbildung und Grammatik wissen wir, daß die verschiedenen indoeuropäischen Sprachen miteinander verwandt sind. Die Sprachforscher haben einen bedeutenden Teil des ursprünglichen, indoeuropäischen Wortschatzes aus bestimmten Wortverwandtschaften rekonstruieren können. Wenn wir nun aber wissen, worüber diese Menschen gesprochen haben, dann können wir mit einiger Wahrscheinlichkeit auch schließen, wie und wo sie ursprünglich gelebt haben müssen.

Wir stellen zum Beispiel fest, daß der Pflug auf Isländisch *aryr*, auf Griechisch *aratron*, auf Lateinisch *aratrum*, auf Irisch *arathar* und auf Litauisch *arklas* geheißen hat. Damit steht einigermaßen fest, daß die indoeuropäischen Vorfahren aller dieser Völker Pflüge verwendeten (im Altenglischen gibt es zusätzlich das Verbum *eär* für „pflügen"). Unsere Annahme, daß diese Menschen Bauern waren, wird zur fast absoluten Gewißheit, wenn wir ähnliche Verwandtschaften der Namen für Gerste oder der Bezeichnungen für das Säen und Mähen finden. Auch die Verwandtschaft der Wörter für „Tür" und „Strohdach" deutet darauf hin, daß wir es hier mit einem Volk zu tun haben, das feste Häuser baute und deshalb verhältnismäßig seßhaft gewesen sein muß. Das alles deutet viel eher auf Bauern aus dem Donauraum, als auf die Angehörigen der Streitaxt-Kultur hin. Letztere bewohnten Grassteppen und werden von einem Experten als „Nomaden, Viehzüchter und vielleicht Pferdezüchter, jedenfalls Viehhalter mit relativ geringen Kenntnissen vom Ackerbau" bezeichnet.

Die Namen für Pflanzen und Tiere geben uns weitere Hinweise. Die Bezeichnungen „Biber" und „Sau" kommen aus dem Indoeuropäischen, ebenso „Birke", „Buche" und wahrscheinlich auch „Eiche". Das läßt vermuten, daß die Indoeuropäer eher in einem waldreichen Gebiet als auf einer Grassteppe lebten. Für den Biber, der in Flüssen lebt, muß es natürlich feucht genug gewesen sein, es muß auch genügend Bäume gegeben haben, damit er aus den jungen Zweigen seine Dämme bauen konnte. Auch das Schwein ist ein Waldtier und kein Steppentier und eignet sich nicht zum Herdentier von nomadischen Viehzüchtern – wie wir das aus den Volkserzählungen wissen, die von den Schwierigkeiten handeln, ein Schwein auch nur über eine kurze Strecke zum Markt zu treiben.

Der zweite sprachliche Hinweis betrifft die Bevölkerungsdichte. Die gemischte Landwirtschaft, Ackerbau und Viehzucht, ist pro Hektar viel produktiver als die reine Viehzucht. Ein Nomadenvolk kann deshalb eine bestimmte Fläche nicht so dicht bevölkern wie seßhafte Bauern. Durch ihr Wanderleben abgehärtete und kriegerische Nomaden können die Bauern unter Umständen militärisch besiegen, aber mit der Zeit werden sie gewiß von der zahlenmäßig überlegenen seßhaften Bevölkerung sprachlich assimiliert. So haben sich nomadisierende indoeuropäische Völker im Nahen Osten wiederholt zu Herren von Ackerbaugebieten gemacht. Dennoch überlebte ihre Sprache nur in Gegenden wie etwa dem Iran, weil die dort landwirtschaftlich tätige Bevölkerung wegen des ungünstigen Klimas von vorneherin zahlenmäßig sehr schwach war*. Ein Beispiel aus neuerer Zeit sind die Normannen, die man gewissermaßen als seefahrende Nomaden bezeichnen könnte: Sie eroberten bald nach 900 n. Chr. die französische Normandie – aber schon im Jahre 1066, als sie England eroberten, sprachen sie nicht mehr ihren alten nordischen Dialekt, sondern Französisch. Wieder zwei Jahrhunderte später hatten die normannischen Eroberer erneut ihre Sprache gewechselt und sprachen jetzt Englisch.

Wir können natürlich nicht beweisen, daß die jüngere indoeuropäische Sprache der Streitaxt-Kultur in der älteren indoeuropäischen Sprache der Nachkommen der Donauraumbevölkerung untergegangen ist, denn keines dieser Völker hat schriftliche Zeugnisse in seiner Sprache hinterlassen, aber bevölkerungsgeschichtlich ist diese Theorie sehr einleuchtend. Die umgekehrte Annahme – daß die Angehörigen der Streitaxt-Kultur die Nachkommen der Indoeuropäer aus dem Donauraum sprachlich ebenso wie militärisch besiegt hätten – würde zu neuen Problemen führen. In diesem Falle müßte man erwarten, daß in den modernen indoeuropäischen Sprachen noch Spuren der heute ausgestorbenen (nicht indoeuropäischen) Sprachen aus dem Donauraum zu finden wären. Es gibt aber keine solche Spuren, nicht einmal in den geographischen Bezeichnungen, die sich sonst oft sehr lange halten. Eroberer übernehmen normalerweise sehr viele Namen von Bergen, Seen und Flüssen aus der Sprache der Besiegten. Aus den Namen Kennebec und Monadnock, Allegheny und Mississippi könnten wir, wenn wir sonst nichts wüßten, schon allein ablesen, daß Amerika einem Volk fortgenommen wurde, dessen Sprache sich erheblich vom Englischen unterschied (die Namen Prairie du Chien und Fond du Lac, Santa Fe und Sangre de Cristo zeugen von anderen sprachlichen Vorgängen). Auf der Karte von Ost- und Südengland gibt es zahlreiche ursprünglich lateinische oder keltische Namen, obwohl seit etwa 1500 Jahren weder Römer noch Kelten dort gelebt haben. Die Bewohner des Donauraumes jedoch haben ein Land besiedelt, das die meisten „eingeborenen" Jäger schon früher verlassen hatten, weil sie

---

* Die *Qanats* entstanden natürlich erst, als die Indoeuropäer sich dort schon lange niedergelassen hatten.

von den nacheiszeitlichen Wäldern daraus verdrängt worden waren. Die Menschen aus dem Donauraum müssen folglich ihre eigenen geographischen Bezeichnungen erfunden haben, und da die aus jener Zeit stammenden Namen indoeuropäischen Ursprungs sind, müssen wir annehmen, daß auch die Menschen aus dem Donauraum Indoeuropäer waren*.

Aus all diesen Gründen betrachte ich die Anpassung des Ackerbaus an das mitteleuropäische Klima, die von den Bewohnern des Donauraumes um 4500 v. Chr. vollbracht worden war und eine ungeheure Bevölkerungsexplosion in Gang setzte, als eines der bedeutendsten Ereignisse in der Geschichte der Menschheit. Es war der Beginn eines Prozesses, in dessen Verlauf während der folgenden sechs Jahrtausende die indoeuropäischen Sprachen bis an den Indus und Ganges in Asien, an den Mississippi und Columbiastrom in Nordamerika, den Amazonas und Rio de la Plata in Südamerika und den Darling und den Murray in Australien und Neuseeland gelangen sollten.

Kann eine Kultur bestimmte Eigenarten annehmen, die sechstausend Jahre überdauern? Wer kann das sagen! Darf man überhaupt heute von einer modernen indoeuropäischen Kultur sprechen? Wohl kaum. Und doch ist es eine Tatsache, daß fast die Hälfte der gesamten heutigen Erdbevölkerung Sprachen spricht, die von der Mundart jener längst vergangenen Kulturpioniere aus dem Donauraum abstammen. Die Indoeuropäer haben als Expansionisten begonnen und sind es immer geblieben, es sei denn, daß sie auf klimatische Barrieren stießen oder von anderen Völkern am weiteren Vormarsch gehindert wurden. Sie waren und sind der überzeugendste historische Gegenbeweis gegen die These, daß die „Sanftmütigen das Erdreich besitzen" würden.

---

* Es hat mich gefreut, nach der Niederschrift dieser Sätze festzustellen, daß der führende Fachmann und Kenner der Indoeuropäer, Calvert Watkins von der Harvard Universität, mit mir darin übereinstimmt, daß die Angehörigen der Streitaxt-Kultur nicht für die ursprünglichen Indoeuropäer hält, und zwar auf Grund ganz anderer Hinweise. Er spricht von den beiden frühesten bekannten indoeuropäischen Sprachen, dem Hethitischen und dem mykenischen Griechisch. Für beide Sprachen gibt es Dokumente aus der Zeit um 1500 v. Chr. Er erklärt, die Unterschiede zwischen diesen Sprachen seien viel zu groß, als daß sie sich in dem einen Jahrtausend, das seit dem Ende der Streitaxt-Kultur vergangen war, so hätten entwickeln können.

32. Barrieren und Straßen

KLIMA ALS NEGATIVER FAKTOR

Die Indoeuropäer waren zwar Expansionisten, aber sie trafen nicht überall günstige Voraussetzungen für ihre Expansionen an. Als sie nach Westeuropa eindrangen, trafen sie andere Bauernvölker, die ihre landwirtschaftlichen Erfahrungen auf anderen Wegen gesammelt hatten: Sie waren längs der Mittelmeerküste und durch Südfrankreich nach Norden gewandert. Doch der Vormarsch der Indoeuropäer wurde dadurch nicht zum Stehen gebracht, sondern höchstens ein wenig gebremst. Teils friedlich, teils mit Gewalt konnten sie sich die ansässigen Bauern einverleiben, so daß sie um 1500 v. Chr. ganz Westeuropa mit Ausnahme von Südwestfrankreich und der Iberischen Halbinsel beherrschten. In jenen Randgebieten wohnten höchstwahrscheinlich die Vorfahren der heutigen Basken, deren eigenartige Sprache weder mit dem Indoeuropäischen noch mit sonst irgendeiner bekannten Sprache verwandt ist.[*]

Weiter im Norden trafen die Expansionisten nicht auf andere Menschen, sondern auf klimatische Hindernisse – und die waren schon schwerer zu überwinden. In Westeuropa mit seinem milden Seeklima gedeihen Weizen und Gerste, deren Urheimat im Osten und Süden liegt, noch recht gut, aber auf der Tiefebene an der Nord- und Ostsee und in Skandinavien sind die Verhältnisse schon ungünstiger. Im Sommer liegen die Temperaturen zwar kaum niedriger als im Süden, aber die Winter sind wesentlicher strenger (die Durchschnittstemperatur im Januar beträgt heute in Paris +3° gegenüber –1° in Berlin und –6° in Oslo und Warschau). Das bedeutete eine kürzere

---

[*] Ein Archäologe bezeichnet sie ganz im Ernst als das moderne Cromagnon. Diese Vermutung läßt sich zwar nicht beweisen, ist aber doch nicht ganz auszuschließen.

Vegetationsperiode, die in einem kalten Jahr wahrscheinlich nicht ausreichte, um Weizen oder Gerste zum Reifen zu bringen. Irgendwann in der Zeit vor 500 v. Chr. wurde dieses Problem dann dadurch teilweise gelöst, daß man Hafer und Roggen, die bisher als Unkraut in den Getreidefeldern wucherten, kultivierte und als Nutzpflanzen anbaute. Mit ihrer kürzeren Vegetationsperiode bringen diese Getreidearten wesentlich zuverlässigere Ernteerträge; auch noch heute ist nicht Weizen sondern Roggen das wichtigste Brotgetreide beiderseits der Ostsee (die ebenfalls im Norden lebenden Schotten haben sich dagegen an Haferflocken und Haferkuchen gewöhnt).

Doch kaum hatte man die neuen Getreidearten eingeführt, da ergaben sich auch schon neue Schwierigkeiten: Das Klima, das etwa zwei Jahrtausende lang kaum anders als heute war, verschlechterte sich. Die Winter wurden kälter und wahrscheinlich auch die Sommer. Es überrascht daher nicht, wenn wir feststellen müssen, daß die nordeuropäischen Vorfahren der germanischen, slawischen und baltischen Völker noch zu Beginn der christlichen Zeitrechnung wenigstens gelegentlich gezwungen waren, gewisse winterharte wilde Pflanzen anzubauen und ihre Samen zu verwenden (wild sind diese Pflanzen jedenfalls heute, wenn auch einige Arten damals kultiviert worden sind). Die Erinnerung an diese kalte und entbehrungsreiche Zeit findet sich – so wird allgemein angenommen – noch in manchen altgermanischen Mythen, z. B. dem von der Götterdämmerung, bei der Menschen und Götter im ewigen Frost zugrunde gehen. Ob das nun zutrifft oder nicht, auf jeden Fall werfen die gegensätzlichen Höllen-Mythologien der Europäer – Eiseskälte in Skandinavien und glühende Hitze im Mittelmeerraum – ein interessantes Schlaglicht auf die klimatischen Kontraste in Europa: „Manche sagen, die Welt wird im Feuer enden, andere wieder, sie wird im Eis untergehen..."

Während sich also in Westeuropa die reichen, wenn auch barbarischen Kulturen der Kelten entwickelten, blieb Nordeuropa arm, eben weil das Klima schlecht war. Doch sogar in Westeuropa fehlte es wahrscheinlich an den Mitteln, sicher aber an dem Verlangen, eine vollwertige Zivilisation zu entwickeln. Es ist eine Ironie der Geschichte, daß ausgerechnet jenes Volk, das seine spätere Zivilisation so vielen „minderwertigen Rassen" aufzwingen sollte, selbst von den Römern mit Waffengewalt zivilisiert wurde. Dagegen blieb Nordeuropa bis zum Beginn des Mittelalters im Zustand der Barbarei.

Noch größere Schwierigkeiten als in Nordeuropa stellten sich dem Vormarsch der Zivilisation in Afrika südlich der Sahara entgegen. Hier stellte das Klima die Menschen vor Probleme, mit denen verglichen die nordeuropäischen harmlos erschienen. Erstens war da die isolierte Lage. Mit dem Austrocknen der Sahara, die während des klimatischen Optimums auf weite Strecken zur Grassteppe geworden war, entstand eine riesige Barriere quer über den ganzen Kontinent, deren einziger schmaler Durchgang vom Niltal gebildet wird. Neue Ideen, die sich schon im halb isolierten Ägypten nur langsam verbreiteten, gelangten nur noch tropfenweise weiter nach Süden. Und die wenigen zivilisatorischen Ideen und Techniken, die dennoch den Weg in das tropische Afrika fanden, nützten den dortigen Völkern zunächst nur sehr wenig.

Weizen und Gerste, die Haupterzeugnisse und Schrittmacher des menschlichen Fortschritts im Nahen Osten und Europa, gedeihen nur schlecht in den trockeneren Savannengebieten südlich der Sahara. In den feuchteren Regionen (der regenreichen Savanne und dem Äquatorialgebiet) lassen sie sich überhaupt nicht anbauen, da sie von den Pilzkrankheiten, die im feuchten Klima grassieren, schnell vernichtet werden. Auch die wichtigsten Haustiere lassen sich in Zentralafrika nicht halten; weder Schafe noch europäische Rinder gedeihen in den Tropen. Die hohen Temperaturen, deren ungünstige Auswirkungen durch die große Luftfeuchtigkeit noch zunehmen, verringern den Appetit dieser Tiere und bringen ihren Stoffwechsel durcheinander, so daß man mit der gleichen Futtermenge weniger Fleisch und Milch erzeugen kann.

Außerdem dürften die Bewohner der Tropen, Menschen ebenso wie Tiere, damals wie heute unter Parasiten gelitten haben, besonders unter Insekten und anderen Gliederfüßlern sowie den von ihnen übertragenen Krankheitserregern. Insekten können sogar im polaren Klima zur Plage werden, was die Erforscher der kanadischen Tundra nur allzu gut wissen. Aber in der Arktis werden Menschen und Tiere nur im Sommer so stark belästigt, daß sie sich kaum dagegen wehren können. Im kalten oder kühlen Wetter nimmt die Masse der Insekten so weit ab, daß die einzelnen Arten gerade noch vor dem Aussterben bewahrt werden. In den Tropen gibt es dagegen fast keine Ruhepause.

(Man könnte fragen, warum bestimmte Tier- oder Pflanzenarten, die in den Tropen heimisch sind, nicht von solchen Plagen dezimiert werden. Die Antwort lautet, daß sich diese Spezies gemeinsam mit den einheimischen Krankheiten und Parasiten entwickelt haben und deshalb im Lauf der Jahrtausende widerstandsfähig geworden sind. So können ganz gesunde afrikanische Antilopen den Schlafkrankheitsbazillus haben, ohne daran zu erkranken. Wenn aber dieser Bazillus durch Tsetse-Fliegen auf domestizierte, genauer, auf importierte Rinder übertragen wird, so löst er bei ihnen eine tödliche Krankheit aus. Bestimmte Arten der wilden Kartoffel im mexikanischen Hochland überleben die Ansteckung mit Trockenfäule, an der importierte Sorten in wenigen Tagen zugrunde gehen).

Schließlich hat das tropische Klima oft ausgesprochen schädliche, unter gewissen Umständen sogar katastrophale Auswirkungen auf die Fruchtbarkeit des Bodens. Besonders in den feuchteren Gebieten (die Äquatorialzone ist der Extremfall) ist die Mutterbodenschicht nur sehr dünn, weil sich die organischen Substanzen schnell zersetzen. Die Fruchtbarkeit wird noch dadurch verringert, daß die starken tropischen Regenfälle einen großen Teil der Nährstoffe aus dem Boden spülen. Beide Prozesse beschleunigen sich noch erheblich, wenn man den schützenden Wald rodet, um Pflanzungen anzulegen. Eine im Regenwald angelegte Lichtung bringt deshalb nur eine oder zwei Ernten und muß dann fünfzehn bis zwanzig Jahre lang brach liegen, bis sich der Boden wieder erholt hat (im gemäßigten Klima ist der Ertrag einer Waldlichtung dagegen etwa doppelt so hoch, und der Boden erholt sich schon nach etwa einem Drittel der Zeit).

Wenn man in den Tropen große Flächen rodet, besteht die Gefahr, daß sich der Boden überhaupt nicht mehr erholt. Ist die natürliche Vegetation aber erst einmal vernichtet, dann wird der Boden stärker ausgespült und liegt ungeschützt unter der sengenden Sonne. Damit beschleunigt sich die Oxydation der Bodenbestandteile durch die Atmosphäre. Durch diesen Vorgang, den man Laterisation nennt, bilden sich Aluminiumoxyd (Bauxit) oder Eisen (Hematit und Limonit). Als Erze mögen diese Mineralien für unsere Technik wertvoll sein, für den Ackerbau sind sie jedoch nutzlos. Was noch schlimmer ist, die Oxyde bilden an der Oberfläche oft eine harte Schicht aus Lateritgestein, das man schon in früher Zeit als Straßenpflaster und als Baumaterial verwandte. Die „verlorenen Städte" im tropischen Kambodscha sind zum großen Teil aus solchem Laterit erbaut worden; man nimmt an, daß die Zivilisation ihrer Erbauer von dem gleichen Vorgang zerstört wurde, der dieses Baumaterial erzeugte und damit den Ackerbau vernichtete.

Bedenkt man alle diese klimatischen Hindernisse, so besteht das

Wunder nicht darin, daß sich die Zivilisierung Afrikas verzögerte, sondern daß dort, wenn auch spät, so doch überhaupt eine Zivilisation entstand. Wie es den Afrikanern gelang, mit ihren Schwierigkeiten fertig zu werden, weiß man bis heute noch nicht genau. Die Erforschung der afrikanischen Zivilisation ist nicht nur durch das Klima, das vielerorts für weiße Forscher noch ungesünder als für schwarze Farmer ist, behindert worden, sondern auch durch die Auffassung, die bis vor kurzem unter den meisten weißen Wissenschaftlern herrschte, daß die Afrikaner keinesfalls irgendwelche nützlichen Erfindungen gemacht haben könnten. Es wurde daher fast zu einem Glaubensartikel, daß sich die Eingeborenen erst nach Beginn der christlichen Zeitrechnung über die Stufe der Jäger und Sammler hinausentwickelt hätten, nämlich als Einwanderer aus Südostasien bestimmte Nutzpflanzen einführten, die dem feuchten, tropischen Klima angepaßt waren. Man glaubte, daß diese Pflanzen – Reis, Yamswurzel, Banane und die stärkehaltige Wasserbrotwurzel – über den Indischen Ozean nach Ostafrika gebracht worden seien, von wo aus sie sich nach Westen verbreitet hätten. Genauere und weniger voreingenommene Forschungen haben jedoch inzwischen ergeben, daß die verbreitetsten Arten der Yamswurzel in Westafrika direkt beheimatet sind. Sie wurden an Ort und Stelle kultiviert, und zwar lange bevor irgendwelche asiatischen Einflüsse wirksam geworden sein können, vielleicht schon um 3000 v. Chr. Auch die Mohren- und Rispenhirse sind ebenfalls von Afrikanern selbst angebaut worden, bevor sie später vom Mais ersetzt wurden, und zu irgendeiner heute noch nicht bekannten Zeit haben Westafrikaner sogar eine heimatliche Reissorte angebaut. Doch ebenso wie im Nahen Osten genügte auch in Afrika der bloße Anbau nicht. Wenn eine wilde Pflanze sich zur Kulturpflanze eignen sollte, dann mußte sie durch Zucht veredelt werden – ein Prozeß, der gewiß Jahrhunderte in Anspruch genommen hat.

Das Ernährungsproblem in Afrika wurde noch dadurch erschwert, daß die Yamswurzel und die Banane in feuchtheißen Gebieten heimisch sind, weshalb sich in ihrer chemischen Zusammensetzung die Mängel der Böden widerspiegeln, auf denen sie ursprünglich wuchsen. Beide bestehen fast ausschließlich aus Kohlehydraten, enthalten nur wenige lebenswichtige Mineralien und sind fast völlig frei von Proteinen. Um sich die fehlenden Nahrungsbestandteile zu verschaffen, mußten die Afrikaner noch lange einen Teil ihrer Zeit auf der Jagd zubringen. Erst die allmähliche Akklimatisierung von Ziegen und die Einführung von „vor-akklimatisierten" Zebu-Rindern, die im tropischen Asien beheimatet sind und erstmals von den Harappa-Leuten gezähmt wurden, löste das Problem (mit Ausnahme der Gebiete, in denen die Tsetsefliege lebt. Dort hat man das Problem bis heute nicht gelöst). Es gibt allerdings weiße Wissenschaftler, die behaupten, die Afrikaner hätten bestimmte heimische Tierarten zähmen „sollen" (z. B. einige der zahlreichen Antilopenarten). Daß sie es nicht getan hätten, bewiese ihren „Mangel an Initiative", ihre „Faulheit" oder dergleichen. Sicher, sicher! Solch harte Worte über den fehlenden Fleiß der schwarzen Afrikaner wären allerdings wesentlich überzeugender, wenn wir nicht wüßten, daß die fleißigen Weißen immer dafür sorgten, daß die wirklich harte Arbeit von den Schwarzen getan wird.

Als die Afrikaner versuchten, fremde Tierarten in ihrem Klima anzusiedeln, taten sie dasselbe, was die Europäer vor ihnen in Europa getan hatten – und was sie später bei der Kolonisierung Südafrikas im 17. Jahrhundert wiederholten. Die Vorfahren der heutigen Buren brachten europäisches Vieh mit. Erst viele Generationen später lernten sie, daß ihre Herden durch Vermischung mit Zebu-Rindern widerstandsfähiger gegen die Hitze wurden.

Dies ist nicht der Ort für einen detaillierten Bericht über Aufstieg und Niedergang der schwarzen Zivilisation in Afrika. Es genügt festzustellen, daß trotz der außerordentlichen klimatischen und sonstigen Umwelt-Schwierigkeiten echte afrikanische Zivilisationen entstanden sind, und zwar genau zur selben Zeit wie in Mitteleuropa, nämlich im 8. bis 10. Jahrhundert n. Chr., also im frühen Mittelalter. Interessanterweise waren diese beiden neuen Zivilisationskreise – der europäische ebenso wie der afrikanische – Mischungen aus heimischen Kulturelementen mit solchen, die aus dem Mittelmeerraum eingebracht worden waren: in Europa Elemente der griechisch-römischen Zivilisation, in Afrika der arabischen. Vermutungen darüber anzustellen, wie sich die afrikanische Zivilisation entwickelt hätte, wenn sie allein geblieben wäre, sind vielleicht reizvoll, aber wertlos: Sie blieb nicht allein, ebensowenig wie die mitteleuropäische. Die westafrikanische Zivilisation wurde von arabischen und europäischen Sklavenhändlern vernichtet, bei tätiger Mithilfe von skrupellosen afrikanischen Herrschern, die sich an den Gewinnen beteiligen wollten. Die ostafrikanische Zivilisation wurde von den Portugiesen „befriedet" bis sie in Scherben lag – wir kennen dazu moderne Parallelen. Mit Erfindungsgeist und großen Anstrengungen war es den Afrikanern gelungen, sich gegenüber der Feindschaft einer natürlichen Umwelt zu behaupten, doch feindliche Natur *und* feindliche Menschen vereint waren zuviel für sie.

Auch in Nord- und Südamerika wurde die Ausbreitung der Zivilisation durch klimatische Hindernisse lange gehemmt. Die Vor-Zivilisation in den peruanischen Anden wurde durch den tropischen Regenwald am Amazonas auf der einen Seite und die trockene Küstenwüste auf der anderen Seite begrenzt. Die mittelamerikanische Zivilisation war nicht ganz so ausschließlich auf das Hochland beschränkt: Die Olmeken-Zivilisation entstand im Dschungel (nach einer Vorform, deren Landwirtschaft auf der Brandrodetechnik beruhte), und ihre großen Nachfolger, die Mayas, konnten ihre Dschungel-Kultur sogar zur prächtigen Blüte bringen. Doch nach relativ kurzer Zeit zerfielen diese echten tropischen Zivilisationen – höchstwahrscheinlich auf Grund der gleichen ungünstigen klimatischen Bedingungen, die auch in Zentralafrika herrschen. So verlagerte sich das Zentrum der Zivilisation ins mexikanische Hochland, wo sie kaum mehr Bewegungsfreiheit hatte als die gleichzeitige Anden-Zivilisation.

Die mexikanische Bodenkultur, die sich auf den Anbau von Mais, Bohnen und Kürbissen stützte, verbreitete sich allmählich nach Nordosten bis ins Tal des Mississippi und von dort in die gemäßigten Zonen Nordamerikas östlich der Rocky Mountains. Die großen Entfernungen und vor allem die Barriere der Halbwüste im Nordosten von Mexiko verhinderten allerdings die Ausbreitung einer echten Zivilisation auf dem Landwege.

Doch auch die Seewege waren kein Ersatz. Für einen oberflächlichen Betrachter ähnelt das Karibische Meer in Größe, Form und hinsichtlich der Anzahl seiner Inseln durchaus dem Mittelmeer. Tatsächlich liegt es aber viel weiter südlich als jener bedeutende Verkehrsweg und befindet sich innerhalb des Passatgürtels, weshalb jeder Seefahrer, der von Mexiko nach Osten segeln will, an neun von zehn Tagen heftigen Gegenwind hat. Wie unangenehm das sein kann, erwies sich bei einem Zwischenfall auf der letzten Reise des Christoph Columbus, als er entlang der heutigen Küste von Honduras nach Osten und dann an der sogenannten „Moskitoküste" des heutigen Nicaragua nach Süden fuhr. Die Landspitze zwischen diesen beiden Küsten taufte er Cabo Gracias a Dios („Kap Gott sei Dank"). Lange glaubte man, dieser Name sei nur ein Ausdruck der spanischen Frömmigkeit. Doch der Columbus-Biograph Samuel Eliot Morison mußte aus eigener Erfahrung lernen, was er wirklich bedeutete. Als er mit einem Segelschiff auf einer Forschungsreise vor den gleichen Küsten kreuzte, mußte er genauso wie der große Admiral vor ihm tagelang vor der Küste von Honduras gegen den Passat hin- und herkreuzen. Und als er endlich nach großen Mühen das Kap umschifft hatte, war ihm tatsächlich nach einem „Gott sei Dank!" zumute.

Diese unangenehmen Passatwinde — gar nicht zu reden von den Hurrikanen in der Karibischen See — sind gewiß eine der wichtigsten Ursachen dafür, daß die Mexikaner keine seetüchtigen Schiffe gebaut haben. Ebenso erklärt sich, weshalb Kuba, das kaum 350 Kilometer von der Halbinsel Yukatan (einem bedeutenden Kulturzentrum der Mayas) entfernt ist, von Arawakindianern und Kariben aus Südamerika besiedelt wurde, die durch Inselsprünge entlang der Antillen-Kette über 3000 Kilometer weit aus dem Südosten gekommen waren.

Die vielfältigen Bedingungen, unter denen die Verbreitung der Zivilisation über die Klimagrenzen hinweg gefördert oder behindert wurde, führen uns zu einer Verallgemeinerung, die man nicht vergessen sollte: Versucht man, technische Errungenschaften einer Zivilisation aus ihrer natürlichen Umwelt mechanisch in eine andere zu verpflanzen, so stößt man im günstigsten Fall auf Schwierigkeiten, im schlimmsten Fall fügt man sowohl der Umwelt als auch der von ihr abhängigen Gesellschaft schweren Schaden zu. Programme zur Unterstützung „unterentwickelter" Gebiete, die diesen Grundsatz mißachten — wie es in manchen Fällen geschehen ist —, enden leicht damit, daß sie den Weg zu einer geradezu höllischen Umwelt mit guten Vorsätzen — oder mit Lateritblöcken — pflastern.

Vierter Teil

KLIMA UND GESCHICHTE

33. Griechenland und Rom

ZWEI KLIMATISCHE RÄTSEL

Halbe Kenntnisse sind immer eine gefährliche Sache, für niemanden gefährlicher, so fürchte ich, als für den Wissenschaftler. Da er weiß, daß seine Kenntnisse auf seinem gewöhnlich recht engen Spezialgebiet weit über dem Durchschnitt liegen, gerät er nur allzu leicht in die Versuchung, seine berufliche Selbstsicherheit auf Gebiete zu übertragen, über die er nur durchschnittlich oder sogar noch weniger informiert ist. So wurden zum Beispiel die anthropologischen Theorien eines Robert Ardrey bei den meisten Anthropologen kühl oder auch frostig begrüßt – während gleichzeitig viele Professoren der englischen Literatur oder der politischen Wissenschaft sie für sehr vernünftig hielten.

Besonders in der Klimatologie sind halbe Kenntnisse meines Erachtens sehr gefährlich: Ein Historiker, der auf der Suche nach Beweismaterial für seine Lieblingstheorie klimatologische Bücher durchblättert, kann die schwierigen Probleme, mit denen er es hier zu tun bekommt, meistens nicht beurteilen – gar nicht davon zu reden, daß die Materialien selbst oft unsicher, fragmentarisch und widersprüchlich sind.

Als der emeritierte Professor der klassischen Archäologie Rhys Carpenter sich anschickte, die Ursachen des Verfalls der mykenischen Zivilisation genauer zu untersuchen, bekam er es mit einem der größten Rätsel auf diesem Gebiet zu tun. Wir wissen, daß die Mykener, deren Vorfahren offenbar spätestens um 2000 v. Chr. nach Griechenland gekommen waren, den größten Teil ihrer Zivilisation – einschließlich des Schriftsystems – von der älteren Seefahrer-Zivilisation Kretas übernommen hatten. Doch um 1500 v. Chr. waren sie ebenso reich und mächtig wie die Kreter, und ein Jahrhundert später eroberten sie

sogar die Insel, vielleicht unterstützt durch die katastrophalen Auswirkungen (Sturmflut, Aschenregen und wohl auch ein Erdbeben)
eines gewaltigen Vulkanausbruchs auf der ägäischen Insel Santorin.
Um 1200 v. Chr. brach die mykenische Zivilisation ganz plötzlich
zusammen. Ihre Produkte werden plötzlich minderwertiger und seltener. Ihre großen Städte (Pylos, Tiryns und Mykenä selbst) wurden
erobert, niedergebrannt oder einfach verlassen, und sogar ihr Schriftsystem verschwand. Erst fünfhundert Jahre später tauchte die Schreib-
kunst in neuer Form wieder in Griechenland auf.

Was war geschehen?

Die spätere griechische Tradition hat diesen abrupten Rückfall in die
Barbarei dem Einfall der Dorer zugeschrieben; und tatsächlich
bewohnte dieses Volk in klassischer Zeit den größten Teil des ehemali-
gen mykenischen Gebiets einschließlich Kretas. Wie die Mykener
waren auch die Dorer Griechen, sprachen aber einen anderen
Dialekt als den, welchen John Chadwick und der verstorbene
Michael Ventris im Jahre 1952 mühsam aus den mykenischen Linear-
B-Tafeln rekonstruiert haben.

Mit der Invasionstheorie gibt es jedoch Schwierigkeiten. Vor allem
ist es den Archäologen nicht (oder noch nicht) gelungen, mit hinrei-
chender Sicherheit den Einmarschweg der Dorer zu rekonstruieren. In
bestimmten Gebieten, die direkt am vermutlichen Weg der Dorer
liegen, hat die mykenische Zivilisation offenbar noch länger fort-
bestanden, wenn auch unter weniger günstigen Umständen. Auch der
zeitliche Ablauf ist schwer zu bestimmen: Die Ereignisse liegen nur
ein oder zwei Jahrhunderte auseinander, weshalb zuverlässige Karbon-
datierungen nicht möglich sind. Doch trotz vieler ungelöster Einzel-
probleme haben wir doch gewichtige Hinweise darauf, daß Mykenä
und Pylos schon einige Zeit vor dem Eintreffen der Dorer zerstört
worden sind.

Als Carpenter sich vor einigen Jahren mit diesen Problemen beschäftigte, entwickelte er eine Theorie, nach der die Mykener nicht von
Eindringlingen vertrieben oder niedergemetzelt worden sind, sondern
ihr Gebiet selbständig verlassen haben, weil sie von einer überaus
langen Trockenperiode dazu gezwungen wurden. Nach Carpenter war
diese Trockenheit das Ergebnis (ich verwende hier meine eigene
Terminologie) einer Verlagerung der Wüstenzone nach Norden, als
deren Folge das Klima im Mittelmeerraum wärmer und trockener
wurde. Der lange, heiße Sommer in Griechenland, der normalerweise
etwa vier Monate anhält, dauerte dadurch acht Monate oder noch

länger. In der Tat hätte eine derartige Klimaveränderung katastrophale Auswirkungen auf die mykenische Zivilisation haben müssen. Doch als Carpenter versuchte, seine Theorie zu beweisen, stand er vor einem totalen Mangel an direkten Hinweisen auf das griechische Klima jener Zeit. Er mußte sich also auf indirekte Anhaltspunkte verlassen. Die auffällige Tatsache, daß Teile der mykenischen Kultur in bestimmten Gebieten länger als sonst am Leben blieben, erklärte er zum Beispiel damit, daß in diesen Gebieten „orographische" Regenfälle vorkamen (aus Luftmassen, die durch Gebirgszüge in größere Höhen geleitet werden). Dadurch seien die Folgen der herrschenden Dürre ausgeglichen worden. Die entvölkerten Gebiete hätten dagegen entweder im Regenschatten der Gebirge oder in verhältnismäßig flachem Gelände gelegen.

Als ich Carpenters Aufsatz zum ersten Mal las, schien er mir recht überzeugend. Es wird auch nicht verschwiegen, was gegen diese Theorie spricht, nämlich, daß Untersuchungen von Pollenablagerungen in einer Lagune bei Pylos keine Spur von einer Klimaschwankung erkennen ließen. Doch Carpenter erklärt mit scheinbar guten Gründen, daß darin noch kein sicherer Gegenbeweis liegt. Gegen die Pollenuntersuchungen zitiert er die Auffassung des bekannten englischen Klimatologen H. H. Lamb, der – wie Carpenter behauptet – „fast vollständig meiner Chronologie der wichtigsten klimatischen Veränderungen in mykenischen … Zeiten zugestimmt hat". Als ich die Theorie von Carpenter jedoch zum zweiten Mal las, kamen mir Zweifel an einigen Details, so daß ich mich schließlich fragte, ob Lamb tatsächlich der Theorie von Carpenter so uneingeschränkt zugestimmt hat. Nun las ich die Rezension von Lamb selber und fand zu meiner Überraschung keineswegs Zustimmung, sondern ein entzückendes und erheiterndes Paradebeispiel für akademischen Umgangston, ein Meisterstück in der Kunst des zögernd zum Ausdruck gebrachten, höflich formulierten Verrisses.

Als Lamb seine Kritik der Arbeit Carpenters abfaßte, war er wohl anfangs etwas gehemmt, weil er ein gewisses Dankbarkeitsgefühl dafür verspürte, daß ein Wissenschaftler außerhalb seines engen Spezialgebietes die Klimaforschung wenigstens ansatzweise ernst genommen hatte. So schrieb er: „Archäologen und Historiker scheinen sich allzu wenig der großen Rolle bewußt zu sein, die klimatische Veränderungen in der Geschichte gespielt haben müssen." Deshalb „ist es mehr als begrüßenswert, wenn ein bedeutender Althistoriker die Kluft zwischen unseren beiden Wissensgebieten zu überbrücken versucht".

Bei der „notwendigen Kritik" an der Theorie von Carpenter „wünscht der Rezensent daher keineswegs,... den Autor oder seine Nacheiferer zu entmutigen". Doch nach diesem einleitenden Tribut an die akademische Höflichkeit setzt Lamb zu einer scharfen Kritik an: Carpenters klimatologische Versuche „stützen sich in viel zu hohem Maße auf unsichere und undifferenzierte Hypothesen". Durch dieses voreilige Vertrauen kommt Carpenter „zu irreführenden Datierungen und Deutungen". Zweifellos herrschte – so stellt Lamb fest – während der letzten Jahrhunderte des 2. Jahrtausends v. Chr. in *Nordeuropa* ein ungewöhnlich warmes Klima; was Carpenter aber übersehen hat, ist der Umstand, daß ein warmes Klima in Nordeuropa nicht automatisch auch eine größere Trockenheit im *Mittelmeerraum* bedeutet. Im Gegenteil, „man nimmt heute an, daß die nächste warme Epoche (d. h. das kleine klimatische Optimum um 1000 n. Chr.) im Mittelmeerraum ein viel feuchteres Klima hervorgebracht hatte". Wenn Carpenter dann weiterhin noch Veränderungen der Meereshöhe als Beweis für Klimaschwankungen anführt, so hat er mögliche Veränderungen des Festlandes (gerade in einer Gegend, in der Erdbewegungen und Erdbeben früher ebenso wie heute an der Tagesordnung waren), „viel zu wenig berücksichtigt". Doch um diese bitteren Pillen etwas schmackhafter zu machen, versüßt Lamb sie abschließend mit der Feststellung, daß Carpenter zwar keine sehr gründlichen Kenntnisse von der Klimatologie besitzt, „er dies aber mit charmanter Bescheidenheit zugibt". Der Beobachter kann sich des Gefühls nicht erwehren, daß auch Lamb ein Charmeur ist.

Betrachtet man Lambs Zeittafel im einzelnen, so wird deutlich, daß sie keineswegs „fast vollständig" mit Carpenters Theorie übereinstimmt. Lamb datiert die nordeuropäische Wärmeperiode, die nach Carpenters Hypothese mit der griechischen Trockenperiode identisch sein soll, in das 14. und 13. Jahrhundert v. Chr. Vom ersten Teil dieser Periode meint aber Carpenter, es sei „die Periode der größten kulturellen Blüte in Griechenland" gewesen. Der zweite Teil bezeichnet ebenfalls eine Phase „kaum verringerter kultureller Aktivität und Macht", die nur gegen Ende „durch die Zerstörung der großen (mykenischen) Paläste in roher Weise erschüttert wurde..." Was auch geschehen sein mag, die lange Periode des Verfalls und der Entvölkerung, von der Carpenter spricht, hat es bestimmt nicht gegeben. Wenn es sie überhaupt gab, so folgte sie später, zu einer Zeit, als – wie Lamb nachweist – das Klima in Nordeuropa und wohl auch in Griechenland dem heutigen wieder recht ähnlich wurde.

Es gibt noch zwei weitere klimatologische Anhaltspunkte, die auch gegen Carpenters Theorie sprechen, von Lamb aber nicht erwähnt worden sind. Der erste kommt aus der Geschichte des Nahen Ostens: Etwa zur selben Zeit, als die mykenische Zivilisation verfiel, wurde die levantinische Küste von den „Peleset" überfallen – einer gemischten Völkergruppe, die wahrscheinlich aus Griechenland, der Ägäis und Kleinasien stammte. Wenn nun aber in Griechenland eine Trockenperiode geherrscht haben soll, so müßte die viel weiter südliche Levante erst recht zum grauenhaften Wüstengebiet geworden sein. Die Peleset hätten sich kaum dort ernähren können, sie wären vielmehr zu Tausenden verhungert. Das war aber nicht der Fall, im Gegenteil: Sie überlebten so erfolgreich, daß Palästina seinen Namen von ihnen bekam und daß sie die Erzfeinde der Juden wurden, durch welche sie uns als „Philister" überliefert sind.

Noch rätselhafter sind vielleicht die Umstände in Attika, der griechischen Landschaft um die Stadt Athen. Carpenter und alle anderen Forscher stimmen darin überein, daß Attika eines der Hauptzufluchtsgebiete der Mykener war, die das südliche Griechenland (den Peloponnes) verließen, als ihre Zivilisation infolge der Dürreperiode, feindlicher Einfälle oder aus anderen Gründen auseinanderfiel. Wenn es also wirklich eine Trockenperiode gab, so muß jedenfalls Attika feucht genug geblieben sein. Carpenter erklärt das wieder mit speziellen Niederschlägen an Berghängen aus der Luftfeuchtigkeit, die der Westwind vom Golf von Korinth heranbrachte, um sie an den „abkühlenden Höhenzügen des Parnaß, des Pentelikon und des Hymettos" abzugeben. Ein kurzer Blick auf die Reliefkarte von Griechenland genügt allerdings zu der Feststellung, daß diese Höhenzüge nicht besonders hoch sind. Außerdem bilden die Landmassen am Isthmus von Korinth keineswegs jenen trichterförmigen Durchlaß, der die von Carpenter vorausgesetzte Wirkung haben könnte. Sollte wirklich eine hypothetische Dürreperiode um 1200 v. Chr. durch spezielle Niederschläge an Berghängen abgemildert worden sein, so müßten die gleichen Berghänge auch heute noch vermehrte Regenfälle erzeugen. In anderen Gegenden geschieht das auch wirklich: zum Beispiel ist das Gebirge im Nordwesten des Peleponnes viel feuchter als das benachbarte Tiefland – und das ist auch ganz normal. Aber in Attika haben wir allerdings keineswegs feuchteres, sondern trockeneres Klima! Das östliche Attika ist die einzige Gegend im heutigen Griechenland mit weniger als 32 Zentimeter Regen pro Jahr.

Daraus folgt: wenn eine Zivilisation auf dem Peloponnes an Trockenheit zugrunde ging, so hätte sie in Attika erst recht vernichtet werden müssen. Nichts davon ist aber geschehen. Wenn die Dorer – wie Carpenter behauptet – die durch Mißernten und Hungersnot entvölkerten Gebiete mehr oder weniger friedlich besetzten, dann hätten sie auch nach Attika kommen müssen. Auch das war nicht der Fall*.

Wenn wir nach all diesen Überlegungen die Dürreperiode als Ursache für den Verfall der mykenischen Zivilisation ausschließen und auch die Dorer unberücksichtigt lassen (wie Carpenter meint, gibt es gute Gründe dafür), was ist dann aber tatsächlich geschehen? Nach meiner Theorie – wirklich nur einer Theorie, und wohl nicht einmal einer originellen – haben die Mykener sich selbst vernichtet.

Die mykenische Zivilisation war in jeder Hinsicht die Zivilisation eines Räubervolkes. Die Archäologen haben sich immer wieder gefragt, worauf der mykenische Wohlstand begründet war. In Griechenland gab es damals weder hochspezialisierten Ackerbau wie in Palästina noch reiche Bodenschätze wie in Kleinasien. Gewiß konnten die Mykener mit dem Vorderen Orient und anderen Ländern Handel treiben, aber womit handelten sie? Manche Forscher meinen, daß sie sich vor allem mit der Herstellung von Waffen beschäftigten, was an sich schon bezeichnend wäre. Ein großer Teil ihres „Handels" scheint jedoch nichts anderes als Seeräuberei gewesen zu sein, wobei dann die Beute nicht nur aus Waffen und Metallen (edlen und unedlen) bestand, sondern auch aus Menschen, die mit Gewinn auf den Sklavenmärkten des Ostens und Südens verkauft werden konnten.

Unser übliches Bild vom sogenannten heroischen Zeitalter des archaischen Griechenland wird von den späteren Griechen, die über ihre eigene ruhmreiche Vergangenheit berichten, verzerrt. Betrachten wir die Sache mit etwas weniger Nationalstolz, so erkennen wir, daß

---

* Nach der Niederschrift dieser Sätze hat Reid Bryson mir mitgeteilt, daß die Lage nicht ganz so übersichtlich ist. Er sagt, statistische Untersuchungen über die Struktur des Wetters in Griechenland hätten gezeigt, daß es während einer Dürreperiode auf dem Peloponnes ausreichende Regenfälle in Attika geben *kann*, und das heißt, daß Carpenter, wenn auch mit der falschen Begründung, hier doch recht haben könnte. Da diese Untersuchungsergebnisse noch nicht veröffentlicht worden sind, ist es schwer, sie auszuwerten, und selbst wenn sie sich als richtig erweisen sollten, entkräften sie noch nicht die übrigen Einwände gegen die Theorie von Carpenter. Ich werde erst dann glauben, daß die mykenische Zivilisation als Folge einer Dürreperiode vernichtet wurde, wenn überzeugende Beweise dafür vorliegen, daß damals tatsächlich eine Dürreperiode geherrscht hat – und nicht nur, daß sie möglich gewesen war.

der berühmte Abenteurer Jason aus der Sage vom Goldenen Vlies ein Straßenräuber war, dem es nur auf möglichst reiche Beute ankam. Die Geschichte vom Vlies zeigt uns, was diese Leute taten und worauf sie dabei aus waren. Und in der Ilias wird das allgemeine moralische Niveau der Helden deutlich, wenn sich die beiden Oberbosse Agamemnon und Achilles um ein weibliches Beutestück aus ihrem trojanischen Raubzug streiten.

Die archäologischen Funde aus dieser Zeit sprechen ihre eigene Sprache. Der Leiter der British School of Archeology in Athen, Sinclair Hood, spricht von einem Verfall der bildenden Künste, wenn er die minoische (kretische) Zivilisation mit der späteren mykenischen vergleicht; dieser Verfall zeigt sich an den Siegelgravierungen, der Elfenbeinschnitzerei und der Freskomalerei, während gleichzeitig – so Hood – „die Erfindungsgabe der Waffenschmiede ständig zunimmt... Prächtige Waffen werden den Kriegern... in Kreta und auf dem Festland... ins Grab mitgegeben. Die Schwerter haben jetzt bessere Griffe und sind kürzer. Sie sind zugleich als Hieb- und Stichwaffen geeignet. Zum erstenmal trifft man auf kunstvoll geschmiedete Bronzerüstungen... Ein kriegerischer und militaristischer Geist erfüllt das ganze Zeitalter".

Die Raubzüge in fremde Länder reizen auch zu Überfällen auf das eigene. Während Agamemnon und Odysseus auf Plünderung und Raub ausziehen, kommen fremde Eindringlinge in die Paläste der Helden – und ergreifen oft genug auch Besitz von ihren ehelichen Schlafgemächern. Die Rückkehr der Helden gibt dann das Signal zu einer langen Kette von Blutrache. Die spektakulären Verbrechen in der Familie des Atreus waren möglicherweise ein Extremfall, aber untypisch waren sie sicher nicht. Man denke etwa an das Massaker, das Odysseus bei seiner Rückkehr nach Ithaka veranstaltete, wenn auch Penelope züchtiger als Klytämnestra war. Homer muß die Götter bemühen, um zu verhüten, daß auf Ithaka ein Bürgerkrieg zwischen Odysseus und den Hinterbliebenen der abgeschlachteten Freier ausbricht.

Auch hier sind die archäologischen Funde bedeutsam. Hood berichtet, daß im 14. und 13. Jahrhundert v. Chr. (das heißt, auf der Höhe der mykenischen Macht) „die wichtigsten Siedlungen auf dem griechischen Festland mit massiven Mauern umgeben waren... In Athen und Mykenä führten beachtliche überdachte Treppen zu verborgenen Quellen außerhalb der Mauern." Es liegt auf der Hand, daß sie zur Aufrechterhaltung der Wasserversorgung während einer

Belagerung angelegt waren. Gegen wen hatte man diese mächtigen Befestigungsanlagen errichtet, von denen spätere griechische Generationen glaubten, sie stammten von den Zyklopen? Nicht gegen die Dorer, die auch bei der großzügigsten Zeitrechnung erst viel später einfielen. Auch sonst gab es in jener Region keine fremden Mächte. Wir müssen daher annehmen, daß die kleinen mykenischen Königreiche ihre Städte *gegeneinander* bewaffnet und befestigt hatten.

Doch wenn auch der Zusammenbruch der ersten griechischen Zivilisation kaum etwas mit Klimaveränderungen zu tun hatte, so haben wir doch Grund zu der Annahme, daß sie zur Wiedergeburt Griechenlands wenige Jahrhunderte später einen bedeutenden Beitrag geleistet haben. Etwa seit 1000 v. Chr. wurde das Klima in Nordeuropa allmählich kälter und feuchter. Dieser Prozeß, der wahrscheinlich bis kurz vor Beginn der christlichen Zeitrechnung anhielt, hat die Germanen und andere Bewohner des Nordens vor ernste Probleme gestellt; er dürfte aber andererseits auch dafür gesorgt haben, daß Griechenland kühler und feuchter wurde – und das bedeutete reichere Ernten.

Direkte Beweise gibt es dafür, soweit mir bekannt ist, allerdings nicht. Griechenland wurde zwar bald nach 800 v. Chr. von neuem zivilisiert, aber das beweist noch nichts. Wichtiger ist die Tatsache, daß auch hier so etwas wie eine Bevölkerungsexplosion stattgefunden hat: Die um 700 v. Chr. beginnende Auswanderungs- und Kolonisationsbewegung der Griechen ist von größter Bedeutung für die weitere Geschichte des Mittelmeerraumes. Im Verlauf der folgenden Jahrhunderte stießen die Griechen nach Osten bis zur kleinasiatischen Küste vor, nach Nordosten bis zum Bosporus und zum Schwarzen Meer, nach Süden bis Libyen und in das ägyptische Delta, und im Westen erreichten sie Süditalien, Sizilien und sogar die französische Küste, wo sie die Stadt Massilia (das heutige Marseilles) gründeten.

Die absolute Voraussetzung für jede Bevölkerungsexplosion war damals, lange vor der Entwicklung der modernen Medizin, eine beträchtliche Vermehrung der Nahrungsquellen. Eine solche Vermehrung hätte einerseits als Folge verbesserter landwirtschaftlicher Methoden auftreten können – wie im Falle der Indoeuropäer im Donauraum –, aber ich wüßte keinen vergleichbaren technischen Fortschritt im frühen klassischen Griechenland zu nennen. Andererseits konnte sie aber auch die Folge einer Verbesserung des Klimas sein (man beachte, daß die Mykener zwar ein räuberisches Volk, aber offenbar keine Expansionisten waren, woraus zu schließen ist, daß sie nur über begrenzte Nahrungsquellen verfügten, die keinen raschen Bevölkerungszuwachs erlaubten).

Im klassischen Griechenland wurde dagegen der Boden durch intensive Ausbeutung schwer geschädigt, worunter natürlich auch das „effektive" Klima zu leiden hatte. Dieser Vorgang ist schon vor 24 Jahrhunderten ausgerechnet von Plato beschrieben worden. Es lohnt sich, einen Abschnitt aus seinem *Kritias* zu zitieren, in dem der große griechische Philosoph ein erstaunlich modern anmutendes Verständnis für das Problem zeigt:

„Das Erdreich, das sich im Hochland gelöst hat... gleitet unaufhörlich herab und verschwindet im Meer... Was wir heute besitzen ist, verglichen mit dem, was (früher) vorhanden war, wie das Skelett eines kranken Mannes. Die fette und weiche Erde ist vollständig verschwunden, nur das Gerippe des Landes ist übrig geblieben... Was heute schroffe Berge sind, waren einst stattliche erdbedeckte Höhen. Die steinigen Ebenen unserer Tage waren fruchtbare Äcker. Die Berge waren dicht bewaldet, wovon noch Spuren zu erkennen sind. Auf manchen Bergen Attikas können nur noch Bienen leben*, doch vor nicht allzu langer Zeit waren sie noch mit edlen Bäumen bekleidet, deren Holz sich zum Bau von Dächern für die größten Gebäude eignete, und noch heute finden wir solche Holzdächer... Früher brachte das Land endlose Weiden für das Vieh hervor.

Der jährliche Vorrat an Regenwasser ging nicht verloren wie heute, wenn er über die entblößte Erdoberfläche ins Meer abfließt. Damals nahm die Erde die ganze Wasserfülle in ihr Inneres auf, speicherte sie im undurchlässigen Ton und konnte dadurch alles von den Höhen herabfließende Wasser in Quellen und Flüssen sammeln und in unermeßlicher Fülle über weite Gebiete verteilen. (Hervorhebung von mir, R. C.) Die Heiligtümer, die bis zum heutigen Tag in der Nähe der versiegten Quellen erhalten geblieben sind, bezeugen die Richtigkeit dieser meiner Hypothese."

Ein moderner Klimatologe hätte diesen Bericht kaum besser abfassen können, und zudem könnte seine Schilderung kaum lebendiger sein.

Es wäre nun zu erwarten, daß Bodenauszehrungen und Klima-

---

* Die Berge sind nur noch mit Gras oder Buschwerk bedeckt.

verschlechterungen in Griechenland erneut zum Verfall der Zivilisation führten. Daß dies nicht geschah, verdanken wir der Anpassungsfähigkeit der griechischen Bauern, die in einigen Fällen durch die Klugheit griechischer Politiker noch unterstützt wurde. Die Weinrebe und besonders die Olive können auf Flächen und an Hängen, die für den Getreidebau zu steinig oder zu steil sind, noch gute Ernten bringen. Man hat sogar behauptet, je karger der Boden, desto besser würde der Wein. Doch der Übergang vom Ackerbau für den bloßen Eigenverbrauch der Bauernfamilie zu einer auf Wein und Öl spezialisierten Landwirtschaft, die ihre Produkte für den Tauschverkehr bestimmt, wurde wesentlich durch den Umstand erschwert, daß es Jahre dauerte, bis ein als Weinberg oder Olivengarten angelegtes Stück Land Ernten erbrachte (die Olive trägt erst nach fünfzehn Jahren). Während dieser Zeit hatte der Bauer ein sehr geringes. oder überhaupt kein Einkommen. Um den Übergang zu erleichtern, führte der Athener Politiker Peisistratos im Jahre 560 v. Chr. eine Reform durch, die man als das erste Subventionssystem für die Landwirtschaft bezeichnen könnte: Die Bauern erhielten Darlehen zu niedrigen Zinsen, damit sie jene Weinreben und Ölbäume anbauen konnten, die ihnen ebenso wie den Kaufleuten so wertvoll werden sollten. Nun konnten die Griechen ihren Wein, ihr Öl und eine Reihe anderer Luxuswaren gegen Getreide und Bauholz eintauschen, die der griechische Boden nicht mehr in genügender Menge hervorbrachte. Ihre Einfuhren kamen in erster Linie von der Nord- und Westküste des Schwarzen Meeres, und auch dabei dürfte sie das Klima wieder unterstützt haben.

Das kühlere und feuchtere Klima, das bekanntlich seit etwa 500 v. Chr. in Europa herrschte, reichte auf dem Kontinent bis weit nach Osten. Eines der Anzeichen dafür ist die Tatsache, daß sich die Grenze zwischen Wald und Steppe weiter nach Osten verlagerte. Um 2000 v. Chr. reichte die Grassteppe im Westen bis in das heutige Ungarn und Rumänien, 1500 Jahre später erstreckte sich dagegen der Wald etwa anderthalb Tausend Kilometer weiter nach Osten bis fast zum Don in Südrußland.

Das feuchtere Klima am Schwarzen Meer dürfte den Getreideanbau kaum irgendwann behindert haben. Noch heute, nachdem das Klima trockener geworden ist, gehört dieses Gebiet zum berühmten ukrainischen Schwarzerde-Weizen-Gürtel. Stärkere Regenfälle bedeuten aber auch zuverlässigere jährliche Niederschlagsmengen. Während also die Weizenernten in einem Durchschnittsjahr kaum besser waren, sorgte das feuchtere Klima doch dafür, daß weniger überdurchschnittlich trockene Jahre vorkamen. So war es eine glückliche Fügung, daß Griechenland auch zu einer Zeit, als sein „effektives" Klima sich durch Bodenerosion und schnelleren Wasserabfluß verschlechterte, zuverlässig mit Brot versorgt werden konnte, weil das Klima am Schwarzen Meer immer besser wurde.

Die Verlagerung der Waldzone nach Osten dürfte der Schwarzmeerküste (und damit den griechischen Kolonien und ihren Handelspartnern) auch noch in anderer Hinsicht zugute gekommen sein: dadurch nämlich, daß sie den Vormarsch der nomadischen Steppenbewohner aus dem Osten aufhielt. Diese wilden Krieger bedeuteten für den Nahen Osten und Osteuropa eine ständige Plage; doch gerade zur Blütezeit der griechischen Zivilisation sind die wildesten Stämme offenbar viel weiter im Osten geblieben, wo sich die Grassteppe noch ohne Unterbrechungen von Horizont zu Horizont erstreckte. Damals machten sie sich nicht in Europa, sondern im Iran, in Mesopotamien und in Kleinasien bemerkbar, wo sie gelegentlich eine gefährliche Bedrohung für das Perserreich darstellten. Der griechische Triumph für die Perser, der viel zur Entstehung dessen beitrug, was wir als griechische Zivilisation bezeichnen, war wohl zum Teil dadurch ermöglicht worden, daß das feuchtere Klima im Westen die Nomaden von Griechenland ablenkte und nach Persien schickte.

Die durch Bodenerosion erzwungene Umstellung der Landwirtschaft auf den kommerziellen Wein- und Ölanbau hatte noch eine weitere wichtige Folge. Der Bauer, der ausschließlich für den eigenen Bedarf produziert, war ebenso wie überall sonst auch im Mittelmeerraum nur im geringen Maße an der Zivilisation beteiligt. Solange er fast alles, was er brauchte, selbst erzeugen konnte, beachtete er die Außenwelt so wenig wie möglich; seine einzige Sorge bestand darin, einen möglichst großen Anteil seiner Produkte vor dem Steuereinnehmer zu bewahren. Dabei versank er immer tiefer in die von Marx so bezeichnete „Idiotie des bäuerlichen Lebens". Demgegenüber ist ein kommerziell orientierter Bauer viel stärker an die Stadt gebunden, weil er dort kaufen und verkaufen muß. Er beschäftigt sich deshalb viel mehr mit dem, was außerhalb seiner engen Scholle geschieht. Im Gegensatz zu den Verhältnissen im Nahen Osten, so schrieb einmal ein Historiker, war die bäuerliche Bevölkerung in Griechenland „lebhaft und aktiv an allem interessiert, was im Staat geschah. Darin lag viel vom Geheimnis der militärischen Erfolge der Griechen gegen ihre orientalischen (persischen) Feinde..." Mit Sicherheit haben wir hier auch die Ursache dafür, daß bei den Griechen immer deutlicher jene Auffassung Platz griff, derzufolge Politik und Verwaltung nicht Aufgabe der Könige und Adeligen, sondern jedes Bürgers ist. Wahrscheinlich irren wir uns nicht in der Annahme, daß diese Entwicklung gerade in Attika weiter und schneller voranging, weil man sich hier, wo das Land trockener als in anderen Teilen Griechenlands war, in höherem Maße auf kommerzielle und spezialisierte Landwirtschaft verlassen mußte und weil hier mehr Handel getrieben wurde (schwerreiche griechische Reeder sind durchaus keine ausschließlich moderne Erscheinung). Selbstverständlich wäre es eine grobe und unzulässige Vereinfachung, wenn man die hohe Blüte der Demokratie in Athen schlicht und einfach auf eine Bodenerosion zurückführen wollte, deren Folgen noch durch ein zufällig besonders trockenes Klima verstärkt worden sind. Dennoch gibt es, so meine ich, gewisse Beziehungen.

Der Verfall der Zivilisation in Athen und mit ihm das Ende des goldenen Zeitalters der griechischen Kultur hatten nichts mit dem Klima zu tun. Dagegen stellen wir eine geradezu haarsträubende Ähnlichkeit mit dem Verfall der Zivilisation von Mykenä fest: dieselbe Überbetonung von Befestigungsanlagen (die berühmten „langen Mauern" von Athen) und von Verteidigungskräften (die „hölzernen Mauern" der athenischen Flotte). Zusätzlich finden wir noch – diesmal ohne bekannte Parallele in der mykenischen Geschichte – den „Delischen Bund", eine Art „Nordägäischer Bündnisorganisation", die als Verteidigungsgemeinschaft gegen die persische Aggression begann und dann, als die Bedrohung durch die Perser gebannt war, zu einem Apparat für die Vergrößerung der Macht Athens wurde. Als die Demokratie in Athen immer reicher und mächtiger geworden war, begannen die Athener zu glauben, die Götter stünden immer auf ihrer Seite. In törichten militärischen Abenteuern verschwendeten sie einen großen Teil des Reichtums ihrer Stadt, und zugleich ging viel von der athenischen Demokratie verloren – was besonders deutlich wurde in der Verurteilung des Sokrates durch einen „Ausschuß zur Bekämpfung un-athenischer Umtriebe".

Man ist versucht, auch den Aufstieg Roms, der kurze Zeit nach der Blüte des klassischen Griechenland begann, in gleicher Weise auf eine Klimaverbesserung zurückzuführen, doch hier versagt die Analogie. Griechenland gelangte als ganzes zu Wohlstand und Ausdehnung, doch die Römer waren nur eines von einem halben Dutzend Völkern der italienischen Halbinsel, und so kann das Klima – gleich, ob es günstig oder ungünstig war – nicht erklären, weshalb gerade sie es fertigbrachten, zuerst ihre Nachbarn und schließlich den ganzen Mittelmeerraum zu unterwerfen. Doch klimatische Verhältnisse waren es, die der Expansion des Römischen Reiches Grenzen setzten und seinen schließlichen Verfall mitverursacht haben.

Südlich des Mittelmeeres endete die Macht der römischen Kaiser am Rande der Sahara. Im Norden gab es eine zweite Barriere, die vielleicht weniger sichtbar als die Wüste war, aber doch ebenso wirksam. Betrachtet man die Nordgrenze des Römischen Reiches und wirft anschließend einen Blick auf eine moderne klimatologische Karte von Mitteleuropa, so stellt man eine sehr enge Beziehung zwischen dieser Grenze und den Wintertemperaturen fest – besonders an jener Linie, an der die Durchschnittstemperatur im Januar den Gefrierpunkt erreicht. In London (Londinium) und in Paris (Lutetia) sind die Winter tatsächlich wärmer als etwa in Mailand (Mediolanum), auch wenn es da im Sommer natürlich viel kühler ist. Überquert man aber den Rhein und geht weiter nach Osten, so werden die Winter immer strenger. In Osteuropa ist das Bild ganz ähnlich. Von Zeit zu Zeit stieß die römische Macht freilich nach Norden über die Donau vor, die ungefähr entlang der Gefrierpunktlinie im Januar verläuft. Aber das jenseits der Donau gelegene Dakien war immer eine rückständige Grenzprovinz, es gab dort kaum Siedlungen, die sich mit denen in südlichen Regionen vergleichen lassen.

Ich weiß nicht, ob diese klimatische Grenze eine entscheidende Rolle dabei gespielt hat, daß die römische Expansion nach Norden hier stehenblieb. Gewiß sind die Entscheidungen der Kaiser auch wesentlich durch den Umstand bestimmt worden, daß sich die Rhein- und Donaugrenzen gut verteidigen ließen, unabhängig davon, daß sie zufällig an der Null-Grad-Linie liegen. Man muß aber auch bedenken, daß Germanien damals entschieden kälter und feuchter war als Gallien oder das heutige Deutschland. Es muß, abgesehen von Sümpfen oder Mooren, dicht bewaldet gewesen sein (interessanterweise lag Dakien in einem trockeneren Gebiet, das heute zum Teil von Gras bewachsen ist und auch in der Römerzeit vielleicht weniger dicht bewaldet war als das übrige Deutschland).

Die Überlegenheit der römischen Armee gegenüber ihren barbarischen Gegnern lag niemals in der Zahl ihrer Soldaten, sondern in ihrer Organisation, Disziplin und Manövrierfähigkeit; die deutschen Sümpfe und Wälder müssen höllische Hindernisse für jede Truppenbewegung gewesen sein. Wir wissen, daß in einem Fall nicht weniger als drei römische Legionen, die tief nach Germanien hineingestoßen waren, in einen Hinterhalt im Walde gerieten und fast aufgerieben wurden. Vielleicht ist die Vorstellung nicht zu phantastisch, daß das Klima auf solch indirektem Wege der militärischen Expansion Roms Grenzen gesetzt hat. Wenn wir noch zusätzlich berücksichtigen, daß Mitteleuropa, ein wegen seiner Feuchtigkeit und Kälte armes Gebiet, nichts zu bieten hatte, was den Römern oder sonst jemandem begehrenswert erschien, dann wird noch verständlicher, welche Rolle das Klima gespielt hat.

Der Verfall und Untergang Roms ist ein Thema, zu dem es fast so viele Theorien wie zur Entstehung der Eiszeiten gibt. Ich will dem keine weitere hinzufügen. Doch will ich ein so großes weltgeschichtliches Ereignis auch nicht einfach übergehen, ohne wenigstens versucht zu haben, das Klima mit hineinzuziehen.

Manche Historiker bezeichnen den Rückgang der landwirtschaftlichen Produktivität in Italien als wesentlichen Verfallsgrund. Wir wissen, daß Rom große Getreidemengen aus anderen Teilen des Mittelmeerraumes einführte, besonders aus Ägypten, doch war das wohl nur eine Folge der starken Bevölkerungszunahme der Hauptstadt, die durch zahlreiche kaiserliche Bürokraten, Luxuswarenhändler und Einwanderer aus verschiedensten sozialen Schichten unmäßig aufgebläht wurde. Wie groß die landwirtschaftliche Produktivität in klassischen Zeiten war, läßt sich nur schwer präzise feststellen, weil nur wenige Dokumente darüber erhalten geblieben sind (dies wird an einem Beispiel aus einem anderen Bereich deutlich: Man hat berechnet, daß römische Armeeschreiber alljährlich mindestens eine Viertelmillion Zahlungsbelege ausgestellt haben müssen, und das während mindestens 300 Jahren. Von all diesen ungezählten bürokratischen Papieren sind genau sechs Stück bis heute erhalten geblieben).

Zum Glück haben wir heute direktere Methoden zur Untersuchung der historischen Landwirtschaft, z. B. zeigt ein Bohrkern aus dem Schlamm eines heute ausgetrockneten Sees bei Rom, daß im 2. Jahrhundert v. Chr. plötzlich bedeutend mehr Schlamm angeschwemmt wurde – also gerade zu der Zeit, als die Macht Roms zu wachsen begann. Aus dem Schlammzuwachs wurde berechnet, daß die Menge des erodierten Bodens, der in den See geschwemmt wurde, von etwa vier Zentimeter pro Jahrtausend auf vier Zentimeter pro Jahrhundert angestiegen war. Für stark abfallende Hänge, die in Italien sehr häufig sind, schätzt man den Verlust an Mutterboden auf nahezu acht Zentimeter pro Jahrhundert. Während der vier Jahrhunderte der römischen Großmacht (rund gerechnet von 200 v. Chr. bis 200 n. Chr.) muß Italien in vielen Teilen fünfzehn bis vierzig Zentimeter Mutterboden verloren haben. Das hatte ernste und unmittelbare Auswirkungen auf die Fruchtbarkeit des Bodens. Wenn wir außerdem berücksichtigen, daß die effektive Niederschlagsmenge abnahm, weil das Wasser schneller abfloß (der gleiche Vorgang, den Plato für Griechenland beschreibt), dann dürfte klar sein, daß die italienische Landwirtschaft in immer größere Schwierigkeiten geraten mußte.

Ob die Bodenerosion genügte, um das Römische Reich entscheidend zu schwächen, sollen die Historiker entscheiden. Daneben gibt es aber noch einen anderen Umstand – und diesmal sind sich alle Experten einig, daß er unmittelbar mit dem Verfall und Untergang des Römerreichs zusammenhängt: die Barbaren, die das Reich zunächst durch dauernde Grenzkriege schwächten und die schließlich große Gebiete eroberten. Hier übte das Klima sehr wahrscheinlich – wenn nicht sogar mit Sicherheit – bedeutenden Einfluß aus.

Wann das Klima in Nordeuropa besser zu werden begann, wurde noch nicht sicher festgestellt. Der Prozeß hatte möglicherweise etwa zu Beginn der christlichen Zeitrechnung eingesetzt. H. H. Lamb vermutet, daß das Klima gegen Ende des 3. Jahrhunderts zumindest zeitweilig sogar wärmer als heute war. Das kann sehr wohl eine gleichzeitige Abnahme der Regenfälle im Süden bedeutet haben, was die Lage der Landwirtschaft im Mittelmeerraum ungünstig beeinflußt hätte.

Wärmere und trockenere Zeiten im Norden bedeuteten aber reichere Ernten und die Kultivierung von Sumpfgebieten; das heißt, die mitteleuropäische Bevölkerung konnte anwachsen. Begünstigt wurde diese Entwicklung zusätzlich durch die Verwendung eiserner Werkzeuge, die im Norden schon weit verbreitet waren, besonders der eisernen Axt, die das Roden dichter Wälder erleichterte, und des eisernen Pfluges, der die Kultivierung des klebrigen, häufig wasserbedeckten Lehmbodens im Tiefland beschleunigte.

Während des ersten Jahrhunderts n. Chr. haben wir demnach eine allmähliche Expansion der germanischen Völker Mitteleuropas. Im zweiten Jahrhundert beherrschten sie bereits die gallischen Stämme jenseits des Rheins. Gegen die Mitte des dritten Jahrhunderts wurde aus dem tropfenweisen Vordringen der Germanen eine regelrechte Flut, die sich nach Osteuropa ergoß, und weitere fünfzig Jahre später standen die Goten schon am Don in Südrußland.

Der Rückschlag war unvermeidlich, und wie üblich spielte dabei das Klima hinter den Kulissen mit. Die gleiche Zunahme an Wärme und Trockenheit, die einerseits die Ausbreitung der Germanen beflügelte, ließ andererseits auch den Baumbestand auf den südrussischen und ungarischen Steppen zurückgehen. Im Jahre 372 n. Chr. griffen kriegerische Steppen-Nomaden, die sich verbündet hatten und als die „Hunnen" bekannt wurden, die Ostgoten an, und bereits drei Jahre später hatten sie sie über die Donau zurückgedrängt. Damit war ein ganzes Jahrhundert germanischer Expansion wieder ausgetilgt. Um 450 beherrschte das Hunnenreich (zu dem jetzt zweifellos zahlreiche germanische Vasallenstämme gehörten) den größten Teil Europas zwischen der Ostsee und den brüchig gewordenen Grenzen des Römerreiches.

Die Germanen, deren Vormarsch nach Osten durch ein Volk blockiert wurde, das an Klima und Vegetation der Steppe weit besser angepaßt war, wenden sich nun nach Westen und Süden. Der westliche Teil des Römischen Reichs bricht auseinander. Während des ganzen folgenden Jahrhunderts ist die Geschichte Westeuropas durch Vormärsche und Rückzüge germanischer Armeen gekennzeichnet: Ostgoten, Westgoten, Vandalen, Burgunder, Franken und Langobarden. Die östliche Hälfte des auseinandergebrochenen Römischen Reiches wird, nachdem sie kaum die Angriffe der Hunnen abgeschlagen hat (deren Bündnis nach dem Tode Attilas zerbrach), durch einen Einfall von Slaven bedroht. Diese Völker, die weiter im Osten und daher in einem kälteren Klima als die Germanen lebten, waren erst später in den Genuß der Klimaverbesserung gekommen, doch gegen Ende des fünften Jahrhunderts erreichen sie im Süden die Donau und im Westen den Fuß der dänischen Halbinsel.

Ich schließe meinen Bericht mit der ausdrücklichen Betonung, daß das Klima keineswegs allein für den Zusammenbruch des Römerreiches verantwortlich war. Auch in seinen glücklichsten Zeiten war dieses Reich eine in jeder Hinsicht kranke Gesellschaft, in der ein fieberhaftes Wohlstandsstreben mit tiefgreifender politischer und persönlicher Korruption gekoppelt war. Die Macht der Volksvertretung nahm ab, als die wechselnden Oberbefehlshaber der Armee sich über die Anordnungen des Senats hinwegsetzten. Entfremdete Intellektuelle gaben sich dem philosophischen Pessimismus hin. Unterdrückte und entfremdete Völker und Slum-Bewohner erhoben sich in verzweifelten Revolten, bei deren Unterdrückung die männliche Jugend Italiens hingemetzelt wurde.

Ein weiteres Symptom war wohl auch das Auftreten bärtiger, schmutziger, sandalentragender Gruppen, die Kommunen organisierten, um Brot und Wein miteinander zu teilen. Sie stellten subversive Thesen über das Seelenheil der Reichen auf, erklärten, daß man gegen Gewalt und Aggression keinen Widerstand leisten dürfe (sie nannten das „die andere Wange hinhalten"), und sie behaupteten sogar, wenn man die ganze Welt gewönne, so könne man doch seine Seele verlieren.

Ein Gesellschaftssystem, das allen diesen Angriffen ausgesetzt ist, bedarf kaum noch eines Anstoßes durch das Klima, um in den Abgrund zu stürzen.

34. Die Steppenkrieger

EIN KLIMATISCHES ÄRGERNIS

Zweimal habe ich schon davon gesprochen, welche Rolle die kriegerischen Steppennomaden spielten. Was waren das für Leute?

Ganz allgemein gesagt waren es diejenigen, die fast drei Jahrtausende lang – von etwa 1500 v. Chr. bis fast 1500 n. Chr. – die trockeneren Gebiete des nördlichen Eurasien bewohnten und beherrschten, von der Donau und der Nordküste der Schwarzen Meeres über den Kaukasus und das Kaspische Meer bis tief nach Asien hinein.

Der eurasische Steppengürtel ist den großen amerikanischen Prärien nicht unähnlich. Doch statt von Norden nach Süden verläuft er von Osten nach Westen als Resultat des vom Himalaya und Kaukasus geworfenen Regenschattens, der eine ganze Serie von Klimagürteln erzeugt. In schematischer Aufzählung von Süd nach Nord sind dies: erstens das kalte und trockene Gebirgs- und Hochebenenklima, zweitens die milderen und feuchteren Vorgebirge, drittens die Wüste im Tiefland, viertens die Grassteppe mit etwas mehr Regen und sehr viel weniger Verdunstung, fünftens die bewaldete Steppe und schließlich sechstens das echte Waldland. In allen sechs Gürteln ist das Klima gleichermaßen kontinental, es ist das typischste Kontinentalklima der Welt mit warmen bis heißen Sommern (je nach der geographischen Breite) und kalten bis sehr strengen Wintern.

Alle Versuche, die Ursprünge der Nomadenvölker zu entwirren, werden durch den Umstand erschwert, daß viele von ihnen eigentlich gar keine Nomaden waren. Die Wurzeln ihres Nomadentums liegen in einer Anzahl seßhafter, gemischt-landwirtschaftlicher Kulturen, die sich – ausgehend vom Donauraum – immer weiter in die Steppe verlagerten. Möglicherweise wanderten sie auch aus Mesopotamien über den Irak und aus Kleinasien über die Pässe des Kaukasus.

Der wesentliche Unterschied zwischen einem nicht-zivilisierten Bauern und einem nicht-zivilisierten Nomaden besteht in ihrer verschiedenen Beweglichkeit, die sich sowohl auf die Nahrungsversorgung als auch auf die Ausstattung mit Haushaltsgütern auswirkt. Ein beweglicher Nahrungsvorrat (ich spreche hier wohlgemerkt nicht vom wilden Urzustand des Jägers und Sammlers) bedeutet Weidewirtschaft. Der Nomade ernährt sich vom Fleisch, der Milch, der Butter, dem Käse und dem Joghurt, mit denen ihn die auf der Steppe weidenden Herden seines Stammes versorgen. Seine beweglichen Wohnstätten waren im Prinzip nichts anderes, als was bewegliche Wohnstätten noch heute sind: Fahrzeuge auf Rädern, die von einer bestimmten Kraft getrieben werden.

Es läßt sich heute nur schwer feststellen, wann und wo eine solche Weidewirtschaft existiert hat. Knochenfunde von Schafen, Ziegen und Rindern besagen gar nichts, da diese Tiere auch von den frühen Bauerngemeinden gehalten wurden. Knochenfunde von Schweinen sind allenfalls negative Beweise, da diese Tiere nicht in Herden auf großen Entfernungen gehalten werden konnten. Wo wir dagegen keine Schweineknochen finden, können wir auch nicht auf Beweglichkeit schließen, sondern nur darauf, daß irgendein vielleicht seßhaftes Gemeinwesen keine Schweine hielt (wie die meisten Völker im heutigen Nahen Osten). Noch weniger beweiskräftig ist das Fehlen von Spuren des Getreideanbaus, da dies immer auch bloße Lücken in den archäologischen Funden sein können.

Eher schon können wir die Existenz beweglicher Gemeinwesen aus ihrem Bedarf an *Räderfahrzeugen* bestimmen. Wie wir genau wissen, wurden sie spätestens um 3500 v. Chr. in Mesopotamien erfunden. In der Steppe finden sich die frühesten Spuren von Räderfahrzeugen erst etwa aus der Zeit kurz vor 2000 v. Chr. in Südrußland und Ungarn. Ein Tonmodell eines zweirädrigen Karrens aus dem Nordkaukasus ist um einige Jahrhunderte jünger. Bezeichnenderweise ist es einer einfachen Ausführung des amerikanischen Präriewagens nicht unähnlich.

An dieser Stelle unseres Berichtes kommen wir nochmals zu einer wissenschaftlichen Streitfrage, nämlich der Identität der Indoeuropäer. Erstaunlich viele indoeuropäische Sprachen haben ähnliche Bezeichnungen für „Rad" und „Achse", was den Schluß nahelegt, daß die „ursprünglichen" Indoeuropäer diese Gegenstände kannten. Damit würden die Bewohner des Donauraumes ausscheiden, da es keine Anzeichen dafür gibt, daß sie das Rad schon kannten;

wir haben im Gegenteil jeden Grund zu der Annahme, daß es zu der Zeit, als ihre Expansion begann (bald nach 4500 v. Chr.), noch nicht erfunden worden war. Man käme also doch wieder auf die Angehörigen der Streitaxtkultur, die aus der Steppe stammten und ihre Wanderzüge nach West- und Südeuropa bald nach 2500 v. Chr. begannen, als man in der Steppe gewiß schon Räderfahrzeuge verwendete. Dabei würde man allerdings eine dritte Möglichkeit übersehen: daß nämlich die Bewohner des Donauraumes (aus Gründen, die wir im 31. Kapitel behandelt haben) tatsächlich die ursprünglichen Indoeuropäer waren, deren Nachkommen sich über Europa verbreiteten und später den Gebrauch des Rades und der Achse von ihren jüngeren indoeuropäischen Verwandten, den der Streitaxtkultur angehörigen Eindringlingen, erlernten. Wenn ein Volk fremde Einrichtungen und Techniken übernimmt, so übernimmt es häufig auch deren fremde Namen. So lernten z. B. die Europäer von erfahrenen arabischen Alchimisten, was man mit dem *al qali* und dem *al kuhul* tun kann, und als die deutschen Landesfürsten im 17. und 18. Jahrhundert die französische Kriegskunst nachahmten, übernahmen sie auch fast alle Bezeichnungen, von „Militär" über „Armee" und „Bataillon" bis zu „General", „Major", „Kapitän", „Leutnant" oder auch schlicht „Soldat".*

Wenn ich auch bezweifle, daß die ersten Indoeuropäer nomadische Steppenbewohner waren, so besteht doch kaum ein Zweifel daran, daß die ersten nomadischen Steppenbewohner Indoeuropäer waren. Bis zum Beginn der christlichen Zeitrechnung haben offenbar alle Steppenvölker, von denen wir überhaupt etwas wissen (oft hilft uns die sprachwissenschaftliche Analyse der Namen ihrer Häuptlinge in historischen Urkunden), indogermanische Sprachen gesprochen.

Durch Räderfahrzeuge wurden die indoeuropäischen Herdenbesitzer beweglich, wenn auch anfangs noch nicht sehr schnell. Die schweren Ochsenkarren mit Scheibenrädern, die sie aus Mesopotamien übernommen hatten (noch heute verwendet man in Indien und der

---

* Wieder wird meine Auffassung von Calvert Watkins bestätigt. Er schreibt: „Die meisten (europäischen) Ausdrücke, die mit Räderfahrzeugen im Zusammenhang stehen, scheinen aus schon vorhandenen Wörtern gebildete Abwandlungen zu sein." – D. h. sie sind ursprünglich keine Elemente der alten indoeuropäischen Sprache. „So ist das Wort ‚Nabe' des Rades ... das gleiche Wort wie ‚Nabel'. Das englische Wort wheel stammt von der Wurzel kwel ab, und das bedeutet einfach ‚sich drehen oder im Kreise gehen'."

Türkei fast die gleichen Karren), bewegte sich nicht schneller als im Schrittempo fort. Aber durch eine Reihe von Erfindungen und Entdeckungen verwandelten sich diese unbeholfenen Fahrzeuge während des Bronzezeitalters zu schnellen Verkehrsmitteln – und auch noch zu anderem.

Möglicherweise haben die Steppenbewohner schon um 3000 v. Chr. Pferde domestiziert, zunächst allerdings nur als Nahrungsquelle. Wir wissen nicht, wer zum erstenmal auf den Gedanken gekommen ist, die schnellfüßigen Tiere vor einen Karren zu spannen. Ein berühmter sumerischer Fries aus der Zeit kurz nach 3000 zeigt pferdeähnliche Tiere, die einen vierrädrigen Karren ziehen. Wahrscheinlich sollen das aber Esel gewesen sein. Wir wissen dagegen, daß die Verwendung von Pferden als Zugtiere lange Zeit dadurch behindert wurde, daß diese Tiere keine schweren Lasten schleppen konnten. Die ersten gezähmten Pferde waren keineswegs so stark wie Ochsen (das schwere Zugpferd wurde erst im Mittelalter gezüchtet). Außerdem eignet sich der Körperbau des Pferdes nicht zum Anlegen eines Jochs, über das der Ochse seine Kraft auf die Zuglast überträgt. Vor der Erfindung des Kummets im Mittelalter konnte man Pferde nur mit Hilfe eines Riemens, der um den Halsansatz gebunden wurde, vor einen Karren spannen: Mußte das Tier schwer ziehen, so wurde es von diesem Riemen halb erwürgt.

Teilweise konnte das Problem durch eine neue Radkonstruktion gelöst werden: Anstelle des massiven Scheibenrades trat das leichte Speichenrad. Wieder wissen wir nicht, wo diese Erfindung gemacht worden ist, vermutlich aber auf der Steppe, wenn auch nur aus dem Grunde, weil es dort wenig Holz gab und man deshalb leichtere Fahrzeuge bauen mußte. Dieselbe Holzknappheit hat wohl auch zu einer anderen Erfindung geführt, nämlich der des „zusammengesetzten Bogens", der aus Holz, Horn und Sehnen hergestellt wurde. Der zusammengesetzte Bogen ist viel steifer als der reine Holzbogen, er kann daher kleiner sein und auch dort verwendet werden, wo der Schütze weniger Bewegungsfreiheit hat.

Im 18. Jahrhundert v. Chr. kamen alle diese Erfindungen zusammen und ergaben einen zweirädrigen Wagen mit Speichenrädern, der von zwei schnellen Pferden gezogen wurde und mit einem Lenker und einem Bogenschützen bemannt war. Aus dem plumpen Ochsenkarren war der flinke Streitwagen geworden. Diese ersten „Panzerdivisionen" stürmten nun durch die Länder des Nahen Ostens und wurden als neue kriegsentscheidende Waffe sehr bald bei allen Armeen eingeführt. Es waren die Streitwagenverbände der Hykos, die zum ersten Mal in das isolierte Ägypten eindrangen – und die im übrigen die konservativen Bewohner des Niltales davon überzeugten, daß das Rad eine nützliche Erfindung ist. Auch in den Kriegen der Mykener spielte die auf der Steppe erfundene Waffe eine Rolle, allerdings – wie wir aus der Ilias erfahren – vorwiegend als ein Transportmittel, das den Helden auf das Schlachtfeld bringt (das Bogenschießen wird als eine etwas unfaire Kampfmethode dargestellt). Wir wissen freilich nicht, ob Homer so berichtet, wie es wirklich war, oder ob er nur erzählt, woran die Menschen sich 400 Jahre nach der Eroberung von Troja noch erinnerten.

Durch die allgemeine Einführung des Streitwagens entstand ein neues Gleichgewicht der Kräfte zwischen den Zivilisationen im Mittelmeerraum und im Nahen Osten auf der einen und den Steppennomaden auf der anderen Seite. Das dauerte aber nicht lange. Im Verlauf der folgenden Jahrhunderte entwickelten die Steppenbewohner – wahrscheinlich, weil es ihnen gelungen war, allmählich schwere und stärkere Pferde zu züchten – eine weitere „letzte" Kriegswaffe: die Kavallerie. Berittene Bogenschützen aus der Steppe beteiligten sich an der Niederwerfung des Assyrerreichs, halfen ihren indoeuropäischen Verwandten bei der Errichtung des Perserreiches – des größten, das es bis dahin auf der Welt gegeben hatte – und stellten selbst zugleich eine ständige Bedrohung dieses Reiches dar, bis es in dem noch größeren Weltreich Alexanders aufging.

Auch am anderen Ende Eurasiens waren die Auswirkungen dieser Ereignisse zu spüren. Die Flutwelle der Steppenkrieger ergoß sich nach Osten, bis sie schließlich mit dem Reich der Tschin in Nordwestchina zusammenstieß. Die Tschin konnten den Angriff abschlagen, ihre Herrscher sahen sich jedoch gezwungen, aus Gründen der Selbstverteidigung die gleiche militärische Taktik anzuwenden – womit sie dann keineswegs zufällig in der Lage waren, ihre Rolle als erste Herrscher eines vereinigten China zu übernehmen.

In den zivilisierten Staaten wurde das Gleichgewicht der Kräfte nach einiger Zeit wiederhergestellt. Doch in den nicht-zivilisierten Gebieten dominierten die Steppenkrieger. Seßhafte Bauernvölker konnten den rasch zuschlagenden Reitern aus der Steppe nicht widerstehen, wurden von ihnen unterworfen und tributpflichtig gemacht; in wenigen Fällen entwickelten sie vielleicht auch eine eigene Kavallerie. In jedem Falle gerieten daher die seßhaften und wohl relativ friedlichen bäuerlichen Gemeinwesen unter die Herrschaft einer

Militär-Aristokratie – und dies auch in Gebieten, die außerhalb der eigentlichen Steppe lagen, wie etwa in Südrußland und Ungarn. Die kriegerischen Herrscher beanspruchten für sich die Gewinne des Handels mit Getreide, Leder, Trockenfisch, Fellen und zweifellos auch Sklaven. Diese Gewinne wurden dann in Luxuswaren aus dem Mittelmeerraum angelegt: in Wein, kunstvoll gearbeiteter Keramik und besonders in Gold in Form von reich verzierten Gefäßen, massiven Armbändern, Broschen und ähnlichem. Bedenkt man, welche Mengen solcher Gegenstände in den sogenannten Königsgräbern der Skythen, Sarmaten und anderer kriegerischer Steppenvölker gefunden worden sind (wobei das gewiß nur ein kleiner Teil der Gesamtmenge war, da zahlreiche Stücke wohl auch heimlich entwendet und eingeschmolzen worden sind), so kann man ermessen, wie lohnend das Geschäft war.

Doch gerade durch ihr allmählich immer seßhafteres Leben wurden diese rauhen Krieger im Lauf der Zeit etwas gezähmt. Die Laster der Zivilisation schmecken zwar süß, aber sie unterhöhlen die militärischen Tugenden – und manches andere (einige Steppenvölker entwickelten ein besonderes Laster: Herodot berichtet einigermaßen erstaunt, nach großen Beisetzungsfeierlichkeiten hätten sich die angesehensten Männer des Stammes in einem Zelt aus Fellen versammelt und den Rauch von Hanfkörnern, die auf heiße Steine gestreut wurden, eingeatmet. Kürzlich haben die Archäologen Beweise für diese Haschparties bei Beisetzungen gefunden). Im Innern Asiens kämpften die weniger zivilisierten Stämme weiter gegeneinander; Königreiche und Stammeskoalitionen, von denen wir kaum mehr als die Namen kennen, entstanden und vergingen in großer Zahl. Doch im Westen und Süden herrschte normalerweise eine auf Handel gegründete friedliche Koexistenz.

Etwa zu Beginn der christlichen Zeitrechnung war das Steppenleben bis ins trockene und bitterkalte Gebiet der Mongolei vorgedrungen, wo es auf eine ganz andere Gruppe von Menschen traf. Nach ihrer körperlichen Veranlagung gehörten sie anders als die früheren Steppenbewohner (von denen die Chinesen berichten, daß einige grüne Augen und rotes Haar hatten) zum mongoloiden Typus. Ihre Sprache gehörte der altaischen Sprachengruppe an, die noch heute von der Sprache der Äußeren Mongolei vertreten wird.

Aus welchem Grunde die Bewohner des Altaigebirges zur Expansion ansetzten, ist ein Rätsel. Nach einer alten Theorie begaben sie sich auf die Wanderschaft, weil ihr bisheriges Weideland austrocknete. Aber abgesehen davon, daß es (soweit mir bekannt) nichts gibt, was auf einen solchen Klimawechsel hinweist, halte ich das auch aus anderen Gründen für unwahrscheinlich: Wie oben gesagt, werden Eroberungszüge meist durch Bevölkerungsexplosionen ausgelöst, d. h. sie sind nicht die Folge einer Verschlechterung sondern einer Verbesserung des Klimas. Nun ist es eine Tatsache, daß sich das Klima in den Jahrhunderten des mongolischen Vorstoßes nach Westen im Norden dem kleinen Klimatischen Optimum näherte. Wir wissen nicht, welche Auswirkungen das in der Mongolei hatte. Einerseits müßte die Erwärmung die absolute Niederschlagsmenge verringert haben. Andererseits hätte aber auch mehr feuchte Luft vom südchinesischen Meer nach Norden gelangen können und somit mehr Regen gebracht. Doch selbst diese letzte Hypothese erklärt nicht, wie es dazu kam, daß die relativ schwachen und weitverstreuten Stämme, die noch nicht lange an das Leben in der Steppe gewöhnt waren, so rasch ganz Zentralasien und schließlich sogar weite Gebiete Europas und des Nahen Ostens erobern konnten.

Doch sie taten es. Welle auf Welle stürmten zuerst die Hunnen und dann die Chasaren, die Petschenegen, Türken und Mongolen (um nur die wichtigsten zu nennen) aus Zentralasien vor und zogen mordend, plündernd, schändend und brennend ihres Weges. Die Eroberungszüge der Steppenvölker erreichten im 13. Jahrhundert ihren Höhepunkt, als der Mongolenhäuptling Dschingis Khan zahlreiche Kriegerstämme in einem militärischen Bündnis vereinigte und damit kurzfristig ganz Zentralasien, fast ganz Rußland, einen großen Teil Osteuropas und des Nahen Osten sowie ganz China beherrschte. Die letzten Auswirkungen dieser verheerenden Sturmflut kamen drei Jahrhunderte später, als eine bunt zusammengewürfelte Horde von Kriegern aus dem Iran nach Nordindien vorstieß. Inzwischen stellten sie eine Kulturmischung aus türkischen und persischen Elementen dar, nannten sich selbst aber noch Mongolen (auf Persisch Moghul), und ihr indisches Reich, das bis zum Beginn des 18. Jahrhunderts weiterbestand, wurde als das Mogulreich bekannt.

Die Angriffswellen der Steppenkrieger vom Altaigebirge wurden mit dem Zunehmen des kleinen Klimatischen Optimums immer mächtiger und schwächten sich ab, als das Klima ungünstiger wurde. Ist das ein Zufall? Vielleicht. Der Verfall ihrer Macht ist gewiß weniger auf das Klima als auf die Erfindung des Schießpulvers zurückzuführen, dessen Herstellung eine ziemlich vielfältige und seßhafte Zivilisation erforderte. (Einer der Hauptbestandteile des Schießpulvers, der Salpeter, wurde hauptsächlich aus ammoniakhaltiger Stallerde hergestellt.)

Die Feuerwaffen verliehen den zivilisierten Völkern eine entschiedene Überlegenheit gegenüber denen, die weder Ställe noch Scheunen kannten, und so bestand die Geschichte der eurasischen Nomaden während der vergangenen fünf Jahrhunderte im wesentlichen darin, daß die chinesische und besonders die russische Zivilisation allmählich an ihre Stelle getreten sind.

Ein klimatischer Aspekt des Steppenlebens verdient jedoch noch besondere Erwähnung: Die Steppe konnte nur verhältnismäßig dünn besiedelt werden. Alle Steppenvölker betrieben Weidewirtschaft, besonders die Stämme aus dem Altaigebirge. Mit der Viehwirtschaft lassen sich bei weitem nicht so viele Menschen ernähren wie durch den Ackerbau. Ein Vergleich der Kalorienmenge, die pro Hektar aus Nutzpflanzen (wie Getreide) gewonnen werden kann, mit der entsprechenden aus Viehwirtschaft bringt die Relation von 10:1. Weite Steppengebiete waren zu trocken für jede Art von Ackerbau, aber gerade durch diesen Umstand verringerte sich auch wieder die Kapazität des Bodens zur Ernährung von Schafen, Ziegen, Pferden und Menschen.

Was die Bevölkerungsdichte betrifft, so ging es den asiatischen Steppenbewohnern nicht viel besser als den westeuropäischen Rentierjägern während der Eiszeit, die sich ebenso wie jene hauptsächlich von Fleisch ernährten. Auch wenn das Weideland der Steppe seiner kriegerischen Bevölkerung die Grundlagen für den Lebensunterhalt bot, so sorgte es doch gleichzeitig dafür, daß sie nicht zu groß wurde. Die Entstehung einer vielschichtigen Staatsorganisation war deshalb nicht möglich, und auch wenn sie doch irgendwo aufgekommen sein sollte, hätte sie sich nicht durchsetzen können. Es ist sehr schwer, über einen längeren Zeitraum Menschen zu beherrschen, die jederzeit buchstäblich ihre Zelte abbrechen können, um sich neue Weidegründe zu suchen.

Der Erfolg der Eroberungszüge dieser Steppenvölker beruhte nicht auf ihrer Zahl, sondern auf ihrer Schnelligkeit. Wenn wir heute von den „Horden" sprechen, dann meinen wir eher die Geschwindigkeit, mit der diese Kriegerstämme ihre Kräfte konzentrieren konnten, als die zahlenmäßige Stärke dieser Kräfte. Zu wirklich großen kriegerischen Unternehmungen ist es nur selten und nur für kurze Perioden gekommen, und dann auch nur, wenn ein charismatischer Führer auftrat, der die zerstreuten und untereinander zerstrittenen Stämme zu einer starken Militärmacht vereinigen konnte. Attila war ein solcher Führer und ebenso Dschingis Khan – doch in keinem Falle blieben die Bündnisse, die sie zusammenfügten, über ihren Tod hinaus bestehen. Aus ähnlichen Gründen wurden die Steppenbewohner fast jedesmal von den Bauernvölkern, die sie unterworfen hatten, schnell aufgesogen. Die iranischen Steppenbewohner konnten den Iran erobern, als er zu großen Teilen eine Halbwüste war. Mit Hilfe der Bewässerung durch die Qanats konnte sich die Bevölkerung später stark vermehren. Dann wurde der Iran von Arabern, Türken und Mongolen erobert und erlebte kriegerische Einfälle von zahlreichen anderen „Horden", aber dennoch herrschen noch immer die iranischen Sprachen vor, ebenso wie in der relativ feuchten Vorgebirgslandschaft des sowjetischen Tadschikistan im Nordosten.

Die Sprache der Steppenvölker aus dem Altaigebirge, die ihre Nachbarn fast tausend Jahre lang terrorisierten, hat nirgends überlebt, abgesehen von den Steppengebieten selbst im sowjetischen Usbekistan, in Kasachstan, Turkmenistan, in der Kirgisensteppe, im westlichen China und natürlich in der Mongolei. Die einzige wichtige Ausnahme ist das türkische Kleinasien, das wegen seines trockenen Klimas und der zerklüfteten Landschaft ohnehin nie besonders dicht bevölkert war und zusätzlich durch die langen Kriege zwischen Türken und Byzantinern noch weiter entvölkert wurde. In vielen Küstenregionen der Türkei, wo ein milderes Mittelmeerklima herrscht und die Bevölkerung dichter ist, wurde bis in die zwanziger Jahre dieses Jahrhunderts Griechisch gesprochen, aber dann wurden viele der „Ungläubigen" von den Türken ausgerottet oder vertrieben.

So hat das Steppenklima zwar die Bühne für die Kriegszüge der Nomaden gestellt, aber doch zugleich auch die Zahl der Akteure drastisch beschränkt. Fast dreitausend Jahre lang waren die Steppenkrieger eine Plage der Zivilisation – gewiß oft eine blutige Plage – aber auf die Dauer eben nicht mehr[*].

---

[*] Als letzte Fußnote zum Rassenproblem möchte ich noch hinzufügen, daß auch Afrika von (schwarzhäutigen) Nomadenkriegern geplagt wurde, die ebensoviel Schaden anrichten wie ihre weiß- und gelbhäutigen eurasischen Kollegen.

35. Die Wikinger

EINE KLIMATISCHE EXPLOSION

Über die Wikinger ist schon schrecklich viel Unsinn geschrieben worden. Dank der energischen Propaganda, mit der ihre skandinavischen Nachkommen für sie geworben haben, stellt man sie im allgemeinen als männliche Krieger, furchtlose Seefahrer und beherzte Entdecker dar. In Wirklichkeit haben sie in ihren Kriegen die Zivilbevölkerung oft ohne Rücksicht auf Alter oder Geschlecht massakriert, ihre Forschungsreisen waren vor allem Beutezüge, und ihre Entdeckungen wurden von Leuten gemacht, die sich als Verbrecher auf der Flucht vor der Obrigkeit befanden.

Sucht man eine lebendige Schilderung vom Leben der Wikinger, so gibt es keine bessere Quelle als die nordischen und isländischen Sagen. Man braucht nur gewissenhaft die Leichen zu zählen. In der Beschreibung einer Fahrt nach Grönland kommen in sechs Abschnitten nicht weniger als zwölf Morde vor. Der Vater Erics des Roten wandert von Norwegen nach Island aus, „weil er Morde (Plural!) begangen hatte", und sein Sohn geht weiter nach Grönland, weil ihn ähnliche dringende Gesundheitsgründe dazu veranlassen. Auch die Namen der handelnden Personen sind recht aussagekräftig. Hier finden wir den „schmutzigen Eyolf" und den „schießwütigen Hrafn" (beides Opfer von Eric), den „schieläugigen Ulf", den „Untermenschen Steinholf" und das „Großmaul Thord" – gar nicht zu reden von dem norwegischen Wikingerkönig „Eric mit der blutigen Axt"*.

---

* Da wir schon bei den Namen sind, kann ich es mir nicht versagen, auch eine Dame zu erwähnen, die einen der bildhaftesten Namen der Geschichte trug. Sie war die Mutter Erics des Roten und nannte sich „die schiffsbusige Thorbjorg". Man stelle sich den Bug eines Wikingerschiffs vor...

Eine Versammlung dieser ehrenwerten Herrschaften wäre einer Tagung der Cosa Nostra in Las Vegas nicht unähnlich gewesen – mit dem Unterschied, daß die Teilnehmer nicht in Cadillacs sondern in Langschiffen eintrafen. Im großen und ganzen hatte das Leben der Wikinger eine gewisse Ähnlichkeit mit dem von Al Capone aus Chicago oder O'Banion und seiner Bande.

Hätten die Heimathäfen der Wikinger auf Sizilien oder in Malaya gelegen, dann würde die Überlieferung sie als das bezeichnen, was sie waren: eine Bande seeräuberischer Halsabschneider. Zu ihrem Glück hatten sie aber helle Haut, blaue Augen und blondes oder rötliches Haar, für die Nordeuropäer seit jeher die äußeren Merkmale des Ehrenmannes. (Aus Fairneß gegenüber den Skandinaviern muß gesagt werden, daß die Wikinger nur eine kleine Minderheit darstellten; einigen Berichten zufolge waren sie die Nachkommen der Streitaxt-Aristokratie, die vor 2500 Jahren Skandinavien und weite Gebiete Westeuropas erobert hatte. Die meisten Skandinavier waren friedliche Bauern und Fischer. Der Prozentsatz der Wikinger ist wahrscheinlich nicht viel höher gewesen als der Prozentsatz der Gangster und politischen Verbrecher im heutigen Chicago, der Zuhälter in Harlem, der Mafiosi unter den Italo-Amerikanern – oder der Bankiers unter den weiblichen Angehörigen der amerikanischen Luftwaffe).

Aber in einem Buch über das Klima müssen die Wikinger einen Ehrenplatz einnehmen, weil ihre explosive Geschichte vielleicht der einzige unbestrittene Fall eines größeren historischen Ereignisses ist, das durch eine Klimaveränderung veranlaßt wurde. Sie bildeten die Vorhut einer großen Welle skandinavischer Expansionen, die sich infolge des einsetzenden kleinen Klimatischen Optimums erhob und nach dessen Abklingen wieder abebbte.

Wenn wir von Skandinavien sprechen, so meinen wir hier Dänemark, Norwegen und Südschweden, d. h. die Gebiete, in denen das Klima durch die Einflüsse des Meeres bestimmt wird (Nordschweden, das durch eine Gebirgskette von den Seewinden abgeschirmt wird, war höchstwahrscheinlich von Rentierjägern bewohnt, deren Lebensgewohnheiten sich kaum von denen der eiszeitlichen Mitteleuropäer unterschieden haben). Der günstige Einfluß des Meeres auf das skandinavische Klima wird besonders durch einen Arm des Golfstroms verstärkt. Auch mitten im Winter liegen die Durchschnittstemperaturen des Meerwassers vor dem norwegischen Nordkap noch über +2 Grad Celsius – also kaum tiefer als vor Boston.

Die Sommer in Skandinavien sind freilich kühl und die Winter kalt, doch eigentlich niemals bitterkalt. Im norwegischen Tromsoe, weit nördlich des Polarkreises, liegt die tiefste dort jemals gemessene Temperatur bei —19 Grad. Im kontinentalen Omaha, das fast 2700 Kilometer näher am Äquator liegt, wurde eine tiefste Temperatur von —37 Grad Celsius gemessen! Läßt man die Extremwerte beiseite, so stellt man fest, daß der Ozean in Skandinavien für eine längere frostfreie Wachstumsperiode sorgt, als man erwarten würde, wenn man nur von den Durchschnittstemperaturen ausginge. Doch der Pflanzenwuchs hängt nicht allein von der Länge der Wachstumsperiode ab, sondern auch von den Temperaturen, die während dieser Periode herrschen, und dabei schneidet Skandinavien schlecht ab. Der wärmste Monatsdurchschnitt in Oslo beträgt nur +17 Grad Celsius (in Omaha herrscht zu dieser Zeit eine sommerliche Hitze von +28 Grad). Wenn also schon die Bewohner Norddeutschlands in den kühlen Jahrhunderten unmittelbar vor Beginn der christlichen Zeitrechnung entbehrungsreiche Zeiten erlebten, dann dürfen wir annehmen, daß das Leben in Skandinavien damals noch weit entbehrungsreicher war. Doch allmählich besserten sich die Verhältnisse, und spätestens im 9. Jahrhundert waren Nordeuropa (und auch alle anderen nördlichen Gebiete der Erde, soweit die Forschung das hat feststellen können) wärmer als heute geworden.

Dafür haben wir zahlreiche Beweise. Das Reichsgrundbuch Englands, in dem die normannischen Schreiber Wilhelms des Eroberers die Reichtümer des Landes verzeichneten, registriert nicht weniger als 38 Weingärten. Aus anderen Quellen erfahren wir, daß die englischen Weine fast ebenso gut wie die französischen waren. Selbst wenn man annimmt, daß dies eine Übertreibung zugunsten Englands ist, so bedeutet es doch, daß die Sommer in England merklich wärmer und trockener als heute gewesen sein müssen (heute reifen Trauben in Südengland nur in besonders günstigem Mikroklima – in Treibhäusern oder an Spalieren auf Südwänden). Aus anderen Urkunden geht hervor, daß zeitweilig in ganz Norddeutschland Wein angebaut wurde, sogar in Lettland (heute liegen die nördlichsten Weinbaugebiete am Rhein). Wenn das auch wohl kein besonders guter Wein war, so ist es doch nach heutigen klimatischen Maßstäben bemerkenswert.

Noch bezeichnender für unsere Wikinger ist der Umstand, daß der Ackerbau in höheren Berglagen möglich wurde. Die Grenze für den Getreideanbau stieg um 100 bis 200 Meter. In einem so gebirgigen Land bedeutet das keine geringe Vergrößerung der Anbaufläche. Wenn die Roggen- und Gerstenfelder in größeren Höhen angelegt werden konnten, dann müssen die Erträge auch im wärmeren und schon kultivierten Tiefland besser geworden sein. Alle diese Umstände lassen auf einen Bevölkerungszuwachs schließen. Wahrscheinlich sind die Skandinavier auch größer und kräftiger geworden, was in kriegerischen Zeiten ebenfalls nicht unwichtig war.

Viele skandinavische Historiker haben diesen klimatischen Faktor einfach ignoriert und nach anderen Erklärungen für die plötzlichen kriegerischen Unternehmungen der Wikinger gesucht. Dabei mußten sie teilweise recht verzwickte Gehirnakrobatik betreiben. So meinte z. B. Eric Oxenstierna, Fortschritte im Schiffsbau seien ein wichtiger Faktor gewesen, denn „etwa 600 n. Chr. wurden schon große Segelschiffe gebaut". Er erklärt aber nicht, weshalb dann der erste Raubzug der Wikinger, bei dem sie das Kloster Lindisfarne an der englisch-schottischen Grenze ausplünderten und niederbrannten, erst fast zwei Jahrhunderte später stattfand.

Johannes Brønsted meint, die Raubzüge der Wikinger seien „unter anderem" durch eine Übervölkerung veranlaßt worden. Als Grund dafür nennt er allerdings „die verbreitete Praxis der Polygamie unter den Wikingern. Sie setzten ihren besonderen Stolz darauf, möglichst viele Söhne zu zeugen. Es war bei ihnen üblich, Konkubinen, Geliebte und Nebenfrauen zu haben..." Ich halte Brønsteds Ausführungen über die amourösen Neigungen der Wikinger zwar für fast durchaus glaubhaft – die sexuelle Ausbeutung der Frau paßt gut zu ihrer sonstigen Raubgier –, ich bin aber keineswegs bereit zu glauben, daß sich ein Bevölkerungszuwachs durch Polygamie erklären ließe, sei sie auch noch so freizügig. Sechs von einem Mann geschwängerte Frauen können nicht mehr Kinder gebären, als wenn sie von sechs verschiedenen Männern geschwängert worden wären. Nimmt man an, daß alle sechs Damen ihrem einen Herrn tatsächlich treu geblieben sind, dann müßten sie sogar weniger Kinder bekommen haben. Auch der männlichste Wikinger dürfte kaum in der Lage gewesen sein, in einer Nacht mehr als eine Frau zu begatten, und das bedeutet, daß die Chance einer Frau, in ihrer fruchtbaren Periode begattet zu werden, vergleichsweise gering war. Selbst wenn man der Argumentation Brønstedts folgen wollte, so müßte man einen Umstand berücksichtigen, den alle Eltern kennen: Bei der Aufzucht von Kindern spielen die Anfangskosten eine bedeutend geringere Rolle als die Unterhaltskosten. Zur Erklärung des Bevölkerungswachstums ist die Zahl der Empfängnisse bei den Wikingern (oder bei jedem beliebigen anderen Volk) wissenschaftlich unerheblich. Es geht allein um die Frage, wie viele Kinder bis zur Reife aufgezogen werden konnten, und das bringt uns wieder zur Frage nach den Nahrungsquellen – und damit zum Klima zurück.

Als Hauptmotiv der Wikinger-Taten sieht Brønstedt den Handel an, der ihnen zufiel, seit die alten Handelswege nach der islamischen Eroberung Nordafrikas nach Norden verschoben worden waren. Nun will ich nicht bestreiten, daß viele Unternehmungen der Skandinavier, besonders im Südosten, von Handelsinteressen motiviert waren. Doch wie die Leser von Kriminalromanen wissen, gibt das Motiv dem Täter noch nicht die Mittel an die Hand, die er für sein Vorhaben braucht. Um die vielen Hunderte von Handels- oder Piratenschiffe zu bauen und auszurüsten (die größte Wikingerflotte, die sogenannte „große Armee", verfügte über etwa 700 Schiffe aus handgeschlagenem Bauholz und mit handgewebten Segeln) und um sie mit den notwendigen Kriegern zu bemannen (die „große Armee" war mehr als 20.000 Mann stark, die größtenteils aus Dänemark kamen), brauchte man einen großen Überschuß an Arbeitskräften – und zwar ausgerechnet zur Zeit der Frühjahrsbestellung, da diese Jahreszeit natürlich auch für Handelsfahrten und militärische Überfälle am besten geeignet war. Nimmt man noch die Feststellung Brønstedts hinzu, daß „die größten Feldzüge der Wikinger im Westen zweifellos durch das Bestreben nach Kolonisation motiviert waren", so wird wohl niemand mehr bestreiten, daß ein enormer Bevölkerungszuwachs als wichtiger Grund, ja sogar vielleicht als der Hauptgrund für die explosionsartige Ausweitung der Wikingermacht angesehen werden muß. Angesichts der Wikinger-Kolonien in Holland, Frankreich, England, Irland, auf den schottischen Inseln, in Island, an einem großen Teil der Ostseeküste und in einem breiten russischen Landstreifen zwischen dem heutigen Leningrad und Kiew und angesichts der Verluste aus ihren zahlreichen Kriegen (so kühn sie auch waren, so wurden freilich doch viele Wikinger nach Walhalla geschickt), müßten wir entweder annehmen, daß Skandinavien entvölkert wurde – was nicht geschah – oder daß seine Bevölkerung sich rasch genug vermehrte, um diesen Aderlaß auszugleichen.

Wo man hinkam, traf man damals auf Norweger, Schweden und Dänen. Im Jahre 845 segelte „Fellhosen-Ragnar" mit einer Flotte von 120 Schiffen die Seine hinauf und nahm Paris ein. Um den Kampfwillen der Franzosen ein für alle Mal zu brechen, opferte er mehr als hundert Gefangene seinem Gott Odin. Er verließ das Land erst, nachdem Karl der Kahle ihm 7000 Pfund Silber als Lösegeld bezahlt hatte. Eine Generation später eroberten seine drei Söhne Ostengland und kolonisierten es. Wieder eine Generation später machte sich Rolf der Normanne bei Karl dem Einfältigen von Frankreich so unbeliebt, daß der König ihm und seinen Nachkommen die heutige Normandie überließ. Andere Wikingerflotten überfielen Lissabon und die islamisch-spanischen Städte Cadiz und Sevilla und plünderten sie aus. Bei ihren Vorstößen ins Mittelmeer errichteten sie sich im Rhonedelta einen Marinestützpunkt, von dem aus sie plündernd und raubend das französische und italienische Küstenland durchzogen und mehrere italienische Städte, darunter auch Pisa, zusammenschlugen.

Im Südosten waren die Skandinavier, besonders die Schweden, nicht weniger aktiv. Von der Ostsee aus fuhren sie auf den Flüssen nach Rußland hinein und trugen ihre Schiffe über das Land bis zu den Oberläufen der großen russischen Ströme. Über den Djnepr und das Schwarze Meer knüpften sie gewinnbringende Handelsbeziehungen mit den Byzantinern und über die Wolga und das Kaspische Meer mit den islamischen Ländern des Orients. In Schweden und Dänemark hat man Zehntausende von arabischen Münzen ausgegraben.

Nach einigen Berichten waren es die Skandinavier, die das Fundament des russischen Reiches gelegt haben. Eine in Kiew verfaßte Mönchschronik aus dem 12. Jahrhundert behauptet, daß Slawen wegen eines Streits mit den Finnen „über die (Ost-)See zu den Warägern (Schweden) gingen und zu den Rus... und sie sagten... ‚Unser Land ist groß und fruchtbar, aber es fehlt an Ordnung. Kommt und herrscht über uns.‘" Drei Brüder unter der Führung eines gewissen Rurik kamen dieser Aufforderung nach und gründeten eine Siedlung an der Ostsee, von der aus sie ihre Macht nach Süden ausbreiteten. Nach anderen Quellen soll diese Entwicklung schon im frühen 9. Jahrhundert begonnen haben. Russische Historiker, und zwar sowohl zaristische als auch sowjetische, bestreiten diese Berichte leidenschaftlich; zweifellos war die Wahrheit bei weitem nicht so einfach, wie es die Legende darstellt. Wir wissen allerdings aus zahlreichen archäologischen Funden, daß die „Rus" (dieses skandinavische Wort bedeutet „Ruderer") zu der Zeit der Entstehung des ersten russischen Staates über mehrere Generationen hinweg einen mächtigen Einfluß auf Rußland ausübten. Die Frage, ob sie für die weitere Entwicklung verantwortlich waren und ob der Name „Rußland" auf sie zurückzuführen ist, sollte aber mit größter Zurückhaltung beantwortet werden.

Wie weit der Einfluß der Wikinger reichte, wird durch den Lebensweg eines Norwegers namens „Harter Boß Harald", einem Halbbruder des norwegischen Königs Olaf, bestens illustriert. Als Harald fünfzehn Jahre alt war, wurde der König von rebellischen Bauern umgebracht. Harald floh nach Rußland, gelangte von dort nach Byzanz und trat in die Dienste der Kaiserin Zoe ein (hatte sie vielleicht eine besondere Vorliebe für blonde Männer?). Nachdem er Befehlshaber ihrer Flotte geworden war, lieferte er im Jahre 1042 bei Neapel eine Seeschlacht gegen eine Wikingerflotte aus dem Westen. Wenige Jahre später kehrte er reich und berühmt nach Norwegen zurück, machte sich zum König und herrschte über zwanzig Jahre mit Methoden, die ihm seinen Beinamen einbrachten. Sein letztes Unternehmen war ein Einfall nach England im Jahre 1066, bei dem er im Kampf mit dem englischen König Harald geschlagen wurde und fiel. Doch die Engländer waren duch ihre hohen Verluste und kräftezehrenden Gewaltmärsche so geschwächt, daß sie wenige Tage später die berühmte Schlacht bei Hastings gegen den Wikinger-Bastard Wilhelm aus der Normandie verloren.

Die Amerikaner interessieren sich natürlich am meisten für die Erkundungsfahrten der Wikinger nach Grönland und zum nordamerikanischen Kontinent. Der bei weitem beste Bericht, den ich darüber kenne, ist das Buch *Westviking* von dem Kanadier Farley Mowat: seine Erzählung ist so gut, daß ich sie nicht durch eine summarische Wiedergabe verderben will. Ich beschränke mich deshalb auf die klimatischen Fragen, die Mowat übrigens besser begriffen hat als irgendein anderer Schriftsteller, den ich gelesen habe.

Die Erforschung des Nordatlantik hat natürlich nicht mit den Wikingern begonnen. Der erste Abenteurer, von dem ein solches Unternehmen überliefert wird, war ein griechischer Intellektueller namens Pytheas, der im 4. Jahrhundert v. Chr. eine bemerkenswerte Seereise von Massilia (Marseilles) nach Schottland und weiter in ein Land namens Thule unternommen hat. Leider ist der Originalbericht des Pytheas verlorengegangen, doch da er in späteren Texten zitiert wird, wissen wir, daß Thule sechs Tagereisen von Schottland entfernt lag, und daß es dort „im Hochsommer keine Nächte... und in der Mitte des Winters keine Tage gab" (die Stelle wird bei dem römischen Schriftsteller Plinius dem Älteren zitiert). Weiter heißt es, daß eine Tagereise von Thule entfernt ein „gefrorenes Meer" lag – eine klimatische Angabe, aus der wir mit an Sicherheit grenzender Wahrscheinlichkeit schließen können, daß Thule nur Island sein kann. In Island, das dicht unterhalb des Polarkreises liegt, gibt es tatsächlich im Hochsommer keine richtige Nacht und mitten im Winter keinen richtigen Tag.

In den folgenden Jahrhunderten tauchten hin und wieder zweifelhafte Angaben zu verschiedenen Inseln im Nordatlantik auf, doch der nächste ausführliche Bericht stammt erst ungefähr aus dem Jahre 825 n. Chr.: Ein irischer Mönch namens Dicuil berichtet die Erlebnisse einiger seiner Mitbrüder, die eine Reise nach Thule unternommen hatten. Sie erzählten, „nicht nur zur Sommersonnenwende, sondern auch an den Tagen vorher und nachher verbirgt sich die Sonne abends nur wie hinter einem kleinen Hügel, so daß es nicht einmal für eine kurze Weile dunkel wird". Man könne dabei „sogar die Läuse von der Kutte absammeln". Diese Schilderung paßt genau zur Mittsommersonne in Island. Des weiteren erwähnt Dicuil ältere (verlorene) Berichte, in denen behauptet wurde, daß „das Meer um Thule gefroren ist". Er berichtet, daß die Mönche zuerst offene See vorgefunden hatten, doch nach einer Tagereise von Thule nach Norden, seien sie auf Eis gestoßen – ebenso wie Pytheas vor über 1000 Jahren. Auch das klingt überzeugend. Aus neuerer Zeit wissen wir, daß Island während der kalten Jahre zu Beginn des 19. Jahrhunderts im Winter von Packeis umgeben war, also war es zweifellos auch in den kalten Jahrhunderten zu Beginn der christlichen Zeitrechnung nicht anders. Als Dicuil seinen Bericht schrieb, war es schon viel wärmer geworden, das winterliche Packeis so weit wie heute nach Norden zurückgezogen, nämlich auf eine Linie etwa eine Tagereise mit dem Segelschiff nördlich von Island (d. h. 160 Kilometer weiter im Norden); möglicherweise war es im Durchschnitt sogar ein gutes Stück weiter. Daraus können wir schließen, daß die verlausten irischen Mönche ihre Islandreise in einem ungewöhnlich kalten Jahr unternommen hatten.

Vieles weist darauf hin, daß Iren bereits in Island lebten, als die Wikinger dort eintrafen; nach einer Sage verließen die Iren das Land, weil sie als Christen nicht mit den heidnischen Wikingern zusammenleben wollten. Nach allem was wir über Moral und Lebensart der Wikinger wissen, müssen wir uns allerdings fragen, ob jene Iren vielleicht nicht nur Island, sondern diese irdische Welt überhaupt verlassen mußten. Möglicherweise sind die Iren auch vor den

Wikingern nach Grönland gekommen, doch dafür haben wir keine Beweise. Die erste bekannte Siedlung in Grönland wurde von Eric dem Roten gegründet – nachdem ihm der Boden in Island zu heiß geworden war.

Die jährliche Durchschnittstemperatur in Grönland war damals schätzungsweise 2 bis 4 Grad höher als heute. Das scheint vielleicht nicht sehr viel zu sein, aber es entspricht dem Unterschied zwischen London und Edinburgh oder zwischen San Francisco und Seattle. Wenn man nur das Klima vergleicht, so könnte man meinen, daß Südgrönland auf der gleichen Breite wie Island liegt; tatsächlich ist es aber ein gutes Stück weiter südlich. Das milde isländische Klima ist nicht auf die geographische Breite, sondern auf den warmen Golfstrom zurückzuführen, der seine Südküste umspült. Deshalb ist Island anders als Grönland auch nicht von einer riesigen Eiskappe bedeckt. Sogar in den mildesten Jahren des kleinen Klimatischen Optimums dürfte das südliche Grönland, wo fast immer eisiger Nordwind herrscht, · wenig Anziehendes für eventuelle Siedler geboten haben. Dagegen herrscht an der Südwestküste von Grönland auch heute oft ein wärmerer Südwestwind, und damals muß das noch häufiger der Fall gewesen sein. Außerdem sorgen die tiefen Fjorde, die von den Eiszeitgletschern in die Westküste geschliffen worden sind, dafür, daß sich der wärmende Einfluß des Meeres noch bis zu 80 Kilometer landeinwärts bemerkbar macht. Das Ergebnis war, daß das Land sich zwar kaum für den Ackerbau, aber doch als gutes Weideland für ansehnliche Schaf- und Rinderherden eignete. Von ihnen sowie von Fischen, Robben und Walen ernährten sich die Wikinger in Grönland hauptsächlich. Robbenhäute, Felle und Walroßelfenbein konnten in Norwegen gegen Getreide, Eisen und ähnliche Waren eingetauscht werden.

Das Hauptproblem für die Grönländer war das fast völlige Fehlen von Bäumen. Der Bedarf an Bauholz dürfte daher eines der stärksten Motive für Erkundungsfahrten nach Nordamerika gewesen sein. Der erste Wikinger, der die Küste erblickte, war wohl ein gewisser Bjarni Herjolfson, der auf einer Handelsreise von Norwegen nach Grönland vom Kurs abgetrieben worden war. Welche Küste er gesehen hat, ist umstritten. Mowat meint Neufundland und gibt dafür gute Gründe an (er glaubt sogar, daß schon Eric der Rote die Davidstraße überquerte und die Küste von Baffinland erkundete. Das wäre zwar nicht unmöglich, ist aber unbewiesen).

Etwa zehn Jahre nachdem Bjarni nicht ohne Schwierigkeiten nach

Grönland zurückgekehrt war, machte sich Erics Sohn Leif auf die Suche nach den Land, das Bjarni als „stark bewaldet" beschrieben hatte; dort mußte es große Mengen des begehrten Bauholzes geben. Wir kennen weder den Weg noch die Landestelle dieses Leif. In der Legende heißt es, er habe sein Schiff von Bjarni gekauft, woraus zu schließen ist, daß er nicht ohne gute Ratschläge vom Verkäufer losgefahren ist. Außerdem steht fest, daß entweder er oder Bjarni drei verschiedene Gebiete gesehen und beschrieben hat: erstens ein gewisses „Helluland" (das steinige Land), wahrscheinlich die felsige Küste von Nordlabrador; zweitens „Markland" (Waldland), wahrscheinlich Südlabrador und drittens noch ein weiteres Land, dessen Identifikation allerdings lange Diskussionen unter den modernen Historikern hervorgerufen hat.

Viele der besten aber auch widersprüchlichsten Anhaltspunkte sind interessanterweise klimatischer Art. In der alten Wikingersage gibt es eine eindeutige Aussage, die, wenn wir sie nur genau verstehen könnten, uns ziemlich genau lehren würde, was Leif entdeckt hat. Dort heißt es: „Die Länge von Nacht und Nacht glich sich mehr als in Grönland oder Island." Das bedeutet natürlich, daß die entdeckte Gegend viel weiter südlich gelegen haben muß als diese Länder. Dann heißt es weiter: „Am kürzesten Tag des Jahres kam der Sonnenuntergang nach Eykarstad, und der Sonnenaufgang vor Dagmalastad." Mit dieser Angabe der Tageslänge zur Wintersonnenwende hätten wir ungefähr die geographische Breite – nur weiß niemand genau, was dieses „Eykarstad" und „Dagmalastad" bedeuten. Es können natürlich nur Zeitangaben sein, wenn auch keine genauen Uhrzeiten, da die Wikinger noch keine Uhren hatten. Nach der vernünftigsten Vermutung handelt es sich um die Mitte des Nachmittags und die des Vormittags, also etwa um 15 und 9 Uhr. Damit hätten wir die geographische Breite etwa zwischen dem 46. und dem 52. nördlichen Breitengrad, d. h. zwischen Cape Breton Island und der Südspitze von Labrador. Aus topographischen Erwägungen scheidet das zweite aus. So bleibt uns entweder Cape Breton Island oder Neufundland. Letzteres kommt eher in Frage, da man dort sicher identifizierte Spuren der Wikinger gefunden hat: die Fundamente eines typischen Hauses und den Standplatz einer Schmiede, deren Kohlenreste auf das Jahr 1000 n. Chr. datiert worden sind (die Indianer kannten damals noch keine Eisenbearbeitung).

Hier stoßen wir auf ein klimatisches Problem. Die Sage berichtet, in jenem Lande „gab es den ganzen Winter über keinen Frost, und das Gras verwelkte kaum". Noch deutlicher ist die Angabe, daß Leif und seine Freunde wilde Reben und Trauben fanden und daher das Land „Vinland" nannten. Zunächst könnte man also denken, daß dieses neuentdeckte Land niemals Neufundland gewesen sein kann, da dort heute keine Reben gedeihen. Einige Wissenschaftler versuchten, um das Problem herumzukommen, indem sie behaupteten, daß der Ausdruck *vin* in Wahrheit „Weideland" oder „fruchtbares Land" bedeutet habe. Doch der alte Bericht enthält eine weitere Einzelheit, die kaum erfunden sein kann: Es heißt, daß ein Deutscher namens Tyrkir als erster auf die Weinreben gestoßen war, und als Leif an seiner Meldung zweifelte, erwiderte er: „Wo ich geboren bin, gab es viele Weinstöcke und Trauben." Wie zu Anfang dieses Kapitels gesagt, wurde zu jener Zeit wirklich in fast ganz Deutschland Wein angebaut.

Nach eingehenden Forschungen hat Mowat historische Beweise dafür gefunden, daß Weinreben tatsächlich noch lange nach der Wikingerzeit in Teilen von Neufundland wuchsen, als das Klima dem heutigen schon sehr ähnlich war. Zwischen 1662 und 1670 unternahm ein gewisser James Yonge als Arzt in der englischen Fischereiflotte vier Reisen nach Neufundland. Er berichtet von dem „unglaublichen Vorkommen wilder Trauben" auf der Halbinsel Avalon, im äußersten Südosten Neufundlands. Daß dieser Arzt wußte, wovon er sprach, ist nicht zu bezweifeln: Er hatte früher das Mittelmeer bereist und war sogar auf einem Schiff gefahren, das Wein und Rosinen geladen hatte. Es soll in Neufundland noch fast bis zum Ende des 18. Jahrhunderts Weinreben gegeben haben, die aber dann in einer Reihe sehr strenger Winter ausgefroren sind. Wenn nun aber sogar im 17. und 18. Jahrhundert auf der Halbinsel Avalon Weinreben wuchsen, so müssen sie in der wärmeren Periode des 10. und 11. Jahrhunderts noch viel weiter verbreitet gewesen sein; wir brauchen also den alten Bericht, nach dem die Wikinger das Beiboot ihres Schiffes mit Trauben gefüllt haben, nicht anzuzweifeln. Mowat erwähnt schließlich noch, daß während des kleinen Klimatischen Optimums in Europa Reben mehr als 400 Kilometer weiter nördlich als heute angebaut wurden. Die Halbinsel Avalon liegt dagegen höchstens 300 Kilometer nördlich der Gebiete Amerikas, in denen noch heute wilde Reben wachsen.

Kann es aber möglich sein, daß in Neufundland wirklich den ganzen Winter über kein Frost herrschte? Mir schien das zunächst unmöglich, ich weiß schließlich aus eigener Erfahrung, wie kalt die Winter sogar in New York sein können, das immerhin mehrere hundert Kilometer weiter im Süden liegt! Aber ich täuschte mich. Erstens ist Neufundland eine Insel, und zweitens liegt sie am St. Lorenz-Golf, der die kalten, von Kanada herabkommenden Winde erwärmt. Mowat hat das Winterklima einer kleinen Bucht namens Tickle Cove untersucht, da er hier die Landungsstelle des Leif Ericson vermutet. Diese Bucht liegt zwar an der Nordküste von Neufundland, aber mitten in einer tieferen und größeren Bucht, die sie vor den Auswirkungen des kalten Labradorstromes schützt. Hinter einer schmalen Landenge im Süden liegt zudem der Atlantik mit verhältnismäßig warmen Winden, die vom Golfstrom herüberwehen. Deshalb ist – wie Mowat sagt – auch heute „der Schneefall im allgemeinen gering... Die Wintertemperaturen liegen nur selten tiefer als wenige Grade unter dem Gefrierpunkt, und in manchen Wintern gibt es nur sehr wenig Frost". Wir können also mit einiger Sicherheit annehmen, daß es um 1000 n. Chr. in den meisten Wintern nur sehr wenig oder auch gar keinen Frost gab. Vielleicht haben Leif und seine Freunde ein wenig übertrieben, wie es die Entdecker neuer Länder oft tun, aber im Lichte des heutigen klimatologischen Wissens dürfte ihr Bericht im allgemeinen zutreffen, besonders wenn man bedenkt, daß ihnen nach den kalten grönländischen Wintern das Klima in Neufundland noch milder erschienen sein muß, als es tatsächlich war.

Wie kam es, daß die Nordmänner in diesem klimatischen Garten Eden keine dauernden Siedlungen gründeten? Sie haben es in der Tat versucht, doch wenige Jahre nach der Rückkehr Leifs aus dem „guten Vinland" scheiterten die Versuche offenbar an der für die Wikinger so typischen Streitsucht. Wer Streit sucht, wird ihn meist auch finden, und die Nordmänner waren keine Ausnahme. So gerieten die Teilnehmer einer Kolonisationsexpedition unter einem gewissen Thorfinn Karlsefni in kriegerische Auseinandersetzungen mit den Eingeborenen, die sie „skroelinge" oder „Lumpen" nannten, genau wie die Amerikaner die Vietnamesen „gooks" zu nennen belieben. Anfangs handelten sie mit ihnen – auf die übliche europäische Tour: sie tauschten bunte Tuchfetzen gegen wertvolle Felle. Doch bald gingen sie zu militärischen Unternehmungen über. Die Wikinger hatten zwar eiserne Schwerter, aber die Skroelinge kämpften mit Schleudern, Pfeilen und Harpunen, und konnten sich damit erfolgreich wehren, solange es nicht zum Nahkampf kam. Die Kolonie wurde jedenfalls aufgegeben, obwohl die Grönländer wohl noch weitere Reisen nach

Markland und Baffin Island unternommen haben, um Bauholz und Pelze zu holen.

Etwa zwei Jahrhunderte später gerieten auch die Siedlungen in Grönland in Schwierigkeiten. Aus der Zeit um 1200 n. Chr. haben wir Berichte über Behinderungen der Schiffahrt zwischen Island und Grönland durch Treibeis, und um 1300 wurden die Verhältnisse so ungünstig, daß die Handelswege zwischen den westlichen skandinavischen Außenposten und der Heimat im Osten schwer gefährdet waren. Die letzte urkundlich belegte Reise von Island nach Grönland fand im Jahre 1410 statt. Nach Mowat ist damals das Klima „in Grönland so ungünstig geworden, daß ein Hirtenvolk dort kaum in größerer Zahl überleben konnte". Grimmige Beweise für die Verschlechterung des Klimas kamen 1921 bei einer Ausgrabung eines Wikinger-Friedhofes in Grönland zutage. Die älteren Gräber lagen in normaler Tiefe, woraus zu schließen ist, daß der Boden im Sommer nicht gefroren war. Später wurden die Gräber immer flacher, was auf eine Permafrostschicht deutet, die im Lauf der Zeit in immer höhere Bodenschichten hinaufreichte. Der permanent vereiste Boden ließ das Wasser nicht mehr abfließen, die oberen Bodenschichten verwandelten sich in einen Sumpf, und das Land eignete sich immer weniger als Weideland. Da außerdem der Frost im Herbst früher einsetzte und das Tauwetter im Frühjahr später begann, verkürzte sich die Weidezeit. Wir besitzen natürlich keine schriftlichen Urkunden mit Berichten aus erster Hand über den Verfall der Siedlungen in Grönland. Doch eine entfernte Vorstellung gewinnen wir vielleicht aus isländischen Urkunden des frühen 18. Jahrhunderts, bald nach Beginn einer noch weit kälteren Periode. In einem Kirchenbuch aus dem Jahre 1709 findet sich z. B. die Beschreibung von zwei verlassenen Bauernhöfen: „Bredamörk: zur Hälfte Königsland, zur Hälfte persönlicher Besitz des Bauern. Verlassen... etwas Wald, heute vom Gletscher eingeschlossen... Fjall: Besitz der Kirche. Verlassen... vor vierzehn Jahren ein Bauernhaus und Nebengebäude, alle jetzt unter dem Gletscher." Aus anderen Urkunden wissen wir, daß Bredamörk 1698 aufgegeben wurde. „Damals war noch etwas Gras zu sehen, aber der Gletscher hat seither alles mit Eis überzogen, mit Ausnahme des Hügels, auf dem... das Bauernhaus stand, doch der ist so von Eis umgeben, daß sich dort nicht einmal mehr Schafe halten lassen." Später wurde auch der Hügel noch vom Gletscher zugedeckt.

Die Nordmänner in Grönland sahen sich daher allmählich gezwungen, immer mehr von der Jagd und dem Fischfang zu leben. Doch der Fischfang ist wahrscheinlich auch zurückgegangen, als Dorschschwärme wegen der sinkenden Wassertemperaturen weiter nach Süden gezogen sind. So mußten sich die Wikinger allmählich an ein halbnomadisches Leben gewöhnen. Jäger müssen dorthin gehen, wo das Wild ist. Doch dabei traten sie mit den Eskimos in Konkurrenz, deren ganze Kultur auf diese Lebensweise abgestimmt war. Die grönländischen Eskimos, die zur sogenannten Thulekultur gehörten, waren die Vorfahren der heutigen Grönlandeskimos. Man nimmt an, daß sie von Alaska über Nordkanada nach Osten gezogen waren und gegen 1200 n. Chr. Nordwestgrönland erreicht hatten. Die Klimaverschlechterung zwang sie dann nach Süden, wo sie auf die späten Wikingersiedlungen stießen. Jetzt kam es zum offenen Konflikt. Im Jahre 1540 suchte ein niederländisches Walfangschiff in einem südgrönländischen Fjord Schutz vor dem Sturm. An der Küste fand die Besatzung „einen toten Mann, der mit dem Gesicht nach unten auf dem Boden lag. Auf dem Kopf trug er eine kunstvoll gefertigte Mütze und war im übrigen mit grobem Wollzeug und Robbenfellen bekleidet. Neben ihm lag ein abgenutztes und verrostetes Messer in einer Scheide." Dies war wohl, soweit wir es beurteilen können, der letzte grönländische Nordmann.

Die Siedlungen der Nordmänner in Grönland lagen, wie ein bedeutender Geograph einmal sagte, „am Rande des Möglichen". Die Klimaverschlechterung des späten Mittelalters warf sie über diesen Rand hinaus. Als Amerika erneut entdeckt wurde, ging die Erkundungsreise über wärmere Gewässer, wohin das Eis nicht vordringen konnte und wo – durchaus nicht zufällig – die ständig wehenden Passatwinde für eine rasche und sichere Überfahrt sorgten.

Daß die Skandinavier ihre Vorstöße nach Süden und Südosten allmählich aufgeben mußten, hängt nicht direkt mit dem Klima zusammen. Die Hauptursache war gewiß die gleiche, durch welche auch die zahlreichen Angriffe der Steppenvölker aus dem Osten zum Stehen gebracht worden sind: politische und militärische Veränderungen in den Ländern, gegen die sich die Angriffe richteten. Wenn die Wikingerzüge durch gute Aussichten auf Handel und Beute motiviert wurden, und wenn eine Bevölkerungszunahme ihnen die nötigen Mittel an die Hand gab, so brachte ihnen die politische Uneinigkeit in Europa die Gelegenheit. Später wurde es immer schwieriger, in Westeuropa auf Beutezug zu gehen: einerseits hatten die Westeuropäer sich besser zu verteidigen gelernt, andererseits hatten die Wikinger selbst europäische Kolonien gegründet, wie z. B. in der Normandie, die sehr bald zu einer bedeutenden Militärmacht wurde. Auch das Interesse für Rußland ließ nach, als das Land unter den Warägern oder anderen Herrschern allmählich geeint wurde und die Steppenvölker aus dem Süden wieder anstürmten. Die kurze Periode skandinavischer Größe war vorüber. Abgesehen von gelegentlichen militärischen Unternehmungen der Schweden im 17. und 18. Jahrhundert wurde sie nie wiedergewonnen, und seit über einem Jahrhundert sind diese Länder eher durch pazifistische als militaristische Haltung bekannt. Ich weiß nicht, ob viele Skandinavier bedauern, daß das kriegerische Erbe der Wikinger verlorengegangen ist. Angesichts der Verwüstungen, die im Lauf der Jahrhunderte durch ähnliches Verhalten anderer Völker in anderen Teilen Europas angerichtet worden sind, kann ich jedenfalls keinen großen Verlust darin sehen.

Ein Echo der wikingischen Lebensformen klingt vielleicht noch heute in der westeuropäischen und amerikanischen Zivilisation nach – und das ist, so meine ich, durchaus nicht positiv zu beurteilen. In einem beachtenswerten Aufsatz behandelt der Historiker W. H. McNeill „die Kontinuität des Ethos von den Seeräubern des 9. Jahrhunderts zu den europäischen Kaufleuten des 10. Jahrhunderts". Wie bei den mykenischen Griechen und vielen anderen Völkern verwischte sich die Linie zwischen Räuber und Kaufmann weitgehend. Besonders die Wikinger wechselten ihre Rollen, wie es die Umstände gerade günstig erscheinen ließen. McNeill schreibt deshalb:
„Auch wenn sich allmählich herausstellte, daß der Tauschhandel meistens sicherer war, kam es den Vereinigungen reisender Kaufleute ebenso wie ihren seeräuberischen Vorgängern immer noch in erster Linie darauf an, ihre eigenen Interessen zu verfolgen und für ihre eigene Verteidigung zu sorgen. Auch neigten sie dazu, die Bauern und (sogar) die Herren jedes Landes als feindliche Fremde zu behandeln – als potentielle Opfer scharfer Maßnahmen, wenn schon nicht mehr unbedingt als Opfer ihrer Schwerter. Allmählich setzten sich solche Händlersippen an besonders günstig gelegenen Orten auf Dauer fest... Aus diesen Kernen entstanden die nordeuropäischen Städte... Die zentralen und wesentlichen Bewußtseinsformen und Institutionen des städtischen Lebens in Nordeuropa bildeten sich in jenem chaotischen Zeitalter, als sich die Seeräuberei allmählich zum Tauschhandel verwandelte."
In den anderen großen Zivilisationszentren – in Byzanz, im Nahen Osten, in Indien und China – erkennt McNeill ein ganz anderes

Ethos. Dort mußten sich die Kaufleute „in erster Linie nach den Wünschen derjenigen richten, die gesellschaftlich auf einer höheren Stufe standen: der Beamten, Gutsbesitzer und Herrscher. Sie waren es gewohnt, von oben her gelenkt und besteuert zu werden ...“ Deshalb entwickelten sie nicht „jenes aggressive rücksichtslose und selbstsichere Ethos der westeuropäischen Kaufleute.“

Ich glaube, McNeill will damit sagen, daß die Kaufleute der älteren und gefestigteren Zivilisationen sich notwendigerweise an die Einrichtungen und Machtverhältnisse ihrer Umgebung angepaßt haben. Im Gegensatz dazu befand sich die Zivilisation in Westeuropa noch im Prozeß der Kristallisation, so daß die aufsteigende Klasse der Kaufleute sie bis zu einem gewissen Grade nach ihrem eigenen seeräuberischen Vorbild formen konnte.

Vergegenwärtigt man sich gewisse europäische und euro-amerikanische Handelsunternehmungen in späteren Jahrhunderten – die Raubzüge der East India Company, die Ausplünderung Afrikas durch Sklavenhändler und Goldsucher, die massiven Unterschlagungen im „vergoldeten Zeitalter Amerikas“ und die zahllosen Fälle der Dollar-, Pfund-, Franc- und Markdiplomatie –, so ist ihre Ähnlichkeit mit den Wikingerzügen, allerdings auf riesiges Ausmaß vergrößert, kaum zu übersehen. Die „ethische Kontinuität“ vom Seeräuber zum Kaufmann hat die Wikinger offensichtlich lange überdauert, nachdem die Veränderung des Klimas, die den Wikingern die Grundlage für ihren Aufstieg gab, schon lange hinter uns liegt.

36. Die Mühlen Europas

EIN GESCHENK DES KLIMAS

Daß die moderne Welt von der Kultur Nordwesteuropas beherrscht wird, ist zwar bekannt, aber doch eigentlich erstaunlich. Daß die Bewohner einer kleinen Ecke eines dünn besiedelten Kontinents – denn Europa ist nicht einmal ein Kontinent, sondern nur die ausgezackte Ausbuchtung der Westschulter von Eurasien – den größten Teil Nordamerikas, fast ganz Australien und Teile von Afrika kolonisiert haben, ist schon an sich außergewöhnlich. Daß die gleichen Völker außerdem das ganze übrige Afrika und die ungeheure Masse der Asiaten – wenn auch nur zeitweilig – beherrscht haben, ist noch ungewöhnlicher. Wie konnte ihnen das gelingen?

Gewiß nicht auf Grund ihrer moralischen Qualitäten: Wenn auch die Wikinger ein Extremfall waren, so waren sie doch nicht einmalig in Europa. Gewiß auch nicht etwa auf Grund ihrer Unmoral: Ohne die besondere Rolle der Wikinger zu schmälern, muß man doch klar sehen, daß es auch im Indischen Ozean und im Südwestpazifik arabische, malaiische und chinesische „Wikinger" gegeben hat, daß die Azteken die fruchtbaren Täler von Mexiko schon vor den Spaniern verwüstet hatten, daß die Araber unter den ersten Kalifen und die Zulus unter ihrem großen Kaiser Schaka keinem Europäer in der Fähigkeit nachstanden, sich durch Raubkriege in den Besitz fremder Länder zu setzen.

Wenn es den Europäern und ihren Ideen schließlich gelungen ist, alle diese und noch manche andere wehrhafte Gegner zu unterwerfen, dann lag das nicht daran, daß sie üblere Absichten hatten. Zahlenmäßig waren die Europäer zunächst schwach, aber was ihre Macht betrifft, so wurden sie zu Giganten – und diese politische und militärische Stärke gründete sich auf technologische Energie: auf

Pferdekräfte. Sie waren die ersten, die in größerem Umfang jene Techniken anwandten, mit denen der Mensch seine eigenen Kräfte um das Hundert- oder Tausendfache steigern kann, um sich so über die Grenzen seiner naturgegebenen, physischen Kräfte hinwegzusetzen, ebenso wie sich die ersten Bauern über die Grenzen hinwegsetzten, die ihnen durch die natürlichen Nahrungsquellen gesteckt waren. Europa und sein amerikanischer Ableger wurden vor allem deswegen groß, weil sie über energieerzeugende Maschinen verfügten. Doch schon Jahrhunderte bevor Thomas Newcomen, der Vorläufer von James Watt, seine erste unbeholfene Dampfmaschine zusammenbastelte, hatte sich Europa bereits auf den Weg zur Macht begeben, indem es sich die Energie des fließenden Wassers zunutze machen gelernt hatte.

Das Wasserrad wurde nicht in Europa, sondern wahrscheinlich im Hügelland von Mesopotamien (und vielleicht unabhängig davon in China) erfunden. Um 100 v. Chr. kam ein genialer Handwerker auf die Idee, ein horizontalliegendes Schaufelrad in schnellfließendes Wasser zu tauchen und so anzubringen, daß es einen Mühlstein antreiben konnte. Wenige Generationen später sang der griechische Dichter Antipater: „Hört auf zu mahlen, ihr Frauen, die ihr euch abmüht in der Mühle! Schlaft in den Morgen hinein, auch wenn die Hähne krähen, die Ankunft der Sonne zu melden, denn Demeter hat den Nymphen befohlen, die Arbeit eurer Hände zu übernehmen. Sie springen auf das Rad, drehen seine Achse, so daß jene mit ihren kreisenden Speichen die schweren, hohlgeschliffenen nisyrischen Mühlsteine bewegt." Der Dichter sagt, daß die Nymphen „auf das Rad springen", womit er andeutet, daß das Schaufelrad nicht mehr horizontal, sondern vertikal angebracht ist, wodurch der Mechanismus sehr viel leistungsfähiger geworden war. Das Rad war an die horizontalliegenden Mühlsteine über einer Achse „mit kreisenden Speichen" verbunden, d. h., wir haben erstmals ein einfaches Getriebe vor uns.

Doch obwohl der Dichter die neue Erfindung mit begeisterten Worten pries, dauerte es doch noch lange, bis sie überall eingeführt wurde. Das Wasserrad kann z. B. als Pumpe bei der Feldbewässerung benützt werden, wie noch heute in einigen Ländern. Doch in Mesopotamien und Ägypten wird das Wasser immer noch mit Menschenkraft geschöpft (mit Hilfe des primitiven Schaduf, einem Schöpfgefäß an einer langen Stange mit Gegengewicht), bestenfalls wird ein Schöpfrad von einem Ochsen oder Kamel angetrieben. Auch die römischen Mühlen, die Mehl für jenes Brot mahlten, das zusammen mit den Zirkusspielen dafür garantieren sollten, daß das Volk sich der Obrigkeit fügte, wurden noch bis zum Verfall und Untergang Roms von Ochsen angetrieben.

Die übliche Erklärung für solcherart zivilisatorische Rückständigkeit ist die weitverbreitete Sklaverei. Eine gängige Theorie besagt, daß die menschliche Arbeitskraft billiger war. Weshalb sollte man sich also um den Bau von teuren Maschinen – oder gar um ihre Erfindung kümmern? Diese Erklärung ist aus einer oberflächlichen Übernahme der Klassenkampftheorie von Marx entstanden und klingt zunächst ganz überzeugend, wird aber um so weniger glaubhaft, je näher man sie untersucht. Sklaven sind zu gewissen Zeiten vielleicht billig gewesen, ebenso auch Ochsen, die die schwerste Arbeit leisten mußten. Sie waren aber durchaus nicht immer billig, und auch wenn die Anschaffungskosten niedrig lagen, so waren doch die Kosten für den Unterhalt recht hoch. Menschen und Zugrinder mußten ernährt und untergebracht werden, wenn auch auf noch so primitive Weise, und die Menschen mußten überdies bekleidet werden, wenn auch nur mit Lumpen. Menschen oder Ochsen kann man außerdem nicht abschalten. Sie müssen auch dann unterhalten werden, wenn ihre Arbeitskraft gerade nicht gebraucht wird. Das Wasserrad verlangt dagegen keine Wartung, und man kann es jederzeit abstellen, wenn man es nicht braucht.

Ich wüßte eine viel einfachere Erklärung dafür, daß das Wasserrad im Mittelmeerraum so wenig verwendet wurde: es gab nicht genug Wasser. Außer dem mächtigen Nilstrom gibt es an der gesamten nordafrikanischen Küste keinen einzigen großen Fluß. In der Levante ist es nicht viel anders, denn hier fließt nur der Orontes. In Kleinasien, Griechenland, Italien und Spanien finden wir zwar mehr Flüsse, aber ihr Pegelstand ist unzuverlässig. Im heißen und trockenen Sommer des Mittelmeerklimas werden die meisten Wasserläufe zu dürftigen Rinnsalen. Vor vielen Sommern schlenderte ich einmal in Florenz am Ufer des Arno entlang und blickte von der sieben Meter hohen Mauer, die den Fluß flankiert, auf das seichte Gewässer, das sich zwischen Kiesbänken und unkrautbewachsenen Erdhaufen dahinschlängelte. Doch die Mauer und die Höhe der Brücken über dem Fluß bezeugten mir, daß der Arno in feuchteren Jahreszeiten zu einem tiefen und reißenden Strom werden kann. Einige Jahre später las ich, wie der Fluß in einer Katastrophenwoche sogar die hohen Mauern überflutet und weite Teile von Florenz überschwemmt hatte, wobei schwere Schäden an wertvollen Gemälden, Holzschnitzereien und Fresken entstanden*.

Wo sollte ein Siedler am Ufer des Arno wohl eine Wassermühle bauen? Am Ufer, sieben Meter oberhalb des Sommerpegels, oder im Flußbett, wo sie von den ersten Hochwassern im Herbst fortgespült worden wäre?

Wassermühlen hat es in der Mittmeerzone offenbar nur im Gebirge gegeben, wo frische Quellen die Flüsse und Bäche mit zwar spärlichen, aber doch etwa gleichbleibenden Wassermengen versorgten. Der Wasserstand der großen Flüsse, die mehr Energie erzeugen könnten, schwankte zu sehr, als daß er irgendwie hätte ausgenutzt werden können. Bezeichnenderweise lag die bedeutendste römische Einrichtung zur Ausnutzung der Wasserkraft – ein Koloß aus acht Doppelrädern, der über einem Wasserfall befestigt war – im südfranzösischen Barbegal bei Arles, an der Grenze zwischen der Mittelmeerzone und der Sturmzone. Ich vermute, daß der Alpenfluß, der diese riesigen Mühlräder bewegte, wegen seiner Höhenlage reichlicher und gleichmäßiger mit Regenwasser versorgt wurde. Ansonsten hätte man die Wasserkraft auch noch in der Poebene ausnutzen können. Aus recht komplizierten meteorologischen Gründen gibt es in diesem Teil Italiens trotz seiner Lage südlich der Alpen keine Trockenperiode. Das Klima der Poebene gleicht eher dem von Jugoslawien als dem der Riviera. Vielleicht ist es bezeichnend, daß die Poebene zur Zeit Caesars nicht als ein Teil Italiens angesehen wurde, denn klimatisch gesehen ist sie das tatsächlich nicht. Man nannte sie damals „das diesseits der Alpen gelegene Gallien", während Frankreich das „Gallien jenseits der Alpen" war.

Im Nordteil Europas liegen die Verhältnisse dagegen ganz anders. Normalerweise gibt es dort keinen wirklich trockenen Sommer. Die durchschnittliche Regenmenge im Juli beträgt in Rom 2,4 Zentimeter

---

* Die Überschwemmungen in Florenz sind keineswegs allein auf das Mittelmeerklima zurückzuführen. Menschliche Unvernunft hat dabei eine entscheidende Rolle gespielt – es ist die übliche Geschichte von der Vernichtung der Wälder, der zu intensiven Weidewirtschaft und der Erosion. Es ist, wie ein Wissenschaftler es ausdrückt, das Erbe „der Habgier der Kirche, des Geizes des Adels und der Unwissenheit des Volkes". Auch die bürokratische Verbohrtheit italienischer Regierungen ist dafür verantwortlich zu machen. Im Lauf der Jahrhunderte ist immer wieder – unter anderem auch von Leonardo – auf die schädlichen Folgen des Mißbrauchs des Landes in der Toscana hingewiesen worden, aber man hat nichts dagegen unternommen.

und in London 6,2 Zentimeter. Die Wirkung der Sommerregen erhöht sich außerdem durch die viel niedrigeren Temperaturen. Die Durchschnittstemperatur in Rom liegt bei 25 Grad Celsius, in London dagegen bei 18 Grad. So haben die Flüsse trotz der relativ geringen Regenfälle das ganze Jahr über einen einigermaßen gleichmäßigen Pegelstand. Dies wird noch dadurch unterstützt, daß die relative Luftfeuchtigkeit wegen der häufigen Seewinde im Durchschnitt höher liegt als z. B. an der Ostküste der Vereinigten Staaten, wo meistens Landwind herrscht. Wenn die herangeführte Luft mehr mit Feuchtigkeit gesättigt ist, dann nimmt sie auch weniger auf, wenn sie über das Land streicht (man versuche bloß, an einem feuchten oder nebligen Tag nasse Wäsche zu trocknen). Zudem fällt der größte Teil der bescheidenen Niederschläge in Nordwesteuropa als Sprühregen oder in Schauern, kaum einmal als Wolkenbruch. Das hat bei sonst gleichbleibenden Verhältnissen zur Folge, daß ein viel höherer Prozentsatz der Feuchtigkeit in den Boden eingesogen wird, statt rasch wieder abzulaufen. Obwohl mir keine genauen Zahlen zur Verfügung stehen, würde ich deshalb annehmen, daß in London jährlich nur etwa halb so viele Gewitter vorkommen wie z. B. in Boston.

Wenn also ein Müller oder ein Mühlenbauer in Nordwesteuropa sein Geschäft eröffnen wollte, so konnte er mit einer ausreichenden Menge Wasserkraft rechnen, es sei denn, es kam zu einer außergewöhnlich langen Dürreperiode, in welchem Falle er aber auch nur wenig Korn zu mahlen hatte. Wieder finden wir sehr aufschlußreiche Angaben im englischen Reichsgrundbuch: Wir lesen, daß in England zur Zeit der normannischen Eroberung (ohne Irland, Wales und Schottland) nicht weniger als *fünftausend* Wassermühlen standen. Es muß also fast jedes einzelne Dorf eine Wassermühle besessen haben, obwohl England damals ein kleines und ziemlich „unterentwickeltes" Land war.

Da ihnen ein so reichlicher Vorrat an Wasserkraft zur Verfügung stand, überrascht es niemanden, daß die mittelalterlichen Handwerker allmählich immer mehr Möglichkeiten zur Nutzung des Wasserrades entdeckten. Mit Hilfe geeigneter Zusatzgeräte konnte es Holz sägen, automatische Schmiedehämmer bewegen, um Erz zu zerkleinern oder Eisen zu schmieden, und schließlich über Treibriemen Webstühle antreiben und zahlreiche andere Aufgaben übernehmen, mit denen sich die Menschen bisher zu plagen hatten. Lange bevor Watt auf seinen geisterhaften Teekessel starrte, war die Industrie in Europa stärker als irgendwo sonst mechanisiert und verfügte über die größten Energiequellen der Welt. Wäre das nicht so gewesen, dann wären Watt oder andere Europäer wohl gar nicht auf den Gedanken gekommen, nach neuen Energiequellen zu suchen. Erfindungen werden gewöhnlich dann gemacht, wenn ein gesellschaftliches Bedürfnis den menschlichen Erfindungsgeist anregt, und in Europa war bereits deutlich geworden, daß alle verfügbare Energie gebraucht werden konnte.

Doch die Flüsse Europas verschafften seinen Bewohnern noch einen weiteren Vorteil: billige Transportmöglichkeiten. Sogar zur Römerzeit war der Landtransport unverhältnismäßig kostspielig (man schätzt, daß sich der Preis einer Ladung Getreide auf einer Transportstrecke von etwa 150 Kilometern verdoppelte). Als die Römerstraßen verfielen, wurde das noch schlimmer. Im Mittelmeerraum hatte man sich schon lange an den Warentransport auf dem Wasser gewöhnt, doch aus den genannten Gründen endete jeder Schiffstransport in den Häfen der Küste oder mußte auf den Flüssen mit ihrem wechselnden Pegelstand wenige Kilometer stromaufwärts aufgegeben werden. Doch im Nordwesten boten sich die Seine und die Schelde, die Themse, der Rhein, die Elbe, die Oder und die Weichsel (um nur einige zu erwähnen) als Wasserstraßen für Handel und Verkehr mit dem Landesinneren an. Billigere Transportmethoden eröffneten günstigere Warenmärkte, die wiederum den Anreiz zur Herstellung einer größeren Warenfülle gaben, wozu leistungsfähigere Maschinen gebraucht wurden, was schließlich den Energiebedarf weiter steigerte.

Der Schiffstransport und die Wasserkraft erklären freilich noch nicht allein den Aufstieg der Völker Europas. Besonders in China gab es mindestens ebenso früh schon Wasserräder, und die Binnenschiffahrt war infolge eines wohldurchdachten Kanalsystems wahrscheinlich sogar besser entwickelt als in Europa. China hat allerdings etwas geringere Regenfälle. Durch den Einfluß des sibirischen Monsuns fällt in weiten Gebieten dieses Landes im Winter zuwenig und im Sommer oft zuviel Regen. Ich glaube aber nicht, daß sich der Unterschied damit erklären läßt. Eine bessere Erklärung ist wahrscheinlich das Fehlen des aggressiven Wikingergeistes bei den chinesischen Kaufleuten, was wiederum die ungewöhnliche Stabilität der chinesischen Gesellschaftsordnung mitbestimmte, die zudem noch unter dem Einfluß der klimatischen Isolation stand. Es hat also den Anschein, daß die Wikinger doch noch zu etwas gut waren – auf sehr lange Sicht!

Den Deutschen wirft man vor, sie seien Militaristen und ganz besonders kriegslüstern. Vergleicht man aber ihre Geschichte mit jener der Nachbarvölker, etwa der Franzosen, der Engländer oder der Russen, so zeigt sich, daß die Deutschen keineswegs mehr Kriege geführt haben als die anderen. Wahr ist dagegen, ob man nun an das Preußen Friedrichs des Großen, an das Deutsche Reich des Kaiser Wilhelm oder aber an das Dritte Reich Adolf Hitlers denkt, daß das Militär, vor allem der Offiziersstand, bei den Deutschen weit höher eingeschätzt worden ist als bei anderen europäischen Völkern. Dies ist erstaunlich: hat doch das deutsche Volk so viele Künstler, Gelehrte und Forscher von Weltgeltung hervorgebracht. Ein Versuch einer Erklärung lautet, das deutsche Volk sei viel länger als seine Nachbarn in kleine Teilstaaten, Königreiche, Fürstentümer, Grafschaften, usw. aufgespalten gewesen, und dieser Mangel an Einheit habe einerseits zu einer Überschätzung militärischer Tugenden geführt, anderseits aber im 19. und 20. Jahrhundert eine Spätblüte des Chauvinismus hervorgerufen, als andere Nationen diese Periode schon lange hinter sich hatten.

Wenn ich nun den Versuch mache, so etwas wie ein Spielmodell für eine Erklärung dieser Problematik aufzustellen, so möchte ich betonen, daß es sich eben nur um einen spielerischen Versuch handelt, den Einfluß klimatischer Veränderungen auf eine geschichtliche Entwicklung zu deren Deutung heranzuziehen.

Nehmen wir also an, die deutsche Kleinstaaterei sei tatsächlich die Wurzel des Übels gewesen. Warum aber konnten sich die Kaiser des Heiligen Römischen Reiches Deutscher Nation nicht gegen die Kurfürsten, Herzöge, Grafen, usw. durchsetzen? Etwa weil sich in Deutschland das Stadtbürgertum – ein Einigungsfaktor ersten Ranges – nicht ebenso entwickelte wie etwa in England und Frankreich? Und doch gab es gerade im Deutschen Reich sehr wohlgediehene Ansätze bürgerlicher Macht: die *Hanse*, eine Vereinigung freier Städte an der Nord- und Ostsee, zu der aber auch Städte in Binnendeutschland gehörten. Die Macht der Hanse beruhte auf den ersten Anfängen internationalen Handels, ihre wahre Basis aber war der Fischfang. Deutsche, schwedische und dänische Fischer verfolgten die Heringzüge in der Ostsee, brachten gewaltige Fänge nach Hause, die dann, eingesalzen, eines der wichtigsten Grundnahrungsmittel für ganz Nordeuropa bildeten. Um die Mitte des 15. Jahrhunderts jedoch nahmen die Macht und der Wohlstand der Hanse-Städte plötzlich ab, während gleichzeitig der Aufstieg Hollands und Englands zu Seemächten begann. Wir wissen aus Aufzeichnungen jener Zeit, daß etwa um 1420 die Heringe aus der Ostsee nahezu verschwanden. Der Grund dafür dürfte dieselbe klimatische Veränderung gewesen sein, die Grönland unbewohnbar machte. Etwa vom Jahre 1200 an wurde Nordeuropa allmählich kühler und vielleicht auch feuchter. Den Höhepunkt erreichte diese Entwicklung in der ersten Hälfte des 15. Jahrhunderts. Niedrigere Temperaturen bedeuten weniger Verdunstung, zugleich aber auch vermehrte Niederschläge. Die Folge konnte eine Verringerung des Salzgehaltes der Ostsee sein. In der Tat übersteigt der Zufluß an Süßwasser bei weitem die Verdunstung, und das Ergebnis ist, daß die Ostsee nicht so sehr Salzwasser als Brackwasser besitzt. Der Salzgehalt sinkt vom Normalwert von 3,5 Prozent im Kattegat bis zu einem Prozent oder noch weniger in der Ostsee selbst. In der Nordsee gibt es etwa 1500 Tierarten, in der Ostsee weniger als 80.

Als das kleine Klimatische Optimum zwischen 1200 und 1400 zu Ende ging, mochte der Abfall des Salzgehaltes eine radikale Verringerung vor allem jener kleinen Meerestiere (Plankton) bewirkt haben, die die Nahrungsbasis der Heringe, besonders im Larvenstadium bilden. Und so könnte man nun folgende Kausalkette aufstellen: Die Klimaveränderung verringerte den Salzgehalt; der niedere Salzgehalt führte zum Verschwinden der Heringe; das Verschwinden der Heringe schwächte die Hanse-Städte; die Schwächung der Hanse-Städte wiederum führte dazu, daß die Kleinstaaterei aufrechtblieb; dies wieder hatte zur Folge, daß die Religionskriege mit besonderer Heftigkeit geführt wurden, die schließlich in den Dreißigjährigen Krieg mündeten; dieser wieder brachte die Intervention ausländischer Mächte – Franzosen, Schweden, etc. – mit sich, als deren Ergebnis Zerstörung, Hunger, Pest und noch größere Uneinigkeit über Deutschland kamen; als Reaktion hierauf kam es zu einer Überschätzung des Militarismus und zu einem Hang zu Disziplin und Ordnung; so wurden Friedrich der Große und Bismarck Vorbilder des deutschen Volkes, und so kam es schließlich auch zur Machtergreifung durch Adolf Hitler.

Natürlich glaube ich nicht wirklich, daß sich die Dinge so verhalten haben; auch läßt es sich nicht beweisen, daß tatsächlich im 15. Jahrhundert eine so starke Abnahme des Salzgehaltes in der Ostsee stattgefunden hat. Daß man aber solche Theorien aufstellen kann, sollte jedem eine Warnung sein, der dazu neigt, Übervereinfachungen geschichtlicher Abläufe als Tatsachen hinzunehmen.

37. Berghänge, Küsten und Städte

DAS KLIMA AUF BEGRENZTEM RAUM

Dem Menschen ist zwar das Klima wenige Millimeter über seiner Haut das wichtigste, doch er interessiert sich ebenfalls für das etwas weniger intime Klima in der unmittelbaren Umgebung seiner Wohnung. In der Tat wird der Einfluß des Makroklimas – des Großraumklimas – oft stark durch das sogenannte Mesoklima verändert, d. h. durch lokale Variationen der klimatischen Gegebenheiten, die von einigen Häuserblöcken der Großstadt bis zu Gebieten von einigen hundert Quadratkilometern reichen können. Lokale Variationen solcher Art werden entweder durch die Gestalt der Erdoberfläche oder durch die jeweiligen Beziehungen zwischen Land und Wasser oder schließlich durch das Eingreifen des Menschen selbst bestimmt. Wenn wir sie verstehen, können wir manchmal das eigene Mikroklima besser regulieren oder werden uns zumindest unserer Umgebung besser bewußt.

Eine typische Erscheinung des lokalen Klimas ist die Seebrise am Nachmittag, die an fast allen Küsten, an denen warme Temperaturen zumindest zeitweilig herrschen, vorkommt. Das Land erwärmt sich viel schneller als das Wasser, d. h. an einem sonnigen Sommertag ist die Bodentemperatur an der Küste schon nach wenigen Morgenstunden höher gestiegen als die Wassertemperatur (der Unterschied kann mehr als 28 Grad Celsius betragen). Die am Boden erwärmte Luft steigt auf wie in einem Heißluftschacht. An ihre Stelle fließt kühlere Luft, die über der Wasserfläche gelegen hat – vorausgesetzt, daß aus der entgegengesetzten Richtung kein starker Wind weht. So folgt gewöhnlich auf einen heißen, windstillen, sonnigen Vormittag ein windiger, kühler Nachmittag. Unter günstigen Voraussetzungen (d. h. bei sehr großen Temperaturunterschieden zwischen Land und Meer) können diese Seebrisen eine Geschwindigkeit bis zu 30 km/h erreichen und bis weit ins Land hinein wehen. Die Stadt Ismailia am Suezkanal liegt über 60 km von der Mittelmeerküste entfernt, wird aber fast an jedem Sommertag von einer Seebrise erreicht, die pünktlich um 15.30 Uhr einsetzt. Wenn der Wetterbericht im Sommer voraussagt: „Höchsttemperaturen am Nachmittag um 32 Grad, an der Küste 27 Grad", dann meint er den Temperaturunterschied als Auswirkung der Seebrise. In der Nacht kehrt sich dieser Vorgang natürlich um. Bei wolkenlosem Himmel sinkt die Bodentemperatur tiefer als die Wassertemperatur und erzeugt dadurch eine Landbrise, die auf die See hinausweht – und gleichzeitig oft Wolken von Mücken aus den Sumpfgebieten und Teichen an die Küste treibt.

Sogar verhältnismäßig kleine Gewässer haben Auswirkungen auf das örtliche Klima. Wie die Ozeane wirken sie in der kalten Jahreszeit als Wärmespeicher und in der warmen als Absorptionsgefäße. Damit werden extreme Temperaturen gemildert und – was für die Landwirtschaft von besonderer Bedeutung ist – die Wachstumsperiode zwischen dem letzten Frühjahrsfrost und dem ersten Herbstfrost wird länger.

Auch die Bodengestalt kann das örtliche Klima beeinflussen. Berghänge nehmen je nach ihrer Lage im Norden oder Süden mehr oder weniger Sonnenlicht auf. Das gleiche gilt für die Hänge der Täler. In der Schweiz, wo es zahlreiche tiefeingeschnittene Täler gibt (die meisten wurden von den Eiszeitgletschern ausgeschliffen), hat man in einigen Dialekten sogar verschiedene Wörter für Sonnenseite und Schattenseite.

In den Tälern können ebenso wie an der Küste lokale Luftbewegungen entstehen. Die Bodenoberfläche an den Talhängen kühlt über Nacht ab, dadurch wird auch die Luft kühler, sinkt auf den Talboden und weht nun dem Talausgang zu. So kann in später Nacht selbst in windgeschützten Lagen sehr kalter Wind entstehen. Nachmittags wird dagegen der entgegengesetzte Effekt wirksam: Erwärmte Luft, die an den Talhängen aufsteigt, saugt kühlere Luft vom Talausgang bis ans obere Talende herauf.

Daß die kalte Luft bergab fließt und sich in tiefliegenden Gebieten sammelt, erklärt auch, weshalb sich in klaren Frühjahrs- oder Sommernächten auf dem Lande manchmal Nebel bildet. Wenn die Luft relativ feucht ist – z. B. als Folge eines Gewitters am Nachmittag – dann kann sie sich unter Umständen so stark abkühlen, daß sich in Tälern und Mulden Wolken von Wassertropfen bilden, während es auf den Höhen vollkommen klar bleibt. Der gleiche Mechanismus bewirkt auch, daß in Frühjahrs- oder Herbstnächten in den Tälern

Frostschäden entstehen, während die Vegetation in größeren Höhen verschont bleibt, obwohl sie den Unbilden der Witterung stärker ausgesetzt ist.

Kluge Architekten, deren Auftraggeber reich genug sind, werden diese und andere Gegebenheiten des Geländes bei der Wahl von Bauplätzen berücksichtigen. Wo ein kaltes Klima herrscht, werden sie Südhänge vorziehen und das Haus möglichst weit oben bauen, um so der kalten Luft, die sich – wie eben beschrieben – in tieferen Lagen sammelt, auszuweichen. An Nordhängen pflanzt man immergrüne Bäume und Büsche als Windschutz an. Für Südhänge eignen sich dagegen eher Laubbäume, da sie im Sommer Schatten spenden und im Winter ohne Blattwerk nicht die spärlichen Sonnenstrahlen abhalten. Wer allerdings reich genug ist, um so wählerisch sein zu können, der kann sich auch eine komplette Klimaanlage leisten und braucht sich nicht um Heizungs- und Stromkosten zu sorgen.

Doch auch der bestbezahlte Architekt vermag nichts gegen die wichtigste Ausprägung des lokalen Klimas: die klimatischen Eigenarten der großen Städte. Sie entstehen durch die Existenz der Städte selbst sowie durch die Aktivität ihrer Bewohner. Beide Faktoren gemeinsam sorgen dafür, daß das Großstadtklima ganz anders und fast immer ungünstiger ist als das Klima ihrer ländlichen Umgebung. Vor allem ist die Luft im Stadtgebiet merklich wärmer als auf dem Lande. Die Gründe für diese Erscheinung sind recht kompliziert.

Erstens können Ziegel, Beton, Steine und Asphalt, aus denen unsere Städte größtenteils bestehen, mehr und rascher Wärme speichern als Gras, Blätter oder sogar der nackte Erdboden auf dem Lande. Weil das Baumaterial der Städte dichter ist, bedarf es größerer Mengen von Wärmeenergie, bis eine bestimmte Temperatur erreicht ist. Doch aus demselben Grunde sind diese Materialien auch bessere Wärmeleiter.

Zweitens führt die Oberflächenstruktur einer Großstadt dazu, daß sie mehr Sonnenlicht absorbiert. Auf dem Lande haben wir es vor allem mit mehr oder weniger horizontalen Oberflächen zu tun. Selbst ein Baum bietet Hunderte solcher Oberflächen. Das einfallende Sonnenlicht wird daher leichter in den Himmel zurückgestrahlt, obwohl natürlich ein Teil absorbiert wird und sich in Wärmeenergie verwandelt. Die Stadt hat demgegenüber ein Profil aus lauter verschränkten Horizontal- und Vertikalflächen, weshalb Sonnenstrahlen häufig von vertikalen Mauern auf horizontale Straßen und von dort wieder auf vertikale Wände reflektiert werden, wobei das Material bei jedem Schritt etwas mehr von der Wärmeenergie aufnehmen kann. Der

Klimatologe William F. Lowry schreibt: „Die Mauern, Dächer und Straßen einer Stadt wirken wie ein Labyrinth aus Reflektoren. Einen Teil der empfangenen Energie absorbieren sie selbst, den Rest strahlen sie gegen andere absorbierende Oberflächen... Eine Stadt stellt ein sehr wirksames System zur Erwärmung großer Luftmassen durch Sonnenlicht dar." (Jeder weiß, daß die heißen Sommernächte in Parks oder Gärten leichter zu ertragen sind als in den großstädtischen Straßenschluchten.)

Drittens erzeugt die Stadt selbst riesige Wärmemengen, besonders im Winter. Hauptwärmequelle sind die Heizungssysteme; da Häuser niemals aus vollkommen isolierendem Material hergestellt sind, geben geheizte Gebäude große Wärmemengen an die Außenluft ab. Das ganze Jahr über arbeiten die Fabriken und Kraftwerke, dazu kommen die Auspuffanlagen und erhitzten Kühler Tausender von Autos, Lastwagen und Omnibussen. Im Sommer treten die Klimaanlagen an die Stelle der Heizungen: Die aus dem Inneren der Häuser hinausgeblasene Wärme muß logischerweise draußen wirksam werden. Es ergibt sich die groteske Konsequenz: je mehr Klimaanlagen zur Verbesserung des Mikroklimas in den Gebäuden angebracht werden, desto unerträglicher wird das lokale Klima in den „nicht konditionierten" Gebieten.

Viertens steht dem nur allzu wirksamen Heizungssystem ein entschieden zu wenig wirksamer Kühlmechanismus gegenüber. Auf dem Lande versickert das meiste Regenwasser im Boden, von wo aus ein großer Teil der Feuchtigkeit durch Verdunstung sowie durch die transpirierenden Blätter der Bäume wieder in die Atmosphäre zurückkehrt. Dabei wird Wärme absorbiert. In der Stadt läuft dagegen sehr viel Regenwasser sofort von den Dächern und Straßen in die Kanalisation, wo es nicht mehr verdunsten und zur Abkühlung beitragen kann. Die unregelmäßige Oberfläche der Großstadt erschwert außerdem die Abkühlung durch den Wind. Es entstehen Wirbel, die zwar die Röcke der Damen charmant emporflattern lassen, aber die auch die Windgeschwindigkeit bis zu 25 Prozent abbremsen, wodurch entsprechend weniger Warmluft fortgetragen wird.

Die Folge aller dieser Erscheinungen ist, daß Großstädte regelrechte „Wärmeinseln" bilden, besonders in ihren dichtbebauten Stadtteilen. Die Ausdehnung dieser Inseln hängt natürlich ebenso wie ihre „Höhe" (d. h. die Menge der überschüssigen Temperatur im Zentrum) direkt von der Größe der Stadt ab. In Großstädten liegen die niedrigsten Temperaturen im Durchschnitt etwa 2 Grad Celsius höher als in den umliegenden Gebieten. Die höchsten Tagestemperaturen sind zwar nur etwa ein halbes Grad höher, aber auch das bedeutet im Jahresdurchschnitt nicht wenig. Daß bei den höchsten Temperaturen weniger „Wärmeüberschuß" als bei den tiefsten besteht, liegt ganz einfach daran, daß sich die Stadt tagsüber meistens selbst entlüftet: als steinerne Wärmeinsel auf einem ländlichen „Meer" verhält sie sich ganz ähnlich wie eine wirkliche Insel. Die aufsteigende Warmluft über der Stadt saugt eine „Seebrise" vom kühlen Lande herein, während sie selbst in höheren Luftschichten den Stadtkern verläßt. Zur zweifelhaften Freude der Vorortbewohner nimmt sie dabei eine Menge Rauch und Staub mit.

Das sind aber noch nicht alle klimatischen Besonderheiten, die wir in den Stadtgebieten beobachten können. Wegen der geringeren Verdunstung und der höheren Temperaturen liegt die durchschnittliche Luftfeuchtigkeit niedriger als auf dem Lande. Seltsamerweise fällt jedoch in den Städten durchschnittlich etwa 10 Prozent mehr Regen. Lowry erklärt dies damit, daß an manchen Tagen Nieselregen über der Stadt liegt, während in den umliegenden Gebieten keine Niederschläge auftreten. „An solchen Tagen sorgt der Auftrieb der warmen Luft über der Stadt dafür, daß die Wolken eine etwas größere Niederschlagsmenge erzeugen."

Doch der auffallendste Unterschied zwischen Stadt und Land liegt in ihrer Dunst- und Nebelbildung: die Stadt hat im Sommer etwa 30 Prozent und im Winter sogar 100 Prozent mehr Drecknebel als das umliegende Land. Als ich einmal an einem klaren Tag nach Boston flog, konnte ich schon aus 30 Kilometer Entfernung die braune Dunstwolke gegen den blauen Himmel erkennen. An windstillen Tagen werden Staub und Abgase nicht vom Wind fortgeblasen, sondern hängen als „Dunstglocke" über dem Stadtgebiet. Nachts verlieren diese Schmutzpartikel durch Ausstrahlung Wärme und werden unter günstigen Voraussetzungen zu Kernen, an denen Wasserdampf zu Tröpfchen kondensiert. Diese Nebeltröpfchen drücken die Staubpartikel durch ihr Gewicht nach unten und halten sie fest. Wenn der Dunstschleier nicht von außen gestört wird – etwa durch eine kräftige Brise, welche die Partikel fortbläst, oder einen starken Regen, der sie fortspült –, wird er von Tag zu Tag dichter.

Im Winter ist es sogar noch schlimmer. Das schwache Sonnenlicht kann zuweilen nur noch die oberen Nebelschichten durchdringen; die unteren Schichten werden nicht mehr „ausgebrannt", und das ganze giftige Gebräu verdichtet sich durch vermehrten Verbrauch von Heizmaterial in der kalten, nebligen Stadt. Der beißende Smog rötet die Augen, kratzt in der Kehle und kann, wenn er zu lange anhält, für Hunderte von Asthmatikern und Herzkranken das vorzeitige Ende bedeuten. Vor allem im Spätherbst und zu Winterbeginn, wenn allgemein windstille Schönwetterperioden herrschen, muß man mit derartig bösen, fast katastrophalen Erscheinungen rechnen: die unteren Schichten der südlichen Warmluft kühlen sich in den langen Nächten ab, was zu einer „Umkehrung der Temperatur" führt, das heißt, die Luft wird nach oben hin nicht kälter sondern immer wärmer (die wärmste Schicht liegt dann etwa 500 bis 600 Meter über dem Erdboden). Die unbewegte, kalte und schmutzige Luft am Boden ist zu schwer, um durch die wärmeren, leichteren Schichten aufzusteigen. So hängt sie wie ein erstickender Mantel über den Schornsteinen und Entlüftungsanlagen, die fortwährend neue Abgase produzieren.

Manche Städte an der amerikanischen Westküste müssen fast dauernd unter solch einer Umkehrung der Temperatur leiden; das krasseste Beispiel ist Los Angeles. Dort herrscht meistens Westwind vom Pazifischen Ozean, dessen Wasser an der Küste durch den kalten kalifornischen Meeresstrom abgekühlt wird (vor der kalifornischen Küste hat das Wasser etwa die gleiche Temperatur wie vor Neufundland). Im allgemeinen ist die pazifische Luft verhältnismäßig warm und trocken, da sie von der planetarischen Zirkulation aus größeren Höhen herabbefördert wird. Doch während sie über die kalifornische Strömung an der Küste hinwegzieht, wird ihre unterste Schicht durch die Meeresoberfläche abgekühlt und angefeuchtet, so daß sie auch auf dem Lande noch kilometerweit dicht über den warmen Boden streicht, bevor sie sich genügend erwärmt hat, um wieder aufsteigen zu können. Gelegentlich bringt diese kühle Meeresluft Nebel an die kalifornische Küste, in San Francisco sogar häufig. Doch immer wenn es nicht gerade windig ist – was in Los Angeles wegen der Berge um die Stadt oft vorkommt – werden die Abgase der Kraftfahrzeuge auf dem verschlungenen Netz der Stadtautobahnen abgefangen und gespeichert, so daß es oft schon um die Mittagszeit dämmerig, wenn nicht sogar dunkel wird. Jedesmal wenn ich auf dem Flugplatz von Los Angeles lande, sehe ich den gelblich-weißen Smog unter mir: wenn das Flugzeug darin eintaucht, habe ich immer den Eindruck, daß ein atmosphärischer Techniker das Sonnenlicht stufenweise abblendet.

Das Großstadtklima hat nicht nur unangenehme Auswirkungen:

Die Heizungsrechnungen sind niedriger als auf dem Lande – wenn auch freilich der Betrieb von Klimaanlagen teurer wird. Der glückliche Besitzer eines Gartens in der Stadt kann mit einer drei bis vier Wochen längeren Wachstumsperiode rechnen als seine Nachbarn in den Vororten. Doch dergleichen Vorteile wiegen kaum die massiven Nachteile auf: die brütende August-Hitze in den Straßenschluchten und U-Bahn-Schächten und der beißende Smog im November. Für die zwei Dutzend Menschen, die im Jahre 1948 an einem „Killer Smog" in der kleinen pennsylvanischen Stadt Donora starben und für die Tausende von Herz- und Lungenkranken, deren Tod durch die Londoner Smog-Katastrophe von 1952 besiegelt wurde, waren die „Vorteile" des Stadtklimas jedenfalls kaum ein Trost.

Unsere trostlosen, smogvergifteten Großstädte lassen sich mit den Wüsten im Industal, dem versalzenen Boden von Mesopotamien, den erosionsverwüsteten Gebieten im Mittelmeerraum und den weiten lateritgepflasterten Flächen in Asien, Afrika und Brasilien in eine Reihe stellen. Sie sind der jüngste und offensichtlichste Beweis dafür, daß der Mensch, wenn er seine Umwelt in großem Ausmaß verändert, schließlich mit unerwarteten und unerwünschten Folgen konfrontiert wird. Insbesondere dann, wenn er rücksichtslos pragmatisch vorgeht, ohne die künftigen Kosten so ernst wie den gegenwärtigen Profit zu nehmen.

38. Und was nun?

DAS KLIMA HEUTE UND IN ZUKUNFT

Hinter uns liegt ein weiter Weg: Von den milden Tagen des Oligozän, als die ersten Affen durch die Palmenwälder des längst verdorrten Fayum streiften, über die gewaltigen Gletscher-Zyklen der Eiszeit-Epoche, als der Mensch erstmals tastend versuchte, sein Klima zu beeinflussen, bis zur randvoll mit Geschichte bepackten Neuzeit mit den ungezählten Herausforderungen und Problemen, die das Klima bei der Entstehung, der Ausbreitung und dem Verfall von Zivilisationen und Kulturen allezeit dem Menschen stellte. Wo sind wir nun angelangt — und wohin wird uns der Weg des Klimas noch führen?

Die Tatsachen liegen klar vor uns, denn wir leben in einer Periode, in der genaue Temperatur- und Regenmessungen möglich geworden sind und jetzt allgemein durchgeführt werden. Zwischen 1600 und 1850 machte die Erde eine Periode der allgemeinen Klimaverschlechterung durch. Man nennt sie etwas übertrieben die Kleine Eiszeit. Außerhalb der Tropenzone lagen die Durchschnittstemperaturen niedriger als jemals während der letzten beiden Jahrtausende.

Ein deutlicher Hinweis darauf ist der Umstand, daß das Seegebiet vor der Küste von Island länger als üblich vereist blieb. Um 1780 war es im Jahresdurchschnitt dreizehn Wochen lang zugefroren, zur Zeit der Wikinger dagegen kaum eine einzige. Ende des 18. Jahrhunderts wurden die Wassertemperaturen im Nordatlantik schon so häufig gemessen, daß moderne Klimatologen daraus die damalige Lage des Golfstromes erkennen können. Sie stellten fest, daß dieser bedeutende Gestalter des europäischen Klimas damals in schärferem Knick nach rechts abbog, so daß seine Nordgrenze weiter südlich als heute lag und seine östlichen Ausläufer nicht so nahe an die Küste von Westeuropa heranreichten. Diese Verlagerung des Golfstroms ist ohne Zweifel eine Ursache für die Verlängerung der Eisperiode im isländischen Meer – allerdings wissen wir nicht, warum sie damals eintrat. Auch auf dem Festland waren die Auswirkungen deutlich zu spüren: Die Gebirgsgletscher reichten weiter in die Täler hinein, zuweilen sogar mehrere Kilometer.

Seit etwa 1850 ließ die Kälte allmählich nach, wenn es auch immer wieder zu Rückfällen kam. Sowohl auf dem Wasser wie auf dem Land trat das Eis seinen Rückzug an. In den dreißiger Jahren unseres Jahrhunderts erreichte die Erwärmung ihren Höhepunkt. Damals dauerte die Vereisung des Island-Meeres jährlich kaum anderthalb Wochen. In vielen Gebirgen stieg die Schneegrenze. Vor Südgrönland wurden die Walrosse und Robben seltener, da die Tiere nach Norden in die kälteren Gewässer abwanderten – zum Kummer der Eskimos, die sich seit Generationen von ihrem Fleisch ernährt hatten. Zum Ausgleich erschienen jedoch große Dorschschwärme. Verschiedene Vogelarten suchten ihre Nistplätze weiter im Norden. Allein in Island traten sieben neue Spezies auf, die vorher weiter im Süden beheimatet waren, während einige der arktischen Arten nur noch in geringerer Anzahl vorkamen.

Seit 1940 sinken die Temperaturen auf der ganzen Erde erneut und beständig, ohne daß allerdings heute schon irgendwo das Niveau der „Kleinen Eiszeit" erreicht worden wäre. Niemand weiß, wie lange dieser Prozeß noch andauert – und der Wert jeder Schätzung hängt von der jeweiligen Theorie der klimatischen Veränderungen ab, auf der sie begründet wird. Eine dieser Theorien besagt, daß das Klima ganz einfach wieder zum normalen Stand zurückgeht. H. H. Lamb hält die erste Hälfte des 20. Jahrhunderts, besonders die letzten Jahrzehnte für „hochgradig abnormal" und meint daher, daß die während der letzten 20 Jahre beobachtete Tendenz zur Abkühlung nicht anders zu erwarten gewesen sei. Damit ist freilich nicht viel erklärt worden – was Lamb allerdings auch gar nicht behauptete. Doch ganz abgesehen davon muß ich doch fragen, was dieses „hochgradig abnormal" heißen soll. Verglichen mit der vorangegangenen Kleinen Eiszeit war die jüngste Wärmeperiode in der Tat „hochgradig abnormal", im Vergleich zu der Zeit zwischen 1400 und 1600 aber durchaus nicht. Verglichen mit dem kleinen Klimatischen Optimum war sie ebenfalls abnormal. Allerdings nicht abnormal warm sondern kalt. Desgleichen war sie auch bemerkenswert abnormal im Vergleich zum antiken Klimatischen Optimum, das seinerseits verglichen mit den Verhältnissen der Jahrtausende vorher und nachher abnormal gewesen ist.

Man kann kaum bestreiten, daß die Temperaturen auf der Erde seit dem Rückzug der letzten Eisschichten vor etwa 10.000 Jahren um eine Norm schwanken, die knapp unter dem Durchschnitt der Jahre 1900 bis 1950 liegt. Ebensogut könnte man aber auch sagen, daß die gesamte erdgeschichtliche Neuzeit (also die letzten 10.000 Jahre) „abnormal" ist im Vergleich zu früheren Zwischeneiszeiten. In der Zeit vor 100.000 bis 80.000 Jahren lagen z. B. weite Gebiete der heutigen gemäßigten Zone im subtropischen Bereich, d. h. daß die Temperaturen auf der Erde wesentlich höher waren als während unseres Klimatischen Optimums, und zwar während einer Periode, die doppelt so lang wie die ganze Neuzeit war! Und schließlich war sogar diese milde Periode abnormal kalt im Vergleich zu Verhältnissen, wie sie während der längsten Zeit der Erdgeschichte herrschten. Es liegt klar auf der Hand: der Begriff „normal" ist in der Klimatologie ebenso wie auf allen anderen wissenschaftlichen Gebieten rein statistisch, er bezeichnet nichts anderes als den Durchschnitt einer besonderen Gruppe von Werten, die in einem bestimmten Zeitraum gemessen worden sind. Welchen Durchschnittswert man erhält, hängt ganz davon ab, welche Gruppe man auswählt.

Doch auch etwas anderes liegt klar auf der Hand: das Klima des 20. Jahrhunderts ist in ganz anderem Sinne abnormal, und zwar insofern wir es als ein Ergebnis menschlicher Aktivitäten betrachten können, als eine Konsequenz jener verschiedensten Substanzen, die der Mensch zu vielen Milliarden Tonnen in die Atmosphäre befördert hat.

Die erste dieser Substanzen ist das Kohlendioxyd. Selbstverständlich haucht der Mensch dieses Gas bei jedem Atemzug in die Atmosphäre, doch verglichen mit der Gesamtmenge des CO_2 auf der Erde fällt das kaum ins Gewicht. Der größte Teil des Kohlendioxyds (insgesamt mehr als 130 Millionen Millionen Tonnen) ist im Wasser der Ozeane gebunden. Mehr noch: Was der Mensch an CO_2 abgibt, kommt aus den Kohleverbindungen in seinem Körper (in erster Linie Stärke und Zucker). Da diese Stoffe letzlich aus Pflanzen stammen, die das CO_2 aus der Atmosphäre aufnehmen, ergibt sich logisch, daß jedes Gramm dieser chemischen Verbindung, das der Mensch (oder ein anderes Tier) in die Atmosphäre haucht, nur wieder ein vorher durch Pflanzen entnommenes Gramm ersetzt.

Mit Beginn der industriellen Revolution begann der Mensch jedoch ein Kohlendioxyd zu erzeugen, das nicht vorher von Pflanzen verbraucht worden war. Freilich sind auch Kohle, Öl und Erdgas, die unseren Maschinen die Energie liefern, ursprünglich aus Pflanzen gebildet worden –, doch das war vor Hunderten von Millionen Jahren (auch heute noch werden diese Stoffe in Torfmooren und auf geeigneten Meeresböden neu gebildet, allerdings viel langsamer, als man sie heute verbraucht). Je mehr Fabriken und Kraftwerke gebaut wurden, desto mehr beschleunigte sich der Ausstoß von CO_2 aus fossilen Brennstoffen. Im Jahre 1960 waren es etwa sieben Milliarden Tonnen jährlich. Auch das ist noch nicht sehr viel – besonders weil fast die ganze Menge relativ schnell von den Weltmeeren aufgenommen wird – doch im Lauf der Jahre sammelt sich einiges an. Neure Messungen zeigen, daß der CO_2-Gehalt in der Atmosphäre von 1850 bis 1950 um 13 Prozent zugenommen hat.

Das Kohlendioxyd ist eines der Gase, die den Treibhauseffekt der Atmosphäre auslösen, da sie die Wärmestrahlung von der Erde absorbieren. Die wichtige Rolle, die das CO_2 dabei spielt, steht in keinem Verhältnis zu seiner schwachen Konzentration in der Atmospähre (etwas mehr als 0,03 Prozent): seine Aufgabe ist die Absorption der infraroten Strahlung auf denjenigen Wellenlängen, auf denen die Ausstrahlung der Erde besonders intensiv ist. Man hat berechnet, daß eine 13prozentige Zunahme des Kohlendioxyds in der Atmosphäre die Durchschnittstemperaturen auf der Erde etwa um einen halben Grad Celsius erhöhen müßte – genau der tatsächliche Anstieg zwischen 1850 bis 1950.

So weit, so gut. Doch die Zunahme des CO_2 in der Atmosphäre endete 1950 nicht, im Gegenteil, sie hat sich seither sogar beschleunigt. Dennoch haben die Temperaturen seit 1950 wieder abgenommen; im Jahresdurchschnitt sind sie bereits um die Hälfte ihrer vorherigen Zunahme gesunken. Was ist geschehen?

Es könnte natürlich sein, daß der Temperaturabfall der vergangenen zwanzig Jahre eine vorübergehende Erscheinung ist. Es hat schließlich auch schon vor der industriellen Revolution Klimaveränderungen gegeben, es wäre also durchaus denkbar, daß dieselben Kräfte, die schon frühere Temperaturabfälle verursacht hatten, auch jetzt wieder am Werk sind und dabei – wenigstens zunächst noch – stärker wirken als die steigende Tendenz, die durch Verbrennung fossilen Materials in Gang gebracht worden ist. Unter solch einer Voraussetzung könnte sich die Entwicklung in absehbarer Zeit wieder umkehren. Die Temperaturen könnten dann im Jahr 2000 sogar ganze 2 Grad über dem Durschschnitt von 1850 liegen, also auf gleicher Höhe wie zur Zeit des Klimatischen Optimums. Dies würde allerdings nur dann geschehen, wenn alle übrigen Voraussetzungen gleich blieben. Da wir aber nicht wissen, welches diese „übrigen Voraussetzungen" von Klimaveränderungen sind, können wir auch nicht sicher sagen, ob sie tatsächlich gleich bleiben.

Sollten sich die Verhältnisse jedoch in dieser Richtung entwickeln, so wäre das von ungeheurer Bedeutung für die Wissenschaft. Zum Beispiel wüßte man gerne, ob höhere Temperaturen in den Tropen stärkere Regenfälle (eine Pluvialperiode) zur Folge haben. Ließe sich diese Frage beantworten, dann wäre auch eine alte Streitfrage über das Eiszeitklima in Afrika gelöst. H. H. Lamb nimmt an, daß die Mittelmeerzone während des kleinen Klimatischen Optimums nicht etwa trockener sondern feuchter war. Er erklärt das mit dem Auftreten eines zweiten Sturmgürtels, der sich neben dem „regulären" (der damals ein gutes Stück weiter nördlich lag) im Mittelmeerraum gebildet habe. Ähnliches mag auch zur Zeit des großen Klimatischen Optimums geschehen sein. In etwa 30 Jahren werden wir das vielleicht genauer wissen. Außerdem könnten wir dann auch feststellen, ob das Eismeer, wie manche Wissenschaftler angenommen haben, im großen Klimatischen Optimum wirklich eisfrei war. Damit wären die Eiszeittheorien von Ewing und Donn schlüssig widerlegt. Vielleicht werden sich dann auch in der Ostsee wieder die großen Heringsschwärme einfinden. Eine Erwärmung des Klimas allein würde dafür aber wahrscheinlich nicht genügen. Als Folge der Verschmutzung der Flüsse, die in die Ostsee münden, fehlt heute schon jedes tierische Leben in großen Teilen dieses Gewässers.

Wenn nun allerdings die Erwärmung mehrere Jahrhunderte lang kontinuierlich andauert, wie es nach der Kohlendioxyd-Theorie zu erwarten wäre, dann hätten wir mit unangenehm hohen Temperaturen zu rechnen. Man hat berechnet, daß die Erdtemperatur zu dem Zeitpunkt, an dem alle Vorräte fossiler Brennstoffe erschöpft sein werden, um 10 Grad höher liegen wird als jetzt. Dann müßte in New York ein tropisches und in London, Paris und Berlin zumindest ein subtropisches Klima herrschen — vorausgesetzt, daß es bis dahin noch ein New York und ein London gibt: Ein Temperaturanstieg dieses Ausmaßes könnte genügen, um die Eiskappen auf Grönland und in der Antarktis schmelzen zu lassen; damit würde die Wassermenge der Ozeane so stark zunehmen, daß der Meeresspiegel um mindestens 50 Meter steigen würde. Meine New Yorker Etagenwohnung läge dann etwa 30 Meter tief unter Wasser — allerdings wird sie ebensowenig wie ich dann noch existieren. Große Teile der heute bewohnten

Erde wären überflutet, insbesondere der fruchtbarste Ackerboden. Es wäre eine ungeheure klimatische Katastrophe, folgenschwerer als die verschiedenen Wüsten und Halbwüsten, die durch menschliche Aktivität bisher entstanden sind:

Es ist aber auch möglich, daß der neuerliche Rückgang der Temperaturen nicht auf natürliche Ursachen, sondern auf andere menschliche Aktivitäten zurückgeführt werden muß, deren Auswirkungen auf die Atmosphäre den CO_2-Effekt zunächst neutralisierte und ihn jetzt umkehrt. Diese Aktivität betrifft den Staub, den Rauch und ähnliche Substanzen, die nicht die Wärmerückstrahlung einfangen, sondern die einstrahlende Wärme blockieren.

Reid Bryson gehört zu den Verfechtern dieser Theorie. Er verweist auf zahlreiche Messungen, nach denen die „Trübung" der Atmosphäre – ihre Belastung mit Substanzen, die die Durchlässigkeit verringern – während der vergangenen fünfzig Jahre merklich zugenommen hat. Eine der überraschendsten Entdeckungen auf diesem Gebiet machte der sowjetische Forscher F. F. Davitaia bei der Untersuchung von Gletschern im kaukasischen Hochgebirge. Gletscher bestehen oft aus Schichten, in denen man die Eisablagerungen eines bestimmten Jahres von denen anderer Jahre unterscheiden kann. Als Davitaia untersuchte, wieviel Staub sich in diesen jährlichen „Wachstumsringen" abgelagert hatte, fand er bis 1930 keine wesentlichen Veränderungen. Doch in den nächsten 30 Jahren stieg der Staubgehalt um das Neunzehnfache an. Während des größten Teils dieser Periode wurde die Industrialisierung in der UdSSR mit halsbrecherischem Tempo vorangetrieben. Die einzige größere Ausnahme bildeten die Kriegsjahre, in denen zahlreiche sowjetische Industrieanlagen zerstört wurden und somit auch die Staubablagerungen zurückgingen. Als Davitaia den Staubregen auf den Gletschern und die sowjetischen Industrialisierungsinvestitionen graphisch darstellte, zeigten beide Kurven tatsächlich auffallende Ähnlichkeit.

Niemand bezweifelt wohl, daß eine Zunahme des Staubes in der Atmosphäre die Oberflächentemperaturen auf der Erde sinken läßt, da ein wachsender Teil der Sonnenstrahlen nicht durchdringt. Es fragt sich nur, wie stark diese Wirkung ist.

Gewiß kommt ein Teil der Staubentwicklung aus den Rauch- und Aschepartikeln, die bei industriellen Verbrennungsprozessen freiwerden. Doch sollte man meinen, daß diese Mengen nicht genügen, um die entgegengesetzte Wirkung des Kohlendioxyds auszugleichen, das bei den gleichen Prozessen frei wird. Wenn industrielles CO_2 (Erwärmung) und Industriestaub (Abkühlung) zusammengenommen zwischen 1900 und 1950 einen Temperaturanstieg bewirkten, so müßte man doch dasselbe Ergebnis auch weiterhin erwarten, oder nicht? Nicht unbedingt. Wollten wir das annehmen, müßten wir auch voraussetzen, daß beide Vorgänge „linear" verlaufen, d. h., daß die doppelte Menge CO_2 in der Atmosphäre auch zum doppelten Temperaturanstieg führt und die doppelte Menge Rauch einen doppelt so tiefen Fall bewirkt. Wir wissen aber nicht, ob das so ist. Wir könnten uns vorstellen, daß die doppelte Menge Rauch vielleicht eine dreifache Abkühlung bewirkt, und zwar umso mehr, als die Auswirkungen des Rauchs dadurch verstärkt werden, daß er an der Entstehung von Nebel und Wolken mitwirkt, wie wir schon im vorigen Kapitel gezeigt haben.

Bryson weist auch darauf hin, daß zahlreiche stauberzeugende Vorgänge mit Sicherheit nicht durch gleichzeitige Freisetzung von CO_2 neutralisiert werden. Zunächst ist hier die mechanisierte Landwirtschaft zu nennen. Er schreibt: „Man denke an den Staub, der durch einen traktorgezogenen Pflug bei einer Geschwindigkeit von 20 km/h aufgewirbelt wird, und vergleiche ihn mit den Auswirkungen eines Pfluges, der mit 3,5 km/h von einem Pferd gezogen wird." Planierraupen und andere motorisierte Maschinen zur Erdbewegung erzeugen ebensoviel Staub. Ein weiterer Faktor ist der motorisierte Verkehr in Wüstengebieten. Ein Lastwagen wühlt die Stein- und Kiesschicht, die den Wüstenstaub bindet, sehr viel stärker auf als ein Kamel. Die durch die großen Panzerschlachten des Zweiten Weltkrieges in Nordafrika aufgewirbelten Staubwolken wurden von den Passatwinden bis über das Karibische Meer getragen!

Schließlich sind auch noch die Kondensstreifen hochfliegender Düsenflugzeuge zu berücksichtigen. Sie entstehen durch die Kondensierung von Wasserdampf, der bei der Verbrennung der Kraftstoffe entsteht. Bevor die Kondensstreifen sich auflösen, können sie zuweilen fast einen Kilometer überspannen. Bryson schätzt, daß im Luftraum über Gebieten mit starkem Flugverkehr, also vor allem in Nordamerika, über dem Nordatlantik und über Europa, die Wolkenschicht in großer Höhe durch Kondensstreifen bis zu 10 Prozent verstärkt worden ist. Das ist nicht mehr „geringfügig". Wenn die neuen Überschall-Jets erst einmal allgemein eingesetzt werden, könnte sich diese künstlich erzeugte Wolkenschicht noch wesentlich verdichten. Genaue Angaben kann man nicht machen: Die meisten Forschungsergebnisse hinsichtlich des Überschallfluges befinden sich in den Händen des Pentagon, das ebenso stur darauf sitzt, wie es schon auf so vielen anderen wichtigen Informationen von öffentlichem Interesse gesessen hat. Bryson glaubt, daß Kondensstreifen unter bestimmten Voraussetzungen fast den ganzen Himmel mit ihren künstlichen „Wolken" bedecken könnten.

Es ist unmöglich zu sagen, welche Auswirkungen Kondensstreifen heute oder in der Zukunft auf das Klima haben werden. Einige Meteorologen behaupten, daß sie für das Absinken der Temperaturen verantwortlich sind, weil sie die einfallenden Sonnenstrahlen abfangen. Andere vertreten mit der gleichen Leidenschaft die Auffassung, daß sie die Temperaturen steigen lassen, weil sie die infrarote Rückstrahlung nicht durchlassen. Beide könnten recht haben. Selbst wenn die Kondensstreifen überhaupt keine Auswirkungen auf das Klima haben sollten, blockieren sie doch einen wachsenden Teil des offenen Himmels.

Alles in allem – so faßt Bryson seine Untersuchung zusammen – könnte die Trübung der Atmosphäre den Eintritt einer neuen „Kleinen Eiszeit" bewirken: „Das Problem wird vielleicht nicht darin bestehen, daß wir New York vor einer Überschwemmungskatastrophe bewahren müssen, sondern darin, den New Yorker Hafen im Winter eisfrei zu halten!"

Vielleicht beeinflussen wir das Klima in bestimmten Gebieten auch dadurch, daß wir tropische Wälder abholzen. Die riesigen Bäume in der Äquatorialzone sind ein höchst wirksamer Mechanismus zur Abgabe von Feuchtigkeit in die Atmosphäre. Man schätzt sogar, daß ein solches Waldgebiet praktisch ebensoviel Wasserdampf abgibt wie eine gleich große Fläche offenen Wassers, in jedem Fall aber bedeutend mehr als landwirtschaftlich genutztes Land oder Grasflächen. Wenn große äquatoriale Wälder abgeholzt werden, dann werden die Luftmassen über dem Gebiet wesentlich trockener als heute. Für die benachbarten trockeneren Gebiete, die ihre atmosphärische Feuchtigkeit aus den äquatorialen Regionen beziehen, kann das sehr schlimme Folgen haben. Wenn z. B. im Amazonasbecken große Urwaldflächen gerodet würden, dann könnte das die Niederschlagsmengen in Venezuela und Kolumbien wesentlich verringern, da beide Länder einen beträchtlichen Teil ihres Regens aus äquatorialen Luftmassen beziehen. Die Wetterstationen von zwei kolumbianischen Orten bezeugen in der Tat einen bedenklichen Rückgang des Regens während der letzten 25 Jahre. Wir wissen weder, ob das auf die Rodung von Wäldern zurückzuführen ist oder ob es nicht damit zusammenhängt.

Daß die Modifizierung des Klimas durch den Menschen eine so problematische Angelegenheit ist, zeigt uns, wie wenig wir immer noch über die Zusammenhänge wissen – und wie viel wir darüber wissen müßten. Der Mensch ist nicht mehr jene seltene Spezies, die er in der Eiszeit war. Heute leben 3,5 Milliarden Menschen auf der Erde – und es werden bald noch mehr sein. Damit können unsere Eingriffe ganz unbeabsichtigt weitreichende und vielleicht katastrophale Folgen haben. Der starke Bevölkerungszuwachs auf der Erde bedeutet zudem, daß der Spielraum, innerhalb dessen wir uns noch Fehler leisten können, jeden Tag kleiner wird.

Da wir nun schon ungewollt das Klima in unseren Großstädten und vielleicht auf der ganzen Erde verändert haben, fragen wir uns jetzt, wie es mit der *planmäßigen* Klimaveränderung inzwischen steht.

Es ist bemerkenswert, daß die Methoden auf diesem Gebiet heute im wesentlichen die gleichen sind, wie sie die Menschen schon seit Tausenden von Jahren angewandt haben. Unsere Heizungen in den Wohnungen und Fabriken sind größer und wirksamer geworden. Das Heizmaterial Holz wurde zuerst durch Kohle, dann durch Öl und schließlich durch Erdgas und Elektrizität abgelöst, doch das Heizungsprinzip ist dasselbe wie das des Neandertalers, der seine Höhle für sich und seine Familie mit Feuer wärmte. Unsere Bewässerungsanlagen erstrecken sich über Millionen von Quadratkilometern, doch jeder sumerische oder ägyptische Priester-Ingenieur würde ihre Wirkungsweise verstehen.

Die einzige Ausnahme besteht in den Methoden, die in den letzten 100 Jahren zur Raum*kühlung* entwickelt worden sind. Die älteste und primitivste ist die künstliche Kälteerzeugung einschließlich der Eismaschine. Als Zehnjähriger habe ich noch gesehen, wie auf einem der letzten altmodischen Eisteiche in Neuengland aus der gefrorenen Oberfläche zwei Meter lange Eisklötze herausgesägt wurden, die dann in Sägemehl verpackt in den großen, dickwandigen Eiskellern aufbewahrt wurden, um im Sommer in die Eiskisten gelegt zu werden. Heute sind die Eiskeller und Eiskisten verschwunden. Mechanische Kühlgeräte stellen das Eis in der Wohnung her. Die Kühltruhe hat die Methode, mit der die eiszeitliche Hausfrau ihre Lebensmittelvorräte im Winter aufbewahrte, in allen Jahreszeiten und unter jedem Klima möglich gemacht, und die Klimaanlagen erleichtern den Bewohnern der überhitzten Städte den Sommer.

Wir dürfen allerdings die Bedeutung dieser modernen Entwicklung der Klimakontrolle nicht überschätzen. Für einen Teil der Menschheit wurde das Leben dadurch etwas bequemer und angenehmer, viel mehr ist aber dabei nicht herausgekommen. Wir müssen zwar noch eine Menge über die Auswirkung der Umwelttemperaturen auf die menschliche Leistungsfähigkeit lernen, aber eines wissen wir schon: Hitze macht dem Menschen viel weniger zu schaffen als Kälte. Der Mensch hat von Anfang an in den Tropen gelebt und aus diesem Grunde so hervorragende biologische Kühlungsmechanismen entwickelt, daß seine körperlichen Funktionen auch im heißesten Klima nicht beeinträchtigt werden, solange er über genügend Wasser verfügt. Vielleicht wird die Klimaanlage wirklich eines Tages ebenso nützlich für die Zivilisation in den Tropen, wie die Zentralheizung für die kälteren Zonen, aber ich möchte darauf keine Wette abschließen.

Man braucht kein Prophet zu sein, um vorauszusagen, daß sich die erprobten Methoden der Klimakontrolle ständig weiterentwickeln werden, besonders in Fragen der Bewässerung – man denke nur an den wachsenden Bedarf nach Nahrungsmitteln. Doch gerade in diesem Punkt stoßen wir auf eindeutige Grenzen: Es gibt nicht genug Wasser. Im amerikanischen Südwesten sinkt der Grundwasserspiegel schnell, teils gerade auf Grund der immensen Ausbreitung von Bewässerungsanlagen. Das bedeutet, daß die Brunnen, die dicht unter der Erdoberfläche liegen, allmählich versiegen. In vielen Küstengebieten, aber auch in manchen Inlandgebieten, füllen sich die Brunnen mit Brackwasser, da Salzwasser dort einsickert, wo der Mensch das Süßwasser herausgepumpt hat. Dergleichen geschieht überall dort, wo dem Boden mehr Wasser entzogen wird, als durch Niederschläge hineinkommt. Ein neues Beispiel für jene alte Erfahrung, die der Mensch bei seinem Umgang mit seiner Umwelt so oft und mit so katastrophalen Folgen außer acht gelassen hat: Man bekommt nichts umsonst.

Im Prinzip können wir freilich unbegrenzte Wassermengen für Bewässerungsanlagen und andere Zwecke erhalten, wenn wir das Meerwasser entsalzen. Aber auch hier bekommen wir nichts umsonst, denn das Entsalzen verlangt Energie, und Energie kostet mehr Geld, als das Wasser einbringen würde, wenn man es zur Feldbewässerung verwendete. Die Differenz müßte der Steuerzahler aufbringen, der gewiß wieder gegen erneute Subventionen der Landwirtschaft protestieren würde.

Eines der teuersten – um nicht zu sagen grandiosesten – Projekte zur Klimakontrolle sieht vor, das benötigte Wasser nicht aus dem Meer sondern aus heute noch „ungenutzten" Flüssen zu beziehen. So hat man vorgeschlagen, einige kanadische Flüsse, die heute in das nördliche Eismeer fließen, umzudrehen und das Wasser durch Aquädukte und Tunnel in das große amerikanische Wüstenbecken nach Süden zu leiten, um dieses Gebiet in Ackerland zu verwandeln. Ähnliche Vorschläge gibt es für Sibirien, wo im Ob, im Jenissei und in der Lena Millionen Tonnen Wasser nach Norden abfließen, die in Zentralasien viel größeren Nutzen bringen könnten. Was immer der ökonomische Wert solcher Projekte sein mag, klimatische Nebenwirkungen wären bei Eingriffen solchen Ausmaßes gewiß zu erwarten. Kenneth Hickman vom Rochester Institute of Technology hat darauf hingewiesen, daß die nach Norden fließenden Flüsse mit ihrem Wasser aus wärmeren Breiten das Eismeer erwärmen. Würde man sie nach Süden umleiten, dann müßten die polaren Regionen noch polarer und die tropischen noch tropischer werden. Er hätte noch hinzufügen können, daß auch die nördliche Sturmzone stürmischer werden müßte, weil der Gegensatz zwischen der tropischen Zone und der nördlichen Polarregion schärfer wurde und dadurch die atmosphärische Wärmemaschine auf höhere Touren käme. Hickman selbst glaubt, daß das Projekt das nordamerikanische Klima etwas verbessern würde, vielleicht mit Ausnahme der Gebiete am nördlichen Eismeer. Die Winter würden wärmer, aber auch schneereicher, und die Sommer würden kühler werden. Mehr Verdunstung im Wüstenbecken könnte auch die Regenmenge in der großen Ebene erhöhen – und die Skiläufer in Aspen und Sun Valley würden wahrscheinlich des Guten zuviel bekommen[*].

Heutzutage könnten weder die USA noch die Sowjetunion genügend Geld von ihren Bomben, Fernlenkwaffen und Militärflugzeugen abzweigen, um Bewässerungsanlagen dieser Größenordnungen in Angriff zu nehmen. Ich halte das für wohl die einzige erfreuliche Folge des Wettrüstens, denn wir wissen in der Tat noch nicht genug über das Klima, um sicher voraussagen zu können, welche Auswirkungen solch ein Eingriff hätte: Könnten wir wirklich mit einem milderen und feuchteren Klima im Weizengürtel rechnen, oder hätten wir eine katastrophale Zunahme der Tornados zu befürchten? Ich hoffe zu Gott, daß wir uns wenigstens diesmal genau überlegen, was wir tun, bevor wir so massiv in das klimatische Geschehen eingreifen.

Wie wichtig die Sache ist, kann man aus neueren Untersuchungen

[*] Durch die Zunahme des Eises im nördlichen Eismeer würde sich die „Nordwestpassage" nach Alaska vielleicht wieder schließen, die erst kürzlich mit soviel Propagandaaufwand geöffnet wurde.

von Fällen ersehen, bei denen viel weniger ehrgeizige Klimaeingriffe zu unerwarteten und unerwünschten Nebenwirkungen geführt haben. In Israel z. B. hat der Übergang vom einfachen Anbau zur Bewässerung der Anbauflächen und von der Grabenwässerung zu Berieselungsanlagen (bei denen man weniger Arbeitskräfte und auch weniger geschultes Personal braucht) zu einer ungeheueren Vermehrung von einem halben Dutzend Spezies schädlicher Insekten geführt. (Der israelische Insektenforscher E. Rivnay berichtete darüber unter der Überschrift: „Wie man eine angenehm feuchte Umwelt schafft, in der unerwünschte Insekten gedeihen.") In Ägypten ist man in einigen Gebieten dazu übergegangen, die Felder nicht mehr nur zu bestimmten Jahreszeiten zu bewässern, wie zur Zeit der Pharaonen, sondern das ganze Jahr über. Die Folge war eine erschreckende Zunahme der Bilharziakrankheiten, die von Parasiten hervorgerufen werden. Der Krankheitserreger verbringt einen Teil seines komplizierten Lebenszyklus in bestimmten Wasserschnecken, die im ruhigen, warmen Wasser der ständig gefüllten Bewässerungsgräben bestens gedeihen. In diesen Gegenden hat sich die Bilharziose aus einem Ärgernis für einige Prozent der Bevölkerung in eine Seuche übelster Art verwandelt, der die Gesundheit und manchmal sogar das Leben der Hälfte oder sogar der Gesamtheit der Bewohner zum Opfer fallen.

Es bleibt auch abzuwarten, wie sich der Assuanstaudamm schließlich in Ägypten auswirken wird. Mit dem gestauten Wasser werden ohne Zweifel viele Tausende Hektar Land bewässert werden – und wahrscheinlich wird sich zugleich auch die Bilharziose entsprechend ausbreiten. Was aber geschieht mit dem Schlamm, dem Geschenk des Nils, der fünftausend Jahre lang den ägyptischen Ackerboden gedüngt hat, und der nun ebenfalls angestaut werden wird? Ein riesiges Projekt zur Regulierung des Wassers im Überschwemmungsgebiet des Mekongdeltas, das jetzt wegen des Vietnamkrieges zurückgestellt worden ist, wurde aus ähnlichen Gründen kritisiert. Der Kritiker haben darauf hingewiesen, daß der bei den Überschwemmungen mitgeführte Schlamm, der dieses Gebiet – oder was nach den Bombardierungen und der Vernichtung des Laubes an den Bäumen davon übrig geblieben ist – zu einem der fruchtbarsten in Südostasien gemacht hat, sich nicht mehr erneuern könne, wenn das Flutwasser angestaut würde.

Da also die herkömmlichen Methoden der Klimakontrolle so viele Probleme aufwerfen, sind unsere Wissenschaftler und Ingenieure doch gewiß gerade im Begriff, völlig neuartige Methoden zu erfinden, um die alten ablösen zu können. Wie steht es z. B. mit den zahlreichen Versuchen zur Erzeugung künstlichen Regens, von denen wir so viel gehört haben?

Wenn ich meine Darstellungsweise am üblichen Aufbau von wissenschaftlichen Sachbüchern orientieren würde, dann wäre ich jetzt an dem Punkt angelangt, wo ich die jüngsten Versuche mit neuen Techniken zur Klima- und Wetterkontrolle ausführlich beschreiben müßte und meinen Lesern mit dem alsbald zu erwartenden Fortschritt den Mund wässrig zu machen hätte, um schließlich ein Loblied auf die Wissenschaft, die Technologie und den praktischen Sinn der Amerikaner anzustimmen. Nach meiner Schätzung gehören neun von zehn wissenschaftlichen Artikeln in Zeitungen und Zeitschriften zu dieser Kategorie – und außerdem auch etwa vier von fünf wissenschaftlichen Fachberichten, wenn diese auch in ihrer Ausdrucksweise etwas zurückhaltender sind. Was die Klimakontrolle anbetrifft – um nur eines der wissenschaftlichen Gebiete zu nennen – so wäre diese Darstellungsweise vollkommen unangebracht. Daß man trotzdem so oft auf sie trifft, liegt weder an der Dummheit noch an der Bösartigkeit der Schriftsteller und Wissenschaftler, sondern an der notwendigen Symbiose zwischen beiden Gruppen.

Viele Wissenschaftler scheuen sich vor Berichten über negative Forschungsergebnisse – natürlich nur solange sie nichts Negatives über die Forschungsergebnisse eines wissenschaftlichen Rivalen berichten können. Zwar sind negative Feststellungen für die Entwicklung der Wissenschaft nicht weniger wichtig als positive, doch bringen sie ihren Entdeckern keinen Ruhm, keinen Reichtum und auch keinen Nobelpreis ein. Die Autoren wissenschaftlicher Sachbücher sind gegenüber negativen Ergebnissen noch negativer eingestellt, und zwar aus dem sehr einleuchtenden Grund, daß die Herausgeber von Zeitungen und Zeitschriften keine „entmutigenden" Berichte veröffentlichen wollen. Ich will nicht behaupten, daß ich den Grund dafür kenne, habe aber den Verdacht, daß er weitgehend theologischer Art ist: Der Fortschritt ist das Fundament unserer amerikanischen Säkularreligion; und an seiner Realität zu zweifeln, ist heute fast noch schlimmer als zu behaupten, Gott sei tot.

Da mein Verleger diese religiösen Skrupel nicht teilt, darf ich ganz offen sagen, daß die Aussichten auf größere Fortschritte in der Klimakontrolle bis zum Jahr 2000 gleich Null sind (jenseits dieses Datums vernebelt sich allerdings das Innere meiner Kristallkugel). Forschungsprojekte, an denen man gegenwärtig arbeitet, werden vielleicht dazu führen, daß man das lokale Klima etwas mehr beeinflussen kann, indem man etwas mehr Regen oder etwas weniger Schnee oder Nebel erzeugt und vielleicht dann und wann besonders extreme klimatische Verhältnisse modifiziert. Doch mit solchen Erfolgen, mögen sie auch sehr beachtlich sein, werden wir die eigentliche Klimakontrolle nur gerade allerhöchstens am Rande antippen. Mit anderen Worten, in dreißig Jahren wird das Klima der Erde in jedem wesentlichen Punkt noch immer genauso sein, wie wir es in den ersten Kapiteln dieses Buches beschrieben haben.

Nachdem ich nun diese etwas blasphemische Behauptung aufgestellt habe, sollte ich wohl meine Gründe darlegen. Da wäre erstens unser Mangel an genauen Kenntnissen. Es gibt immer noch viele Fragen zur Entwicklung und Veränderung des Wettergeschehens, die wir nicht beantworten können. Wer daran noch zweifelt, sollte die Wettervorhersagen für den folgenden Monat aus den Zeitungen ausschneiden und sammeln, um sie anschließend mit dem wirklichen Wetter in seiner Umgebung zu vergleichen. Das soll keineswegs heißen, daß die Leute, die in den Wetterämtern arbeiten, alle Dummköpfe sind. Im Gegenteil, sie sind die fähigsten und fleißigsten Beamten, die man sich vorstellen kann. Aber sie haben sich mit fast unvorstellbar vielschichtigen Erscheinungen zu beschäftigen. Ich glaube, es war der geniale Mathematiker John von Neumann, der das Wetter nicht nur als die komplizierteste bekannte Naturerscheinung bezeichnete, sondern auch als die komplizierteste vorstellbare. Der moderne Hochleistungscomputer wurde zunächst zur Verarbeitung von meteorologischen Daten entwickelt, doch obwohl er viele einfachere Probleme auf anderen Gebieten gelöst hat (und freilich inzwischen auch neue Probleme schafft), hat er uns noch nicht in die Lage versetzen können, einigermaßen genaue Wetterprognosen zu erstellen.

In einer wissenschaftlichen Abhandlung mit dem passenden Titel „Ein Finger am Schalter der natürlichen Wettermaschine" hat Roscoe Braham Jr., ein sehr guter Negativdenker von der University of Chicago, den Stand der wissenschaftlichen Erkenntnisse vom Jahr 1968 zusammengefaßt:

„Unsere Kenntnis vom inneren Mechanismus der Wettermaschine ist so lückenhaft, daß wir noch nicht einmal den Bedienungshebel mit Sicherheit von den Neben- und Rückkoppelungsaggregaten unterscheiden können. Und wenn wir den Bedienungshebel doch irgendwo identifiziert haben sollten, so wissen wir doch nicht in jedem Fall, wie wir ihn handhaben müssen, um eine bestimmte Wirkung zu erzielen. Im günstigsten Fall haben wir den Hebel nur sehr locker in der Hand."

Das zweite, noch viel schwerer zu überwindende Problem jeder großräumigen Klimakontrolle ist die Bereitstellung der erforderlichen Energien. Man hat berechnet, daß ein Niederschlag von 0,25 cm (das wäre ein leichter Nieselregen) auf ein Gebiet von 100 Meilen im Quadrat (also kaum größer als Hessen) soviel Energie repräsentiert wie die gesamte Elektrizitätsproduktion der USA in sechs Jahren! Ein künstlicher Regen, der die Ernte eines solchen Gebietes nach einer zweimonatigen Dürreperiode retten könnte, würde das Zehnfache dieser schon recht massiven Menge erfordern. Und wenn es gar darum ginge, eine wirklich großräumige und ernste Dürreperiode erfolgreich zu bekämpfen, so würde sich der Energiebedarf nochmals um das zehn- bis hundertfache steigern. Klimakontrolle fordert wie alles andere ihren Preis – und dieser Preis an Energie ist so hoch, daß ihn auch die höchstentwickelte und reichste Zivilisation nicht bezahlen kann, weder heute noch auch in absehbarer Zukunft. Dies ist der wichtigste Grund dafür, daß bisher alle Versuche zur Klimakontrolle entweder auf sehr kleine Zielgebiete beschränkt bleiben mußten oder nur dort möglich sind, wo die Energie von Naturkräften schon so kurz vor ihrer Freisetzung steht, daß sie nur noch einen kleinen Anstoß braucht. Fast alle diese Versuche konzentrieren sich daher auf die chemische Beeinflussung der Wolken.

Ich will mich hier nicht ausführlich über die Physik der Wolken auslassen. Die Zusammenhänge sind so kompliziert, daß sogar die Meteorologen sie nicht vollkommen durchschauen. Meine Darstellungsversuche würden die Leser bloß verwirren – außerdem wären sie nach fünf Jahren völlig überholt. Ich will nur sagen, daß es gewisse Arten von Wolken gibt, bei denen man erstens die Kondensierung des Wasserdampfes zur Wassertröpfchen manchmal künstlich beschleunigen kann, so daß die Wolke an Umfang zunimmt, und bei denen man zweitens die Verschmelzung der Wassertröpfchen zu Regentropfen oder Schneekristallen manchmal künstlich hervorrufen kann – immer vorausgesetzt, daß man die geeigneten Wolkentypen identifiziert und daß man weiß, wann und wo welcher Eingriff vorgenommen werden muß. Das Mittel dazu ist eine bestimmte „Wolkensaat", gewöhnlich ein „Rauch" aus Silberjodidkristallen oder kleine Körnchen aus Trockeneis, die entweder die Konden-

sationskerne bilden (wie auch Staub- und Rauchpartikel zur Nebelbildung über einer Großstadt führen), oder den Kondensierungs-
prozeß durch Abkühlung der Luft in Gang setzen.

Die umfangreichsten Wolkensaatversuche wurden 1960–1964 unter
der Bezeichnung „Projekt Whitetop" unternommen. Braham, der sie
leitete, berichtete nach genauer Analyse der Ergebnisse, daß die
durchschnittliche Niederschlagsmenge nach der Wolkenbestreuung
nicht größer wurde, sondern eher abnahm! „Die heutigen Wolken-
saatmethoden – so folgerte er trocken – bringen nicht immer das
gewünschte Resultat."

Bei äußerst optimistischer Einschätzung des Fortschritts in der
Wetterkontrolle ergibt sich für die nächsten Generationen folgendes
Bild:

1. Man wird vielleicht den Nebel über Startbahnen auf Flug-
plätzen in Sprühregen verwandeln können. Das wird sich am ehesten
durchführen lassen, weil es das Einfachste ist. Gegenwärtig sind die
hohen Kosten wahrscheinlich noch das Hauptproblem.

2. Man wird vielleicht die Schneewolken in besonders problemati-
schen Gebieten (wie z. B. an den Ufern der Großen Seen) imprägnieren können. Die betreffende Technik nennt man „Overseeding",
das heißt, es werden so viele Partikel in die Wolken gestreut, daß
sich die Bildung von Schneekristallen verlangsamt. Dadurch würden
sich die Wolken nicht mehr auf kleiner Fläche entladen, sondern
ihre Schneelast auf ein weites Gebiet verteilen. Projekte solcher Art
stoßen sich jedoch sofort am dritten großen Hindernis einer Beeinflussung des Wetters und des Klimas: an den gegensätzlichen Interessen der Betroffenen und an der Rechtslage. Wenn man beispielsweise
die Schneemenge eines Schneesturms in Buffalo von 90 cm auf 30 cm
verringert, dann werden die dortigen Stadtväter sicher sehr entzückt
sein. Doch wenn die Schneefälle sich daraufhin über ein größeres
Gebiet ausbreiten, so daß vielleicht in Rochester und Syracuse
zusätzliche 30 cm Schnee fallen, dann werden die dortigen Stadt-
verwaltungen die Angelegenheit wahrscheinlich vor Gericht bringen – und den Prozeß ziemlich sicher gewinnen.

3. Es wird vielleicht möglich, die Heftigkeit von Gewittern abzu-
schwächen und damit unter Umständen das Entstehen einiger Tornados zu verhindern. Das könnte entweder durch Overseeding der
Gewitterwolken oder durch Erzeugung von „konkurrierenden"
Sturmwolken bewerkstelligt werden. In beiden Fällen würde die
hochkonzentrierte Energie auf ein größeres Gebiet verteilt.

4. Man wird vielleicht Sturmwolken so beeinflussen können, daß sie den Regen über bestimmten Gebieten verstärkt niedergehen lassen. Der Meteorologe Eugene Bollay – ein überzeugter Positivdenker – meint, daß eine solche Technik am Oberlauf des Colorado die jährliche Wassermenge des Flusses um etwa 10 Prozent erhöhen würde. Das wäre genug, wie er meint, um die geschätzten Kosten eines solchen Unternehmens wettzumachen. Er mag recht haben. Doch während zwar die Viehzüchter in Arizona dieses Projekt begrüßen würden, weil sie das Wasser des Colorado sehr gut gebrauchen könnten, würden gewiß die Farmer in Colorado und Kansas negativ darauf reagieren und behaupten, daß man ihnen den Regen entzieht, der ihre Felder bewässert.*

5. Man wird vielleicht auch tropische Sturmwolken imprägnieren können, um zu verhindern, daß sich ein Hurrikan zusammenbraut, oder sogar auch den Hurrikan selbst, so daß er sich „auflockert" und seine Energie über ein weiteres Gebiet verteilt. Ein Sturm mit einer Geschwindigkeit von 160 km/h richtet auf einem 1000 Quadratkilometer großen Gebiet viel mehr Unheil an als Winde mit der halben Geschwindigkeit über einem doppelt oder sogar zehnmal so großen Gebiet. Gegen ein solches Unternehmen wird glücklicherweise niemand etwas einzuwenden haben: Der Weg eines Hurrikans ist so unberechenbar, daß fast alle Küstenstädte gleichermaßen bedroht sind: Die Gewißheit eines normalen Sturmes dürfte daher

---

* Mindestens ebenso aussichtsreich wie diese Methode sind verschiedene konventionellere Techniken, die nicht auf eine Vermehrung des Regens zielen, sondern sich um bessere Nutzung des natürlichen Regens bemühen: Bei neueren Versuchen der Michigan State University hat man z. B. mit Hilfe einer pflugartigen Spezialmaschine in einer bestimmten Tiefe unter der Erdoberfläche eine Asphaltschicht eingebracht. Diese Schicht verhindert das Absickern eines großen Teiles des Regenwassers in tiefere Bodenschichten, wo es von den Pflanzen kaum noch genutzt werden kann. Bei der Anwendung dieser Technik soll man bei manchen Feldfrüchten um 50 bis 100 Prozent höhere Ernteerträge erzielt haben. Israelische Agronomen in der Halbwüste des Negvgebiets haben von den Nabatäern, die hier vor etwa 2000 Jahren lebten, gewisse Methoden übernommen und verbessert: Das Wasser der kurzen, aber sehr ergiebigen Regenfälle in der Wüste, das normalerweise flutartig abfließt und verlorengeht, wird in Auffanggebiete geleitet, wo es in den Boden einsickert und ihn durchfeuchtet. Rechtlich sind solche Methoden viel eher zu vertreten als das Imprägnieren von Wolken, denn niemand kann es einem Menschen verwehren, das auf seinem Land gefallene Regenwasser zu konservieren.

zweifellos ein akzeptabler Preis für die Verhinderung eines ungewissen Hurrikans sein[*].

Dies sind, wie gesagt, die optimistischsten Zukunftserwartungen in puncto Klimakontrolle. Der Leser hat sicher bemerkt, daß es bei jeder dieser Methoden im wesentlichen darum geht, die räumlich und zeitlich gerade verfügbaren Naturkräfte auszunützen. Bestenfalls kann man versuchen, die Freisetzung dieser Kräfte räumlich etwas zu verlagern oder sie besser auf Zeit und Raum zu verteilen. Die Kräfte selbst entziehen sich jedoch ebenso unserem verändernden Eingriff, wie sich ihre Natur einst unserem Verständnis entzog.

Wir können vielleicht dafür sorgen, daß es im westlichen Colorado etwas mehr regnet, vorausgesetzt, die Menschen in Colorado, Kansas und Oklahoma haben nichts dagegen einzuwenden. Wir können aber nicht bewirken, daß die Niederschläge in einem dieser Gebiete bedeutend zunehmen, geschweige denn in allen. Die planetarische Zirkulation der Atmosphäre und die Bodengestalt in Nordamerika haben die Voraussetzungen soweit fixiert, daß die Westwinde fast ihre gesamte Feuchtigkeit über der Sierra Nevada abladen, lange bevor sie die Rocky Mountains oder gar die Ebene jenseits der Gebirge erreichen. Diese Voraussetzungen zu verändern wäre ebenso schwierig, wie die Drehung der Erde um ihre Achse umzukehren. Wir können vielleicht die Häufigkeit der Tornados verringern und das extreme Klima in der Ebene etwas modifizieren. Solange wir aber nicht eine kilometerhohe Mauer an der Grenze zwischen den Vereinigten Staaten und Kanada errichten wollen, können wir nicht verhindern, daß die Polarluft einströmt, die für die extremen klimatischen Verhältnisse in weiten Teilen der USA mitverantwortlich ist.

Vielleicht können wir dafür sorgen, daß sich die indische Wüste wieder mit Gras bedeckt und damit auch die Regenmenge zunimmt und das Gebiet wieder in ein steppenartiges Weideland verwandelt – vorausgesetzt, daß sich die verarmten pakistanischen Bauern überreden oder zwingen lassen, ihre schon jetzt sehr kümmerlichen Schaf- und Ziegenherden vorübergehend noch weiter zu verringern. Wir können aber diese Region nicht in ein feuchtes, tropisches Paradies verwandeln. Und solange man nicht ein gigantisches Bewässe-

---

[*] Neuere Versuche beim Imprägnieren von Hurrikan-Wolken („Project Stormfury") haben ermutigende, wenn auch noch nicht ganz eindeutige Ergebnisse gebracht. In einem Fall ging die Windgeschwindigkeit während einiger Stunden nach der Imprägnierung von 99 auf 68 Knoten zurück. Wir wollen hoffen, daß hier ein kausaler Zusammenhang bestand.

rungssystem anlegen kann, für das Billionen Tonnen entsalzten Meerwassers zur Verfügung stehen müßten, wird die Sahara bleiben, was sie ist*.

Es war die Feindlichkeit des Klimas, die unsere Vorfahren von den Bäumen auf die Erde herab zwang und sie zur Bewältigung der wachsenden Umweltschwierigkeiten anregte. Schon lange war jenes weltweit milde und freundliche Klima, unter dem unsere entferntesten Vorfahren, die ersten Primaten, gediehen, verschwunden, und es wird lange dauern, bis es wiederkehrt. Wenn 50 Millionen Jahre notwendig waren, um die großen Gebirgssysteme aufzubauen, die unser Klima so entscheidend gestalten, dann dauert es gewiß ebensolange, bis Frost, Wind und Wasser diese Gebirgsmassen wieder abgetragen haben. Bezeichnenderweise hat die vorletzte Eiszeitepoche (im Permokarbon) insgesamt wahrscheinlich etwa 50 Millionen Jahre gedauert. Wenn das ein Maßstab ist, dann sind die zwei Millionen Jahre der Pleistozän-Eiszeit, gegen die sich der *homo erectus,* der Neandertaler und der früheste *homo sapiens* so erfolgreich zu verteidigen wußten, nur der Beginn des Vorspiels. Wenn Milanković recht hat (vielleicht auch, wenn er nicht recht hat), werden die Eisschichten in 15.000 oder 20.000 Jahren erneut nach Süden vorrücken. Doch bis dahin ist unsere Technologie vielleicht wirklich in der Lage, ihren Vormarsch aufzuhalten – vorausgesetzt, daß inzwischen nicht frühere technologische „Fortschritte" die Menschheit mitsamt ihren Maschinen vernichtet haben.

Unterdessen sollten wir den Vergleich zwischen dem geringen Einfluß des Menschen auf das Klima und dem gewaltigen Einfluß des Klimas auf die Menschheit als Anlaß zur Erinnerung an eine Wahrheit nehmen, die nur allzuoft in den Hintergrund tritt, wenn wir unsere technologischen Triumphe feiern: Trotz all unseres Erfindungsgeistes und unserer Intelligenz und trotz aller verfügbaren Energiequellen sind wir doch nur kleine und schwache Lebewesen in einem gewaltigen Universum, das zwar nicht aktiv lebensfeindlich ist, aber doch Lichtjahre von einer lebensfreundlichen Haltung entfernt. So unbedeutend unser Planet im kosmischen Zusammenhang auch sein mag, so ist er doch – wie einer der Astronauten so treffend sagte –

---

* Als Folge des Raubbaus, den der Mensch mit dem Boden der benachbarten Gebiete treibt, dehnt sich die Sahara gegenwärtig jährlich um 160 Millionen Quadratmeter aus, und im Industal geht heute mehr landwirtschaftlich genutzter Boden durch Versalzung verloren, als durch neue Bewässerungsanlagen hinzugewonnen wird.

eine Oase. Die einzige Oase in der Wüste des Universums, die wir kennen oder wahrscheinlich kennenlernen werden. Er ist die Rettungskapsel, mit der wir in der grenzenlosen Öde des Raumes überleben können.

Während wir uns über die Verhältnisse in ihrem Innern beklagen – über zu große Hitze, zu strengen Frost, zu heftigen oder zu geringen Regen –, und während wir versuchen, sie mit oft unzureichendem Wissen und ohne viel Nachdenken nach unseren Bedürfnissen zu verändern, sollten wir wissen, wie wichtig ihre Erhaltung ist. Denn wir können die Erde zwar noch nicht (oder .vielleicht niemals) in einen Garten Eden verwandeln, wir können sie aber gewiß planvoll oder durch pure Gedankenlosigkeit zu einer Hölle machen. Die Welt, in der wir leben – mit ihren klimatischen und sonstigen Verhältnissen – ist die einzige, die wir haben. Wenn es uns nicht gelingt, sie in lebenswertem Zustand zu halten, dann wird es niemandem gelingen.

Bibliographie

Allison, Anthony C., "Sickle Cells and Evolution", *Scientific American,* August 1956.

Anderson, Douglas A., "A Stone-Age Campsite at the Gateway to America", *Scientific American,* Juni 1968.

Armstrong, Richard Lee, u. a., "Glaciation in Taylor Valley, Antarctica, Older than 2.7 Million Years", *Science,* 12. Jänner 1968.

Battan, Louis J., *Cloud Physics and Cloud Seeding,* New York, Doubleday, 1962.

– "Some Problems in Changing the Weather" (vervielfältigt), American Meteorological Society, 1968.

Bibby, Geoffrey, *The Testimony of the Spade,* New York, Knopf, 1956.

Bollay, Eugene, "Rainmaking Now" (vervielfältigt), American Meteorological Society, 1968.

Braham, Roscoe R., Jr., "One Finger on the Throttle of Nature's Weather Machine" (vervielfältigt), American Meteorological Society, 1968.

Braidwood, Robert J., ed., *Courses Toward Urban Life,* Chicago, Aldine, 1962.

Broecker, Wallace S., "Absolute Dating and the Astronomical Theory of Glaciation", *Science,* 21. Jänner 1966.

Brøndsted, Johannes, *The Vikings,* Baltimore, Penguin, 1965.

Bryson, Reid, und Baerreis, David, "Possibilities of Major Climatic Modification and their Implications", *Bulletin of the American Meteorological Society,* März 1967.

– und Wendland, Wayne M., "Climatic Effects of Atmospheric Pollution" (vervielfältigt), American Association for the Advancements of Science, 1968.

Carpenter, Rhys, *Discontinuity in Greek Civilization,* New York, Norton, 1968.

Cassidy, Vincent H., *The Sea Around Them,* Louisiana State University Press, 1968.

Chang, Kwang-chih, "Archeology of Ancient China", *Science*, 1. November 1968.

Changes of Climate, UNESCO, 1963.

Clark, J. Desmond, *The Prehistory of Southern Africa*, Penguin, 1959.

Coe, Michael D., *America's First Civilization*, New York, American Heritage, 1968.

Cole, Sonia, *The Prehistory of East Africa*, New York, New American Library, 1963.

Coon, Carlton S., *The Living Races of Man*, New York, Knopf, 1963.

Coursey, D. G., und Alexander, J., "African Agricultural Patterns and the Sickle Cell", *Science*, 28. Juni 1968.

Cox, Allan, u. a., "Reversals of the Earth's Magnetic Field", *Scientific American*, Februar 1967.

Critchfield, Howard J., *General Climatology*, Englewood Cliffs, N. J., Prentice-Hall, 1966.

Dales, George F., "The Decline of the Harappans", *Scientific American*, Mai 1966.

Davidson, Basil, *The Lost Cities of Africa*, Boston, Atlantic, Little, Brown, 1959.

Deevey, Edward S., "Pleistocene Nonmarine Environments", *The Quaternary of the United States*, Princeton, 1965.

Donn, William L., und Ewing, Maurice, "A Theory of Ice Ages III", *Science*, 24. Juni 1966.

Edinger, James G., *Watching for the Wind*, New York, Doubleday, 1967.

Eimerl, Sarel, und DeVore, Irven, *The Primates*, New York, Time Inc., 1965.

Emery, W. B., *Archaic Egypt*, Baltimore, Penguin, 1961.

Emiliani, Cesare, "Isotopic Paleotemperatures", *Science*, 18. November 1966. (Siehe auch die nachfolgende Diskussion zwischen Donn und Shaw, und die Antwort darauf von Emiliani, *Science*, 11. August 1967.)

— "Ancient Temperatures", *Scientific American*, Februar 1958.

— und Geiss, J., "On Glaciations and their Causes", *Geologische Rundschau*, Bd. 46, Teil 2 (1967).

Ericson, David B., und Wollin, Goesta, *The Deep and the Past*, New York, Knopf, 1964.

— "Pleistocene Climates and Chronology in Deep-Sea Sediments", *Science*, 13. Dezember 1968.

Evinari, Michael, und Koller, Dov, "Ancient Masters of the Desert", *Scientific American*, April 1956.

Fairbridge, Rhodes, "The Changing Level of the Sea", *Scientific American*, Mai 1960.

— "New Radiocarbon Dates of Nile Sediments", *Nature*, 13. Oktober 1962.

— "Nile Sedimentation Above Wadi Halfa During the Last 20,000 Years", *Kush*, Vol. XI (1963), p. 96.

- ed. *Solar Variations, Climatic Change and Related Geophysical Problems,* New York Academy of Sciences, 1961.

Feininger, Thomas, "Less Rain in Latin America" (Brief), *Science,* 5. April 1968.

Flannery, Kent V., "The Ecology of Early Food Production in Mesopotamia", *Science,* 12. März 1965.

- u. a., "Farming Systems and Political Growth in Ancient Oaxaca", *Science,* 27. Oktober 1967.

Frenzel, Burckhard, "The Pleistocene Vegetation of Northern Eurasia", *Science,* 16. August 1968.

Frerichs, William E., "Pleistocene-Recent Boundary and Wisconsin Biostratigraphy in the Northern Indian Ocean", *Science,* 29. März 1968.

Fritts, Harold C., "Growth Rings of Trees: Their Correlation with Climate", *Science,* 25. November 1966.

Glass, B., u. a., "Geomagnetic Reversals and Pleistocene Chronology", *Nature,* 4. November 1967.

Hardy, Alister, *The Open Sea,* Boston, Houghton Mifflin, 1965.

Hare, F. K., *The Restless Atmosphere,* New York, Harper & Row, 1963.

Hawkes, Jacquetta, *Prehistory,* New York, New American Library, 1965.

Hole, Frank, "Investigating the Origins of Mesopotamian Civilization", *Science,* 5. August 1968.

Hood, Sinclair, *The Home of the Heroes,* New York, McGraw-Hill, 1965.

Howell, F. Clark, *Early Man,* New York, Time Inc., 1965.

"The Human Species", versch. Autoren, *Scientific American,* September 1960.

Judson, Sheldon, "Erosion Rates Near Rome, Italy", *Science,* 28. Juni 1968.

Kenyon, Kathleen M., "Jericho", *Archeology,* Vol. 20, No. 4 (1967).

Kramer, Samuel Noah, *History Begins at Sumer,* New York, Doubleday, 1959.

Lamb, H. H., *The Changing Climate,* London, Methuen, 1966.

McCormick, Robert A., und Ludwig, John H., "Climate Modification by Atmospheric Aerosols", *Science,* 9. Juni 1967.

McDowell, R. E., "Climate Versus Man and His Animals", *Nature,* 18. Mai 1968.

MacNeish, Richard S., "Ancient Mesoamerican Civilization", *Science,* 7. Februar 1964.

Mallowan, M. E. L., *Early Mesopotamia and Iran,* New York, McGraw-Hill, 1965.

Mangelsdorf, Paul C., u. a., "Domestication of Corn", *Science,* 7. Februar 1964.

Mellaart, James, *Earliest Civilizations of the Near East,* New York, McGraw-Hill, 1965.

Millon, René, "Teotihuacan", *Scientific American,* Juni 1967.

Mowat, Farley, *Westviking,* New York, Minerva Press, 1968.

Müller-Beck, Hansjürgen, "Paleohunters in America: Origins and Diffusion", *Science,* 27. Mai 1966.

Nairn, A. E. M., ed., *Descriptive Paleoclimatology,* Interscience, 1961.

- *Problems in Paleoclimatology,* Interscience, 1961.

Öpik, Ernst J., "Climate and the Changing Sun", *Scientific American*, Juni 1958.

Oxenstierna, Eric, "The Vikings", *Scientific American*, Mai 1967.

Plass, Gilbert N., "Carbon Dioxide and Climate", *Scientific American*, Juli 1959.

Portig, Wilfried Helmut, "Latin America: Danger to Rainfall" (Brief), *Science*, 26. Juni 1968.

Proceedings of the Conference on the Climate of the Eleventh and Sixteenth Centuries, National Center for Atmospheric Research, 1963.

Roberts, Walter Orr, "Climate Control", *Physics Today*, August 1967.

Ross, M. R., "Climatic Change and Pioneer Settlement" (vervielfältigt), University of Minnesota, 1966.

Samuel, Alan E., *The Mycenaeans in History*, Englewood Cliffs, N. J., Prentice-Hall, 1966.

Shapley, Harlow, ed., *Climatic Change*, Cambridge, Mass., Harvard University Press, 1956.

Shaw, David, "Sunspots and Temperature", *Journal of Geophysical Research*, 15. Oktober 1965.

Simons, E. L., "The Significance of Primate Paleontology for Anthropological Studies", *American Journal of Physical Anthropology*, November 1967.

– "The Earliest Apes", *Scientific American*, Dezember 1967.

Solecki, Ralph S., "Shanidar Cave", *Scientific American*, November 1957.

Sutton, Graham, "Micrometeorology", *Scientific American*, Oktober 1964.

The Vinland Saga, Baltimore, Penguin, 1965.

Waterbolk, H. J., "Food Production in Prehistoric Europe", *Science*, 6. Dezember 1968.

Wexler, Harry, "Volcanoes and World Climatic", *Scientific American*, April 1952.

Wheeler, Mortimer, *Civilizations of the Indus Valley and Beyond*, New York, McGraw-Hill, 1966.

Wisenfeld, Stephen L., "Sickle-Cell Trait in Human Biological and Cultural Evolution", *Science*, 8. September 1967.

World Climate from 8000 to 0 B. C., Royal Meteorological Society, 1966.

Wright, H. E., Jr., "Natural Environment of Early Food Production North of Mesopotamia", *Science*, 28. Juli 1968.

Wulff, H. E., "The Qanats of Iran", *Scientific American*, April 1958.

Namen- und Sachregister